职业教育建筑类专业“互联网+”创新教材

职业教育建筑类专业“岗课赛证”融通系列教材

建筑识图与构造

第3版

主　编　宋　乔　白丽红

副主编　李燕飞　金巧兰

参　编　贺烨萌　杨　翊　宋学涛　闫小春

宋丽莎　田高燕

机械工业出版社

本书共四篇13个项目。第一篇为建筑识图基础篇，介绍了建筑制图国家标准的有关内容、制图仪器和工具的使用方法、图样的画法；第二篇为建筑构造篇，主要介绍民用建筑构造方法；第三篇为知识拓展篇，包括建筑节能、装配式建筑和智能建造技术的相关知识；第四篇为专业识图篇。

本书突出高等职业教育的特点，采用现行国家规范和行业标准，融入建筑节能的新技术、新方法，以及装配式建筑、智能建造技术相关内容，与行业发展紧密结合，相融相通。同时，各项目均安排有“知识储备”“小知识”“项目小结”环节，并配有实物图、工程案例、二维码视频，书后附有独立的习题册，以达到学练同步的目的，实现教学的新颖性与多样化。

本书可作为高等职业教育土木建筑类专业的教学用书，也可作为土建类相关技术人员的自学参考书。

本书配有电子课件、微课视频、图纸、习题及答案等教学资源，凡使用本书作为教材的教师均可登录机械工业出版社教育服务网 www.cmpedu.com 以教师身份注册、下载。如有疑问，请拨打编辑电话：010-88379375。

图书在版编目（CIP）数据

建筑识图与构造/宋乔，白丽红主编. —3版. —北京：机械工业出版社，2023.12（2025.1重印）

职业教育建筑类专业“互联网+”创新教材　职业教育建筑类专业“岗课赛证”融通系列教材

ISBN 978-7-111-74122-0

Ⅰ.①建…　Ⅱ.①宋…　②白…　Ⅲ.①建筑制图-识图-职业教育-教材　②建筑构造-职业教育-教材　Ⅳ.①TU2

中国国家版本馆CIP数据核字（2023）第201646号

机械工业出版社（北京市百万庄大街22号　邮政编码100037）

策划编辑：王莹莹　　责任编辑：王莹莹　陈紫青

责任校对：张爱妮　牟丽英　　封面设计：马精明

责任印制：张　博

北京建宏印刷有限公司印刷

2025年1月第3版第2次印刷

210mm×285mm · 18印张 · 528千字

标准书号：ISBN 978-7-111-74122-0

定价：54.00元（含习题册）

电话服务　　网络服务

客服电话：010-88361066　　机　工　官　网：www.cmpbook.com

010-88379833　　机　工　官　博：weibo.com/cmp1952

010-68326294　　金　书　网：www.golden-book.com

机工教育服务网：www.cmpedu.com

前　言

党的二十大报告明确指出："教育、科技、人才是全面建设社会主义现代化国家的基础性、战略性支撑。"高等职业教育是国民素质教育体系中的重要环节，承担着培养高素质技能型人才的重要任务，而技能型人才正是使我国成为工业与制造强国的基础。面对高等职业教育改革的需要，以及1+X课证融通的需求，学生素质和职业能力培养成了重中之重。那么，如何有效提高学生素质和职业能力，使其更贴近行业的需求、更好地服务经济社会发展呢？这就要求高等职业院校在人才培养目标、知识技能结构、课程体系改革和教学内容等方面下工夫，逐步落实"教、学、做"一体化的教学模式，把提高学生职业技能放在"教与学"的突出位置上。

"建筑识图与构造"是高等职业教育土木建筑类专业的一门专业核心课程，实践性较强，与工程实际结合紧密，也是学习本专业其他课程的基础。本次修订依据建筑行业的现行标准和规范，对第2版中的知识点进行了调整，增加了装配式建筑、智能建造技术的内容，尽可能反映目前在建筑构造方面的新技术、新工艺和新成就，努力实现教材与行业发展紧密结合，相融相通，体现工学结合的培养模式。

本书针对较难理解的知识点或构造形式提供了实物图、微课讲解，对于新材料、新工艺、新方法，还附有视频及案例分析视频内容均以扫描二维码的方式获取，学生能更加直观地理解本课程的内容，实现教与学的紧密衔接。各项目可以通过习题册进行自我检测和练习。

本书把建筑制图、房屋构造和建筑施工图的内容进行了有机组合，强调相关内容之间的衔接与呼应，把培养学生的专业观念、岗位技能和应用能力作为本书的中心内容，在学生职业能力培养和职业素质养成两个方面起着支撑和促进作用。

本书的参考学时为112学时，各项目的学时分配建议见下表。

项目	课程内容	合计	学时分配		
			理论教学	实践练习	现场教学
项目1	建筑制图国家标准及制图工具	10	6	4	—
项目2	图样的画法	16	14	2	—
项目3	房屋构造的基本知识	4	2	—	2
项目4	基础与地下室	4	4	—	—
项目5	墙体	10	6	2	2
项目6	楼地面	6	6	—	—
项目7	楼梯与电梯	6	4	2	—
项目8	屋顶	10	6	2	2
项目9	门窗	4	4	—	—

（续）

项目	课程内容	合计	学时分配		
			理论教学	实践练习	现场教学
项目 10	建筑节能	6	4	—	2
项目 11	装配式建筑	6	4	—	2
项目 12	智能建造技术	6	4	—	2
项目 13	建筑施工图识读	24	12	10	2
合计		112	76	22	14

本书由河南建筑职业技术学院宋乔、白丽红担任主编；河南建筑职业技术学院李燕飞、金巧兰担任副主编；河南建筑职业技术学院贺烨萌、闫小春、宋丽莎、田高燕，河南省朝阳建筑设计有限公司高级工程师杨翊、宋学涛也参与了编写。具体编写分工如下：宋乔编写项目 10、13；李燕飞编写项目 7、9；金巧兰编写项目 12；贺烨萌编写项目 8、11；闫小春编写项目 2、5；宋丽莎编写项目 1、6；田高燕编写项目 3、4；杨翊、宋学涛编写附录，并为本书提供了教学用图纸；白丽红编写建筑识图与构造习题册，并对全书进行了统稿。

由于编者水平有限，书中难免存在疏漏和差错之处，敬请读者提出批评和改进意见。

编　者

二维码视频列表

序号	二维码	页码
项目 1		
1	微课：比例	6
2	微课：直线段尺寸标注	7
3	微课：标高	10
4	微课：定位轴线	10
5	微课：引出线	13
项目 2		
6	微课：投影图的形成	22
7	微课：三面投影图的形成	24
8	微课：棱柱的投影	28
9	微课：圆柱体的投影	30
10	微课：断面图	41
项目 3		
11	微课：建筑物的分类	47
12	微课：民用建筑的定位轴线布置	51
项目 4		
13	微课：基础	55
14	微课：地下室的类型与构造组成	59
15	微课：地下室的防潮和防水	60

（续）

序号	二维码	页码	序号	二维码	页码	序号	二维码	页码
项目 5			项目 6			项目 7		
16	微课：砖墙的砌法	67	21	微课：楼板的类型	85	26	微课：楼梯的坡度与踏步尺寸	108
17	微课：勒脚	68	22	微课：梁板式楼板	87	27	微课：楼梯段的宽度与楼梯栏杆扶手的高度	109
18	微课：散水	68	23	微课：预制槽形板	89	28	微课：楼梯平台宽度与楼梯的净空高度	110
19	微课：防潮层	69	24	微课：阳台	101	29	微课：楼梯净空高度实例分析	110
20	微课：过梁	70	25	微课：阳台保温与排水	103	30	微课：预制装配式钢筋混凝土楼梯梯段构造	112

（续）

序号	二维码	页码	序号	二维码	页码	序号	二维码	页码
						项目 9		
31	微课：板式楼梯	115	34	微课：平屋顶的组成与特点	132	37	微课：木窗的安装	155
32	微课：梁式楼梯	115	35	微课：平屋顶的排水组织	133	38	微课：塑钢窗的构造	159
项目 8								
33	微课：屋顶坡度	130	36	微课：平屋顶的泛水构造	138	39	微课：遮阳设施	161

职业素养思维导图

- 职业素养
  - 建筑制图国家标准及制图工具
    - 素养颗粒：无规矩不成方圆，无标准难保工程质量
    - 素养目标：培养学生严谨认真的学习态度，使学生充分认识到“标准需共同遵守执行”，提升学生专业素养
    - 教学活动
      - 1.以教材配套的建筑施工图为例，讲解与《房屋建筑制图统一标准》（GB/T 50001—2017）相关的知识点，让学生意识到执行标准的重要性
      - 2.通过学生作业讲解，使学生明白不规范的图样画法和尺寸标注带来的歧义，进而加强学生理解
  - 图样的画法
    - 素养颗粒：专注细致、规范敬业、责任担当
    - 素养目标：培养一丝不苟的工作作风、严谨的治学精神、精益求精的专业追求和团队合作能力
    - 教学活动
      - 1.学生进行分组，每组一个实物形体模型，分小组进行讨论，对形体各个投影面进行分析总结，并将形体假想切开，绘制剖面图和断面图，最后在课堂上进行分享
      - 2.学生观察校园建筑物，对各个投影面内容进行描述，并结合建筑物内部情况，想象建筑剖面图内容，并在课堂上进行交流
  - 房屋构造的基本知识
    - 素养颗粒：传统文化、民族自豪感
    - 素养目标：培养学生自主学习和信息获取的能力，提高建筑工业化意识和职业自豪感
    - 教学活动：引导学生查找资料，了解我国建筑的发展史，分组制作PPT并展示
  - 基础与地下室
    - 素养颗粒：立足根本、夯实基础
    - 素养目标：培养学生夯实基础的务实意识，能深刻理解“千里之堤，溃于蚁穴”的道理
    - 教学活动：学生通过观看视频了解地下室防水常见问题，引导学生分组讨论，并提出解决措施
  - 墙体
    - 素养颗粒：绿色施工、节能环保
    - 素养目标：培养学生厉行节约、反对浪费的社会责任，树立勤俭节约意识
    - 教学活动
      - 1.引导学生通过网络学习和查阅资料的方式了解墙体的设计要求
      - 2.使学生掌握墙体的构造及墙面装修做法，并引导学生熟悉墙体新型材料和节能材料，能理解节能环保的重要性
  - 楼地面
    - 素养颗粒：知识传授、价值引领
    - 素养目标：培养学生独立分析、解决问题的能力，激发学生的专业自豪感、求知欲
    - 教学活动
      - 1.通过欣赏楼地面图片，加强学生认识，提升学生学习热情
      - 2.带领学生参观楼地面实物，更直观地了解楼地面的特点与构造做法
  - 楼梯与电梯
    - 素养颗粒：脚踏实地，培养担当精神
    - 素养目标：培养学生脚踏实地刻苦钻研的学习态度，加强敢于承担、奋发有为的责任意识
    - 教学活动
      - 1.组织学生观看楼梯施工视频，理解楼梯的构造组成与受力特点
      - 2.带领学生参观楼梯模型和实物，更直观地了解楼梯的构造与特点
      - 3.无障碍设计的讲解与渗透，加强学生对于特殊人群的关爱意识

- 屋顶
  - 素养颗粒：精益求精、人文关怀
  - 素养目标：培养学生多角度考虑问题、解决问题的能力；培养学生严谨的工作态度
  - 教学活动
    - 1.组织学生观看种植屋面的图片，提高学习热情
    - 2.提出种植屋面的技术问题，引导学生讨论并根据规范提出解决方案
- 门窗
  - 素养颗粒：创新意识与创新能力
  - 素养目标：培养学生独立思考、积极进取的学习态度，激发学生的职业自豪感
  - 教学活动
    - 1.带领学生观看门窗发展历程，渗透创新意识与创新能力的重要性
    - 2.引导学生独立完成门窗作用及构造知识点的查阅，对比其优缺点，并讨论新型门窗的发展方向
- 建筑节能
  - 素养颗粒：绿水青山就是金山银山
  - 素养目标：树立节能环保意识和绿色发展理念，培养正确的发展观和价值观
  - 教学活动
    - 1.学生分组通过媒体、网络了解“碳达峰”和“碳中和”，并在课堂上进行讨论
    - 2.引导学生收集、整理国内外知名绿色建筑，并在课堂上展示、分享
- 装配式建筑
  - 素养颗粒：“央企速度”成就“中国速度”
  - 素养目标：提高学生的求知欲，树立民族自豪感，培养爱国情怀
  - 教学活动
    - 1.带领学生观看火神山、雷神山的建造视频，引导学生收集、整理装配式建筑案例
    - 2.带领学生参观装配式模型，引导学生学习装配式建筑施工流程
- 智能建造技术
  - 素养颗粒：中国梦与建筑梦相结合；中国速度与中国质量并行；时代精神的核心是改革创新
  - 素养目标：厚植爱国，培养民族精神；树立创新意识，引领自我全面发展；激发学生开拓进取的品格
  - 教学活动
    - 1.通过传递智能建造的相关背景及信息，引导学生作为建筑人将小我融入大我，个人价值融入国家命运，为实现智能建造强国的中国梦而努力奋斗
    - 2.通过讲授关键智能建造技术、典型智能建造案例，展现历史使命与担当，引导学生收集国内外有关智能建造的优秀典型案例，拓展专业视野，培养民族自豪感
- 建筑施工图识读
  - 素养颗粒：传承细致认真、精益求精的工匠精神
  - 素养目标：树立严谨细致的工作作风，认真负责的工作态度，牢固树立规范化、标准化、专业化意识
  - 教学活动
    - 1.引导学生查阅国家建筑设计规范，进行建筑施工图学习和识读
    - 2.引入施工员职业岗位要求、1+X建筑工程识图技能等级证书标准，指导学生认识和理解建筑施工图识读学习的适用性和重要性

目 录

知识拓展篇

专业识图篇

建筑识图基础篇

项目1

建筑制图国家标准及制图工具

思维导图

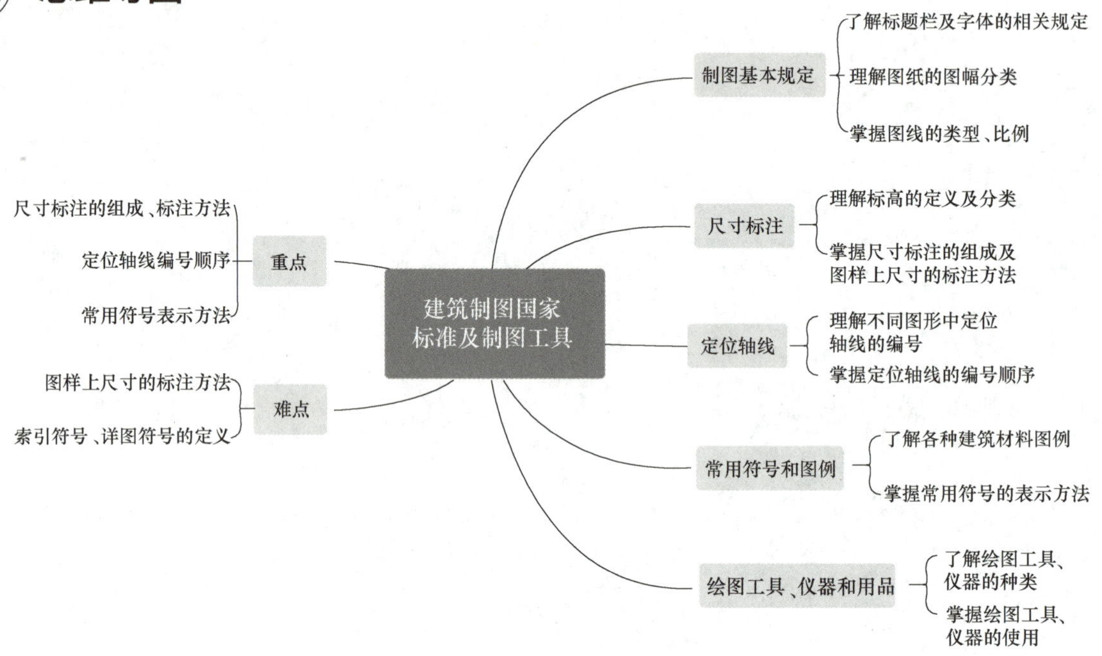

知识储备

工程图样可以比喻为工程技术界的共同语言，为了便于工程建设和技术交流，对工程形体的表达方法、尺寸标注、图样画法、图纸幅面等都要有统一的规定，这些统一规定就是制图标准。

1.1 制图基本规定

1.1.1 图纸的图幅

图纸的图幅是指图纸的大小。为了使图纸整齐，便于装订和保管，国家标准对建筑工程图纸的幅面作了规定。图纸的幅面及图框尺寸应根据所画图样的大小来选定，其具体尺寸见表 1-1。

表 1-1　图纸幅面及图框尺寸　（单位：mm）

尺寸代号	幅面代号				
	A0	A1	A2	A3	A4
$b \times l$	841×1189	594×841	420×594	297×420	210×297
c	10			5	
a	25				

在表 1-1 中，b 及 l 分别代表图幅的短边和长边，其短边和长边之比为 $1:\sqrt{2}$，a 和 c 分别表示图框线到图纸边线的距离。图纸以短边作为垂直边时称为横式，以短边作为水平边时称为立式。一般 A0～A3 图纸宜采用横式；必要时，也可采用立式，如图 1-1 所示。单项工程中，每一个专业所用的图纸不宜多于两种，但目录及表格所采用的 A4 幅面可不在此限。

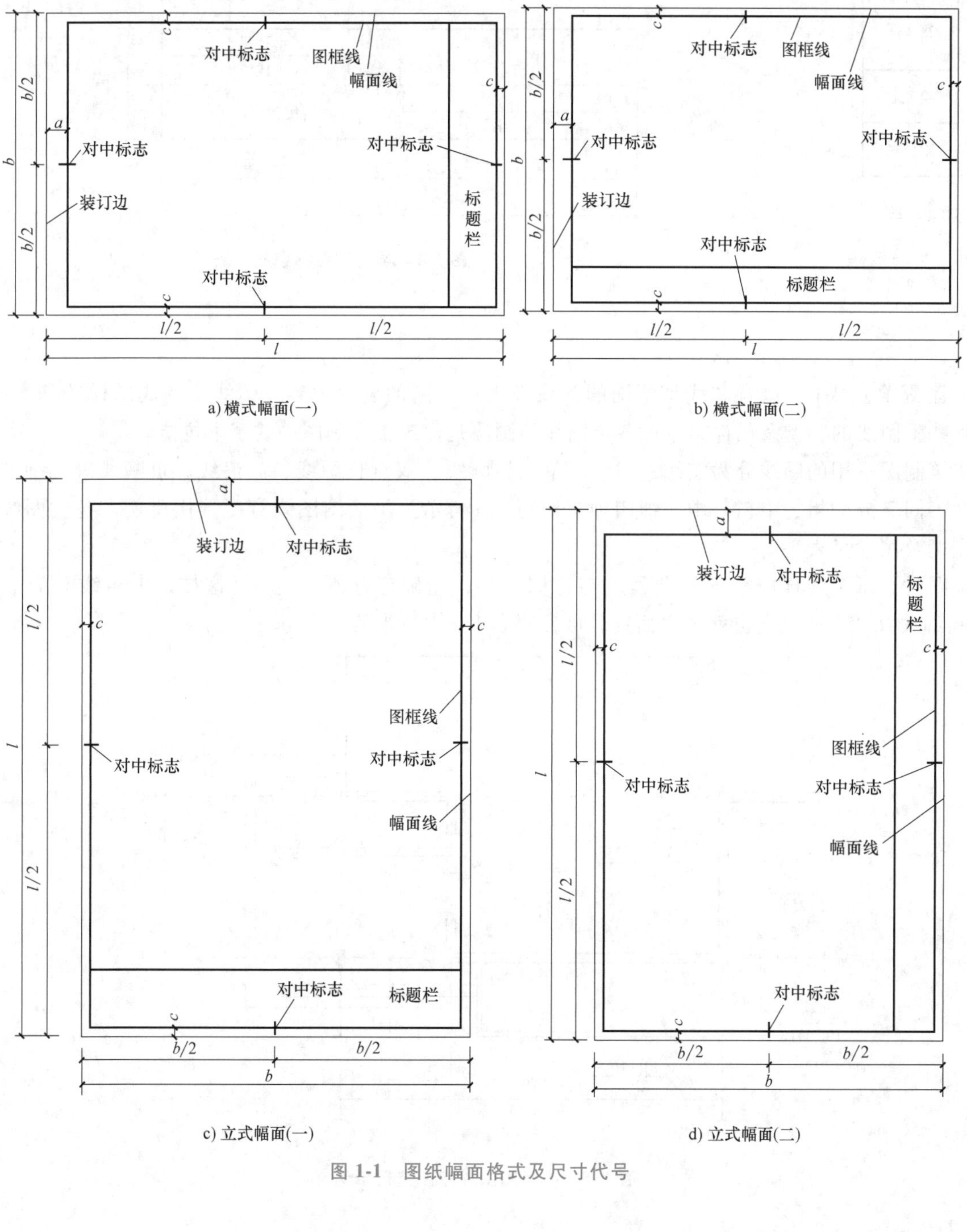

图 1-1　图纸幅面格式及尺寸代号

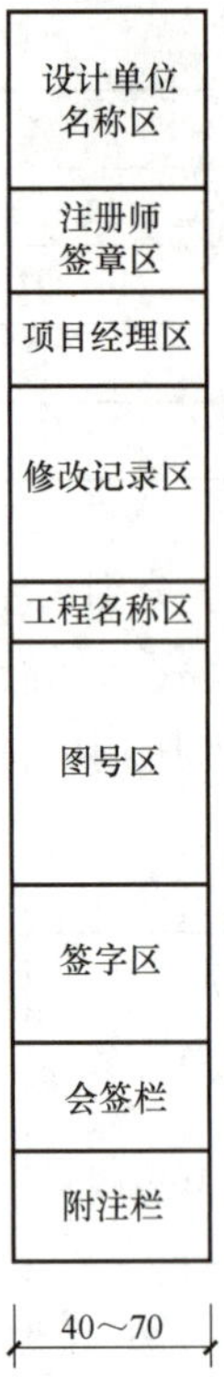

图 1-2 标题栏（一）

1.1.2 标题栏

在图框内侧右方或下方的表格称为标题栏（简称图标）。标题栏应符合图 1-2 和图 1-3 的规定，根据工程的需要选择确定其尺寸、格式及分区。签字栏应包括实名列和签名列。

学生作业标题栏建议采用图 1-4 所示的格式。

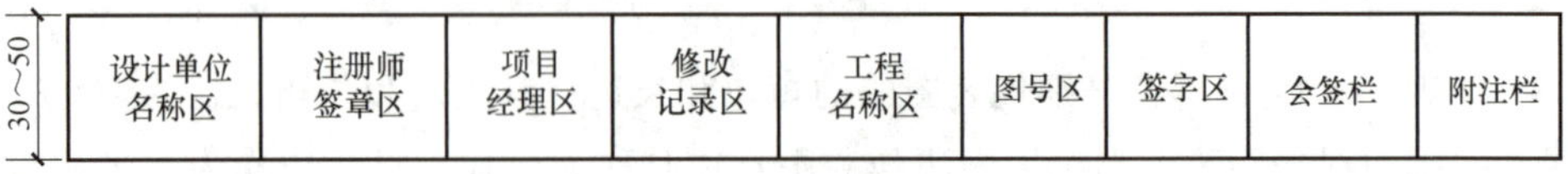

图 1-3 标题栏（二）

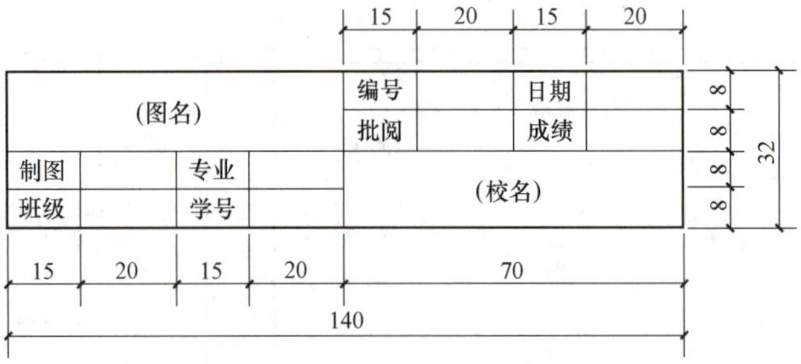

图 1-4 学生作业标题栏

1.1.3 图线

工程图样主要采用线宽和线型不同的图线来表达不同的设计内容。图线是构成图样的基本元素。因此，熟悉图线的类型及用途，掌握各类图线的画法是建筑工程制图中的基本技能。

建筑制图采用的图线分为实线、虚线、单点长画线、双点长画线、波浪线、折断线等几种。按线的宽度不同又分为粗、中粗、中、细四种，如图 1-5 所示为平面图图线宽度选用示例。各类图线的线型、宽度及用途见表 1-2。

画图时，每个图样应根据复杂程度与比例大小，先确定基本线宽 b，这样，中粗线 $0.7b$、中线 $0.5b$ 和细线 $0.25b$ 的线宽也就随之而定，可参照表 1-3 中适当的线宽组。

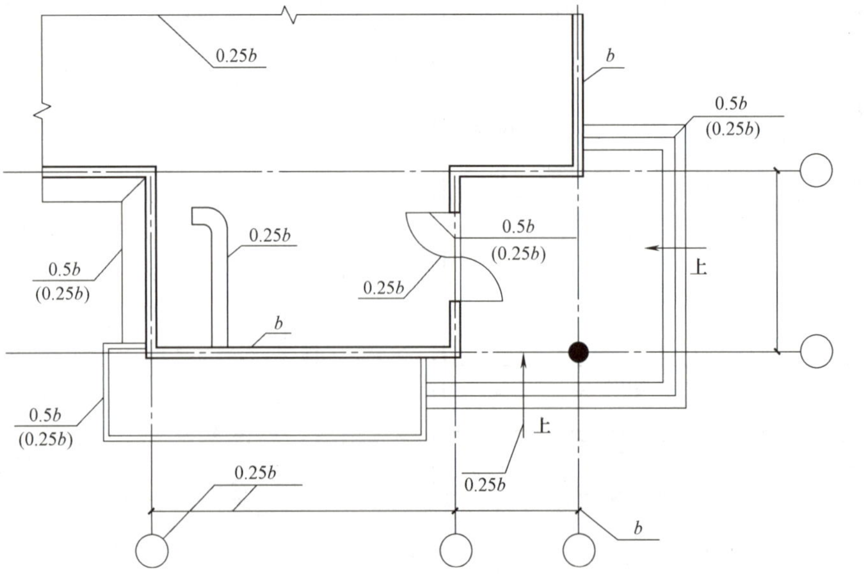

图 1-5 平面图图线宽度选用示例

表 1-2　图线的线型、线宽及用途

名称	线型	线宽	用途
粗实线		b	主要可见轮廓线；平、剖面图中被剖切的主要建筑构造的轮廓线；立面图中的外轮廓线；建筑构造详图中被剖切到的主要部分的轮廓线；平、立、剖面图中的剖切符号
中粗实线		0.7b	平、剖面图中被剖切的次要建筑构造的轮廓线；建筑平、立、剖面图中建筑构配件的轮廓线
中实线		0.5b	小于 0.7b 的图形线，保温层线，地面、墙面的高差分界线
细实线		0.25b	图例线、尺寸线、尺寸界线、索引符号等
粗虚线	1.5　6	b	不可见的钢筋、螺栓线，结构平面图中不可见的单线结构构件及钢、木支承
中粗虚线		0.7b	建筑构造详图及建筑构配件不可见的轮廓线；拟建、扩建建筑物的轮廓线
中虚线		0.5b	拟扩建的建筑物轮廓线；结构平面图中的不可见构件、墙身轮廓线及钢、木构件轮廓线
细虚线		0.25b	图例填充线
粗单点长画线		b	起重机（吊车）轨道线、柱间支承、垂直支承
细单点长画线	3　15	0.25b	中心线、定位轴线、对称中心线
粗双点长画线		b	预应力钢筋线
细双点长画线		0.25b	原有结构轮廓线
折断线		0.25b	部分省略表示时的断开界线
波浪线		0.25b	1. 不需要画全的断开界线 2. 构造层次的断开界线

注：地坪线的线宽可用 1.4b。

表 1-3　线宽组　（单位：mm）

线宽	线宽组			
b	1.4	1.0	0.7	0.5
0.7b	1.0	0.7	0.5	0.35
0.5b	0.7	0.5	0.35	0.25
0.25b	0.35	0.25	0.18	0.13

1.1.4　字体

1. 汉字

图样上及说明的汉字应采用长仿宋字。汉字的简化书写必须遵守国务院颁布的《汉字简化方案》和有关规定。

长仿宋字有笔画粗细一致、起落转折、顿挫有力、笔锋外露、棱角分明、清秀美观、挺拔刚韧又清晰好认的特点，是工程图样上适宜的字体。

为了使字写得大小一致，排列整齐，在写字前先画好格子。字高与字宽之比为 3∶2，字距约为字高的 1/4，行距约为字高的 1/3，如图 1-6 所示。

字的大小用字号表示。字号即为字的高度，各字号的高度和宽度的关系应符合表 1-4 的规定。

仿宋字的书写要领是：横平竖直，起落分明，填满方格，结构均匀。

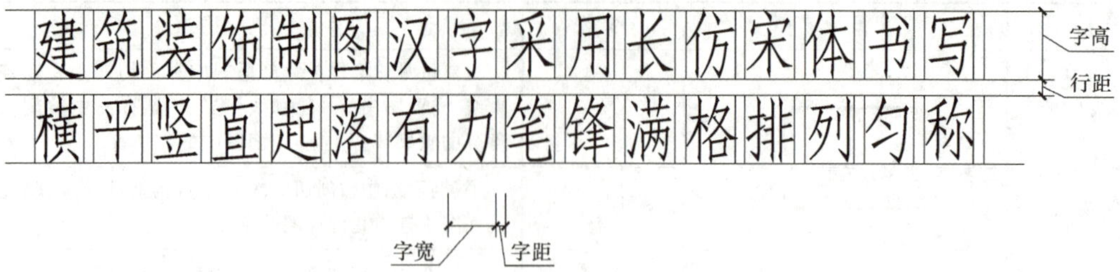

图 1-6 字格

表 1-4 长仿宋体字高宽关系 （单位：mm）

字号	20	14	10	7	5	3.5
字高	20	14	10	7	5	3.5
字宽	14	10	7	5	3.5	2.5

2. 数字及字母

数字及字母在图样上的书写分直体和斜体两种。它们和中文字混合书写时应稍低于书写仿宋字体的高度。斜体书写应向右倾斜，并与水平线成75°。图样上的数字应采用阿拉伯数字，其字高应不小于2.5mm。

1.1.5 比例

微课：比例

图样的比例是图形与实物相对应的线性尺寸之比。

比例 = 图线画出的长度/实物相应部位的长度

使用图样比例，是为了将建筑、结构和暖通工程设备不变形地缩小或放大在图纸上。比例应用阿拉伯数字表示，如 1∶1、1∶2、1∶10 等。1∶10 表示图纸上所画物体是实体的 1/10，1∶1 表示图纸上所画物体与实体一样大。

如图 1-7 所示，采用不同比例绘制窗的立面图，图样上的尺寸标注必须为实际尺寸。

图纸上比例的注写位置：当整张图纸只用一种比例时，可注写在标题栏的“比例”一项中；当一张图纸中有几个图形并各自选用不同的比例时，可注写在图名的右侧，字的基准线应取平，比例的字高应比图名的字高小一号或两号，如图 1-8 所示。

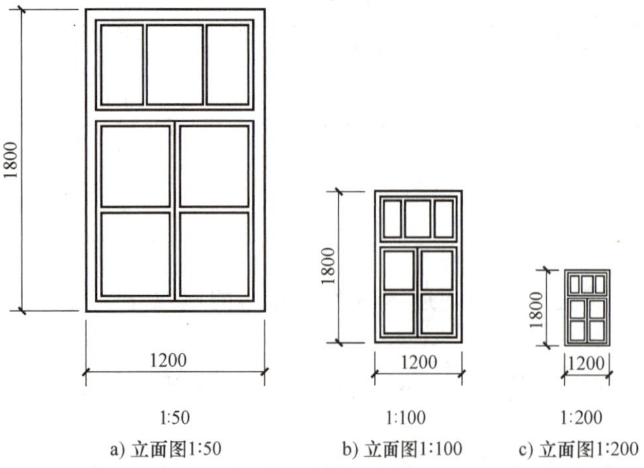

图 1-7 窗的立面图

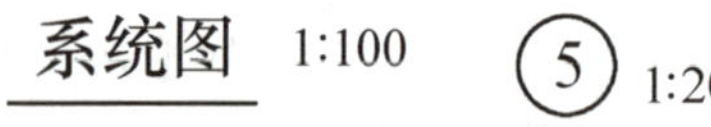

图 1-8 比例的注写

工程图样的绘制应根据图样的用途与被绘制对象的复杂程度选择合适的比例和图纸幅面，以确保所示物体图样的精确和清晰。

小知识

国家级标准（简称国标，代号为 GB）有很多种，制图标准只是其中的一种。它是在全国范围内使图样标准化、规范化的统一准则，大家都要遵守。但除此以外，对于某些行业，仅靠国家标准可能适应不了某些特殊需要，所以这些部门还制定有行业标准作为一种补充。就世界范围来说，为了促进各国间的技术交流与合作，国际标准化组织（ISO）制定有国际标准，这些标准的代号为 ISO。

1.2 尺寸标注

工程图样上的尺寸标注是图样组成的重要部分，它是施工、制造的重要依据，因此它们的标注方法应按照国标进行。图样上标注尺寸的要求是：正确、完整、清晰。任何模糊和错误的尺寸，都会给施工造成困难和损失。

1.2.1 尺寸标注的组成

一个完整的尺寸标注应包括尺寸界线、尺寸线、尺寸起止符号和尺寸数字，如图 1-9 所示。

1. 尺寸界线

尺寸界线是表示所量度尺寸范围的边界，用细实线绘出。必要时可利用定位轴线、中心线或图形的轮廓线来代替，如图 1-9 所示。

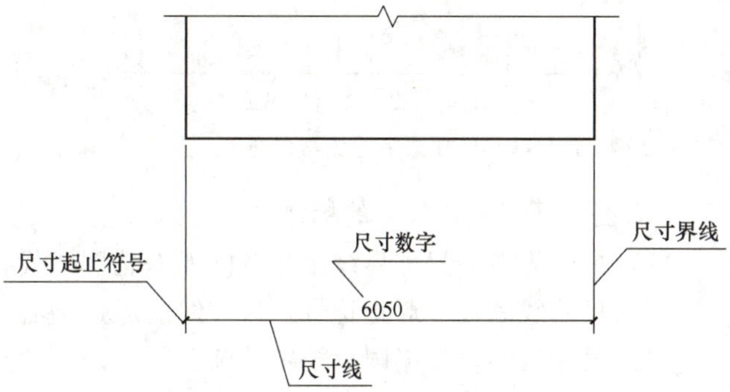

图 1-9 尺寸标注的组成

2. 尺寸线

尺寸线是表示所量度尺寸方向的线，用细实线绘出，任何图线均不能代替，如图 1-10 所示。

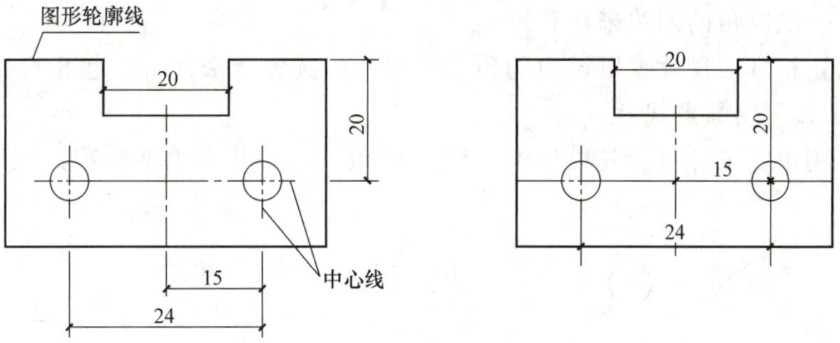

a) 正确的标注　　b) 错误的标注

图 1-10 尺寸标注示例

3. 尺寸起止符号

尺寸起止符号一般有 45°中粗斜短线和箭头两种。

4. 尺寸数字

图样上的尺寸应以尺寸数字为准，不得从图上直接量取。图样上的尺寸单位，除标高及总平面图以 m 为单位外，其余均必须以 mm 为单位。以 mm 为单位的尺寸，图中尺寸后面可以不写单位。

1.2.2 图样上尺寸的标注方法

1. 直线段尺寸的标注

(1) 尺寸界线　尺寸界线应垂直于被标注的直线段，不应与轮廓线相连，如图 1-10b 所示为错误的标注。

微课：直线段尺寸标注

(2) 尺寸线　尺寸线必须与标注的线段平行。当有几条相互平行的尺寸线时，大尺寸要注在小尺寸的外面。平行排列的尺寸线间距为7~10mm，并应保持一致，如图1-10a所示为正确的标注方式。

(3) 尺寸起止符号　尺寸起止符号应采用45°中粗斜短线绘制。

(4) 尺寸数字　尺寸数字标注在尺寸线的上方；当尺寸界线较密时，可标注在尺寸界线外侧相邻处，或相互错开；必要时也可用线引出标注，如图1-11所示。

当尺寸线不是水平位置时，尺寸数字应按图1-12规定的方向注写，尽量避免在图示30°范围内注写尺寸数字。

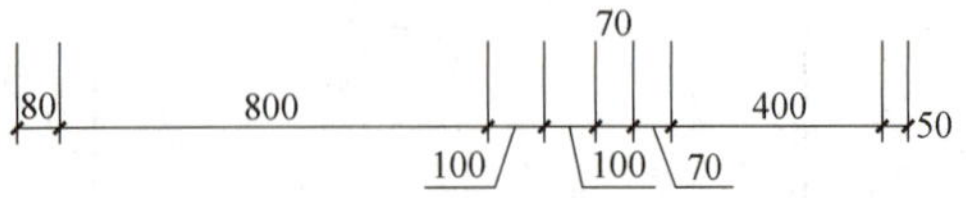

图1-11　尺寸数字的注写位置（一）

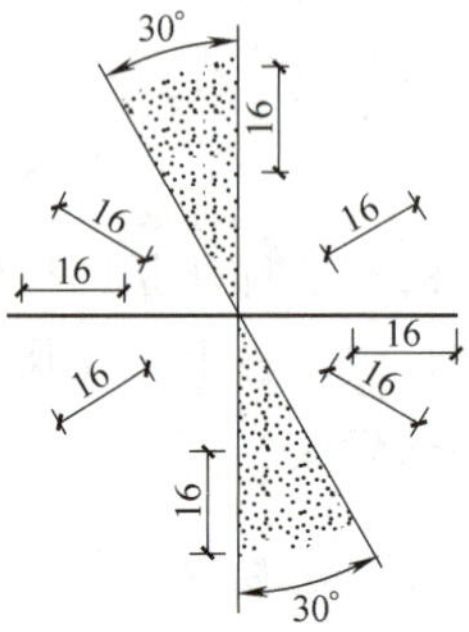

图1-12　尺寸数字的注写位置（二）

2. 圆、圆弧及球尺寸的标注

1) 尺寸界线。尺寸界线用圆及圆弧的轮廓线代替。

2) 尺寸线和尺寸起止符号。尺寸线应通过圆心，尺寸线起止符号采用箭头符号或圆点表示。

3) 尺寸数字。根据国标规定，圆及圆弧的尺寸数字是以直径或半径的长度来表示的，在尺寸数字前面均应加注“ϕ”或“R”代号，如图1-13所示。标注球的直径尺寸或半径尺寸时，应在尺寸数字前面加注“$S\phi$”或“SR”代号。

3. 角度尺寸的标注

1) 尺寸界线。一般以角的两边来代替。

2) 尺寸线、起止符号。尺寸线以该角的顶点为圆心的圆弧线来代替，起止符号应以箭头表示；如没有足够位置画箭头，可用圆点代替。

3) 尺寸数字。用角度来计量，其单位为（°）、（′）、（″），并应水平注写，如图1-14所示。

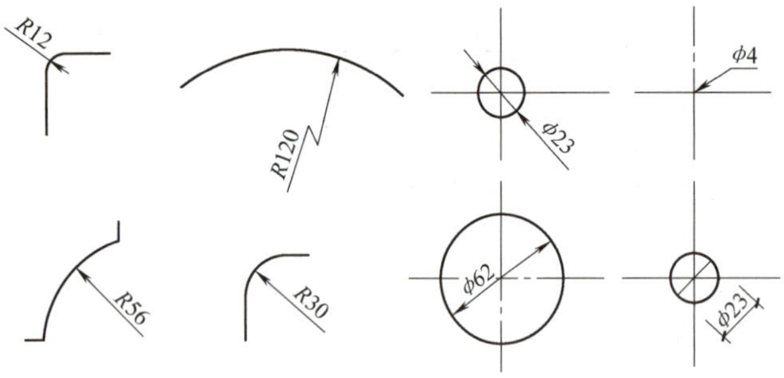

图1-13　圆及圆弧尺寸的标注

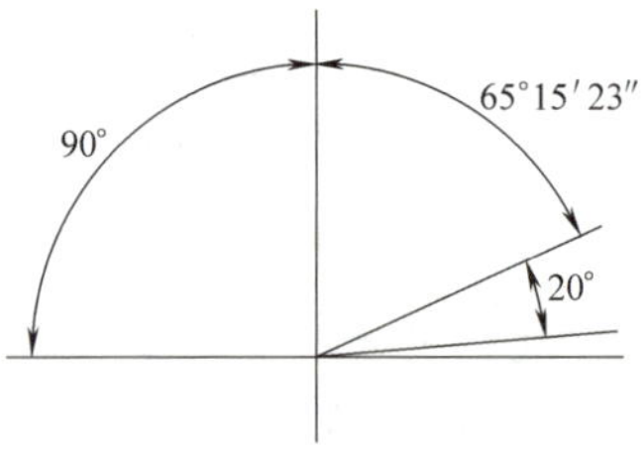

图1-14　角度标注方法

4. 弧长、弦长的标注

标注圆弧的弧长时，尺寸线应以与该圆弧同心的圆弧线表示，尺寸界线应指向圆心，起止符号用箭头表示，弧长数字上方或前方应加注圆弧符号，如图1-15所示。标注圆弧的弦长时，尺寸界线应垂直于该弦，尺寸线应以平行于该弦的直线表示，起止符号应以45°中粗斜短线表示，如图1-16所示。

5. 坡度的标注

标注坡度时，在坡度数字下方应加注坡度符号“←”或“↼”，如图1-17a、b所示，坡度符号的箭头一般应指向下坡方向；也可用直角三角形形式标注，如图1-17c所示。

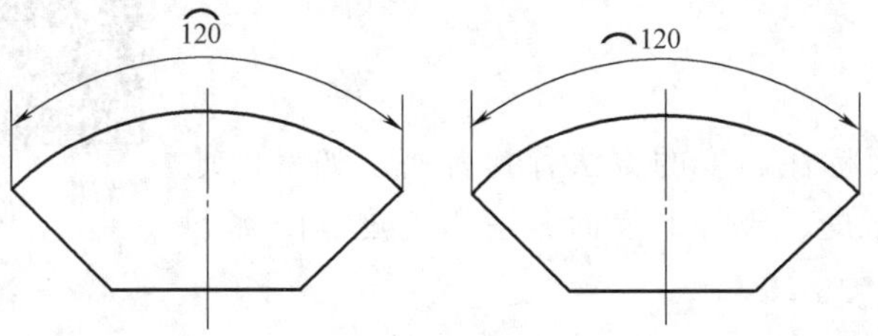

图 1-15　弧长标注方法

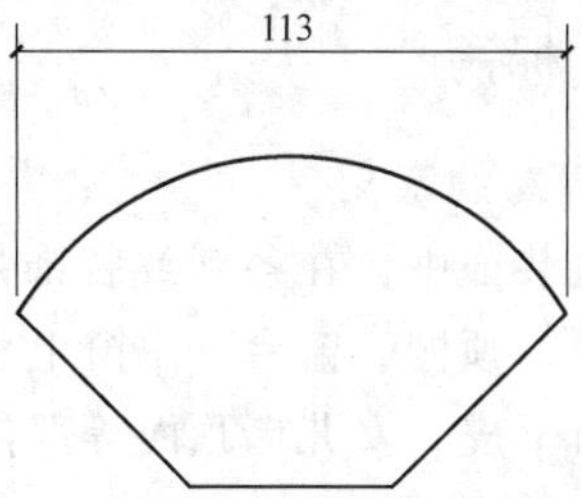

图 1-16　弦长标注方法

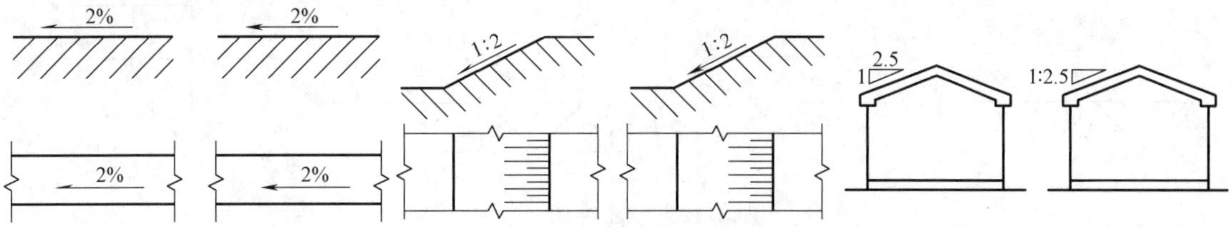

a) 箭头形式坡度符号(一)　b) 箭头形式坡度符号(二)　c) 三角形形式坡度符号

图 1-17　坡度标注方法

1.2.3　几种特殊图形的标注方法

1）杆件或管线的长度。在单线图（桁架简图、钢筋简图、管线图等）上，可直接将尺寸数字沿杆件或管线的一侧注写，如图 1-18 所示。

2）对仅用一个图形表示的薄板（如扁钢、钢板制件），在图中其厚度尺寸数字前加厚度符号“t”，如图 1-19 所示。

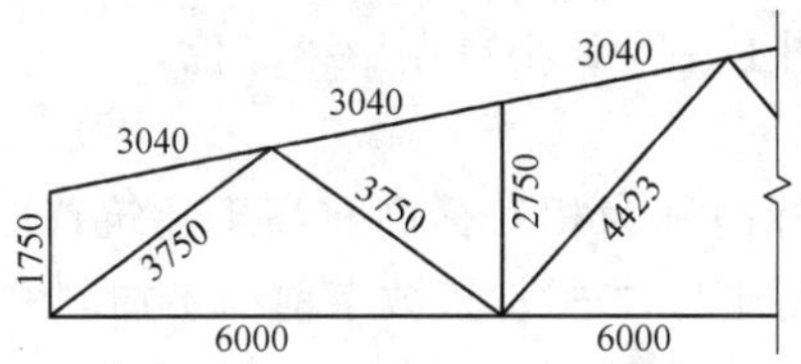

图 1-18　单线图尺寸标注方法

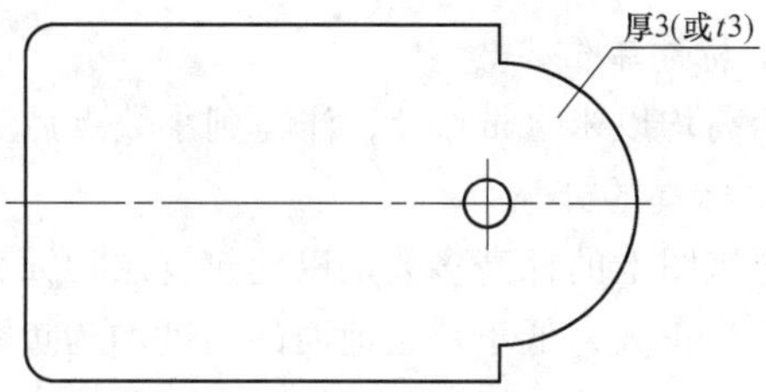

图 1-19　薄板厚度标注方法

3）当构配件内的构造要素（如孔、槽）相同时，可只标注一个要素的尺寸，如图 1-20 所示。

4）对于构配件，其剖面为正方形时，可在边长数字前加注正方形符号“□”，如图 1-21 所示。

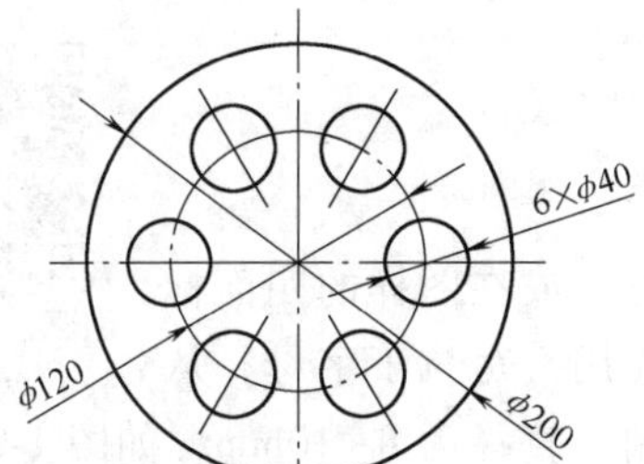

图 1-20　相同要素尺寸标注方法

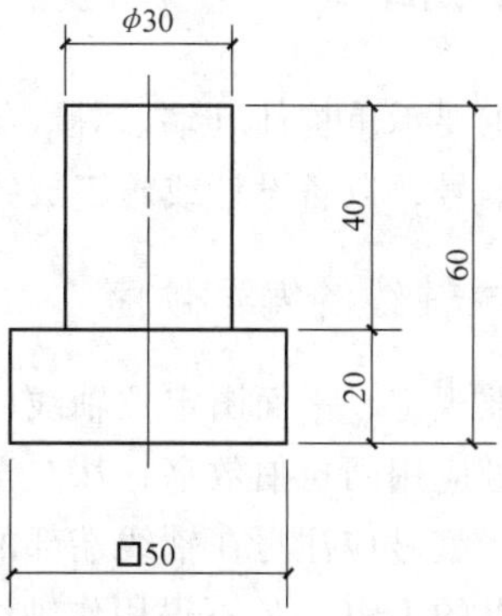

图 1-21　剖面为正方形尺寸标注

1.2.4　标高

微课：标高

1. 标高的定义

建筑装饰中，在各细致装饰部位的上下表面标注高度的方法称为标高。如室内地面、楼面、顶棚、窗台、门窗上沿、窗帘盒的下皮、台阶上表面、墙裙上皮、门廊下皮、檐口下皮、女儿墙顶面等部位的高度注法。

2. 标高符号

1）标高符号应以等腰直角三角形表示，用细实线绘制，其形式如图 1-22 所示。

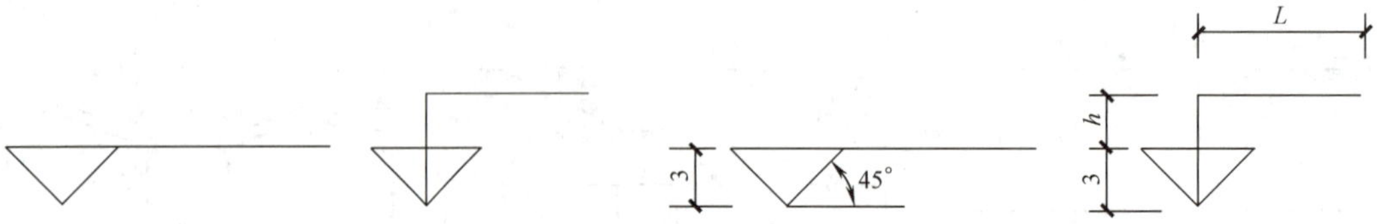

图 1-22　标高符号（一）

L—取适当长度注写标高数字　*h*—根据需要取适当高度

2）总平面图室外地坪标高符号宜用涂黑的三角形表示，如图 1-23 所示。

3）标高符号的尖端应指至被注高度的位置。尖端一般应向下，也可向上。标高数字应注写在标高符号的上侧或下侧，如图 1-24 所示。

图 1-23　标高符号（二）

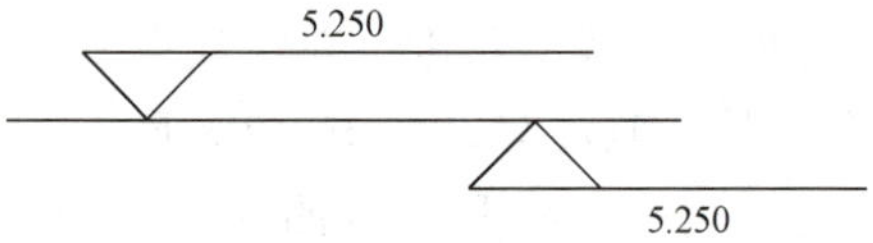

图 1-24　标高符号（三）

3. 标高单位

标高均以米（m）计，注写到小数点后第三位；总平面图上注写到小数点后第二位。

4. 标高的分类

建筑图上的标高多数是以建筑首层地面作为零点，这种标高称为相对标高。高于建筑首层地面的高度均为正数，低于首层地面的高度均为负数，并在数字前面注写“-”；正数字前面不加“+”。相对标高又可分为建筑标高和结构标高，装饰完工后的表面高度称为建筑标高；结构梁、板上下表面的高度称为结构标高。装饰工程占据一定的厚度，分清装饰表面与结构表面位置是非常必要的，要谨防把数据读错。

1.3　定位轴线

房屋的主要承重构件（墙、柱、梁等）均用定位轴线确定基准位置。定位轴线应用细单点长画线绘制并进行编号，以备设计或施工放线使用。

1.3.1　定位轴线的编号顺序

微课：定位轴线

制图标准规定，平面图定位轴线的编号宜标注在下方与左方，或在图样的四面标注。横向编号应用阿拉伯数字，从左至右顺序编写；竖向编号应用大写拉丁字母，从下至上编写。编号应注写在轴线端部的圆内，圆应用细实线绘制，直径为 8~10mm，如图 1-25 所示。

拉丁字母的 I、O、Z 不得用作轴线编号。如字母数量不够使用，可增加双字母或单字母加数字注脚，如 A_A、B_A、…、Y_A 或 A_1、B_1、…、Y_1。

1.3.2　附加定位轴线的编号

附加定位轴线是在两条轴线之间，遇到较小局部变化时的一种特殊表示方法。附加定位轴线的编号应以分数形式表示，并按下列规定编写。

1）在两根轴线间的附加轴线应以分母表示前一轴线的编号，分子表示附加轴线的编号，编号宜用阿拉伯数字顺序书写，如：$\frac{1}{2}$表示横向 2 轴线后的第一条附加定位轴线；$\frac{3}{C}$表示纵向 C 轴线后的第三条附加定位轴线。

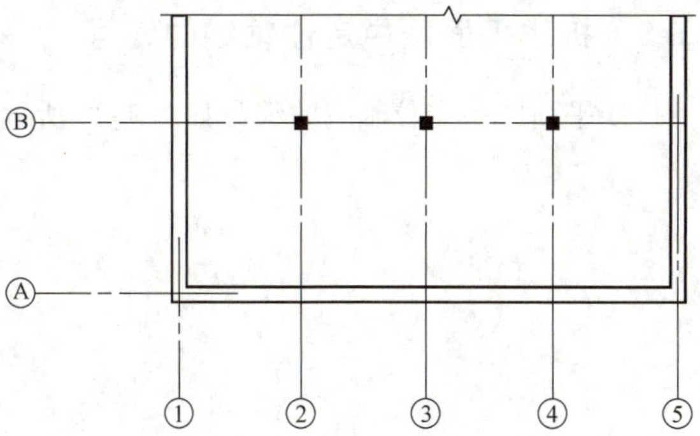

图 1-25　平面图定位轴线

2）在 1 号轴线或 A 号轴线之前的附加轴线，分母应以 01 或 0A 表示，如：$\frac{1}{01}$表示横向 1 轴线前的第一条附加定位轴线；$\frac{3}{0A}$表示纵向 A 轴线前的第三条附加定位轴线。

1.3.3　一个详图适用于几根定位轴线的表示方法

一个详图适用于几根定位轴线时，应同时注明各有关轴线的编号，如图 1-26 所示。

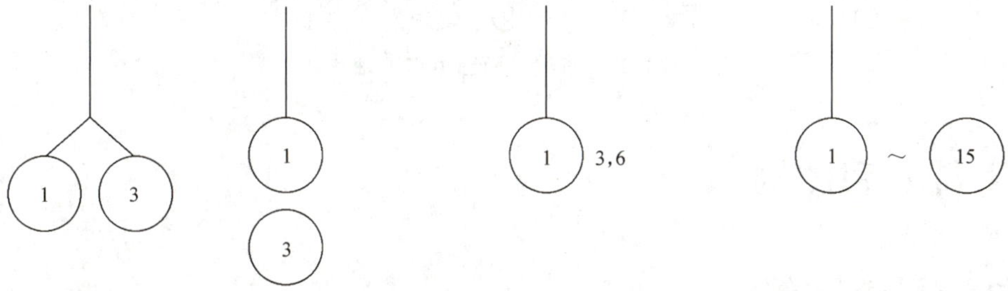

a) 适用于两条轴线　　b) 适用于三条轴线　　c) 适用于多条轴线

图 1-26　详图定位轴线

通用详图中的定位轴线应画圆，不注写轴线编号。

1.3.4　圆形平面图中定位轴线的编号

圆形平面图中直径定位轴线从左下角或-90°（若径向轴线很密，角度间隔很小）开始，沿逆时针方向用阿拉伯数字顺序编号，圆周定位轴线从外向里用大写英文字母编号，如图 1-27 所示。

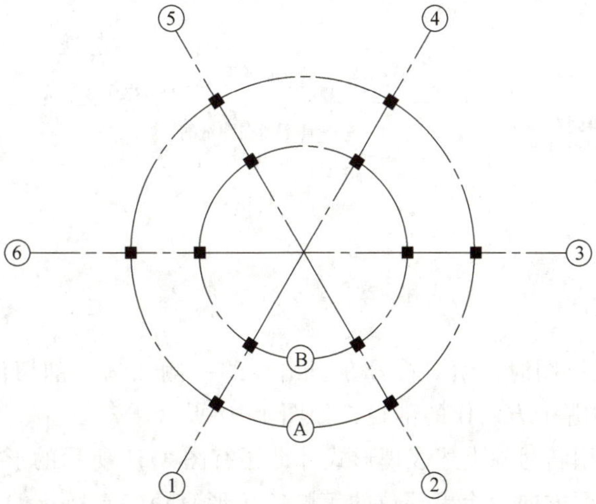

图 1-27　圆形平面图中定位轴线

1.3.5　折线平面图中定位轴线的编号

折线平面图中定位轴线的编号如图 1-28 所示。

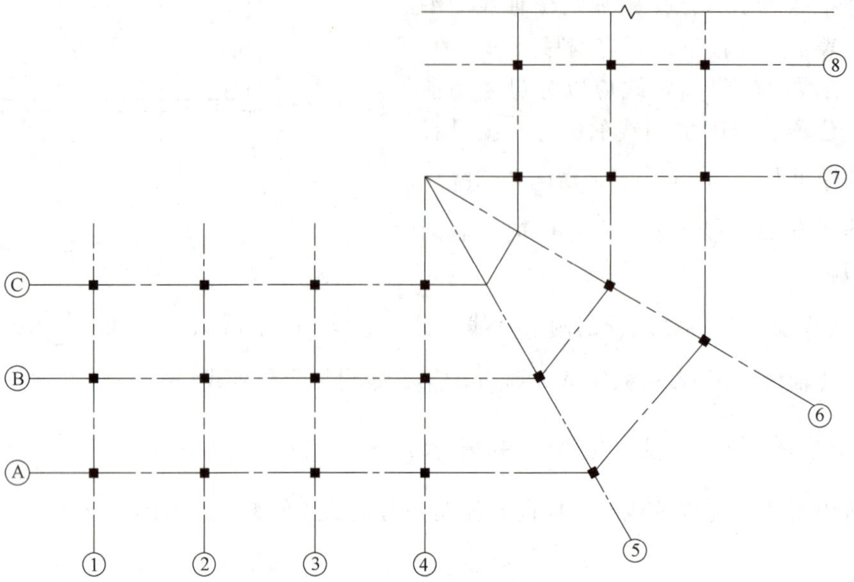

图 1-28　折线平面图中定位轴线

1.4　常用符号和图例

1.4.1　索引符号与详图符号

1. 索引符号

对于图中需要另画详图表示的局部或构件，为了读图方便，应在图中的相应位置以索引符号标出。

索引符号是由直径为 8~10mm 的圆和水平直径组成的，圆及水平直径均应以细实线绘制。当索引的详图与被索引的图在同一张图纸内时，在上半圆中用阿拉伯数字注出该详图的编号，在上、下半圆中间画一段水平细实线，下半圆画横杠，如图 1-29a 所示；当索引的详图与被索引的图不在同一张图纸内时，在下半圆中用阿拉伯数字注出该详图所在图纸的编号，如图 1-29b 所示；当索引的详图采用标准图集时，在圆的水平直径延长线上加注标准图册的编号，如图 1-29c 所示。

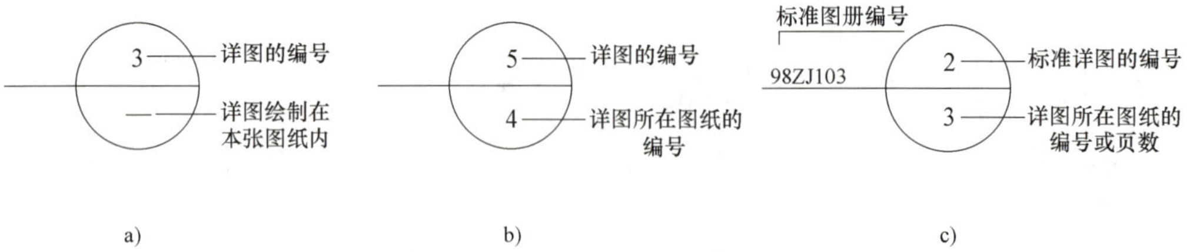

图 1-29　索引符号（一）

索引的详图是局部剖视详图时，索引符号在引出线的一侧加画一剖切位置线，引出线在剖切位置的哪一侧，表示该剖面是向哪个方向作的剖视，如图 1-30 所示。

用在装饰施工图上的索引符号除上述表现形式外，还有图 1-31 所示的形式，是指这一方向全体都需要画出详图的索引符号。看图方向为涂黑部位的等腰三角形直角尖端所指的方向，圆圈的直径为 10mm，用细实线绘制。该形式多用于室内平面装饰图内，表现房间内某一立面投影方向，如图 1-32 所示。

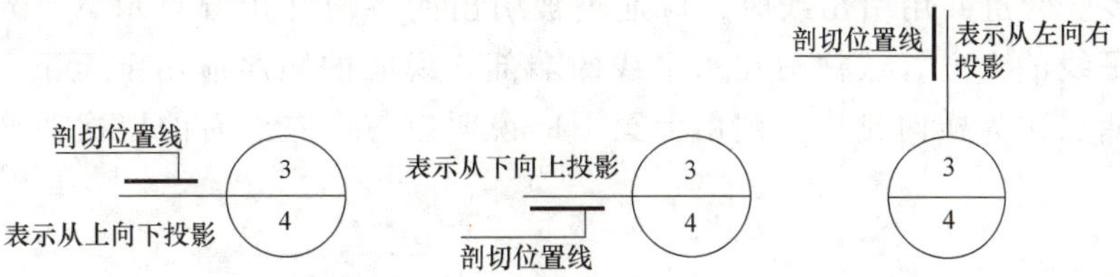

图 1-30　索引符号（二）

图 1-31　索引符号（三）

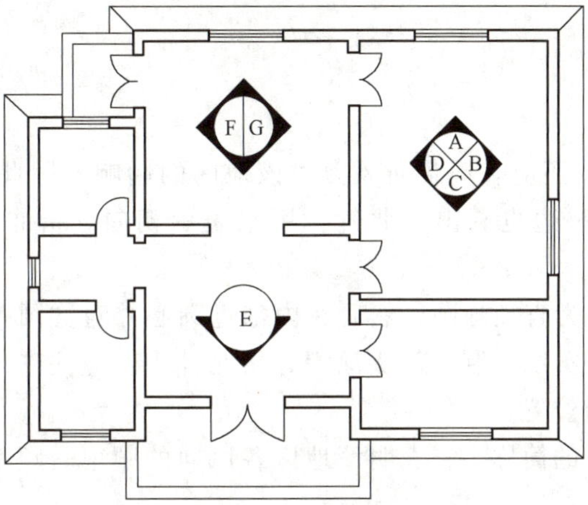

图 1-32　平面图上内视符号示例

2. 详图符号

详图符号应根据详图位置或剖面详图位置来命名，采用同一个名称进行表示。详图符号的圆直径为14mm，用粗实线绘制。

图 1-33a 表示详图与被索引的图样在同一张图纸内；图 1-33b 表示详图与被索引的图样不在同一张图纸内。

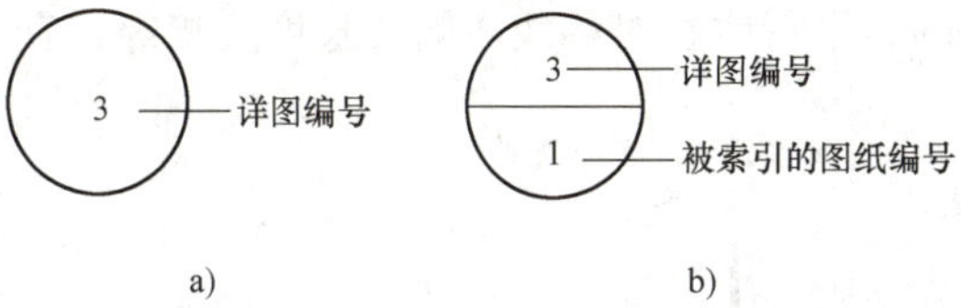

图 1-33　详图符号

微课：引出线

1.4.2　引出线

引出线以细实线绘制，宜采用水平方向的直线或与水平方向成 30°、45°、60°、90°的直线，或经上述角度再折为水平线。文字说明宜写在水平线的上方，也可注写在水平线的端部，如图 1-34 所示。

同时引出几个相同部分的引出线，宜互相平行，也可画成集中于一点的放射线，如图 1-35 所示。

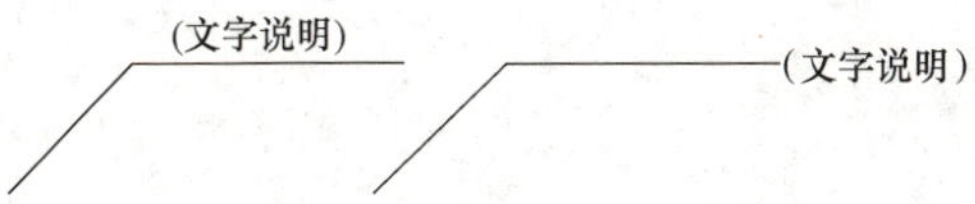

图 1-34　引出线画法（一）

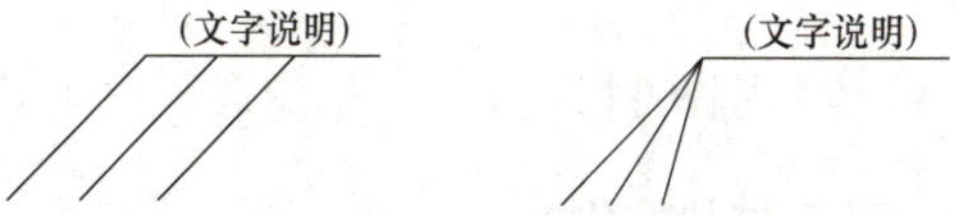

图 1-35　引出线画法（二）

多层构造或多层管道共用引出线时，应通过被引出的各层并用圆点示意其对应的各层次。文字说明注写在水平线的上方，或注写在水平线的端部，说明的顺序应由上至下，并应与被说明的层次对应一致；如层次为横向排序，则由上至下的说明应与由左至右的层次对应一致，如图 1-36 所示。

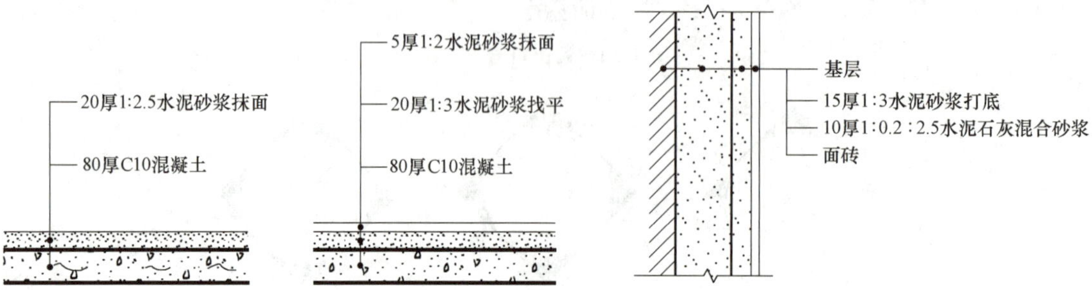

图 1-36　引出线画法（三）

1.4.3　其他符号

1. 指北针和风玫瑰

总平面图中应表示朝向，还应表现各向风力对该地区的影响，因此在图样旁还绘有指北针和风玫瑰。首层建筑装饰平面图旁边也画出指北针，用来表示朝向。指北针和风玫瑰的符号如图 1-37 所示。

指北针的画法是以 24mm 为直径画圆，然后在内部过圆心并对称画一瘦长形箭头，箭头尾宽取圆直径的 1/8，即 3mm，圆用细实线绘制，箭头涂黑，指北针头部应注“北”或“N”字。通常指北针只画在首层平面图旁边的适当位置。

风玫瑰是风向频率玫瑰图的简称，它表明该地区各风向的频率。频率最高，表示该风向的吹风次数最多。

2. 对称符号

当构配件的图形为对称图形时，绘图时可只画对称图形的一半，并用细实线画出对称符号来共同表示该构配件，对称符号如图 1-38 所示。符号中平行线的长度为 6～10mm，平行线的间距宜为 2～3mm，平行线在对称线两侧的长度应相等，宜为 2～3mm。

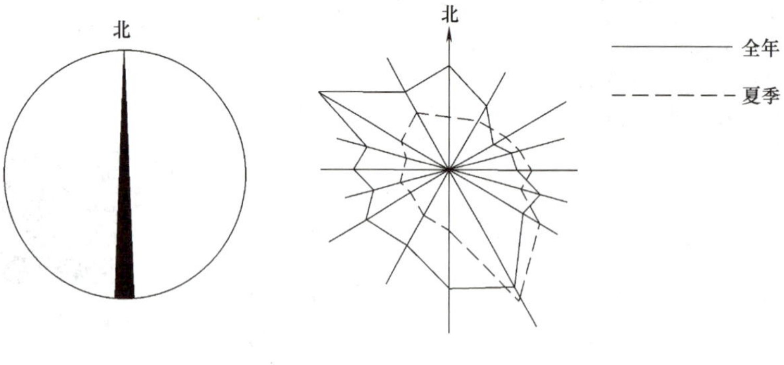

a) 指北针　　b) 风玫瑰

图 1-37　指北针和风玫瑰

图 1-38　对称符号

1.4.4　常用图例

1. 建筑材料图例

建筑材料图例见表 1-5。

表 1-5　建筑材料图例

序号	名称	图例	备注
1	自然土壤		包括各种自然土壤
2	夯实土壤		—
3	砂、灰土	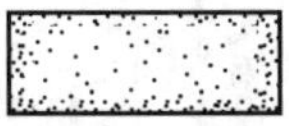	—
4	砂砾石、碎砖三合土	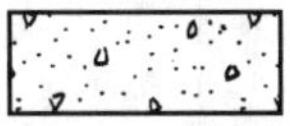	—
5	石材	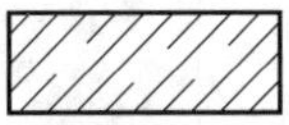	—
6	毛石	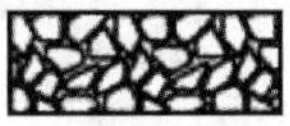	—
7	实心砖、多孔砖	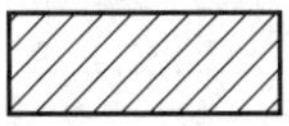	包括普通砖、多孔砖、混凝土砖等砌体
8	耐火砖	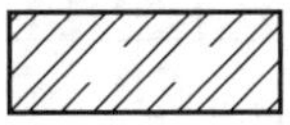	包括耐酸砖等砌体
9	空心砖、空心砌块	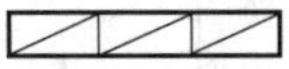	包括空心砖、普通或轻集料混凝土小型空心砌块等砌体
10	加气混凝土	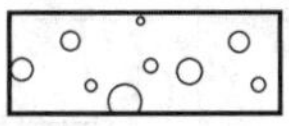	包括加气混凝土砌块砌体、加气混凝土墙板及加气混凝土材料制品等
11	饰面砖		包括铺地砖、玻璃马赛克、陶瓷锦砖、人造大理石等
12	焦渣、矿渣	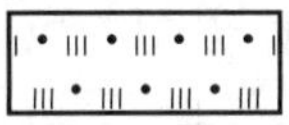	包括与水泥、石灰等混合而成的材料
13	混凝土		1. 包括各种强度等级、集料、添加剂的混凝土 2. 在剖面图上绘制表达钢筋时，则不需绘制图例线 3. 断面图形较小，不易绘制表达图例线时，可填黑或深灰（灰度宜 70%）
14	钢筋混凝土	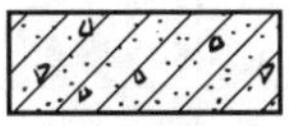	
15	多孔材料	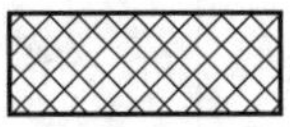	包括水泥珍珠岩、沥青珍珠岩、泡沫混凝土、软木、蛭石制品等
16	纤维材料	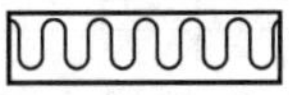	包括矿棉、岩棉、玻璃棉、麻丝、木丝板、纤维板等

2. 总平面图图例

总平面图图例见表 1-6。

表 1-6　总平面图图例

名称	图例	说明	名称	图例	说明
新建的建筑物	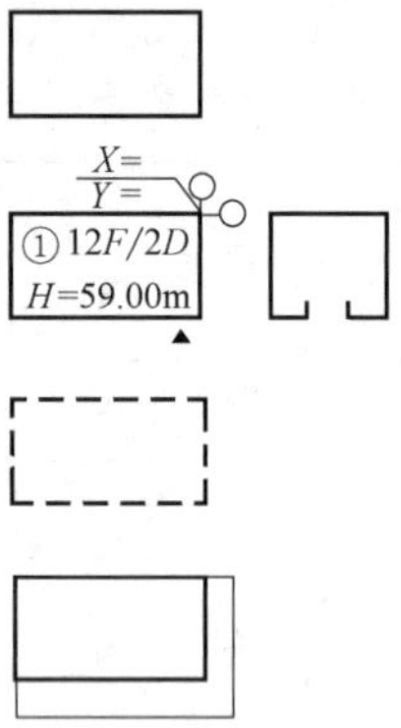	新建建筑物以粗实线表示与室外地坪相接处±0.00外墙定位轮廓线 地下建筑用粗虚线表示 建筑物上部(±0.00以上)外挑建筑用细实线表示	分水脊线		—
			合水谷线	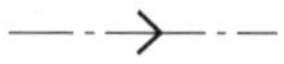	—
原有的建筑物		用细实线表示	雨水井		—
			消火栓井		—
计划扩建的预留地或建筑物		用中粗虚线表示	室内标高	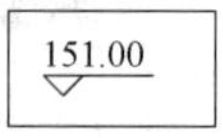	—
			室外标高		—
拆除的建筑物	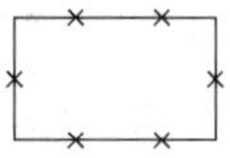	用细实线表示	新建的道路	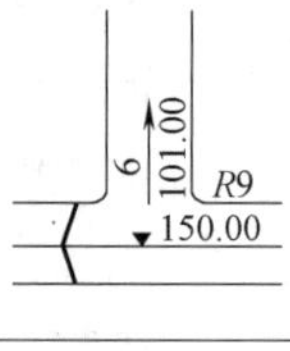	—
新建的地下建筑物或构筑物	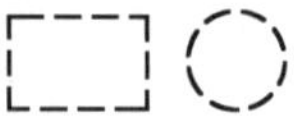	—	原有的道路		用细实线表示
散状材料露天堆场	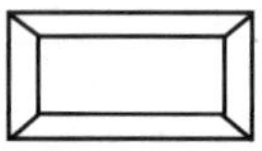	可注明材料名称	计划扩建的道路	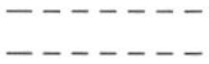	用中虚线表示
烟囱		实线为烟囱下部直径，虚线为基础，可注写高度及上、下口直径	阔叶乔木	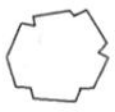	—
围墙及大门	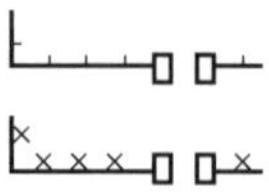	上为砖石或金属材料的围墙，下面为镀锌铁丝网和篱笆等围墙；如仅表示围墙时不画大门	针叶灌木		—
挡土墙	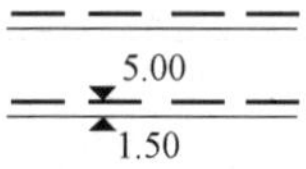	挡土墙根据设计阶段的需要标出 墙顶标高 墙底标高	针叶乔木		—

（续）

名称	图　例	说　明
坐标	1. X=105.00 Y=425.00 2. A=105.00 B=425.00	1. 表示地形测量坐标系，X 为南北方向，Y 为东西方向 2. 表示自设坐标系，坐标数字平行于建筑标注，A 为南北方向，B 为东西方向
方格网交叉点标高	-0.50 │ 77.85 │ 78.35	“78.35”为原地面标高 “77.85”为设计标高 “-0.50”为施工高度 “-”表示挖方，“+”表示填方（可省略不写）

名称	图　例	说　明
阔叶灌木	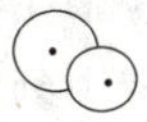	—
修剪的树篱		—
草地	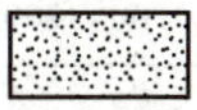	—
填挖边坡		边坡较长时，可在一端或两端局部表示
护坡		—

小知识

在土木工程制图中，涉及的国家标准有技术制图标准和有关建筑工程制图方面的标准。有关建筑制图方面的国家标准有6个：《房屋建筑制图统一标准》（GB/T 50001—2017）；《总图制图标准》（GB/T 50103—2010）；《建筑制图标准》（GB/T 50104—2010）；《建筑结构制图标准》（GB/T 50105—2010）；《建筑给水排水制图标准》（GB/T 50106—2010）；《暖通空调制图标准》（GB/T 50114—2010）。

1.5　绘图工具、仪器和用品

图样一般都是借助绘图工具和仪器绘制的，因此了解它们的性能，熟练掌握它们的正确使用方法，经常维护、保养，才能保证制图质量、提高绘图速度。

1.5.1　绘图工具、仪器

在绘图的时候，最常用的绘图工具和仪器有图板、丁字尺或直尺、三角板、比例尺（三棱尺）、圆规、分规，还有绘图笔、橡皮、模板等。

1. 图板、丁字尺、三角板

图板是铺放图纸用的工具，常见的是两面有胶合板的空芯板，四周镶有硬木条。板面要平整、无节疤，图板的四边要求十分平直和光滑。画图时，丁字尺靠着图板的左边上下滑动画平行线，这时左边称为工作边，如图1-39所示。

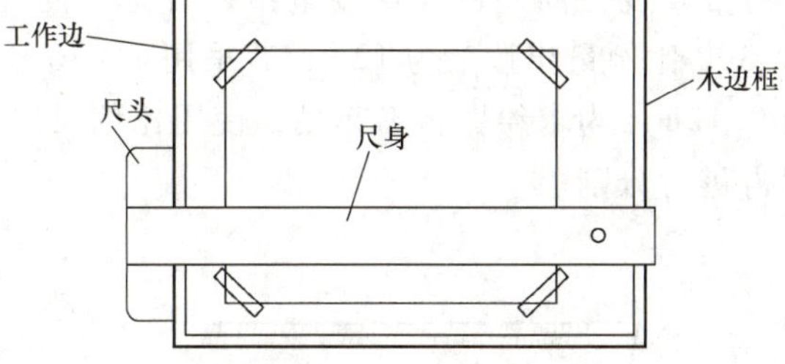

图1-39　图板和丁字尺

图板是绘图的主要工具，应防止受潮或日晒；板面上也不可以放重的东西，以免图板变形走样或压坏板面；贴图纸宜用透明胶带纸，不宜使用图钉。不用时将图板竖向放置保管。

图板有几种规格，可根据需要选用，其常用规格见表1-7。

与图板相配的还有丁字尺或直尺、三角板，它们是用来画水平线的。丁字尺由尺头和尺身两部分组成，尺头应牢固地连接在尺身上，尺头内侧应与尺身上边保持垂直。

使用丁字尺时，必须将尺头紧靠在图板左侧工作边滑动，画出不同高度的水平线，如图 1-40 所示。丁字尺、直尺尺身的上侧（常用刻度线）是供画线用的。不要在下侧画线。丁字尺用后应悬挂起来，以防发生弯曲或不慎折断。

表 1-7　图板的规格

图板的规格	0	1	2
图板尺寸(宽×高)/mm	900×1200	600×900	450×600

三角板是工程制图的主要工具之一，与丁字尺或直尺配合使用。三角板靠着丁字尺或直尺上侧可画垂直线（图 1-41）及各种角度倾斜线和平行线（图 1-42）。

图 1-40　丁字尺画水平线

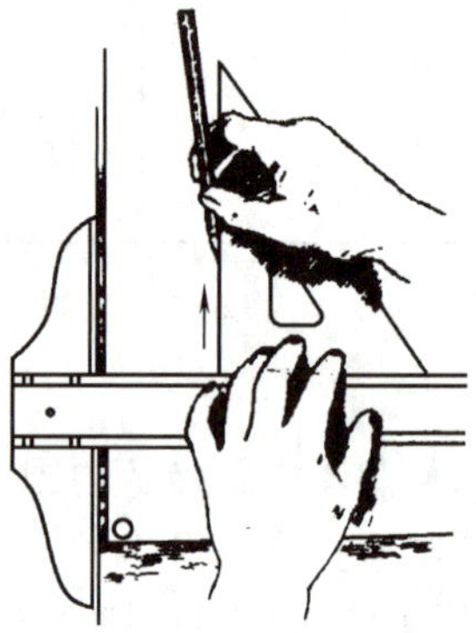

图 1-41　用三角板与丁字尺配合画垂直线

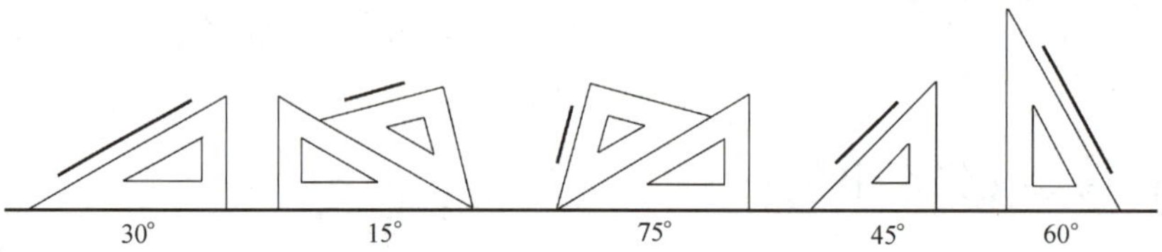

图 1-42　用三角板与丁字尺配合画各种角度倾斜线和平行线

三角板以透明胶质材料制成，一副两块。应注意保护其板边的平直、光滑和角度的精确。

2. 比例尺

比例尺是绘图时用来缩小线段长度的尺子。比例尺通常制成三棱柱状，故又称为三棱尺（图 1-43），一般为木制或塑料制成。比例尺的三个棱面刻有六种比例，通常有 1∶100、1∶200、1∶300、1∶400、1∶500、1∶600，比例尺上的数字以 m 为单位。

利用比例尺直接量度尺寸时，尺子比例应与图样比例相同。将尺子置于图上要量的距离之外，并对准量度方向，便可直接量出；若有不同，可采用换算方法求得。如图 1-44 所示，该线段采用 1∶300 比例量出读数为 12m；若采用 1∶30 比例，它的读数为 1.2m；若采用 1∶3 比例，它的读数为 0.12m。为求绘图精确起见，使用比例尺时切勿累计其距离，应注意先绘制整个宽度和长度，然后再进行分割。

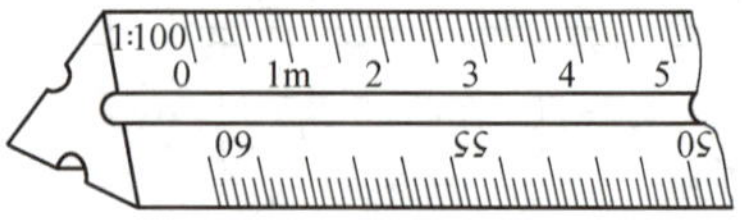

图 1-43　比例尺

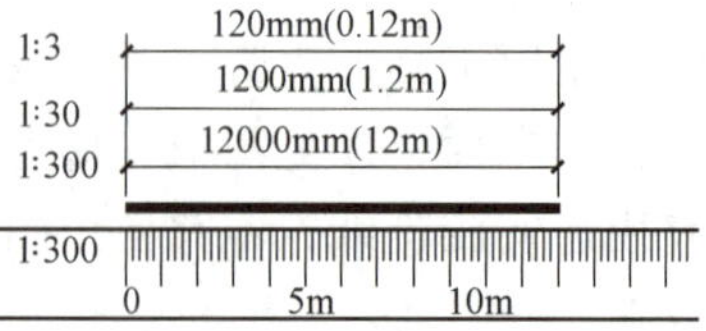

图 1-44　比例换算

比例尺不可以用来画线，不能弯曲，尺身应保持平直完好，尺子上的刻度要清晰、准确，以免影响使用。

3. 圆规和分规

（1）圆规 圆规是用来画圆和圆弧曲线的绘图仪器。通常用的圆规为组合式，有固定针脚、可移动的铅笔脚、鸭嘴脚及延伸杆等几种（图 1-45）。其中，有两种常用的特殊小圆规如下。

1）弓形小圆规：用于画小圆。

2）精密小圆规：画小圆用，迅速方便。使用时针尖固定不动，将笔绕它旋转。

（2）分规 分规是用来量取线段、量度尺寸和等分线段的一种仪器（图 1-46）。

分规的两脚端部均固定钢针，使用时要检查两脚高低是否一致，如不一致则要放松螺钉调整。

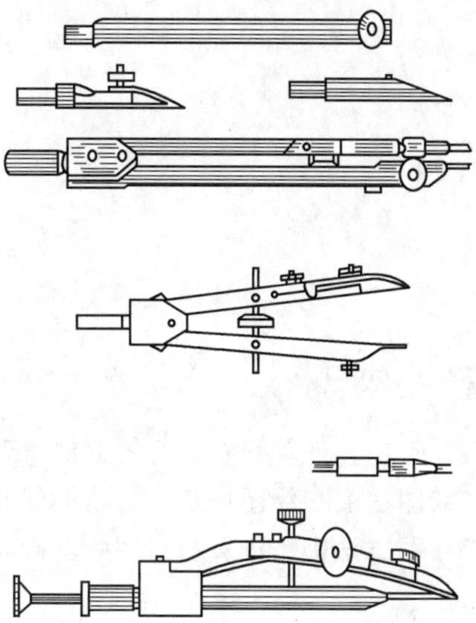

图 1-45 圆规

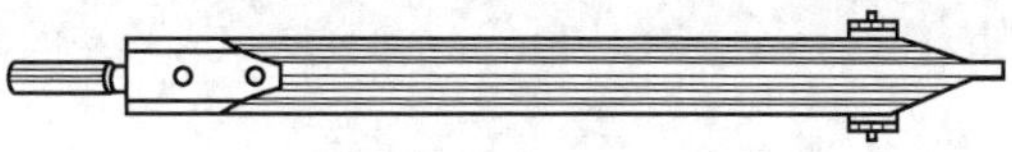

图 1-46 分规

1.5.2 绘图用品

1. 绘图笔

绘图笔的种类很多，有绘图铅笔、鸭嘴笔、绘图墨水笔等。

绘图铅笔的型号以软硬程度来划分，分别用笔端字母“H”或“B”表示，“H”表示硬，“B”表示软，“HB”表示软硬适宜，“H”或“B”前面的数字越大表示铅芯越硬或越软。一般先用 H 系列铅笔打底稿，原图加深时再用稍软的铅笔，如 HB 或 B 等。

鸭嘴笔和绘图墨水笔是画墨线图用的，鸭嘴笔已很少使用。绘图墨水笔笔尖的粗细口径分为多种规格，可按不同线型粗细选用，画线方法与铅笔类同。

2. 模板、擦图片

（1）模板 为了提高绘图速度和质量，把图样上的常用符号、图例和比例等刻在透明胶质板上，制成模板使用。建筑制图中常用的建筑模板如图 1-47 所示。

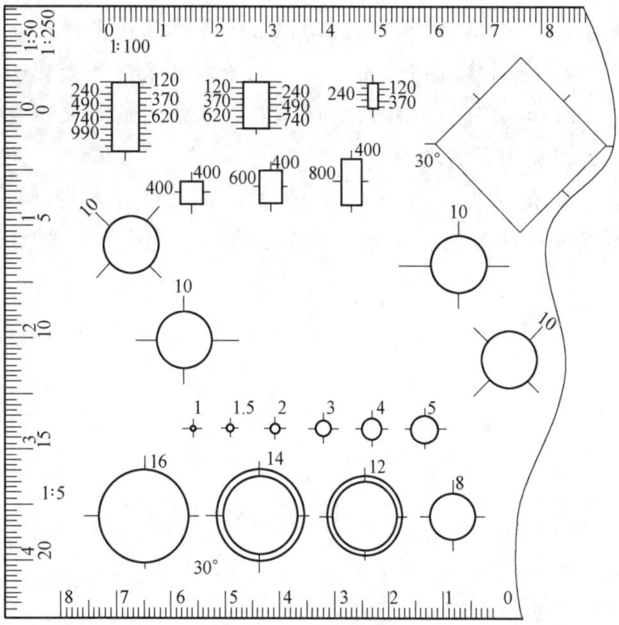

图 1-47 建筑模板

在模板上刻有可用于画出各种图例的孔，如其大小已符合一定比例，只要用笔在孔内画一周，图例就画出来了。

（2）擦图片 擦图片是用来修改错误图样的。它是用透明塑料或不锈钢制成的薄片，薄片上刻有各种形状的模孔，其形状如图 1-48 所示。

使用时，应使画错的线在擦图片上适当的小孔内露出来，再用橡皮擦拭，以免影响其临近的线条。

制图时还应准备橡皮、擦图片、胶带纸等用品。

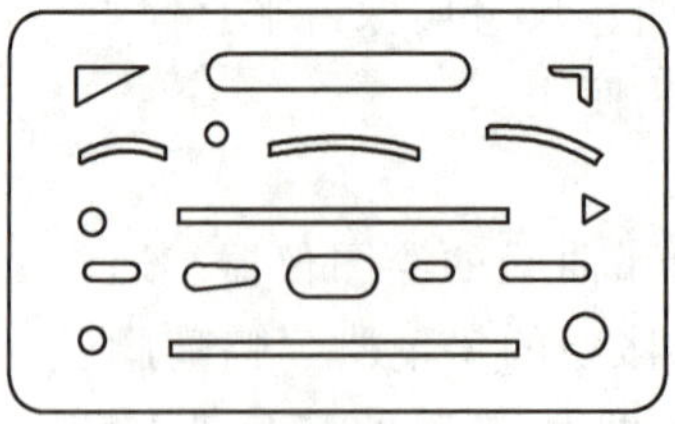

图 1-48　擦图片

小知识

目前，计算机在各行各业都得到了普遍的应用。计算机绘图也得到了飞速的发展，它大大提高了绘图速度和绘图质量，为我们创造了全新的工作环境，改变了原有的工作方式。但是，传统的手工绘图方法仍是计算机绘图的基础。

项目小结

1. 建筑制图标准是绘制建筑图样时必须遵守的统一规定。要正确学习和运用国家规定的制图标准，如图纸幅面、图线线型、比例和尺寸标注等。

2. 图线在一般图样中应用最多的是粗实线、细实线、中虚线、细单点长画线和折断线等。在制图标准中，规定了各种图线的适用范围，如粗实线表示的是一张图的重点内容，墙体上的孔洞用中虚线绘制，定位轴线、中心线用细单点长画线绘制。

3. 尺寸标注由尺寸线、尺寸界线、尺寸起止符号和数字组成；除总平面图和标高符号上的尺寸数字以 m 为单位外，其他均以 mm 为单位；半径、直径、坡度应分别加符号“R、ϕ、i”。

4. 绘制建筑图采用比例，无论图样采用多大比例绘制，所标注的尺寸都是实际尺寸。

5. 本项目所介绍的制图工具，在绘图前都要准备好，并擦拭干净。使用中要注意它们的正确用法，用完要注意保管。

6. 建筑工程图是施工的依据，不允许有差错，以免给施工带来麻烦和损失。在学习时，一定要养成校核的习惯，检查尺寸是否准确、完全，绘制的图是否符合国家制图标准的规定等。

项目2 图样的画法

思维导图

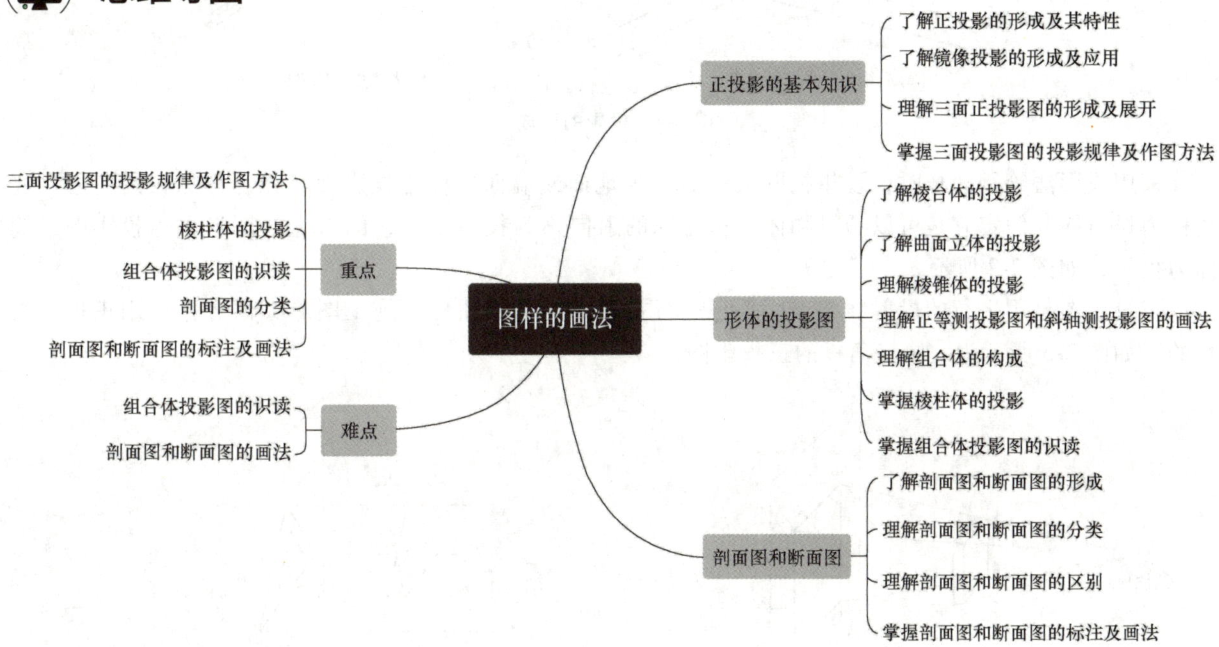

知识储备

工程施工图多数采用正投影法，按照国家制图标准绘制。国家制图标准中规定的工程图图幅有五种，在实际工程中常用的是A2（$b \times l = 420\text{mm} \times 594\text{mm}$）图幅；图样采用比例绘制，但大小用尺寸标注来反映，其大小以所标注的数字为准，不得用尺子量图。

2.1 正投影的基本知识

问题引入

粉笔盒是一个正四棱柱体（三维空间体），如何用画法简单的图样把它的真实形状反映出来，并通过图样计算其表面积和体积？

2.1.1　正投影的形成及投影特性

微课：投影图的形成

1. 正投影的形成

工程图样的基本要求是在一平面上准确、完整地表达物体的几何形状和大小。

工程图样的形成是利用物体在光线照射后在地面或墙面上产生与物体相同或相似的影子（图 2-1）这一原理绘制出来的。这种用投影原理在平面上表示物体的方法称为投影法。

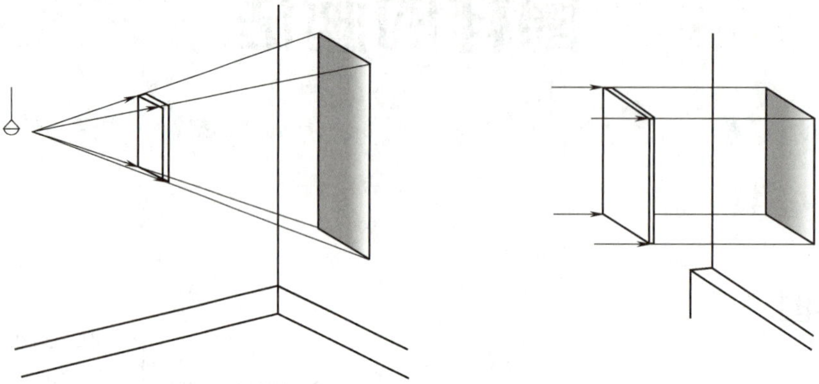

a) 光线由灯光发射出来　　b) 光线由太阳发射出来

图 2-1　投影的形成

采用投影法绘制图样时，设想把图纸平面作为地面或墙面，称为投影面；光源称为投射中心；光线称为投射线并假定它是可以透过物体的；光源的射向称为投射方向；图纸上的图形称为投影图或简称为投影，如图 2-2 所示。

正投影图是用平行的投射线与墙面垂直进行投影而得到的图样。施工图绝大部分是应用正投影得到的。如图 2-3 所示为一块三角板的正投影图。

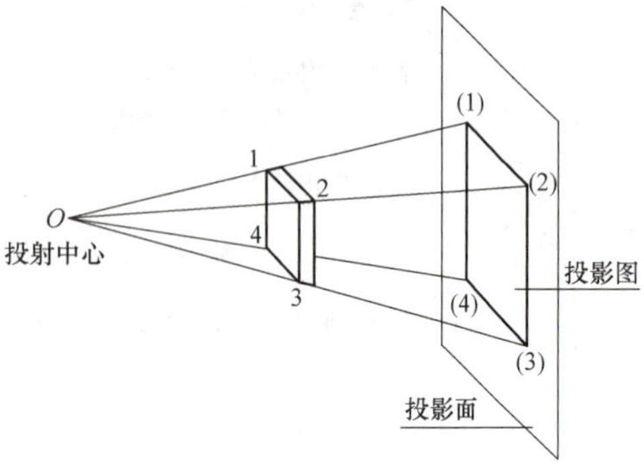

图 2-2　中心投影

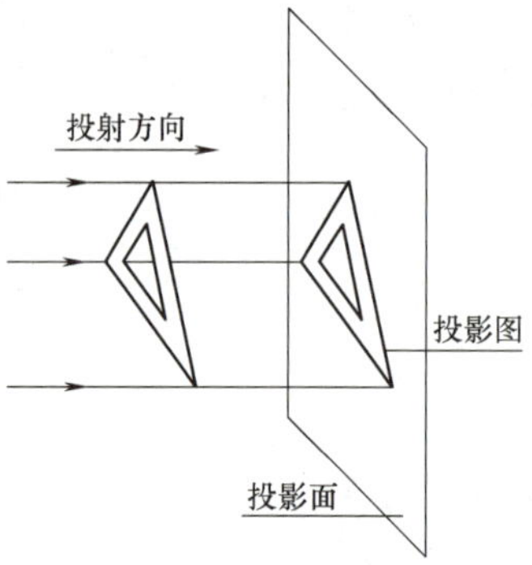

图 2-3　正投影

2. 正投影的特性

（1）直线的投影特性

1）线段平行于投影面（投影面平行线）时，其投影长度反映实长，即 $ab=AB$（图 2-4a）。

2）线段垂直于投影面（投影面垂直线）时，其投影积聚为一点（图 2-4b）。

3）线段与投影面既不平行也不垂直（投影面倾斜线）时，其投影长度小于实长，即 $ef<EF$（图 2-4c）。

（2）平面的投影特性

1）平面平行于投影面（投影面平行面）时，其投影反映实形，即 $\Delta abc=\Delta ABC$（图 2-5a）。

2）平面垂直于投影面（投影面垂直面）时，其投影积聚成直线（图 2-5b）。

3）平面与投影面既不平行也不垂直（投影面倾斜面）时，其投影类似于平面实形（图 2-5c）。

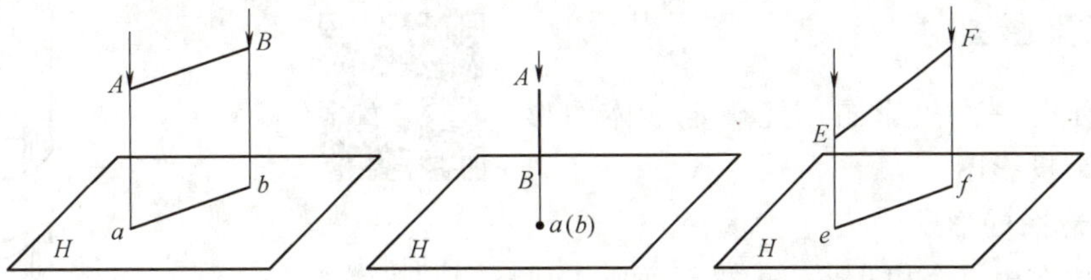

a) 投影面平行线　　b) 投影面垂直线　　c) 投影面倾斜线

图 2-4　直线的投影特性

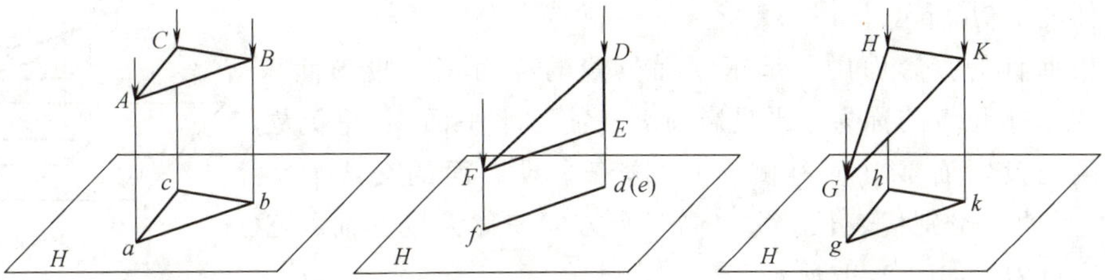

a) 投影面平行面　　b) 投影面垂直面　　c) 投影面倾斜面

图 2-5　平面的投影特性

试一试

分析图 2-6 所示线、面与投影面的相对位置。

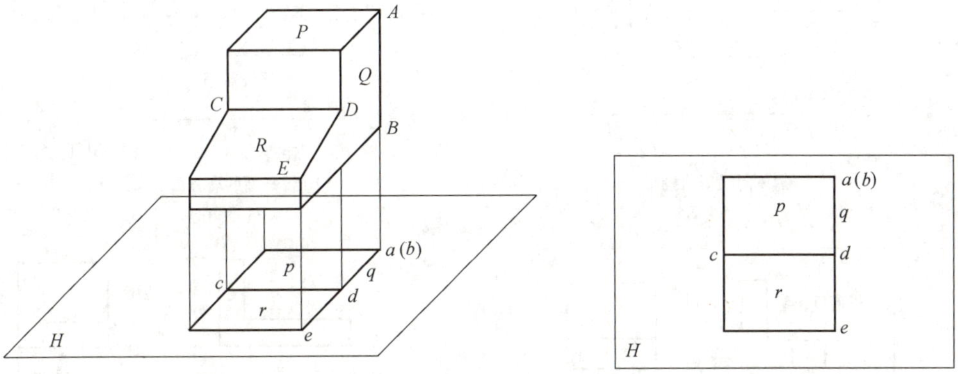

a) 直观图　　b) 水平投影图

图 2-6　形体的水平投影图

AB 为垂直线，*CD* 为平行线，*ED* 为倾斜线；*P* 为平行面，*Q* 为垂直面，*R* 为倾斜面。

小知识

如图 2-7 所示的裕达国贸大厦是由台湾著名设计师李祖原先生设计的，高 45 层，建设共耗资 3 亿美元。其外观设计为双塔形体，又像双手合掌。如果将地面视为投影面，则其屋面是投影面倾斜面，外墙面是投影面垂直面，楼（地）面是投影面平行面。

图 2-7　裕达国贸大厦

2.1.2 三面正投影图

如图 2-8 所示，一个投影图不能确定形体的形状，一般需要三个投影图。

微课：三面投影图的形成

1. 三面正投影图的形成

通常把物体放在由三个相互垂直的投影面所组成的体系中，然后用正投影法由前向后投影、由上面向下投影、由左面向右投影（图 2-9a），由此可得到物体在三个不同方向的正投影图，如图 2-9b 所示。

在三个互相垂直的投影面中，呈正立面位置的称为正立投影面 V（简称正面）；呈水平位置的称为水平投影面 H（简称水平面）；呈侧立面位置的称为侧立投影面 W（简称侧面）。这三个投影面的交线 OX、OY、OZ 也互相垂直，分别代表长、宽、高三个方向，称为投影轴。三轴的交点称为原点 O，如图 2-9b 所示。

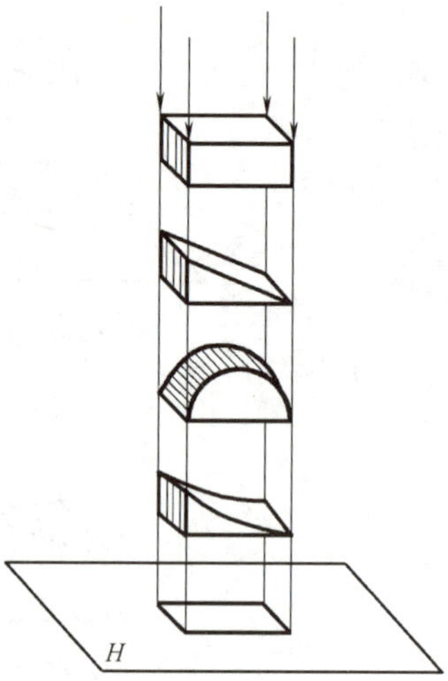

图 2-8 单面投影图

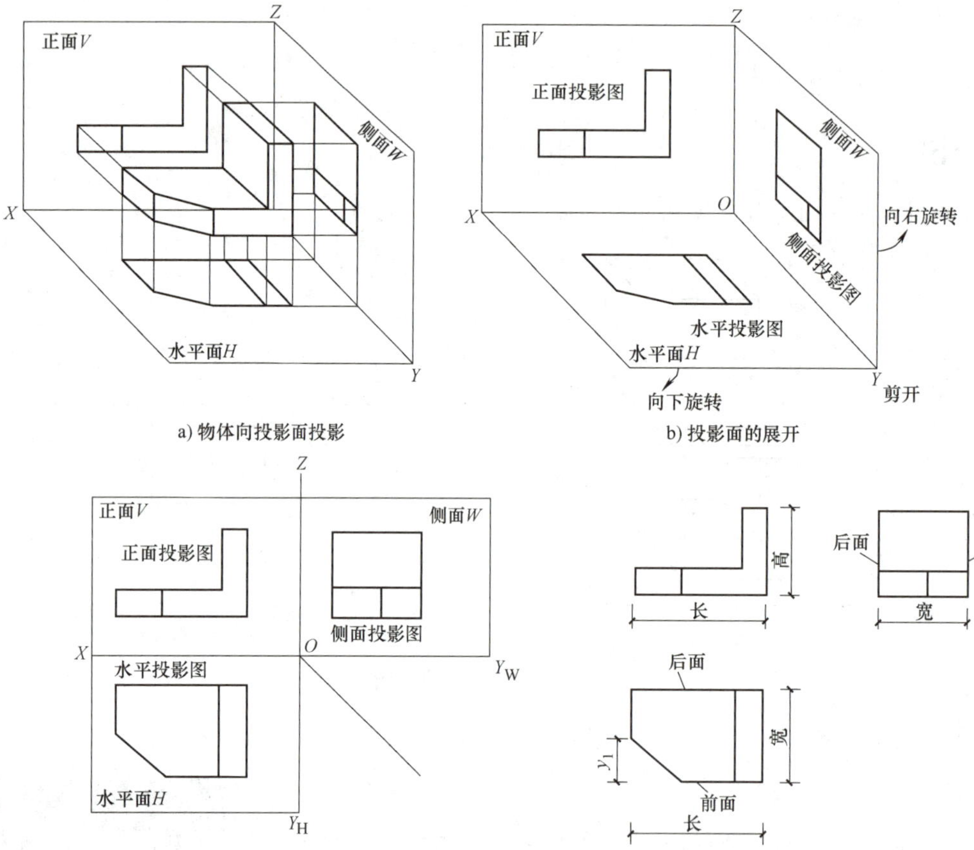

a) 物体向投影面投影
b) 投影面的展开
c) 三面投影图
d) 三面投影图及其投影规律

图 2-9 三面投影图的形成

在 V 面上产生的投影称为正面投影图，在 H 面上产生的投影称为水平投影图，在 W 面上产生的投影称为侧面投影图。

2. 三个投影面的展开

为了把在空间位置的三个投影图画在同一平面上，必须将三个相互垂直的投影面进行展开。展平规则为：V 面保持不动，将 H 面向下旋转，将 W 面向右旋转，使它们都与 V 面处在同一平面上（图 2-9b、c）。这时，OY 轴分为两条，一条为 OY_H 轴，另一条为 OY_W 轴。由于投影面的大小与投影图无关，故有时在画三面投影图时可不画出投影面的边界，如图 2-9d 所示。

3. 三面投影图的投影规律

从三面投影图的形成过程中，可以进一步归纳出三面投影图之间的相互关系及投影规律。由图 2-9d 可以看出，每个投影图只能反映物体长、宽、高中两个方向的大小，即：正面投影图反映物体的长（x）和高（z）；水平投影图反映物体的长（x）和宽（y）；侧面投影图反映物体的宽（y）和高（z）。

从物体的投影图和投影面的展开过程中，还可看出：

正面、侧面投影图反映了物体上、下方向的同样高度（等高）；物体上各个面和各条线在正面、侧面投影面上的投影图，应在高度方向分别平齐。

正面、水平投影图反映物体左、右方向的同样长度（等长）；物体上各个面和各条线在正面、水平投影面上的投影图，应在长度方向分别对正。

水平、侧面投影图反映物体前、后方向的同样宽度（等宽）；物体上各个面和各条线在水平、侧面投影面上的投影图，应在宽度方向分别相等。

必须指出，在投影面的展开过程中，当水平面 H 绕 OX 轴向下旋转到和正面 V 重合时，原来向前的 OY 轴转向 OY_H 轴了。也就是说，水平投影图的下方，实际上代表了物体的前方；水平投影图的上方，代表了物体的后方。当侧面 W 绕 OZ 轴向右旋转到和正面 V 重合时，原来向前的 OY 轴转成向右的 OY_W 轴了。也就是说，侧面投影图的右方，实际上代表了物体的前方；侧面投影图的左方，实际上代表了物体的后方。如图 2-9d 所示物体的底板上的缺角，在水平、侧面投影图中，不仅反映缺角的宽度都是 y_1，而且还反映缺角在底板的前方。

通过以上分析，可以概括出三面投影图的投影规律是：正面、侧面投影图高平齐（等高）；正面、水平投影图长对正（等长）；水平、侧面投影图宽相等（等宽），前后对应。

这三条规律，必须在初步理解的基础上，经过画图和看图的反复实践逐步达到熟练和融会贯通的程度。用三面投影图表示一个物体，是各种工程图常采用的表现方法。

相关链接

粉笔盒的三面投影图如图 2-10 所示。其水平投影图反映顶面的实形，正面投影图反映前面的实形，侧面投影图反映侧面的实形。

其表面积 $S=100\text{mm}\times75\text{mm}\times2+100\text{mm}\times50\text{mm}\times2+50\text{mm}\times75\text{mm}\times2=3.25\times10^4\text{mm}^2$

其体积 $V=100\text{mm}\times50\text{mm}\times75\text{mm}=3.75\times10^5\text{mm}^3$

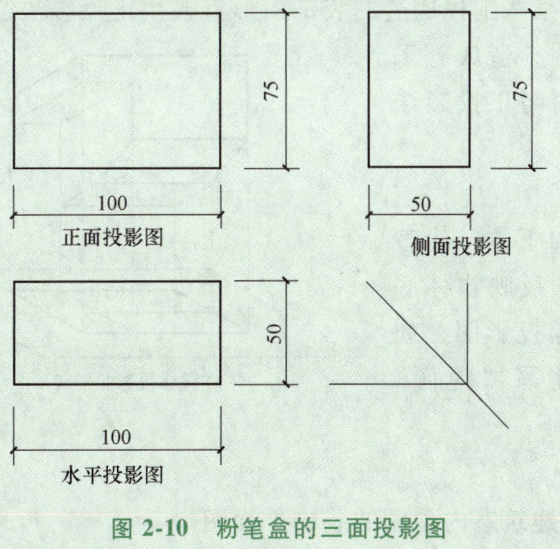

图 2-10　粉笔盒的三面投影图

4. 三面投影图的作图方法

绘制三面投影图时，一般先绘制 V 面投影图或 H 面投影图，然后再绘制 W 面投影图。下面是绘制三面投影图（以图 2-11a 为例）的具体方法和步骤。

1）在图纸上先画出水平和垂直的十字相交线，作投影轴，如图 2-11b 所示。

2）根据形体在三面投影体系中的放置位置，画出能够反映形体特征的 *V* 面投影图或 *H* 面投影图，如图 2-11c 所示。

3）根据投影关系，由“长对正”的投影规律，画出 *H* 面或 *V* 面投影图，如图 2-11d 所示；由“高平齐”的投影规律，把 *V* 面投影图中各相应部位向 *W* 面投影面作“等高的投影连线”；由“宽相等”的投影规律，用过原点 *O* 向右下方作 45°斜线或以原点 *O* 为圆心作圆弧的方法，将 *H* 面投影的宽度过渡到 *W* 投影上，求出与“等高”投射线的交点，连接关联点而得到 *W* 面投影图，如图 2-11e 所示。

有投影轴的三面投影图可以反映形体与投影面的相对位置。熟练掌握三面投影图的投影规律后，也可以画出无轴的三面投影图，如图 2-11f 所示。

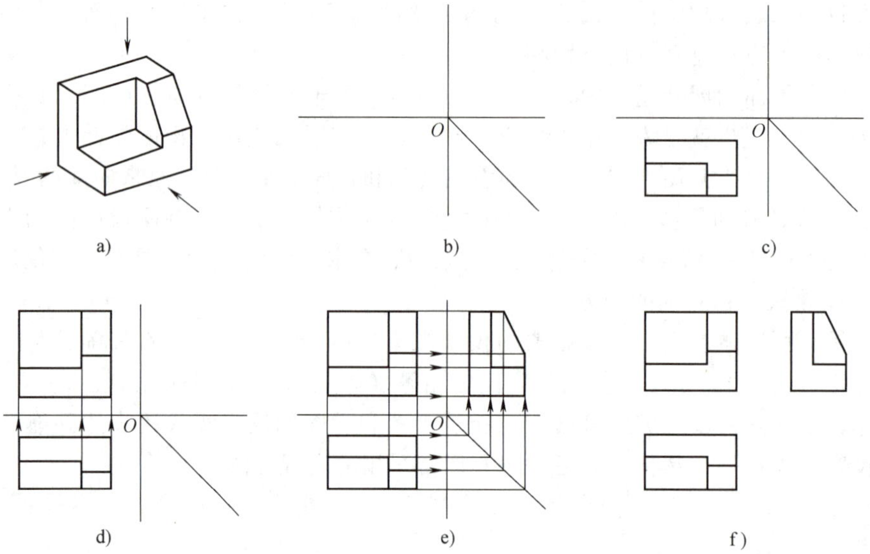

图 2-11　三面投影图的绘制步骤

2.1.3　镜像投影

在实际工程中，建筑物的某些工程构造的装饰图形直接用正投影法绘制时，不易表达出真实形状，甚至会出现与实际相反的情况，造成施工误解。对于这类图样，可采用与正投影法不同的镜像投影法绘制。

1. 镜像投影的形成

假设将玻璃镜放在物体的下方，代替水平投影面 *H*，在镜面中得到反映物体底面形状的平面图形，称为镜像投影图，如图 2-12 所示，且在图名后注写“镜像”二字。

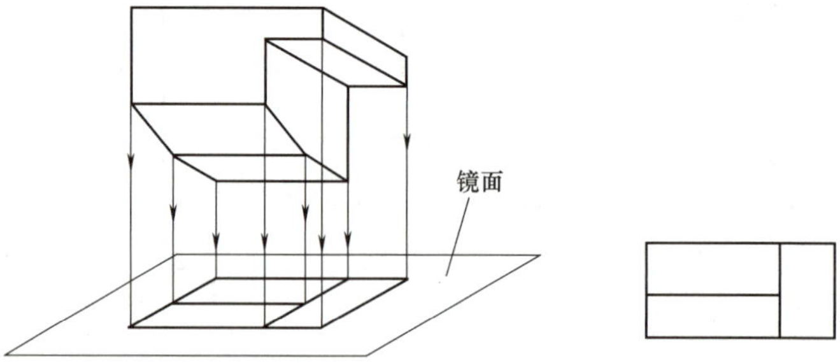

a) 镜像投影的形成　　b) 平面图(镜像)

图 2-12　镜像投影法

2. 镜像投影法的应用

镜像投影法主要用于绘制建筑室内顶棚的装饰平面图。

对顶棚图案的施工图，无论用一般的正投影法还是用仰视法绘制的顶棚图案平面图，都不利于看图施工。而采用镜像投影法，将地面视为一面玻璃镜，得到的吊顶图案平面图（镜像），就能真实反映吊顶图案的实际情况，有利于施工人员看图施工，如图 2-13 所示。

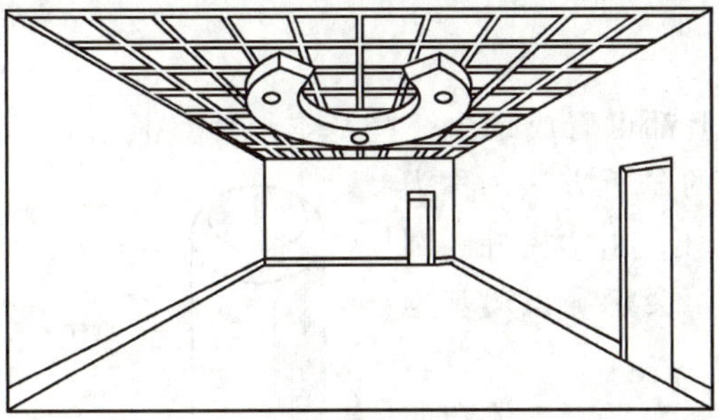

a) 顶棚透视图

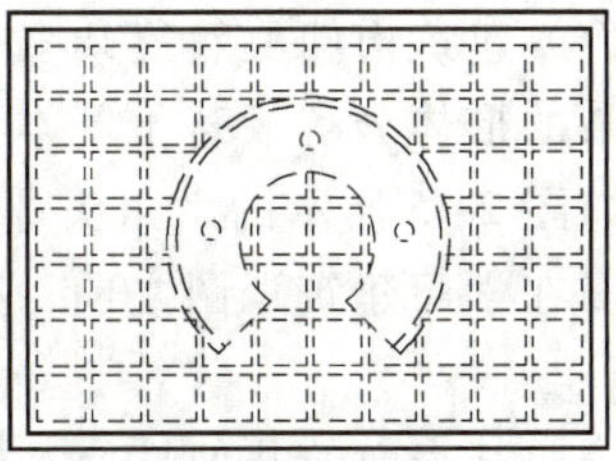

b) 用正投影法绘制的顶棚平面图

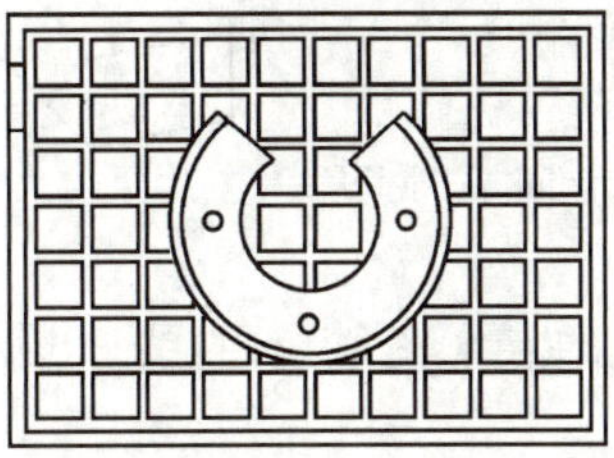

c) 用仰视法绘制的顶棚平面图

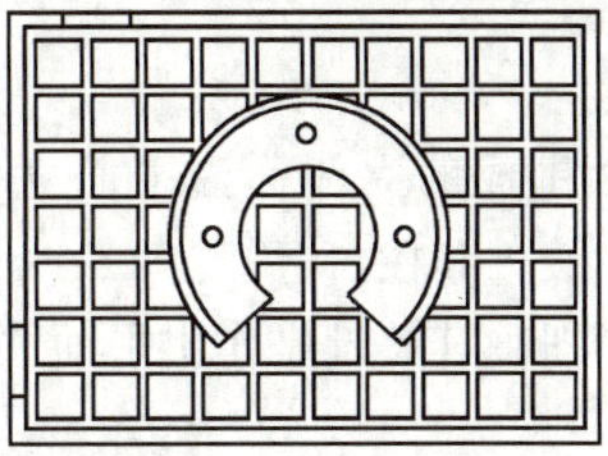

d) 镜像投影法绘制的顶棚平面图

图 2-13　顶棚示意图

2.2　形体的投影图

问题引入

美国芝加哥 Sears 塔楼，1~50 层有 9 个连成方形的“大筒”。在 51~66 层截去一条对角线上的两个筒，67~90 层又截断另一对角线上的另两个筒，造成里面参差错落，富有变化和层次，立面简洁明快，如图 2-14 所示。如何用投影图表示出真实的外形形状？

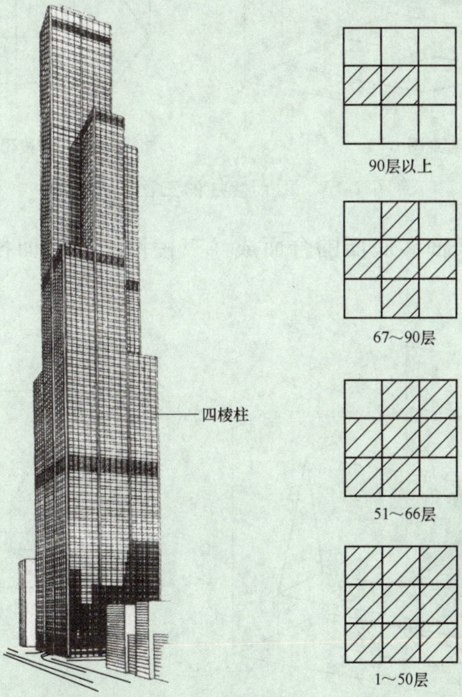

图 2-14　Sears 塔楼

2.2.1　基本形体的投影

一般建筑物或建筑构件虽然复杂多样，但都可看成是由一些基本形体（柱、锥、球等）所组成的。把比较复杂的形体分解成若干基本形体的分析方法，称为形体分析法。如图 2-15 所示的六角头螺栓毛坯，由六棱柱、圆柱和圆台组成。在学习建筑识图之前，必须学会正确识读基本形体的投影图。

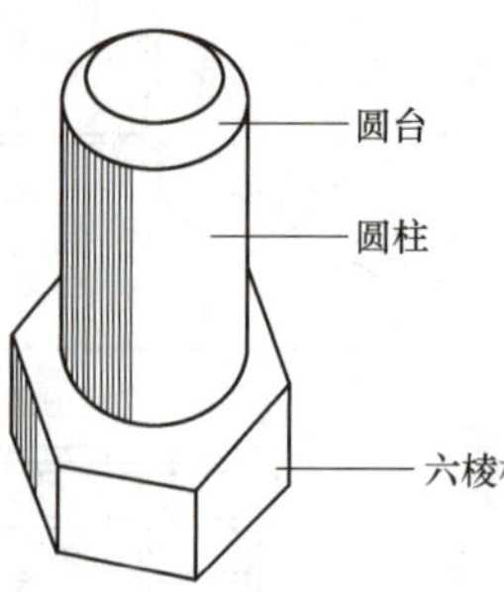

图 2-15　六角头螺栓毛坯

微课：棱柱的投影

基本形体按照其表面的几何性质，可以分为平面立体和曲面立体两大类。

1. 平面立体的投影

所有表面均由平面围成的立体称为平面立体。平面立体的基本类型主要有棱柱、棱锥和棱台等。

作平面立体的投影图，其关键是作出平面立体上的点（棱角）、直线（棱线）和平面（棱面）的投影。

（1）棱柱体　棱柱体由侧表面、顶面和底面围合而成。为了画图简单、读图容易，通常将形体的各个面与投影面保持平行或垂直的位置。图 2-16 所示为正六棱柱的三面投影图，其投影特性如下：

1）两个底面的投影在其所平行的投影面上反映实形并重合，而在另外两个投影面上积聚成为一直线。

2）棱柱体各侧表面的投影根据它与投影面所处位置的不同，其投影有的反映实形，有的为缩小的类似形，有的积聚成一直线。

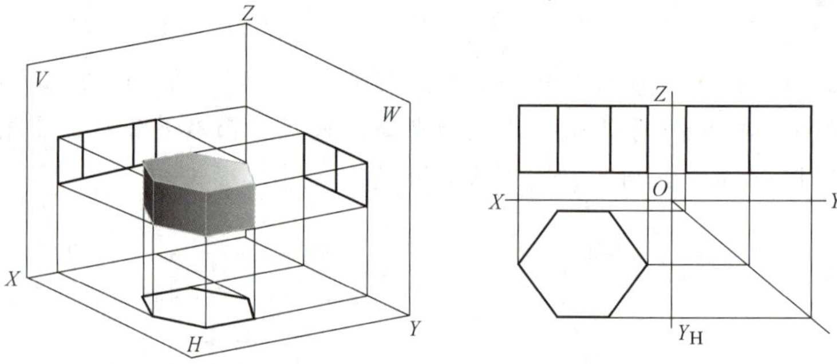

a) 直观图　　b) 投影图

图 2-16　正六棱柱的三面投影图

（2）棱锥体　棱锥体由侧表面和底面围合而成。三棱锥体的三面投影图如图 2-17 所示，其投影特性和棱柱体基本相同。

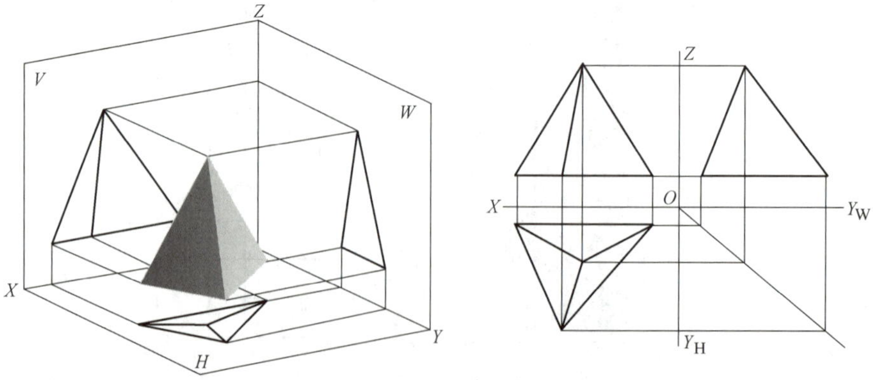

a) 直观图　　b) 投影图

图 2-17　三棱锥体的三面投影图

(3) 棱台体　棱台体由侧表面、顶面和底面围合而成。棱台体的三面投影图如图 2-18 所示，其投影特性和棱柱体基本相同。

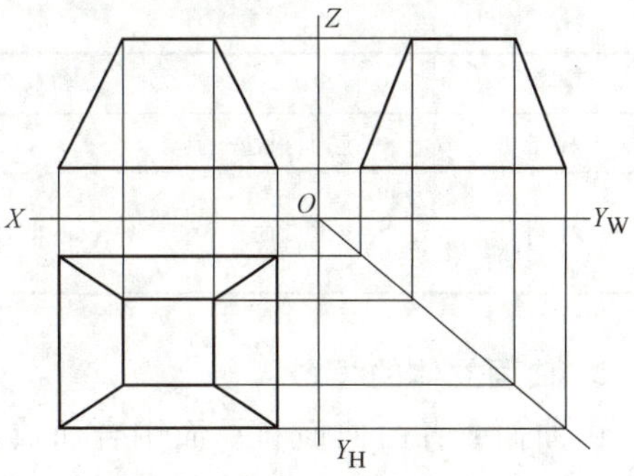

图 2-18　棱台体的三面投影图

(4) 平面体的尺寸标注　标注尺寸的要求有以下几点：

1) 必须严格遵守制图标准中有关尺寸标注的规定。

2) 所注尺寸必须齐全，应能完全确定立体的形状和大小，既不能有所遗漏，也不应有相互矛盾的多余尺寸。

3) 尺寸布置得当，标注清晰，便于看图。平面体的尺寸标注示例如图 2-19 所示。

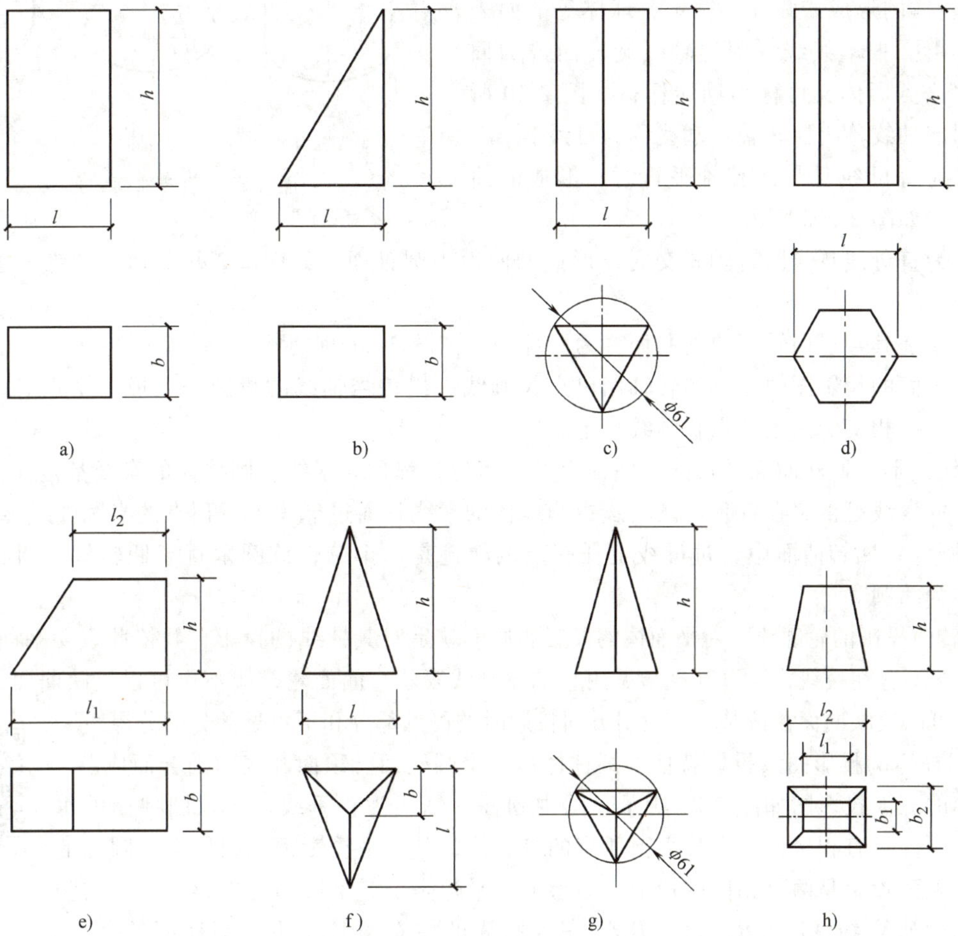

图 2-19　平面体的尺寸标注示例

小知识

平面体的表面积和体积计算公式见表 2-1。

表 2-1　平面体的表面积和体积计算公式

名称	符号	表面积 S 和体积 V
正方体	a—边长	$S=6a^2$，$V=a^3$
长方体	a—长，b—宽，c—高	$S=2(ab+bc+ac)$，$V=abc$
棱柱	s—底面积，h—高	$V=sh$

（续）

名称	符号	表面积 S 和体积 V
棱锥	s—底面积，h—高	$V=sh/3$
棱台	S_1—上底面积，S_2—下底面积，H—高	$V=\left[S_1+S_2+(S_1S_2)^{\frac{1}{2}}\right]H/3$

2. 曲面立体的投影

由曲面或者由曲面和平面围合而成的形体称为曲面体，其基本类型有圆柱、圆锥、球体等。

（1）基本知识

1）回转体的形成。圆柱、圆锥、球体等的曲表面均可看成由一根动线绕一固定轴线旋转而成的回转曲面，故这类形体又可称为回转体，如图 2-20 所示。这条固定轴线称为回转轴，动线称为母线。

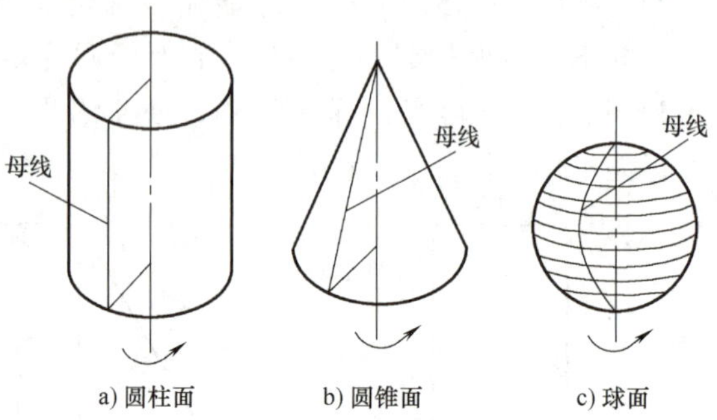

图 2-20　回转曲面的形成

当母线为直母线且与回转轴平行时，形成的曲面为圆柱面，如图 2-20a 所示。

当母线为直母线且与回转轴相交时，形成的曲面为圆锥面，如图 2-20b 所示。圆锥面上所有素线交于一点。

由圆母线绕其直径回转而成的曲面称为圆球面，如图 2-20c 所示。

在回转曲面的投影图中，其回转轴用单点长画线画出；当轴线的投影积聚成一个点时，为确定其位置，常作十字相交的两条单点长画线标定。

2）素线。形成回转曲面的母线在曲面上的任何位置都称为素线。圆柱体的素线都是互相平行的直线；圆锥体的素线是汇集在锥顶的倾斜线；圆球体的素线是通过球体上下顶点的半圆弧线。

3）纬圆。在回转曲面中，过母线上任一点的轨迹是一个圆，该圆垂直于回转轴，圆心在回转轴上，此圆称为纬圆。

4）回转面投影的轮廓线。对平面体的投影实质上就是对其棱线的投影，并依此表明平面体的形状。而曲面体由于不存在棱线，所以其投影是用它的轮廓线表示，曲面轮廓线不仅可以反映曲面的范围和外形，同时还可以反映曲面在按某一个投射方向投影时的可见部分和不可见部分的分界线。

（2）圆柱体的投影图及投影特性　圆柱体由一个圆柱面、顶面和底面围合而成。

微课：圆柱体的投影

圆柱体的三面投影图如图 2-21 所示，图中圆柱的轴线为铅垂线，所以圆柱面的水平投影是个圆，且有积聚性，圆柱面上所有的点、线，其水平投影都在圆周上。圆柱的正面投影和侧面投影是两个相同的矩形，矩形的水平边是上、下底面的投影，矩形的竖直边是四条轮廓素线 AA、BB、CC、DD。正面投影的左右两竖直边是圆柱面的最左、

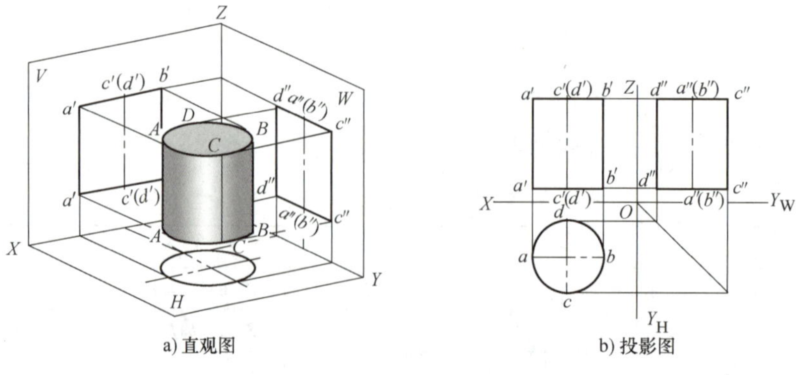

图 2-21　圆柱体的三面投影图

最右轮廓素线的投影，它们的侧面投影重合在轴线侧面投影的位置，不再单另画线。侧面投影的左右两竖直边是圆柱面的最后、最前轮廓素线的投影，它们的正面投影重合在轴线正面投影的位置，不再单另画线。其投影特性如下：

1）两个底面的投影，在其所平行的投影面上反映重合的实形，而在另外两个投影面上则积聚成直线。

2）圆柱面的投影如垂直于投影面的则积聚成一个圆，而在另外两个投影面上反映的是处在不同位置的四条素线的投影。

圆柱的大小由其直径和高度确定，圆柱的位置由其轴线确定，如图 2-22 所示为圆柱和圆孔的尺寸标注。

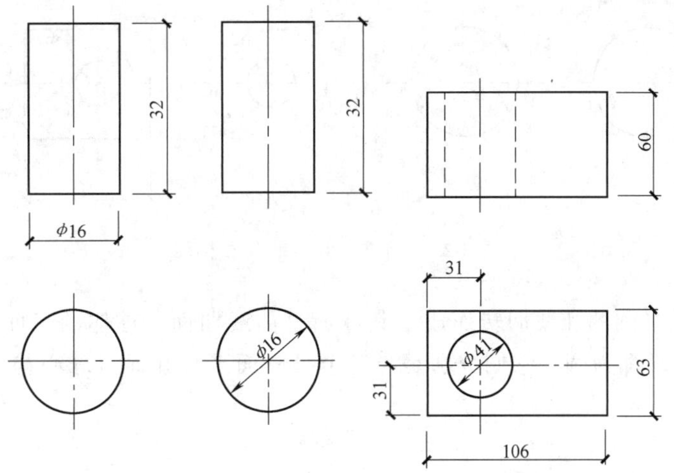

图 2-22　圆柱和圆孔的尺寸标注

（3）圆锥体的三面投影图及投影特性　圆锥体由一个圆锥面和一个底面围合而成。圆锥体的三面投影图如图 2-23 所示，其投影特性如下。

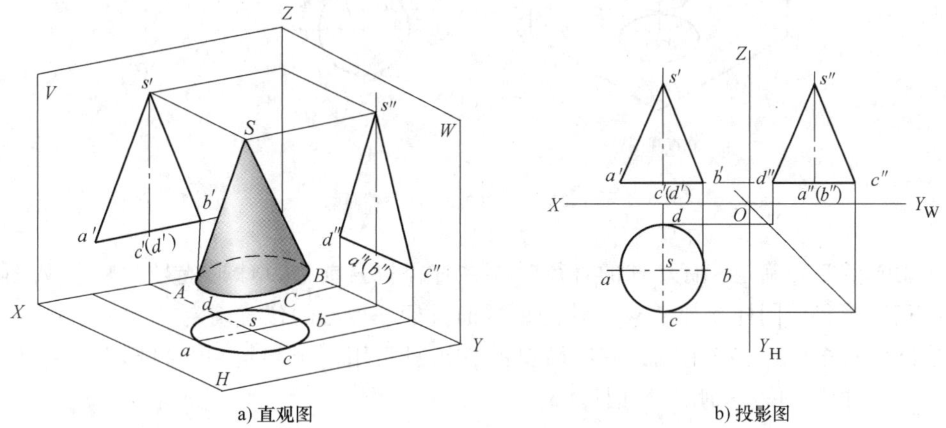

a) 直观图　　b) 投影图

图 2-23　圆锥体的三面投影图

1）底面的投影在其所平行的投影面上反映实形（即一个圆），而在另两个投影面上则积聚为一条直线。

2）圆锥曲面的投影在其与回转轴所垂直的投影面上是一个圆，它与底面圆的投影相重合，其底圆的圆心与圆锥顶的投影相重合；在另外两投影面上反映的是处在不同位置的四条直线（*SA*、*SB*、*SC*、*SD*）的投影，即曲面轮廓线用 *sa*、*sb*、*sc*、*sd*、…表示。

如图 2-24 所示为圆台的投影图。

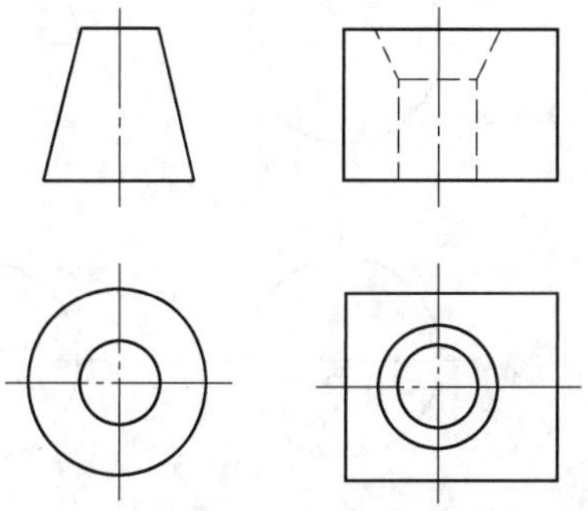

图 2-24　圆台的投影图

圆锥的大小由底圆直径和锥高确定，圆台的大小由上下底圆的直径和圆台高确定，它们的位置由轴线的位置确定，图 2-25 所示为圆锥和圆台的尺寸标注。

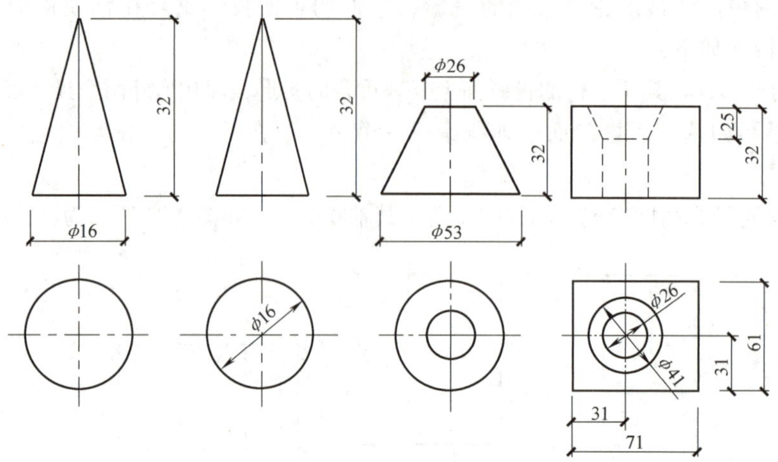

图 2-25　圆锥和圆台的尺寸标注

（4）球体　球体由半圆的弧线回转而成，其球面是曲线曲面。球体的三面投影图如图 2-26 所示，其投影特性是：各个投影都为圆，它们分别是与三个投影面平行并通过球心与球等直径的三个圆（素线和纬圆）的投影。

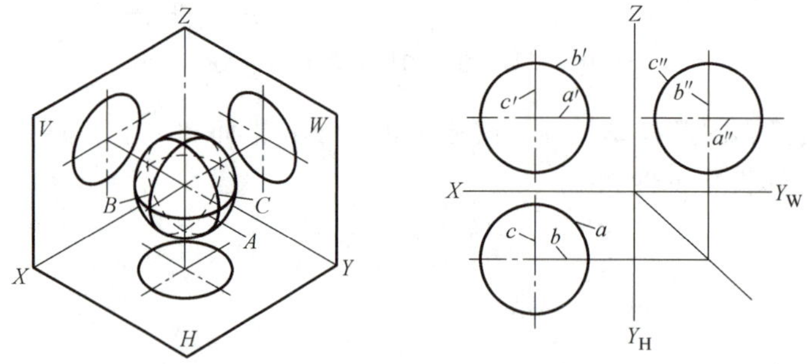

a) 直观图　　b) 投影图

图 2-26　球体的三面投影图

球的大小由球的直径确定，标注球的直径时要在直径符号前冠以球形代号“S”，如图 2-27 所示。半球面可注半径，半径前同样要加“S”。球的位置通过标注球心的位置确定。

物体的形状多种多样，有简有繁，有些简单的物体只需用两个甚至一个投影图就能表达清楚，如图 2-28 所示。一个投影图表达时必须加标注。

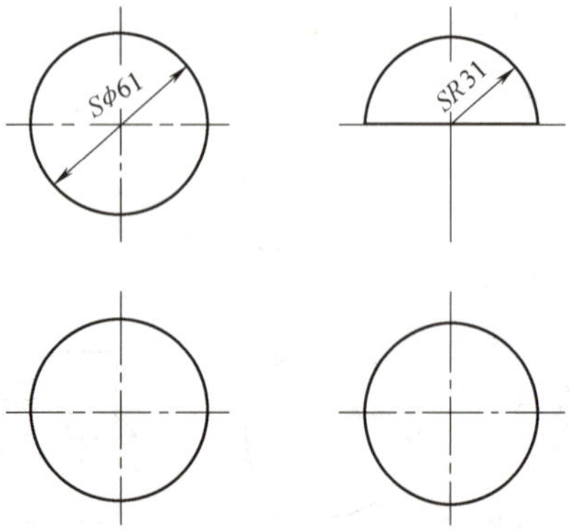

图 2-27　球体的尺寸标注（一）

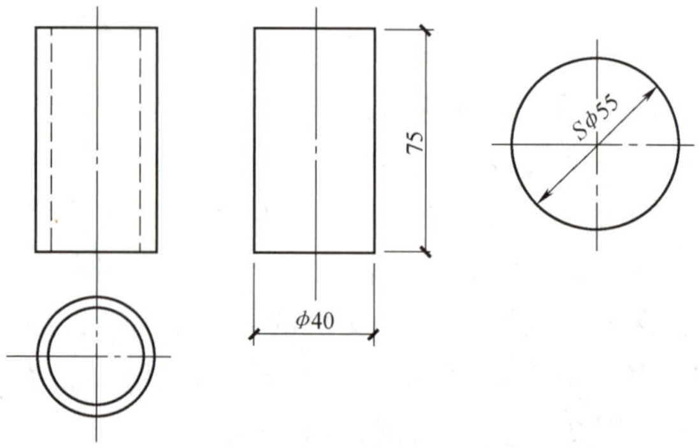

a) 圆筒　　b) 圆柱　　c) 球

图 2-28　球体的尺寸标注（二）

小知识

曲面体的几何计算公式见表 2-2。

表 2-2 曲面体的几何计算公式

名称	符号	计算公式	名称	符号	计算公式
圆柱	r—底面半径 h—高 c—底面周长 $S_{底}$—底面积 $S_{侧}$—侧面积 $S_{表}$—表面积	$c=2\pi r$ $S_{底}=\pi r^2$ $S_{侧}=ch$ $S_{表}=ch+2S_{底}$ $V=S_{底}h=\pi r^2h$	空心圆柱	R—外圆半径 r—内圆半径	$V=\pi h(R^2-r^2)$
			直圆锥	r—底半径 h—高	$V=\pi r^2h/3$
			圆台	r—上底半径 R—下底半径 h—高	$V=\pi h(R^2+Rr+r^2)/3$
球	r—半径 d—直径	$V=\frac{4}{3}\pi r^3=\frac{\pi d^3}{6}$	球缺	h—球缺高 r—球半径 a—球缺底半径	$V=\pi h(3a^2+h^2)/6$ $V=\pi h^2(3r-h)/6$ $a^2=h(2r-h)$

2.2.2 轴测投影图

1. 轴测投影的用途

应用正投影法画出的三面投影图（图 2-29a）虽然能准确地表达出形体的形状，但由于一个投影图一般不能同时反映出形体长、宽、高三个方向的形状，直观性不强，要想象形体的形状，需要把几个投影图联系起来看，没有投影知识的人不易看懂。

轴测图是用平行投影法将形体的长、宽、高三个方向的形状在一个投影面上同时反映出来的图形，如图 2-29b 所示。轴测图的直观性较强，容易看懂。

轴测图是装饰专业的重要效果图之一。虽然没有透视图的感受，但其立体形象足以说明问题。装饰效果图采用轴测图，配上色彩，会显得更加生动活泼。

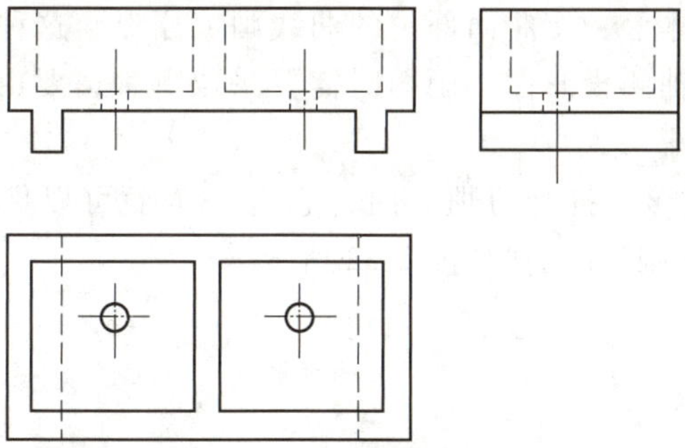

a) 投影图

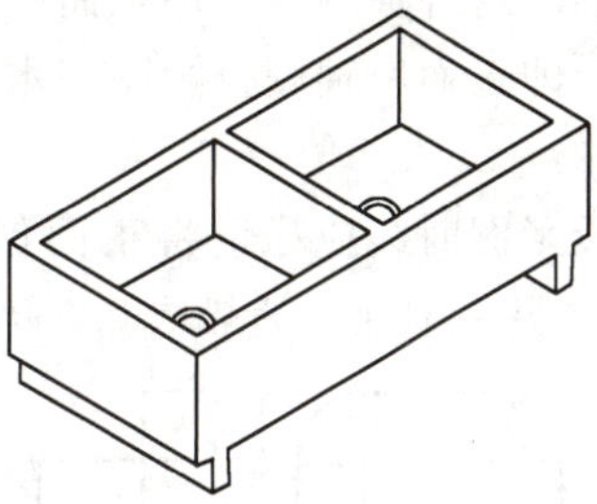

b) 轴测图

图 2-29 投影图与轴测图

2. 轴测投影的分类与画法

如图 2-30 所示，在形体上建立空间直角坐标系 OX、OY、OZ，将形体连同坐标系一起沿着 S 方向（不平行于任何一坐标轴），向 P 平面作平行投影，所得到的投影图即称为轴测图。其中，P 称为轴测投影面；S 方向称为轴测投射方向；OX、OY、OZ 称为坐标轴；O_1X_1、O_1Y_1、O_1Z_1 称为轴测轴，它们是坐标轴在轴测投影面上的投影。

轴测投影图（轴测图）具有立体感的原因是：它能把一个形体的长、宽、高尺寸和形状同时投影到一个投影面上，属于单面的平行投影。

作为建筑识图，要求学生重点学会阅读图样，而不是要求学生严格画图，因此理论阐述从略。这里只叙述结果和最简单、最基本的入门画法，以加深学生对轴测图的了解和认识。

轴测图的通常画法有两种：一种是正等测投影图，另一种是斜轴测投影图。

(1) 正等测投影图 其主要特点是：投射线与投影面垂直，形体上代表长、宽、高的三轴对投影面的倾角都相同，形体上的线段对投影面是倾斜状态，投影长度比空间线段长度短。三根轴变短的情况相同，即由原来的1，变成0.82，也就是说正等测投影图为实物的0.82倍，为方便画图，均按原来的1画正等测投影图。具体画法如图2-31所示。

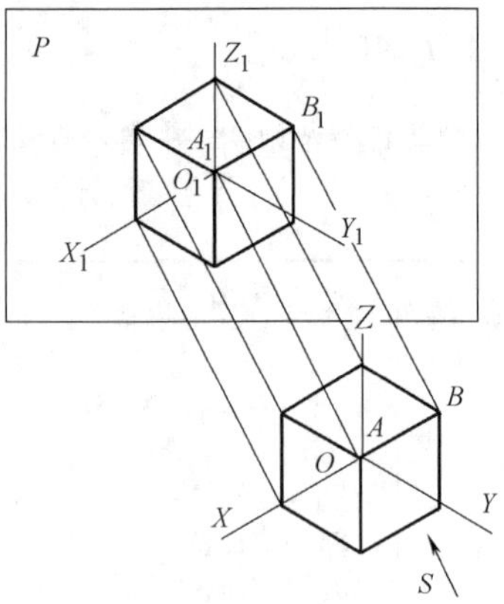

图 2-30 轴测图的形成

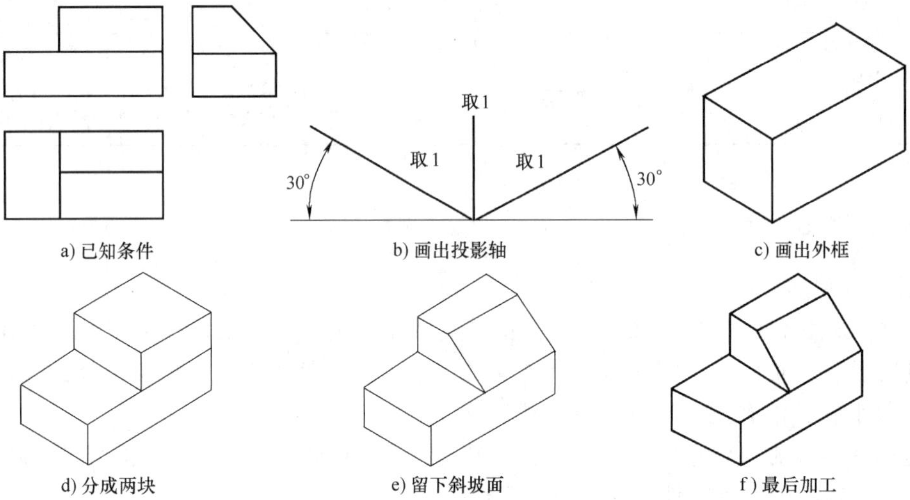

图 2-31 正等测投影图的画法

(2) 斜轴测投影图 其主要特点是：投射线与投影面倾斜，在轴测图中有一个面保持原形，另外两个面产生变形。这种轴测图多用在曲面的形体上，使曲面部位的曲线画成原形。这种斜轴测投影图分成两种情况，即正面斜轴测投影图和水平斜轴测投影图。画图时需要采取哪种，要由曲面、曲线所在的部位决定。

画斜轴测投影图时，应尽量将正面保持原形，符合习惯。因为它有一个面可以保持原形，即按1∶1比例绘图，另一个轴向一般取0.5倍画图。具体画法如图2-32所示。

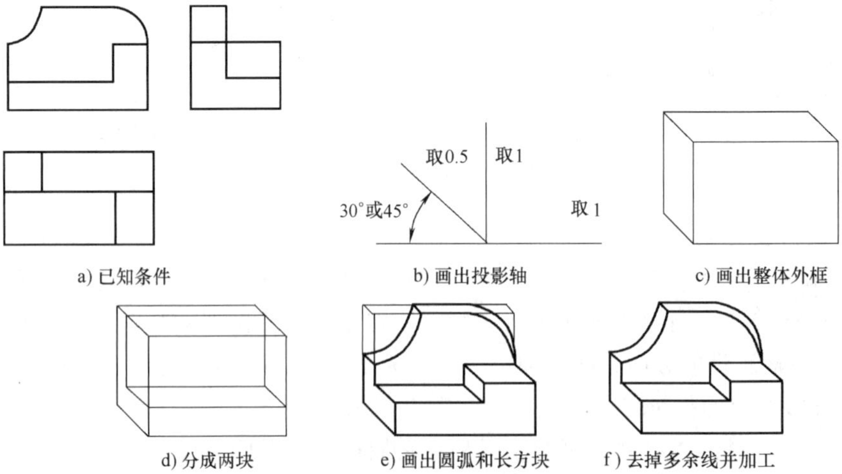

图 2-32 斜轴测投影图的画法

小知识

如图 2-14 所示的 Sears 塔楼是轴测投影图。房地产公司做的小区规划图广告牌也常用轴测投影图。

2.2.3　组合体的投影

1. 组合体的构成

由棱（圆）柱、棱（圆）锥及球等基本形体，经叠加或切割并组合而成的形体称为组合体。根据其各部分间构成方式的不同，通常可将组合体分为以下三类。

（1）叠加型　叠加型是指组合体的各主要部分由若干基本形体叠加而成。如图 2-14 所示的 Sears 塔楼由 9 个四棱柱叠加而成。如图 2-15 所示，螺栓毛坯由三个基本形体组成。

（2）切割型　切割型是指从一个基本形体上切割去若干基本形体而形成的组合体。如图 2-33 所示的组合体，可看作由四棱柱切掉两个小四棱柱而成。

（3）叠加和切割的组合　一些形状复杂的形体，通常由叠加和切割组合而成，如图 2-34 所示。

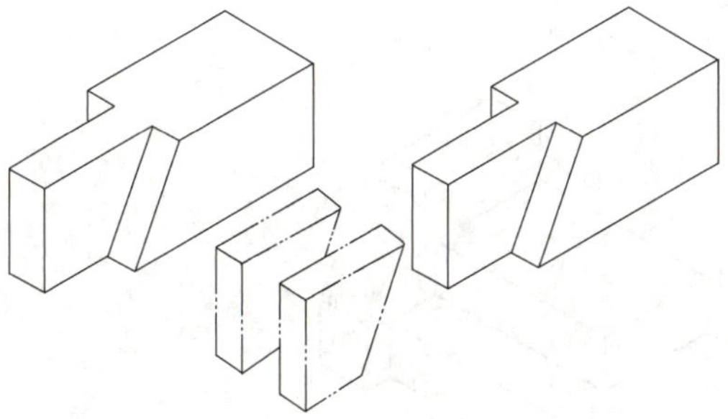

图 2-33　切割型

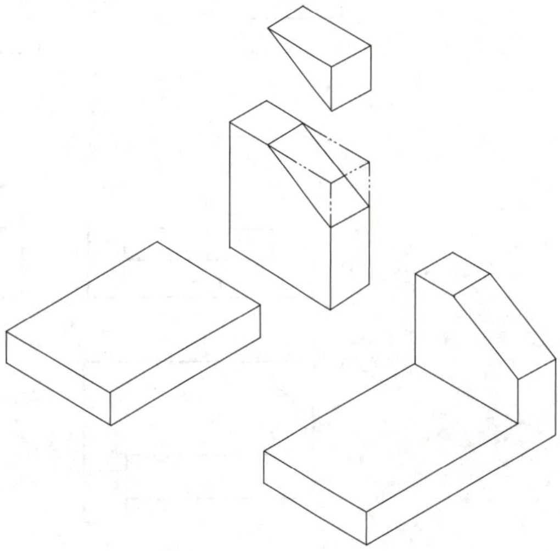

图 2-34　叠加和切割组合而成的复杂形体

2. 组合体投影图的识读

根据组合体投影图去想象它的空间形状，称为组合体投影图的识读。识读是边看图边想象的思维过程。一般来说，识读能力的基础，一是要熟练掌握投影原理，二是要有丰富的知识储备。

（1）识读要领

1）联系各个投影图识读，综合想象物体的形状。如图 2-35 所示，四个物体的平面图相同，但结合它们各自的正面投影图，就会知道它们表达的是不同的物体。如图 2-36 所示，三个物体的正面投影图、水平投影图都一样，只有联系各自的侧面图，才能断定它们各自所表达的物体形状。

识读过程中，一般先根据某一投影图进行设想，然后把这种设想在其他投影图上验证。

2）对线框进行投影分析。投影图中有一条条图线，图线围成了一个个封闭线框，利用投影关系查对每个线框在另外投影图上的对应部分，即对线框。通过对线框可进行两方面分析，即形体分析和线面分析。

① 形体分析是认识组合体构成的基本方法，其实质是：假想组合体由一些基本形体组合而成，通过对这些基本形体的分析，间接完成对复杂组合体的研究。形体分析是解决组合体问题的一种行之有效的方法。如图 2-37 所示组合体的三面投影图中，通过对线框，该物体可分解为Ⅰ、

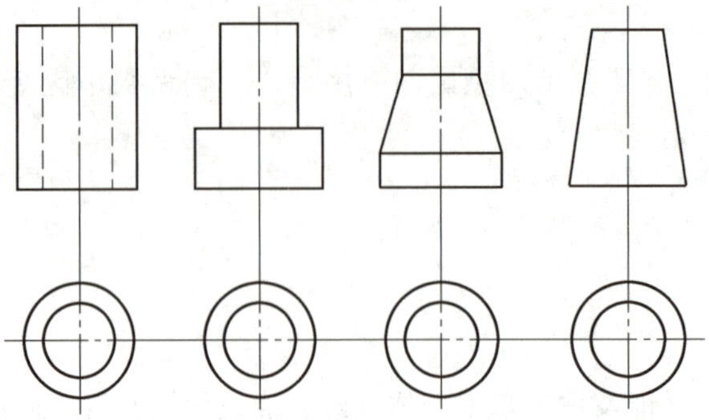

图 2-35　联系两投影图识读

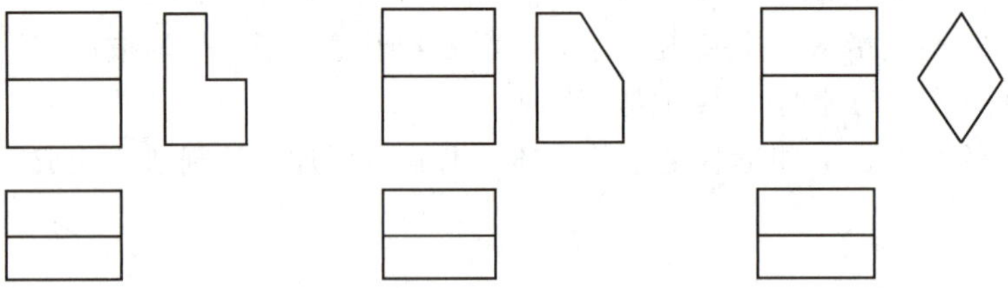

图 2-36　联系三面投影图识读

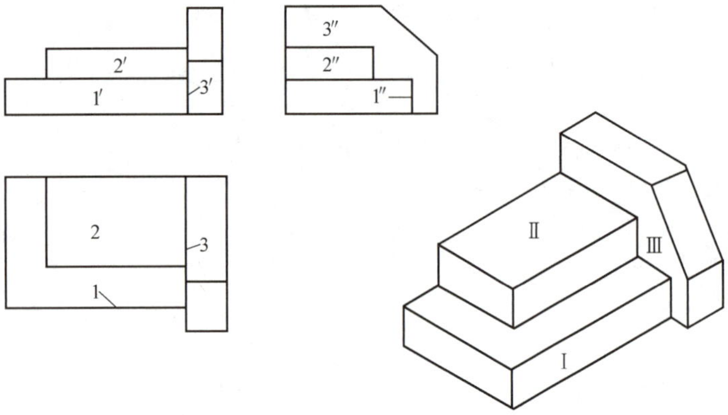

图 2-37　形体分析

Ⅱ、Ⅲ三个物体。分别想象出每个部分的形状，然后根据它们间的相互位置，综合想象出物体的整体形状。

② 线面分析是指对物体上个别部位的表面、交线进行深入的考察。如图 2-38 所示组合体的三面投影图中，利用线面分析可以帮助想象物体的形状。先看正面投影图中的线框 p'，它是一个梯形，梯形的其余投影要么是梯形，要么是线段。按照投影关系，线框 p'可能对应于平面图中的梯形 p 或线段 12，但由于 p'只能对应于侧面图中的倾斜线段 p''，所以物体表面 P 是一个侧垂面，其平面图只能是梯形 p，而不是线段 12。再从正面投影图中分析线框 q'，与它对应的平面图只能是倾斜线段 15，由此说明平面 Q 是一个铅垂面，它的侧面图是与 q'同边数的图形。用同样的方法可以分析出平面 R 是一个正平面，平面 S 是一个水平面。根据以上对物体各个面的分析，可以设想物体的原始形状是长方体，用铅垂面 Q 斜切去左前角，再用侧垂面 P 和水平面 S 切割成如图 2-38b 所示的形状。

（2）投影图中线条和线框的意义　在进行形体分析和线面分析时，对投影图中出现的线条和线框，要知道它们的实际意义。

1）投影图中的线条有可能是下列三种情形之一：

① 形体表面有积聚性的投影，如图 2-38a 中水平投影上的线段 15 代表的是平面 Q 的积聚投影。

② 表面与表面交线的投影，如图 2-38a 中正面投影上的线段 $1'3'$代表的是平面 P 与 Q 交线的正面投影。

③ 曲面的外形轮廓线，如图 2-39a 中正面投影上的 $a'b'$和 $c'd'$，它们是圆柱面的最左、最右两条轮廓素线。

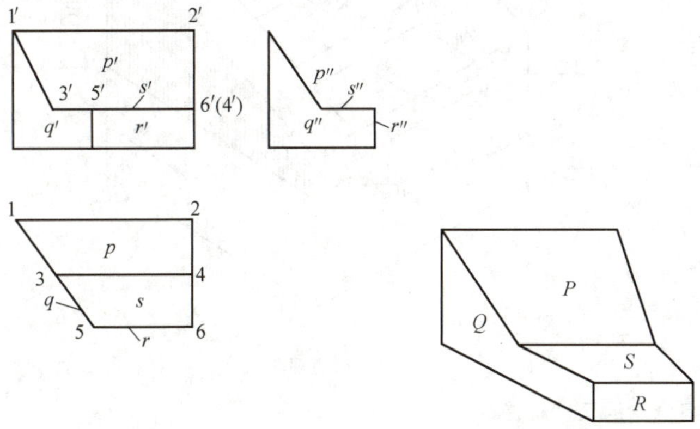

a) 三视图　　b) 立体图

图 2-38　线面分析

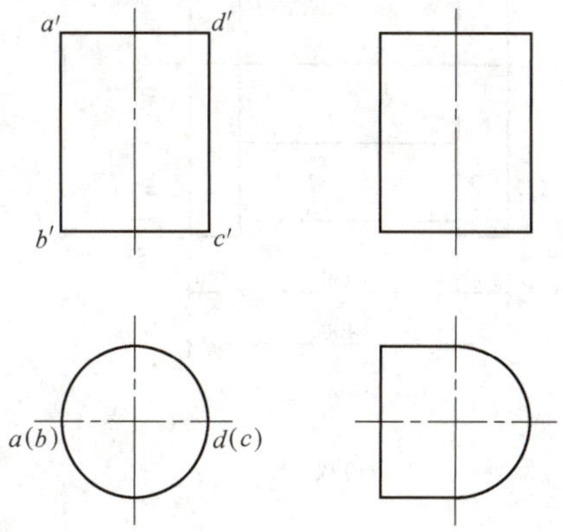

a) 曲面的投影　　b) 组合表面的投影

图 2-39　曲面体的两面投影图

2）投影图中的封闭线框在一般情况下是表面的投影，可能是下列三种情形之一：

① 平面的投影。当线框是多边形时，一般情况下是某个平面的投影，它在另外投影图上的对应投影，要么是一条直线，要么是同边数的多边形。如图 2-38a 中的五边形线框 q'，在水平投影上对应的是直线 q，在侧面图上对应的是五边形 q''。

② 曲面的投影。如图 2-39a 中的 $a'b'c'd'$代表的是圆柱面。

③ 组合表面的投影。由曲面平滑过渡到曲面时，由于它们之间没有分界线，组合表面的周边就会形成一个封闭的线框。如图 2-39b 所示的正面投影线框代表的就是平面与圆柱面的组合。

试一试

已知物体的水平投影图和正面投影图如图 2-40 所示，补绘第三投影图。

作法：

首先读图。根据水平投影图和正面投影图，可以看出此物体为一台阶，属于平面体。由形体分析可知，沿 Y 方向放置了四个棱柱体，采用叠加组合关系的形式，形成四级踏步，并且最上面四棱柱体的顶面最大。

通过读图，可以想象出物体的形状，就可以按照投影关系，逐步画出右侧立面图，如图 2-40 所示。

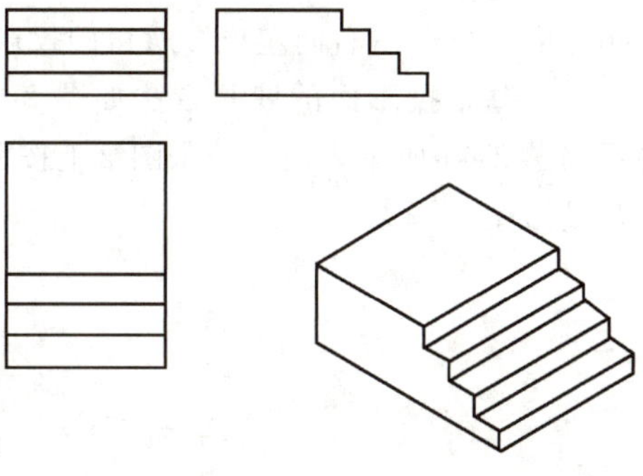

图 2-40　求侧面投影图

3. 组合体投影图的尺寸标注

组合体的尺寸应包括下列三种。

（1）定形尺寸　确定组合体中各基本形体形状的尺寸，如图 2-41 中的 300、150、1000 为踏步的定形尺寸。

（2）定位尺寸　确定组合体中各基本形体间相互位置的尺寸，如图 2-41 中的 60 为栏板的定位尺寸。

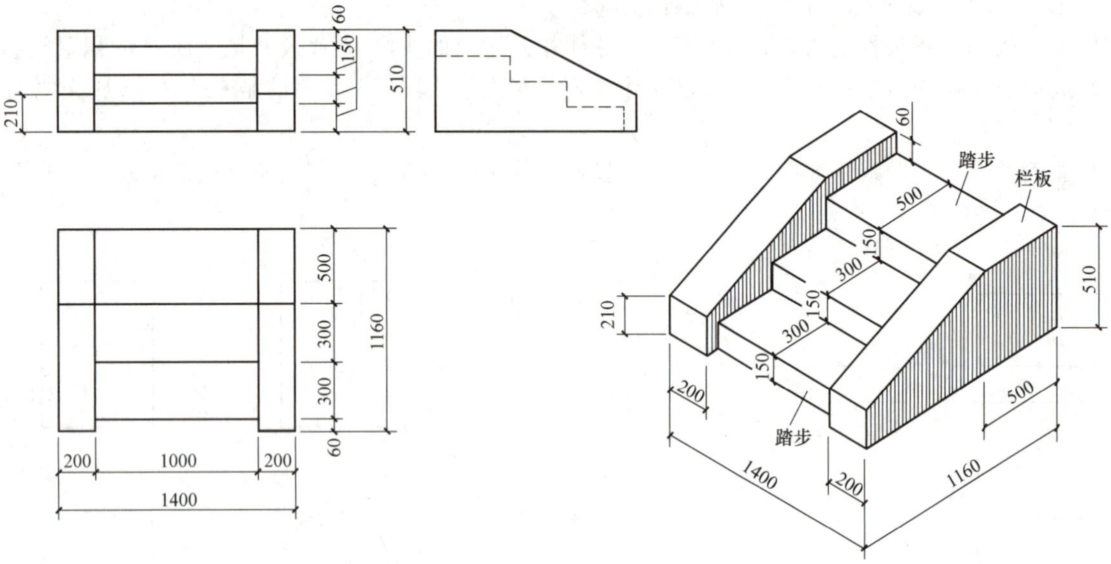

a) 投影图　　　　b) 直观图

图 2-41　组合体的尺寸标注

(3) 总体尺寸　表示组合体的总长、总宽和总高的尺寸，如图 2-41 中的 1400、1160、510。

4. 六面投影图

工程物体的形状和结构是各种各样的，只用三面投影图可能难以充分满足表达的要求。根据制图标准规定，在原有三个投影面的基础上可以再增加三个与其相对的投影面，这六个投影面统称为基本投影面。将物体置于投影面之间，分别向六个基本投影面投射（图 2-42），可得到六个投影图（图 2-43）。在增设的三个基本投影面上所得到的投影图分别为：背立面图——由后向前投影所得的投影图；底面图——由下向上投影所得的投影图；右侧立面图——由右向左投影所得的投影图。

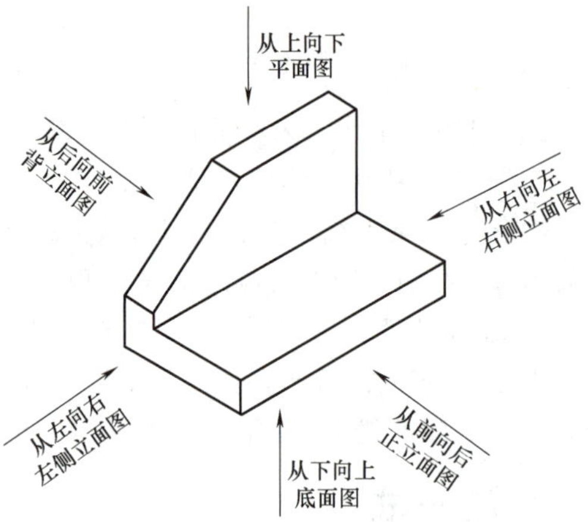

图 2-42　基本投射方向

六个基本投影面的展开方法如图 2-43 所示，其配置关系如图 2-44 所示。在同一张图纸上按此关系布置投影图时，每个投影图均应标注图名，且图名宜标注在投影图的下方。

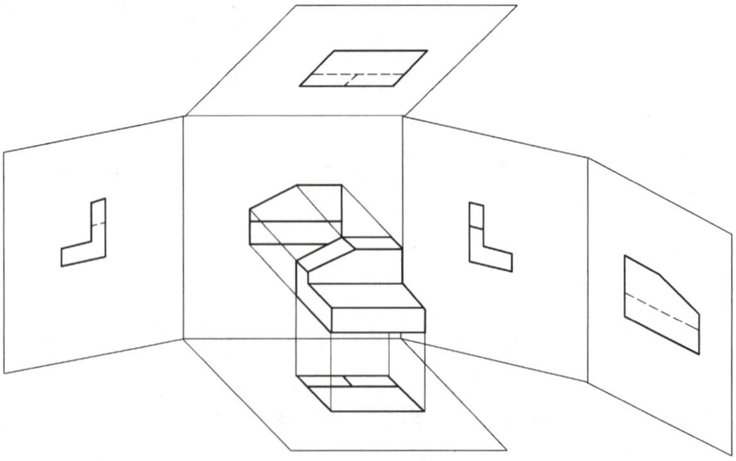

图 2-43　六个基本投影面的展开方法

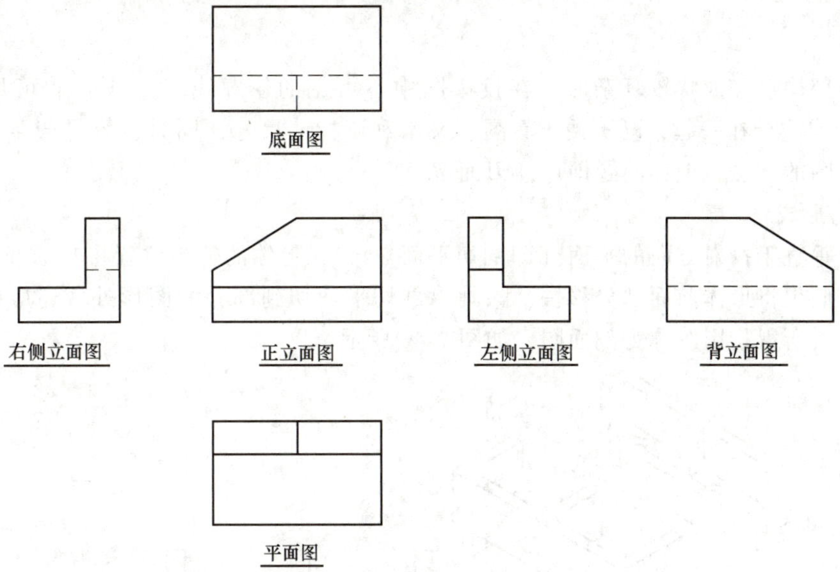

图 2-44　六面投影图的配置关系

相关链接

绘制出 Sears 塔楼的三面投影图（图 2-45）。

图 2-45　Sears 塔楼的三面投影图

2.3　剖面图和断面图

问题引入

一幢房屋的外形形状和尺寸用前面所学知识绘制的投影图可以表达清楚，但房屋的内部布置及墙体、门窗等所用材料并未表达清楚。在计算房间的使用面积，计算各种材料用量等诸多工程计量问题时，应依据哪些图样？

2.3.1　剖面图

当形体的内部构造和形状较复杂时，在投影图中不可见的轮廓线（虚线）和可见的轮廓线（实线）往往会交错或重合在一起，既不便于看图，又不利于标注尺寸，同时也容易产生误解。在这种情况下，采用剖面图的办法，上述问题即可迎刃而解。

1. 剖面图的形成

假想用一个垂直于投射方向的平面（即剖切平面 P），在形体的适当位置将其剖开，使形体分为前后两个部分，并假想将形体前面部分移去，除画出剖切平面切到部分的图形外，还应画出沿投射方向看到部分的图形，所得投影图称为剖面图，如图 2-46 所示。

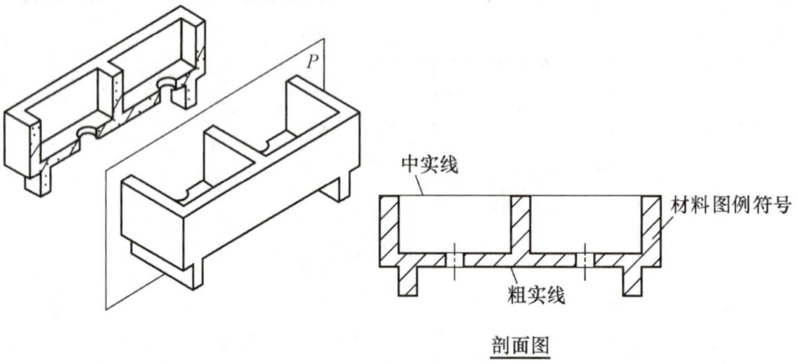

图 2-46　剖面图的形成

2. 基本规定

为了分清剖面图与其他投影图之间的对应关系，制图标准规定，应对剖面图进行标注，如图 2-47 所示。

（1）剖切位置线的标注　剖切位置线由两段粗实线（即为剖切平面的积聚投影）组成，用以表示剖切平面所在的位置。该符号每段长度宜为 6～10mm，且不得与投影图上的其他图线相接触。

（2）投射方向线的标注　投射方向线位于剖切位置线的外侧且与剖切位置线垂直。它用来表示剖面图的投射方向。投射方向线用粗实线绘制，其每段长度宜为 4～6mm。

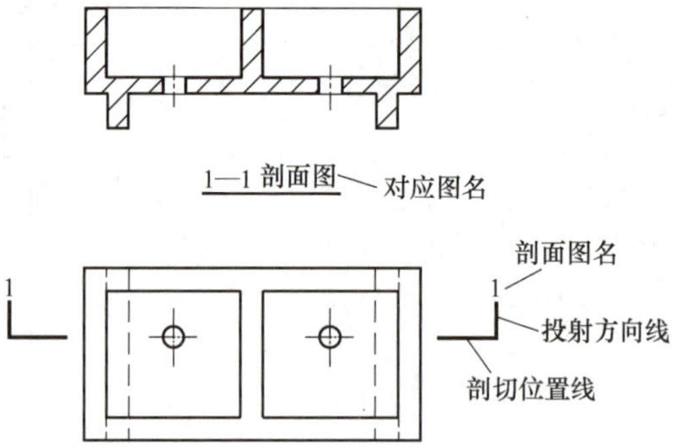

图 2-47　剖面图的标注及画法

（3）剖面图名称的标注　剖面图的名称宜采用粗阿拉伯数字表示。在标注过程中，它们应成对出现，且同时标注两处——投射方向线的端部和剖面图的正下方。

3. 剖面图的分类

（1）全剖面图　用一个剖切平面将形体完全剖开后所得的剖面图，称为全剖面图。如图 2-48 所示，用 1—1 平面剖切台阶，形体的内部形状就清楚地在 1—1 剖面图中表达出来。

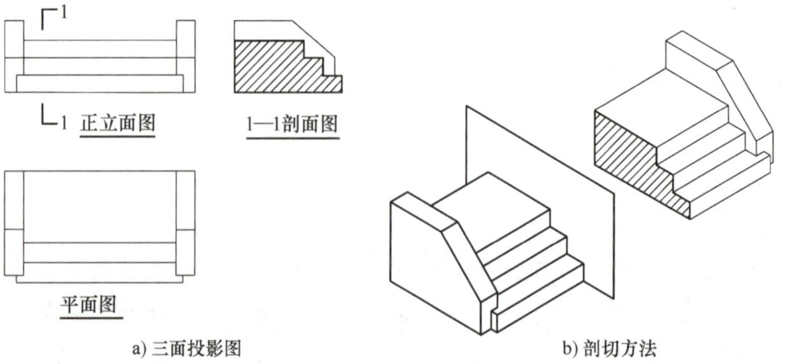

a) 三面投影图

b) 剖切方法

图 2-48　台阶的全剖面图

相关链接

为反映房屋内部布置和墙体所用材料，将房屋用一水平面在窗洞口以上全部切开，移去剖切平面以上部分，对剖切平面以下余留部分投影，所得投影图就是我们通常所说的建筑平面图，它实质上是水平全剖面图，如图 2-49 所示。

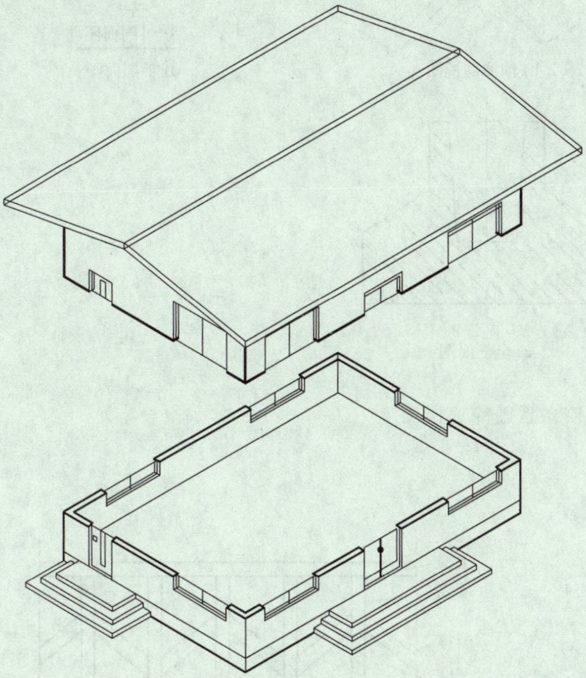
a) 剖切方法

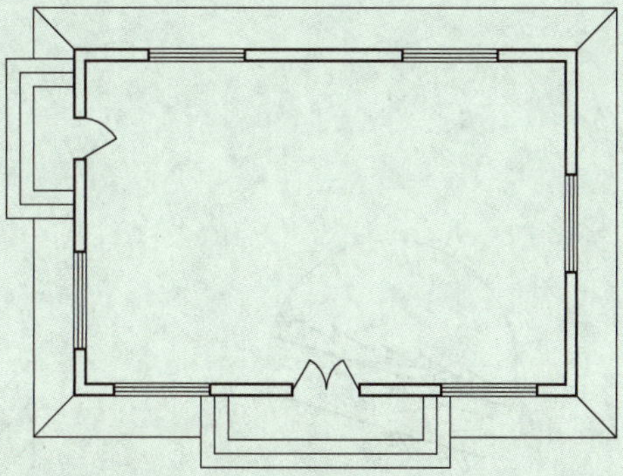
b) 建筑平面图

图 2-49 房屋的全剖面图

(2) 半剖面图 如果被剖切的形体是对称的，画图时常把投影图的一半画为剖面图，另一半画立体的外形图，从而组合成一个投影图。如图 2-50d 所示即为半剖面图。这种画法可以节省投影图的数量，从一个投影图可以同时观察到立体的外形和内部构造。

(3) 局部剖面图 如果所画的形体只有个别部分是隐藏的，或分层的构造物需要同时表示出来时，可采用局部剖面图表示，如图 2-51～图 2-53 所示 。在局部剖面的折断处，也可用波浪线作为分界线，但波浪线不可与轮廓线重合或作为轮廓线的延长线。

(4) 阶梯剖面图 用几个互相平行的剖切平面剖开形体所得的剖面图，称为阶梯剖面图。如图 2-54 所示即为阶梯剖面图，由于剖切是假想的，故在阶梯形剖面图中不应画出两个剖切平面的交线。

2.3.2 断面图

1. 断面图的概念

假想用剖切平面将物体剖切，仅画出物体与剖切平面相交部分的投影，并在投影内画出相应的材料图例，这样的图形称为断面图（又称截面图）。图 2-55 中的“3—3”“4—4”即为断面图。

微课：断面图

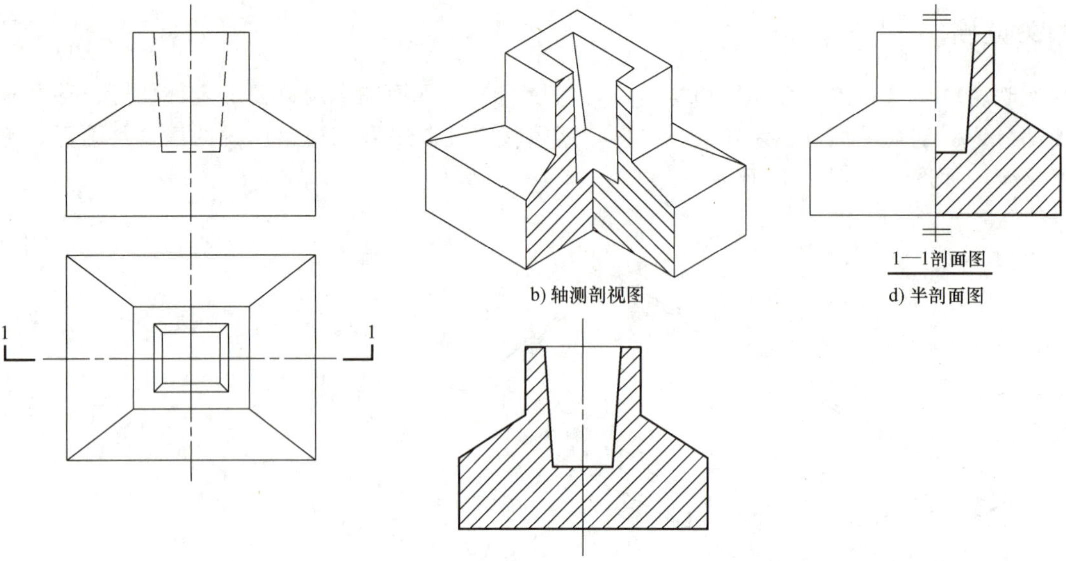

a) 投影图　b) 轴测剖视图　c) 全剖面图　d) 半剖面图

图 2-50　独立基础的剖面图

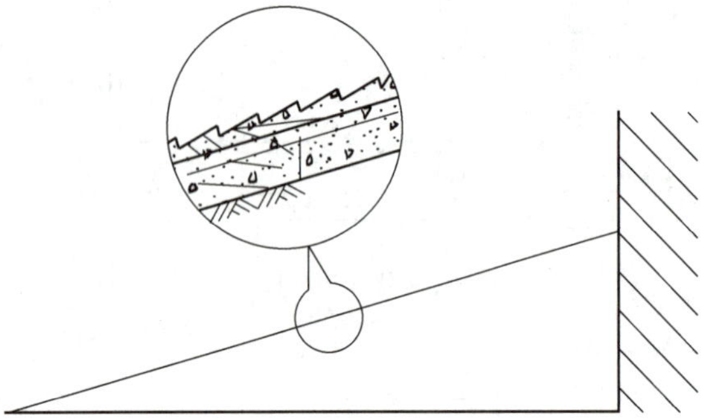

图 2-51　局部剖面图

图 2-52　隔墙分层局部剖面图

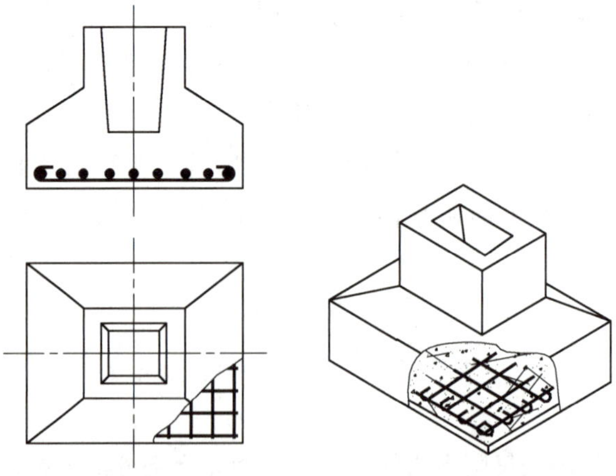

a) 两面投影图　b) 剖切方法

图 2-53　独立基础的局部剖面图

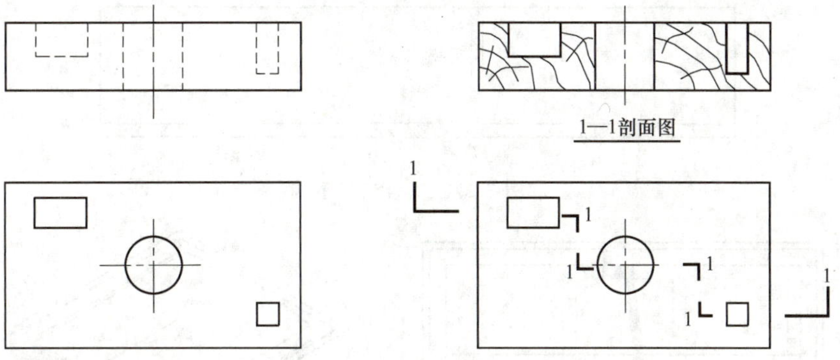

a) 两面投影图　　b) 剖切方法

图 2-54　阶梯剖面图

应该注意，剖面图与断面图是有区别的，它们的区别在于：剖面图画的是余留体的投影，而断面图画的是平面的投影，只需画出剖切平面切到部分的图形；剖面图可以采用多个剖切平面，而断面图一般只使用单一剖切平面。

2. 基本规定

注写的剖切符号由剖切位置线和编号两部分组成。

剖切位置线与剖面图中相同。剖切符号的编号宜采用阿拉伯数字，且必须注写在剖切符号的一侧，编号所在的一侧即为剖切后的投射方向，如图 2-55 中的“3—3”。

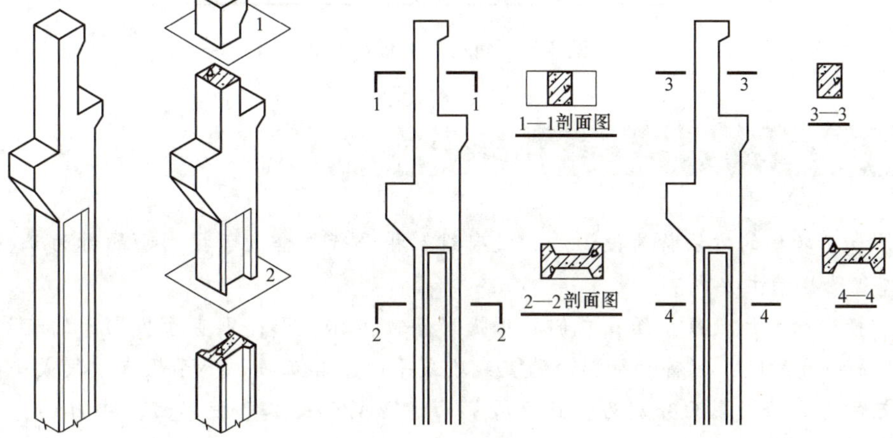

图 2-55　剖面图与断面图的区别

3. 断面图的分类

按照断面图所在位置的不同，可将其分为移出断面图、重合断面图、中断断面图。

（1）移出断面图　画在物体投影图以外的断面图称为移出断面图。如图 2-56 所示的“2—2”即为移出断面图，从中可知玻璃隔断中梃所用的材料及断面形状、构造做法。

（2）重合断面图　画在物体投影图以内的断面图称为重合断面图。如图 2-57 所示为一角钢的重合断面图，该断面没有标注断面的剖切符号。

如图 2-58 所示为一屋顶平面图，用一假想剖切平面垂直将屋盖剖开，将断面画在屋顶平面图上，以此表示屋顶结构、屋面坡度、屋檐及天沟的形状。

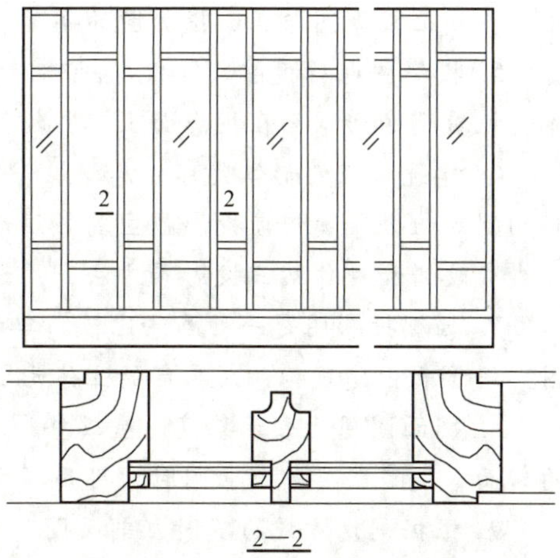

图 2-56　玻璃隔断移出断面图

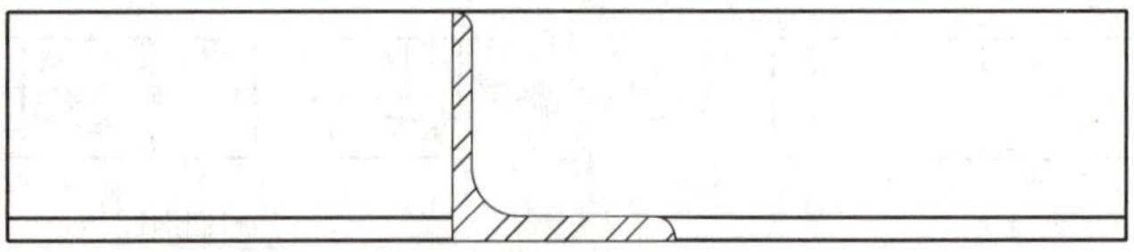

图 2-57 重合断面图

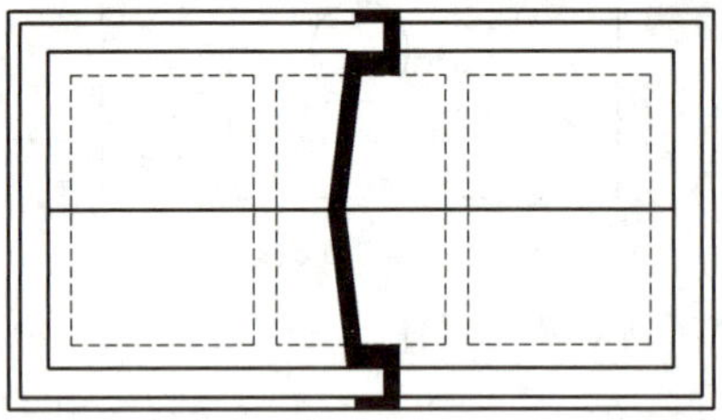

a) 重合断面图

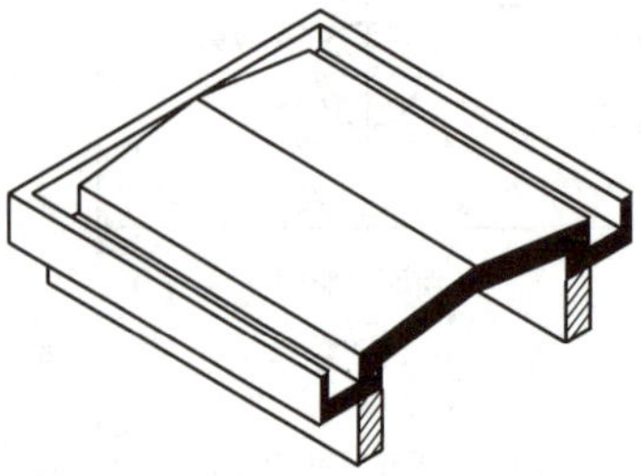

b) 直观图

图 2-58 屋顶结构重合断面图

（3）中断断面图 画在投影图中断处的断面图称为中断断面图。如图 2-59 所示的角钢，由于断面形状相同，可假想把角钢从中间断开，将断面图画在中断处，不必标注剖切符号。

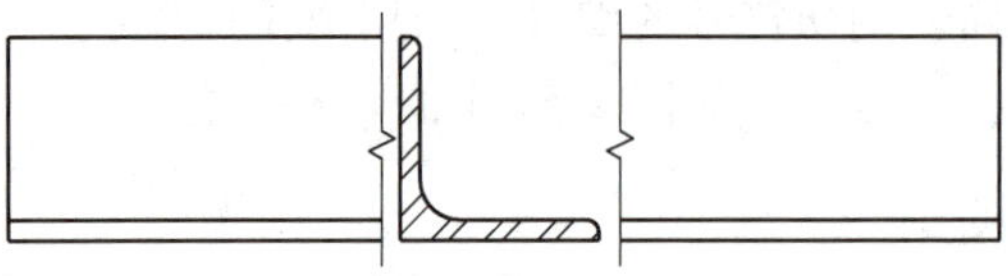

图 2-59 角钢的中断断面图

项目小结

1. 用投影表示物体的方法称为投影法，投射线互相平行并垂直于投影面的称为正投影，正投影是绘制一般工程图样的主要方法。

2. 平行于投影面的线段或平面，它们的正投影反映实际大小；垂直于投影面的直线或平面，其正投影为一点或一直线段；倾斜于投影面的直线段或平面，其正投影小于原直线段或平面。

3. 三个互相垂直的投影面分别为：正立投影面，即 V 面；水平投影面，即 H 面；侧立投影面，即 W 面。三条互相垂直的投影轴为 OX、OY 及 OZ 轴，三轴相交于原点 O。

4. “长对正、高平齐、宽相等”是投影图的重要关系。即形体的正面投影图与平面投影图长度相等；侧面投影图与正面投影图的高度相等；平面投影图与侧面投影图的宽度相等。

5. 投影图也称视图。做投影图时，假想观察的人站在物体正前方无限远处，面对投影面观看物体，把看到的形状画在投影面上。即物体放在观察者和投影面之间。

6. 建筑工程的形体大部分是以组合体形式出现的。构成组合体的形式主要有叠加、切割、叠加和切割的组合等。识读投影图主要采用形体分析法并辅以线面分析法。为练习识读投影图，常采用补线、改错和补作第三投影等方法，用这些方法可以判断是否已读懂投影图。

7. 轴测投影图是一种画法比较简单的立体图，简称轴测图。轴测图在建筑工程图中只作为辅助图，用于表示建筑构件或局部的立体形状。

8. 剖面图用于表示整幢房屋或整个构件的内部构造以及较复杂的局部构造。如果只需表示构件的断面，没有必要作剖面图时，可用断面图表示。

9. 根据剖切方式的不同，剖面图有全剖面图（主要用于剖面图形为非对称时）、阶梯形剖面图（用于一个剖切平面不能将形体上需要表达的内部构造表示清楚时）、局部剖面图（用于形体中局部比较复杂或需表达分层构造时）、半剖面图（用于形体对称而外形又比较复杂时）。

10. 断面图的画法有三种：移出断面图（断面图画在投影图之外）、重合断面图（断面图画在剖切处与投影图重合）、中断断面图（断面图画在投影图假想的断裂间隙处）。

知识应用

实测教学楼阶梯，画出其三面投影图，然后进行尺寸标注，并计算体积及表面积。

1. 条件准备

在校园内选择形状比较典型的室外台阶为测绘对象（根据学生的学习能力，老师可以指定），将每班学生分成若干组（3~5 人一组），每组有一组长，到学校测量工具室借钢尺和记录板。

2. 操作步骤

1）进入工作项目现场。

2）徒手画出测绘对象的形象图（可以是轴测图，也可以是三面投影图）。

3）两名学生拉尺子读尺寸，一名学生在形象图上标注尺寸。

4）检查量测尺寸，要求齐全、正确。

5）根据三面投影图的规律，用绘图工具完成三面投影图，并标注尺寸。

6）计算其体积及表面积。

3. 小贴士

三面投影图反映形体的外形形状，量测尺寸时应将尺子拉直，尺寸数字应符合要求（指导老师要逐一检查量测数字，不符合要求的，让学生重新量测，同时再给学生一次成绩）。

建筑构造篇

项目3

房屋构造的基本知识

思维导图

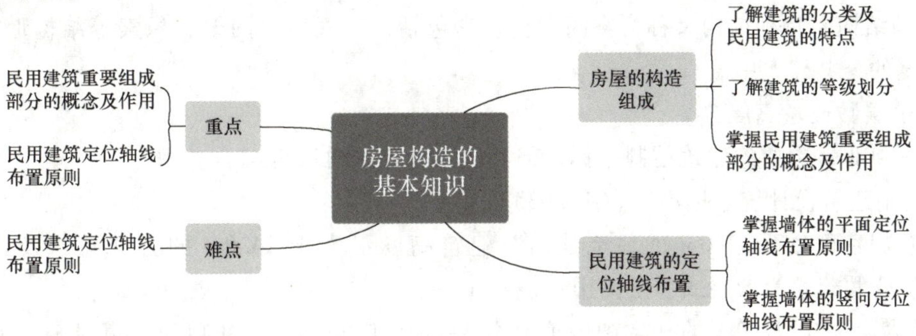

知识储备

我们周围有着各种各样的建筑物，为我们的生活、工作提供场所，为我们遮风避雨，在我们生活中起着重要作用。那么，你能说出建筑物各个构件的名字吗？

3.1　房屋的构造组成

问题引入

我们在生活中经常见到各种各样的建筑物，那么建筑物都有哪些组成部分？各构件的作用又是什么呢？

3.1.1　建筑物的分类

微课：建筑物的分类

建筑物是供人们生活、学习、工作、居住以及从事各种生产和文化活动的场所。其他如水池、水塔、支架、烟囱等间接为人们提供服务的设施称为构筑物。

建筑物可以从许多方面来对其进行分类，常见的有以下四种方法。

1. 按使用性质分

（1）民用建筑　民用建筑是指主要供人们工作、学习、生活、居住的建筑。民用建筑可分为居住建筑和公共建筑。其中居住建筑包含住宅、单身宿舍、招待所等；公共建筑包含写字楼、教学楼、影剧院、商场、医院以及邮电、广播、交通等。

（2）工业建筑　工业建筑指各类工业生产用房和直接为生产提供服务的附属用房。常见的有单层工业厂房、多层工业厂房、层次混合的工业厂房。

（3）农业建筑　农业建筑指各类供农业生产使用的建筑，如种子库、拖拉机站等。

2. 按结构类型分

结构类型是根据承重构件所选用的材料、制作方式、传力方法的不同来划分的，一般分为如下四种。

（1）砖混结构　砖混结构的竖向承重构件是采用烧结多孔砖或承重混凝土小砌块砌筑的墙体，水平承重构件为钢筋混凝土梁、板。这种结构一般用于多层建筑中。

（2）框架结构　框架结构是利用钢筋混凝土或钢的梁、板、柱形成的骨架构成承重部分，墙体一般只起围护和分隔作用。这种结构可以用于多层和高层建筑中。

（3）剪力墙结构　剪力墙结构是指房屋的内、外墙都做成实体的钢筋混凝土墙体，由剪力墙承受竖向和水平作用。这种结构可以用于小开间的高层建筑中。

（4）特种结构　特种结构又称为空间结构，它包括拱、壳体、网架、悬索等结构形式。这种结构多用于大跨度的公共建筑中。

3. 按建筑层数或总高度分

层数是一项非常重要的建筑控制指标，但必须结合建筑总高度综合考虑。

（1）《民用建筑设计统一标准》（GB 50352—2019）规定：

1）建筑高度不大于 27.0m 的住宅建筑、建筑高度不大于 24.0m 的公共建筑及建筑高度大于 24.0m 的单层公共建筑为低层或多层民用建筑。

2）建筑高度大于 27.0m 的住宅建筑和建筑高度大于 24.0m 的非单层公共建筑，且高度不大于 100.0m 的，为高层民用建筑。

3）建筑高度大于 100.0m 为超高层建筑。

（2）《建筑设计防火规范》（GB 50016—2014）规定：

民用建筑根据其建筑高度和层数可分为单、多层民用建筑和高层民用建筑。高层民用建筑根据其建筑高度、使用功能和楼层的建筑面积可分为一类和二类。民用建筑的分类应符合表 3-1 的规定。

表 3-1　民用建筑的分类

名称	高层民用建筑		单、多层民用建筑
	一类	二类	
住宅建筑	建筑高度大于 54m 的住宅建筑（包括设置商业服务网点的住宅建筑）	建筑高度大于 27m，但不大于 54m 的住宅建筑（包括设置商业服务网点的住宅建筑）	建筑高度不大于 27m 的住宅建筑（包括设置商业服务网点的住宅建筑）
公共建筑	1. 建筑高度大于 50m 的公共建筑 2. 建筑高度 24m 以上部分任一楼层建筑面积超过 $1000m^2$ 的商店、展览、电信、邮政、财贸金融建筑和其他多种功能组合的建筑 3. 医疗建筑、重要公共建筑 4. 省级及以上的广播电视和防灾指挥调度建筑、网局级和省级电力调度建筑 5. 藏书超过 100 万册的图书馆、书库	除一类高层公共建筑外的其他高层公共建筑	1. 建筑高度大于 24m 的单层公共建筑 2. 建筑高度不大于 24m 的其他公共建筑

4. 按施工方法分

按照建造建筑所采用的施工方法，建筑物可以分为以下三类。

（1）现浇现砌式　这是指主要构件采用在施工现场砌筑（如空心砖墙等）或浇筑（如钢筋混凝土构件等）的方法建造的建筑物。

（2）预制装配式　这是指主要构件在加工厂预制，在施工现场进行装配而建造的建筑物。

（3）部分现浇现砌、部分预制装配式　这是指采用一部分构件在现场浇筑或砌筑（多为竖向构件），一部分构件预制装配（多为水平构件）的方法施工建造的建筑物。

3.1.2 建筑等级划分

1. 按建筑耐久年限划分

建筑物耐久等级的指标是使用年限。《民用建筑设计统一标准》（GB 50352—2019）对建筑物的设计使用年限做出规定，见表3-2。

表3-2　设计使用年限分类

类别	设计使用年限	示例
一级	100	纪念性建筑和特别重要的建筑
二级	50	普通建筑和构筑物
三级	25	易于替换结构构件的建筑
四级	5	临时性建筑

2. 按耐火等级划分

耐火等级是衡量建筑物耐火程度的分级标度。它由组成建筑物的构件的燃烧性能和耐火极限来确定。

（1）建筑结构构件的燃烧性能　建筑构件的燃烧性能，是指建筑构件遇火烧或高温的作用时的燃烧特点。它由制成建筑构件的材料的燃烧性能而定。可分为三类：

1）不燃性：指在空气中受到火烧或高温作用时，不起火、不燃烧、不炭化的材料，如砖、石、金属材料和混凝土制品等。

2）难燃性：指在空气中受到火烧或高温作用时，难起火、难燃烧、难炭化的材料，当火源移走后，燃烧或微燃立即停止的材料。如纸面石膏板和经过防火处理的装饰性材料。

3）可燃性：指在空气中受到火烧或高温作用时，立即起火燃烧且火源移走后仍能继续燃烧或微燃的材料，如天然木材、纸质装饰板和纤维板等材料。

（2）耐火极限　指在标准耐火试验条件下，建筑构件、配件或结构从受到火的作用时起，至失去承载能力、完整性或隔热性时止所用时间，用小时表示。

（3）民用建筑耐火等级　《建筑设计防火规范》（GB 50016—2014）规定：民用建筑的耐火等级应根据其建筑高度、使用功能、重要性和火灾扑救难度等确定，可分为一、二、三、四级。地下或半地下建筑（室）和一类高层建筑的耐火等级不应低于一级；单、多层重要公共建筑和二类高层建筑的耐火等级不应低于二级。

除规范另有规定外，不同耐火等级建筑相应构件的燃烧性能和耐火极限不应低于表3-3中的规定。

表3-3　不同耐火等级建筑相应构件的燃烧性能和耐火极限　（单位：h）

构件名称		耐火等级			
		一级	二级	三级	四级
墙	防火墙	不燃性 3.00	不燃性 3.00	不燃性 3.00	不燃性 3.00
	承重墙	不燃性 3.00	不燃性 2.50	不燃性 2.00	难燃性 0.50
	非承重墙	不燃性 1.00	不燃性 1.00	不燃性 0.50	可燃性

（续）

构件名称		耐火等级			
		一级	二级	三级	四级
墙	楼梯间和前室的墙 电梯井的墙 住宅建筑单元之间的墙和分户墙	不燃性 2.00	不燃性 2.00	不燃性 1.50	难燃性 0.50
	疏散走道两侧的隔墙	不燃性 1.00	不燃性 1.00	不燃性 0.50	难燃性 0.25
	房间隔墙	不燃性 0.75	不燃性 0.50	难燃性 0.50	难燃性 0.25
柱		不燃性 3.00	不燃性 2.50	不燃性 2.00	难燃性 0.50
梁		不燃性 2.00	不燃性 1.50	不燃性 1.00	难燃性 0.50
楼板		不燃性 1.50	不燃性 1.00	不燃性 0.50	可燃性
屋顶承重构件		不燃性 1.50	不燃性 1.00	可燃性 0.50	可燃性
疏散楼梯		不燃性 1.50	不燃性 1.00	不燃性 0.50	可燃性
吊顶(包括吊顶格栅)		不燃性 0.25	难燃性 0.25	难燃性 0.15	可燃性

注：1. 除规范另有规定外，以木柱承重且墙体采用不燃材料的建筑，其耐火等级应按四级确定。

2. 住宅建筑构件的耐火极限和燃烧性能可按现行国家标准《住宅建筑规范》（GB 50368—2005）的规定执行。

3.1.3 民用建筑的基本构造组成

图 3-1 所示为一民用建筑的构造组成，从中我们能清楚地看到一幢建筑的重要组成部分。

（1）基础　基础是建筑物下部的承重构件，其作用是承受建筑物的全部荷载，并传递给地基。

（2）墙体和柱　墙体和柱是建筑物的承重与围护构件。作为承重构件，它们要承受屋顶和楼层传

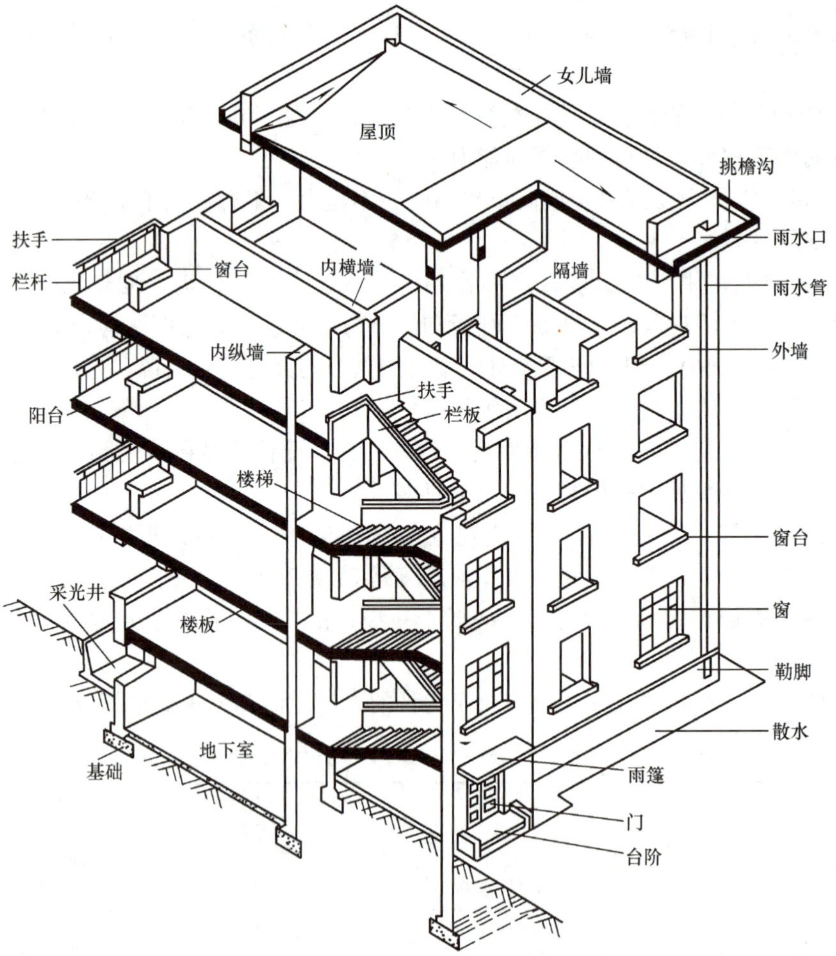

图 3-1　民用建筑的构造组成

来的荷载，并将这些荷载传给基础，当然，可能还要承受一些水平方向的荷载。墙体的围护作用主要体现在抵御各种自然因素的影响与破坏。

（3）楼地层　楼地层是建筑中的水平承重构件，它要承受楼层上的家具、设备和人的重量，并将这些荷载传给墙或柱。

（4）楼梯　楼梯是楼房建筑中的垂直交通设施，其作用是供人们平时上下楼房，并供紧急疏散时使用。

（5）屋顶　屋顶是建筑物顶部的围护和承重构件，由屋面和屋面承重结构两部分组成。屋面抵御自然界雨、雪等的侵袭，屋面承重结构承受建筑顶部的荷载。

（6）门窗　门的主要作用是提供建筑物室内外及不同房间之间的联系；窗的作用是采光和通风。门窗均属于非承重构件。

在建筑物中，除上述六大组成部分以外，还有一些附属部分，如阳台、雨篷、台阶、勒脚等。建筑各组成部分起着不同的作用，但概括起来主要有两大类，即承重作用、围护与分隔作用。

3.2　民用建筑的定位轴线布置

定位轴线是确定建筑构配件位置及相互关系的基准线。建筑设计和建筑施工需要引入定位轴线作为确定建筑平面及相关构件之间位置关系的依据。我国制定有相应的技术标准，对定位轴线的划分原则作出了具体的规定。

下面以砖混结构建筑为例，介绍定位轴线的划分原则。

微课：民用建筑的定位轴线布置

3.2.1　墙体的平面定位轴线

（1）承重外墙的定位轴线　当底层墙体与顶层墙体厚度相同时，平面定位轴线与外墙内缘距离为120mm（图3-2a）；当底层墙体与顶层墙体厚度不同时，平面定位轴线与顶层外墙内缘距离为120mm（图3-2b）。

（2）承重内墙的定位轴线　承重内墙的平面定位轴线应与顶层墙体中心线重合。为了减轻建筑自重和节省空间，承重内墙往往是变截面的，即上部墙厚变薄。如果墙体是对称内收，则平面定位轴线中分底层墙身（图3-3a）；如果墙体是非对称内收，则平面定位轴线偏分底层墙身（图3-3b）。当内墙厚度≥370mm时，为了便于圈梁或墙内竖向孔道的通过，往往采用双轴线形式（图3-3c）；有时根据建筑空间的要求，也可以把平面定位轴线设在距离内墙某一外缘120mm处（图3-3d）。

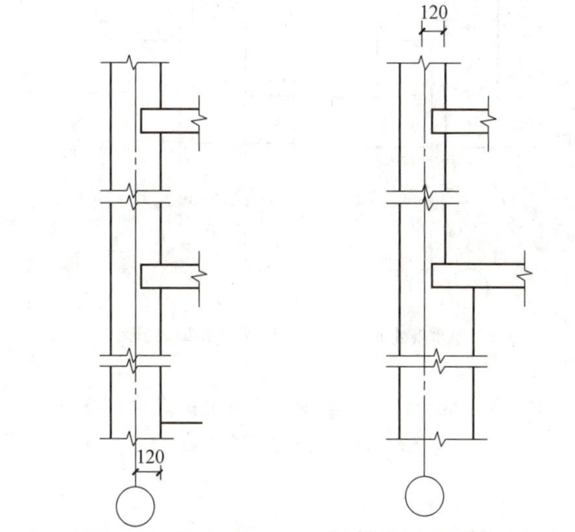

a) 底层墙体与顶层墙体厚度相同　b) 底层墙体与顶层墙体厚度不同

图3-2　承重外墙的定位轴线

（3）非承重墙的定位轴线　由于非承重墙没有支承上部水平承重构件的任务，因此平面定位轴线的定位就比较灵活。非承重墙除了可按承重墙定位轴线的规定定位之外，还可以使墙身内缘与平面定位轴线相重合。

（4）变形缝处的定位轴线　为了满足变形缝两侧结构处理的要求，变形缝处通常设置双轴线。

当变形缝处一侧为墙体，另一侧为墙垛时，平面定位轴线应与墙垛的外缘重合。当墙体是外承重墙时，平面定位轴线距顶层墙身内缘120mm（图3-4a）；当墙体是非承重墙时，平面定位轴线与顶层墙身内缘重合（图3-4b）。

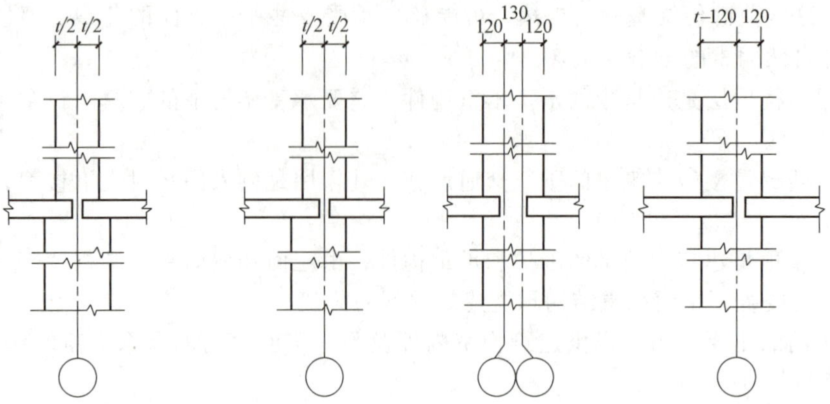

a) 定位轴线中分底层墙身　b) 定位轴线偏分底层墙身　c) 双轴线　d) 偏轴线

图 3-3　承重内墙的定位轴线

t—顶层砖墙厚

当变形缝处两侧均为墙体时，如两侧墙体均为承重墙，则平面定位轴线应分别设在距顶层墙体内缘 120mm 处（图 3-5a）；如两侧墙体均为非承重墙，则平面定位轴线应分别与顶层墙体内缘重合（图 3-5b）。当变形缝处两侧墙体带联系尺寸时，其平面定位轴线的划分与上述原则相同，如图 3-6 所示。

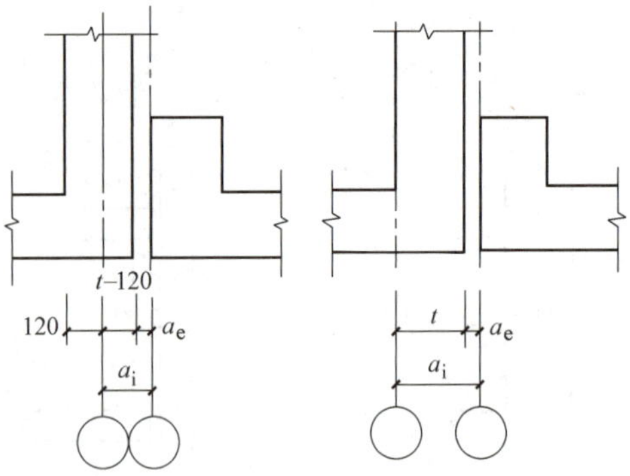

a) 按外承重墙处理　b) 按非承重墙处理

图 3-4　变形缝外墙与墙垛交界处的定位轴线

a_i—插入距　a_e—变形缝宽度

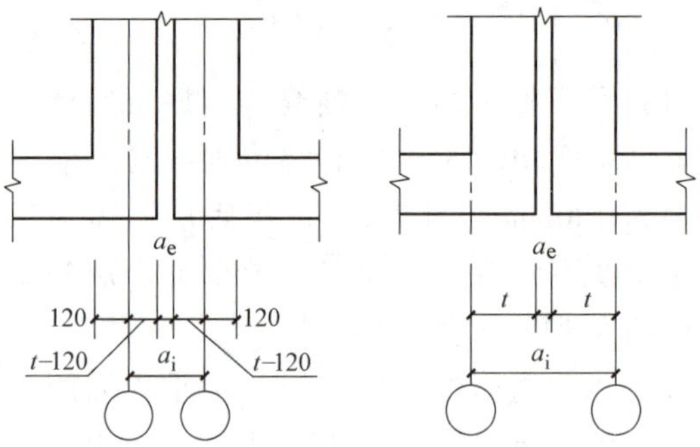

a) 按外承重墙处理　b) 按非承重墙处理

图 3-5　变形缝处两侧均为墙体的定位轴线

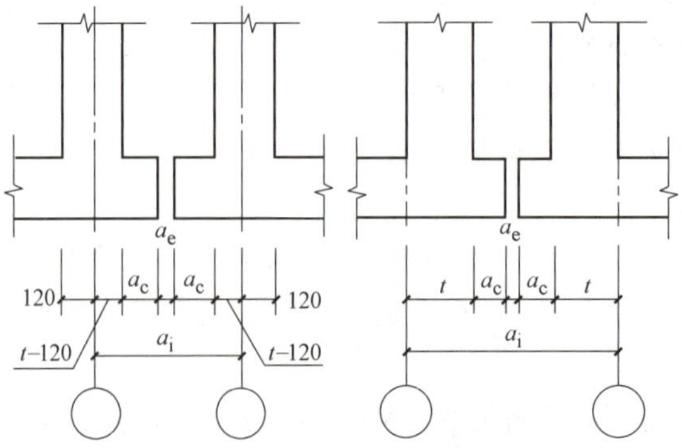

a) 按外承重墙处理　b) 按非承重墙处理

图 3-6　变形缝处两侧墙体带联系尺寸的定位轴线

a_c—联系尺寸

(5) 带壁柱外墙的墙体平面定位轴线 带壁柱外墙的墙体平面定位轴线应与墙体内缘相重合(图 3-7) 或距墙体内缘 120mm (图 3-8)。

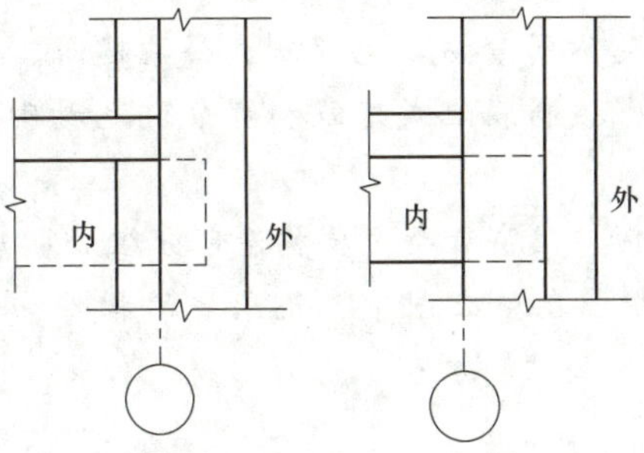

a) 内壁柱时　　b) 外壁柱时

图 3-7 定位轴线与墙体内缘重合

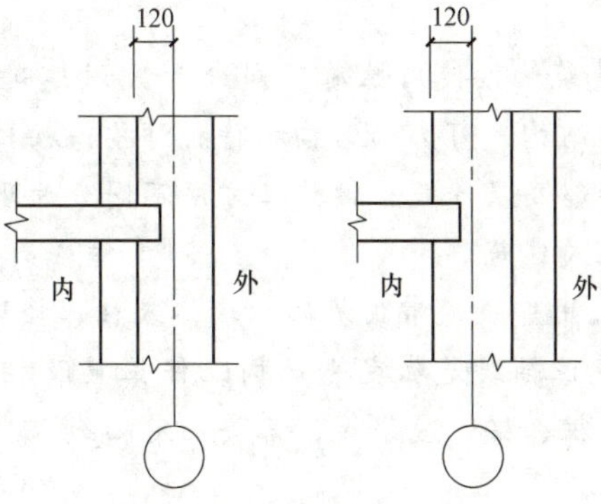

a) 内壁柱时　　b) 外壁柱时

图 3-8 定位轴线距墙体内缘 120mm

(6) 高低层分界处的墙体定位轴线 当高低层分界处不设变形缝时，应按高层部分承重外墙定位轴线处理，平面定位轴线应距墙体内缘 120mm，并与底层定位轴线重合 (图 3-9)；当高低层分界处设变形缝时，应按变形缝处墙体平面定位处理。

(7) 框架结构的定位轴线 建筑底层为框架结构时，框架结构的定位轴线应与上部砖混结构平面定位轴线一致。

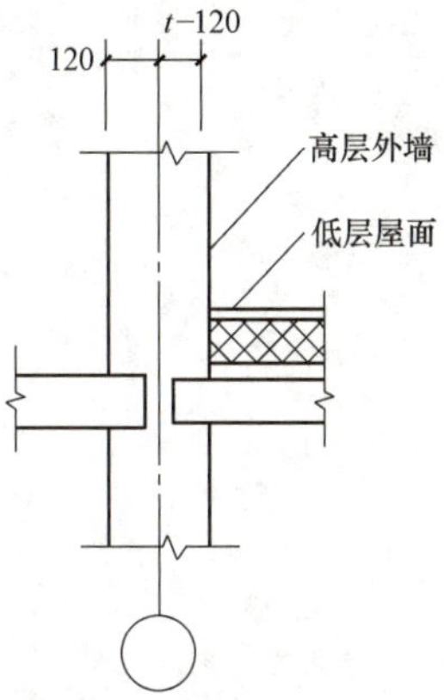

图 3-9 高低层分界处不设变形缝时的定位轴线

3.2.2 墙体的竖向定位轴线

(1) 砖墙楼 (地) 面的竖向定位轴线 砖墙楼 (地) 面的竖向定位轴线应与楼 (地) 面面层上表面重合 (图 3-10)。由于结构构件的施工先于楼 (地) 面面层进行，因此要根据建筑的竖向定位确定结构构件的控制高程。一般情况下，建筑标高减去楼 (地) 面面层构造厚度等于结构标高。

(2) 屋面的竖向定位轴线 屋面的竖向定位轴线应为屋面结构层上表面与距墙内缘 120mm 处的外墙定位轴线的相交处 (图 3-11)。

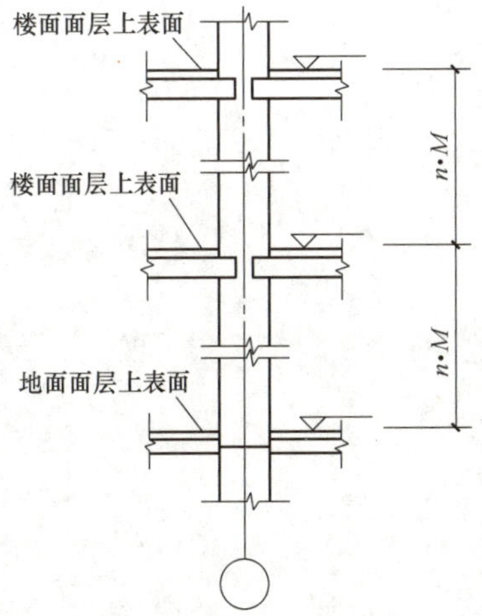

图 3-10 砖墙楼 (地) 面的竖向定位轴线

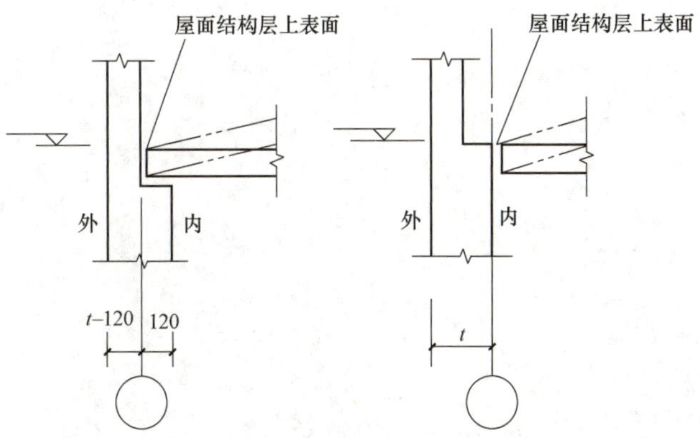

图 3-11 屋面的竖向定位轴线

项目小结

1. 建筑物按使用性质不同分为民用建筑、工业建筑和农业建筑；按结构类型不同分为砖混结构、框架结构、剪力墙结构和特种结构；按建筑层数或总高度不同分为住宅建筑、公共建筑、综合性建筑和超高层建筑；按施工方法不同分为现浇现砌式建筑、预制装配式建筑和部分现浇现砌部分预制装配式建筑。

2. 民用建筑通常由基础、墙体或柱、楼地层、楼梯、屋顶、门窗六个主要构造部分组成。

3. 定位轴线是确定建筑构配件位置及相互关系的基准线。在施工图中，凡承重的构件，如基础、墙、柱、梁、屋架等，都要确定轴线。

项目4

基础与地下室

思维导图

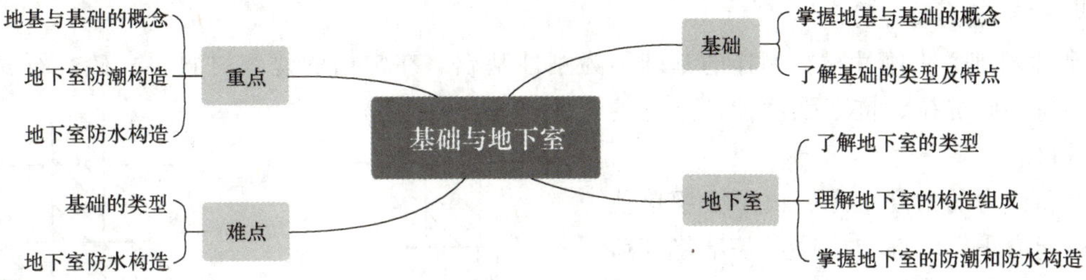

知识储备

万丈高楼平地起，基础可以说是一个建筑的“根”，它起着承担建筑物上部荷载，并把这些荷载传给地基的重要作用。随着越来越多的高层建筑的出现，对基础的设计提出了更高要求。

微课：基础

4.1 基础

问题引入

比萨斜塔是意大利比萨城大教堂的独立式钟楼，位于比萨大教堂的后面，是奇迹广场的三大建筑之一。钟楼始建于1173年，设计为垂直建造，但是在工程开始后不久便发生倾斜；1372年全塔建成后，塔顶中心点还是偏离塔体中心垂直线2m左右。多年来，塔体仍然继续缓慢地向南倾斜。那么，是什么原因导致了斜塔的倾斜呢？

4.1.1 地基与基础的概念

图4-1为某条形基础的剖面图，从中可以看出地基和基础的构成，其构成部分如下。

（1）基础　基础为建筑物地面以下的承重构件。它的作用是承受建筑物上部结构传下来的荷载，并把这些荷载连同自重一起传给地基。

（2）地基　地基是承受由基础所传下来荷载的土层。地基承受上部荷载而产生的应力和应变随着土层深度的增加而减小，在达到一定深度后，就可以忽略不计。

（3）持力层　持力层是直接承受上部荷载的土层。

（4）下卧层　持力层下面的土层称为下卧层。

（5）基础埋深　从室外地坪至基础底面的垂直距离称为基础埋深。它一般由勘测部门根据地基情况确定。

一般基础的埋深应考虑地下水位、冻土线深度、相邻基础以及设备布置等方面的影响。从经济和施工角度考虑，基础的埋深，在满足要求的情况下越浅越好，但最小不能小于0.5m。

一般把埋深在5m以内的基础叫浅基础；埋深超过5m的基础叫深基础。

（6）基础宽度　基础宽度是基础底面的宽度，由计算确定。

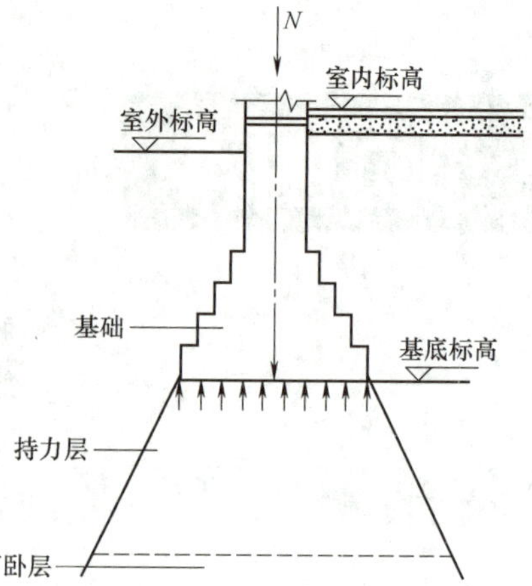

图4-1　某条形基础剖面图

4.1.2　基础的类型

基础的类型较多，按基础所采用的材料和受力特点分，有刚性基础和柔性基础；按构造形式分，有条形基础、独立基础、井格式基础、筏形基础、桩基础、箱形基础等。

1. 按材料和受力特点分

（1）刚性基础　由刚性材料制作的基础称为刚性基础。在常用的建筑材料中，砖、石、素混凝土等抗压强度高，而抗拉、抗剪强度低，这些均属于刚性材料。

从受力和传力的角度考虑，由于土壤单位面积的承载能力小，上部结构通过基础将其荷载传给地基时，只有将基础底面积不断扩大，才能适应地基受力的要求。根据试验得知，上部结构（墙或柱）在基础中传递压力是沿一定角度分布的，这个传力角度称为刚性角，以 α 表示（图4-2a）。

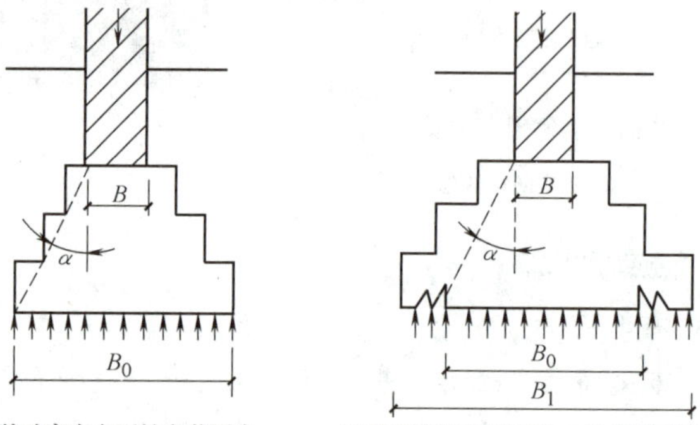

a) 基础宽度在刚性角范围内　　b) 基础宽度超过刚性角的范围而被破坏

图4-2　刚性基础的受力、传力特点

由于刚性材料抗压能力强、抗拉能力差，因此压力分布角只能在材料的抗压范围内控制。如果基础底面宽度超过控制范围，即由图4-2b中的 B_0 增大到 B_1，致使刚性角扩大。这时，基础会因受拉而被破坏。所以，刚性基础底面宽度的增大要受到刚性角的限制。不同材料的刚性角是不同的。

常见的刚性基础有砖基础、灰土基础、毛石基础、三合土基础等。

砖基础的剖面为阶梯形，称为大放脚。砖基础刚性角控制在26°~33°之间，具体构造如图4-3所示。基础底面以下需设垫层，垫层材料可选用灰土、素混凝土等，每边扩出基础顶面50mm。

（2）柔性基础　当建筑物的荷载较大而地基承载能力较小时，由于基础底面宽度 B_0 需要加宽，如果仍采用素混凝土材料，势必导致基础深度也要加大。这样，不但增加了挖土工作量，而且还使材料用量增加，对工期和造价都十分不利（图4-4a）。如果在混凝土基础的底部配以钢筋，利用钢筋来承受拉力（图4-4b），使基础底部能够承受较大弯矩。这时，基础宽度的加大可不受刚性角的限制，故有人称钢筋混凝土基础为柔性基础。在同样条件下，采用钢筋混凝土基础与混凝土基础相比，可节省大量的混凝土材料和挖土工作量。

为了保证钢筋混凝土基础施工时钢筋不致陷入泥土中，常需在基础与地基之间设置混凝土垫层。

2. 按构造形式分

基础构造形式的确定取决于建筑物上部结构形式、荷载大小及地基土质情况。一般情况下，上部

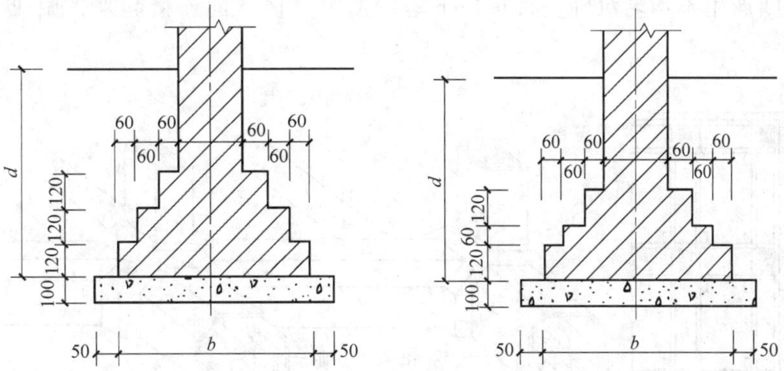

a)“二皮一收”砌法　　b)“二一间隔收”砌法

图 4-3　砖基础剖面图

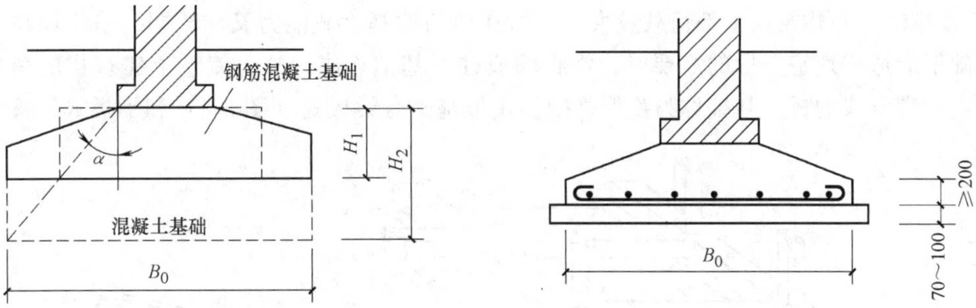

a) 混凝土基础与钢筋混凝土基础比较　　b) 基础配筋情况

图 4-4　钢筋混凝土基础

结构形式直接影响基础的形式。当上部荷载增大，且地基承载能力有变化时，基础形式也随之变化。

（1）条形基础　当建筑物上部结构采用砖墙或石墙承重时，基础沿墙身设置，多做成长条形，这种基础称为条形基础或带形基础（图 4-5）。条形基础往往是砖石墙的基础形式。

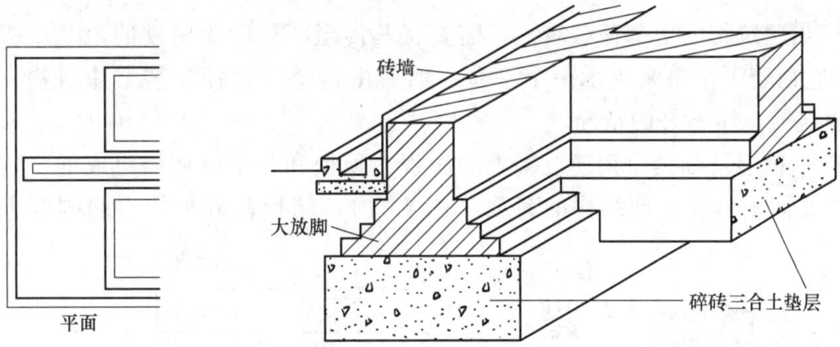

图 4-5　条形基础

（2）独立基础　当建筑物上部结构采用框架结构或单层排架及门架结构承重时，其基础常采用方形或矩形的单独基础，这种基础称为独立基础或柱式基础（图 4-6）。当柱采用预制构件时，基础做成杯口形，然后将柱子插入并嵌固在杯口内，这种基础称为杯形基础（图 4-6b）。

（3）井格式基础　当框架结构处在地基条件较差的情况时，为了提高建筑物的整体

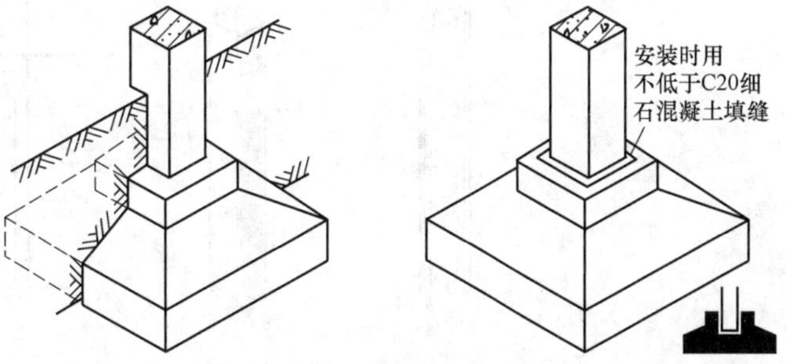

a) 现浇基础　　b) 杯形基础

图 4-6　独立基础

性，以免各柱子之间产生不均匀沉降，常将柱下基础沿纵、横方向连接起来，做成十字交叉的井格式基础（图 4-7）。

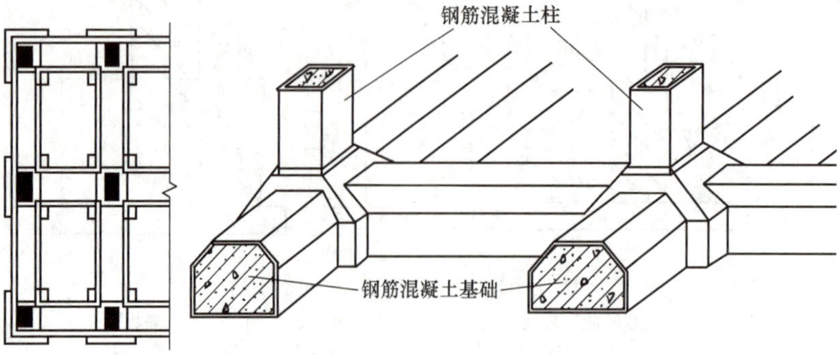

图 4-7　井格式基础

（4）筏形基础　当建筑物上部荷载较大，而所在地的地基承载能力又比较弱，采用简单的条形基础或井格式基础不能适应地基变形的需要时，常将墙或柱下基础连成一片，使整个建筑物的荷载承受在一块整板上，这种满堂式的板式基础称为筏形基础。筏形基础有梁板式（图 4-8）和平板式（图 4-9）。

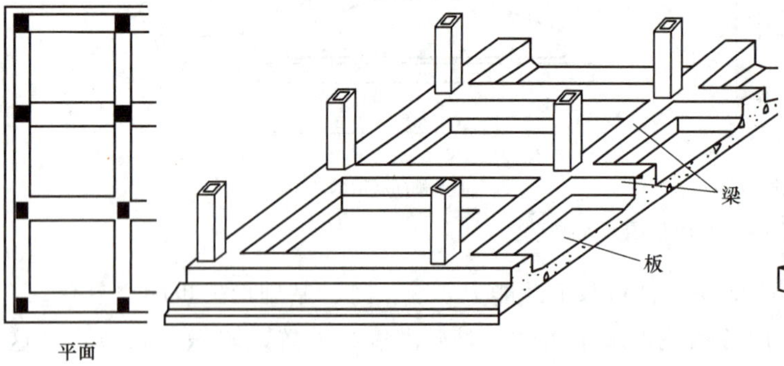

图 4-8　梁板式筏形基础

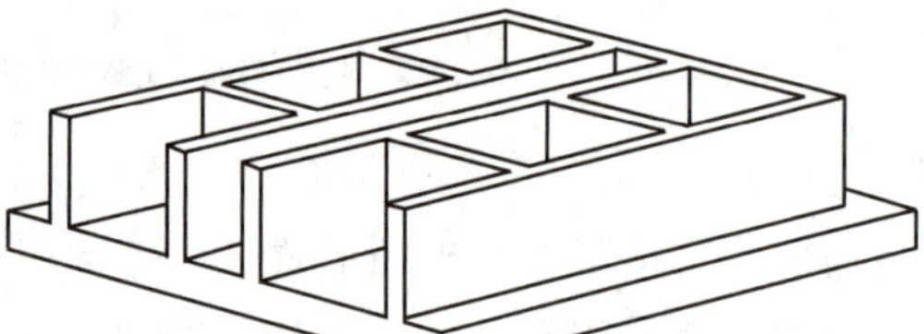

图 4-9　平板式筏形基础

（5）桩基础　当建筑物的上部荷载较大，需要将其传至深层较为坚硬的地基中去，有时会使用桩基础（图 4-10）。它由若干个桩来支承一个平台，然后由这个平台托住整个建筑物，又称桩承台。桩基础多用于高层建筑或土质不好的情况。

（6）箱形基础　箱形基础是由钢筋混凝土的底板、顶板和若干纵横墙组成的，这些构件形成空心箱体的整体结构，共同来承受上部结构的荷载（图 4-11）。箱形基础整体空间刚度大，对抵抗地基的

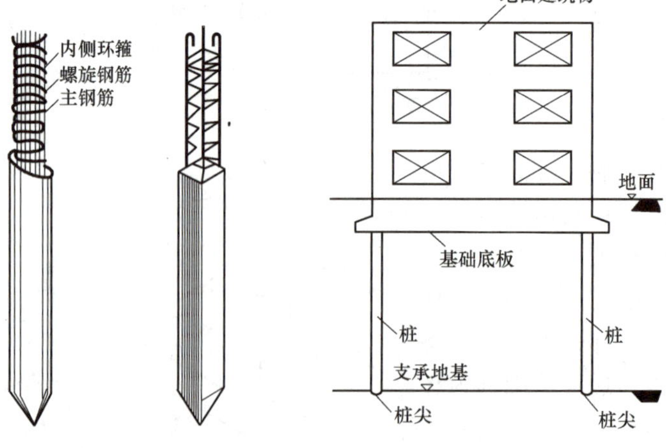

a) 钢筋混凝土桩　b) 桩承台示意图

图 4-10　桩基础

不均匀沉降有利，一般适用于高层建筑或在软弱地基上建造的上部荷载较大的建筑物。当基础的中空部分尺寸较大时，可用作地下室。

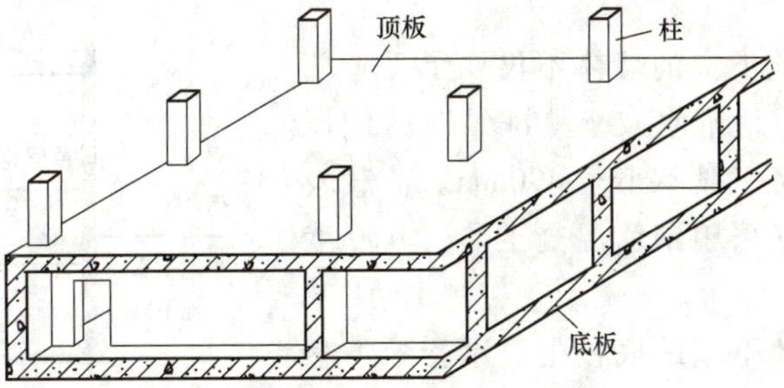

图 4-11 箱形基础

小知识

比萨斜塔倾斜的原因

① 钟塔基础底面位于第 2 层粉砂中。施工不慎，南侧粉砂局部外挤，造成偏心荷载，使塔南侧附加应力大于北侧，导致塔向南倾斜。

② 塔基底压力高达 500kPa，超过持力层粉砂的承载力，地基产生塑性变形，使塔下沉。塔南侧接触压力大于北侧，南侧塑性变形必然大于北侧，使塔的倾斜加剧。

③ 钟塔地基中的黏土层厚近 30m，位于地下水位以下，呈饱和状态。在长期重荷作用下，土体发生蠕变。这也是钟塔继续缓慢倾斜的一个原因。

④ 在比萨平原深层抽水，使地下水位下降，相当于大面积加载，这是钟塔倾斜的重要原因。在 20 世纪 60 年代后期至 70 年代早期，观测者观察到地下水位下降的同时钟塔的倾斜率也在增加。当天然地下水位恢复后，则钟塔的倾斜率也回到常值。

4.2 地下室

地下室是建筑物底层下面的房间，它是在有限的占地面积内争取到的使用空间，可作安装设备、储藏存放、商场、餐厅、车库以及战备防空等多种用途。当高层建筑的基础埋深很深时，利用这一深度建造一层或多层地下室，并不需要增加太多的投资，比较经济。

4.2.1 地下室的类型与构造组成

微课：地下室的类型与构造组成

1. 地下室的类型

地下室按功能分为普通地下室和人防地下室；按结构材料分为砖墙结构地下室和混凝土墙结构地下室；按埋入地下深度的不同，分为全地下室和半地下室：全地下室是指地下室地面低于室外地坪的高度超过该地下室净高的 1/2，半地下室是指地下室地面低于室外地坪的高度超过该地下室净高的 1/3，且不超过 1/2（图 4-12）。

小知识

层高：是指建筑物各层之间以楼（地）面面层（完成面）计算的垂直距离，屋顶层由该层楼面面层（完成面）至平屋面的结构面层或至坡屋顶的结构面层与外墙外皮延长线的交点计算的垂直距离。

室内净高：是指从楼、地面面层（完成面）至吊顶或楼盖、屋盖底面之间的有效使用空间的垂直距离。

2. 地下室的组成

地下室一般由墙体、底板、顶板、楼梯、门窗等部分组成（图 4-13）。

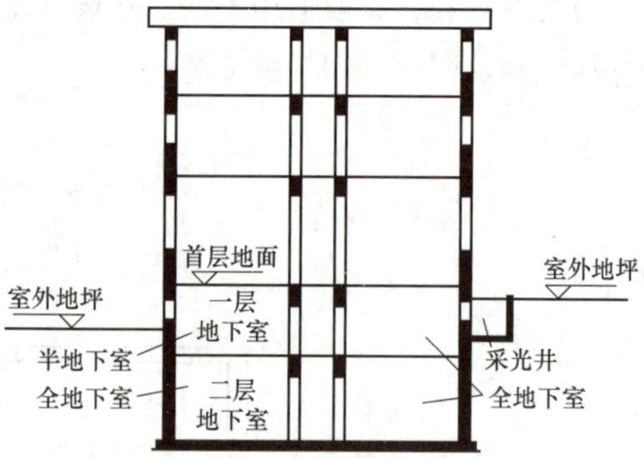

图 4-12　地下室示意图

（1）地下室的墙体　地下室的墙体不仅要承受上部的垂直荷载；还要承受土、地下水及土壤冻结时的侧压力，所以采用砖墙时其厚度一般不小于 490mm。荷载较大或地下水位较高时，最好采用钢筋混凝土墙，其厚度不小于 200mm。

（2）地下室的底板　地下室的底板主要承受地下室地坪的垂直荷载；当地下水位高于地下室地面时，还要承受地下水的浮力，所以底板要有足够的强度、刚度和抗渗能力。常用现浇混凝土板配双层钢筋，并在底板下垫层上设置防水层。底板处于最高地下水位以上时，宜按一般地面工程考虑，即在夯实的土层上浇筑 60~100mm 混凝土垫层，再做面层。

（3）地下室的顶板　地下室的顶板主要承受首层地面荷载，可用预制板、现浇板或预制板上做现浇层，要求有足够的强度和刚度。如为防空地下室，顶板必须采用钢筋混凝土现浇板并按有关规定确定其跨度、厚度和混凝土的强度等级。

（4）地下室的楼梯　地下室的楼梯可与上部楼梯结合设置，层高小或用作辅助房间的地下室可设单跑楼梯。防空地下室的楼梯，至少要设置两部楼梯通向地面的安全出口，并且必须有一个独立的安全出口。

（5）地下室的门窗　普通地下室的门窗与地上房间门窗相同，窗口下沿距散水面的高度应大于 250mm，以免灌水。当地下室的窗台低于室外地面时，为达到采光和通风的目的，应设采光井（图 4-14）。采光井由底板和侧墙组成，底板一般用混凝土浇筑，侧墙多用砖砌筑，但应考虑其挡土作用，应由结构计算确定其厚度。采光井上应设防护网，井下应有排水管道。防空地下室一般不允许设窗；如需开窗，应设置战时堵严措施。防空地下室的外门应按防护等级要求设置相应防护构造。

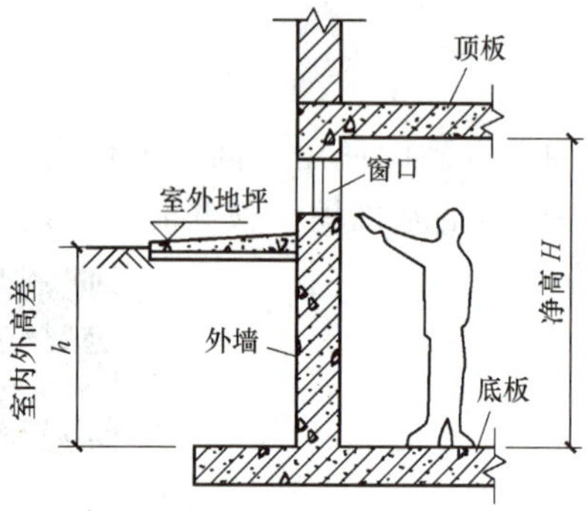

图 4-13　地下室组成

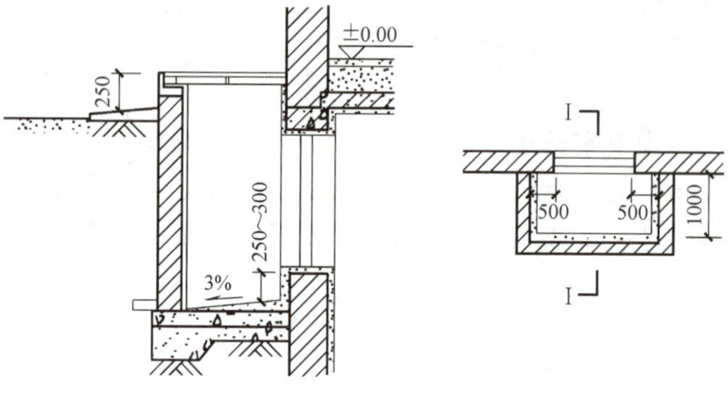

I—I 剖面

图 4-14　地下室采光井构造

4.2.2　地下室的防潮和防水

由于地下室必然受到地潮和地下水的侵蚀，若忽视或处理不当，必将导致墙面及地面受潮、生霉、面层脱落，严重者将危及其耐久性。因此解决地下室的防潮、防水成为其构造设计的主要问题。

微课：地下室的防潮和防水

1. 地下室防潮构造

当最高水位低于地下室底板 300~500mm 时，地下水不能直接侵入室内，其墙和地坪仅受到土层中潮气的影响，其构造一般只做防潮处理，具体做法如下：

1）外墙面抹20mm厚1∶2.5水泥砂浆至高出地面散水300mm，再刷冷底子油一道、热沥青两道至地面散水底部。

2）地下室外墙四周500mm左右回填低渗透性土壤，如黏土、灰土（1∶9或2∶8）等，并逐层夯实。

3）此外，地下室的所有墙体都必须设两道水平防潮层：一道设在地下室底板附近，另一道设在室外地坪以上150~200mm处，如图4-15所示。

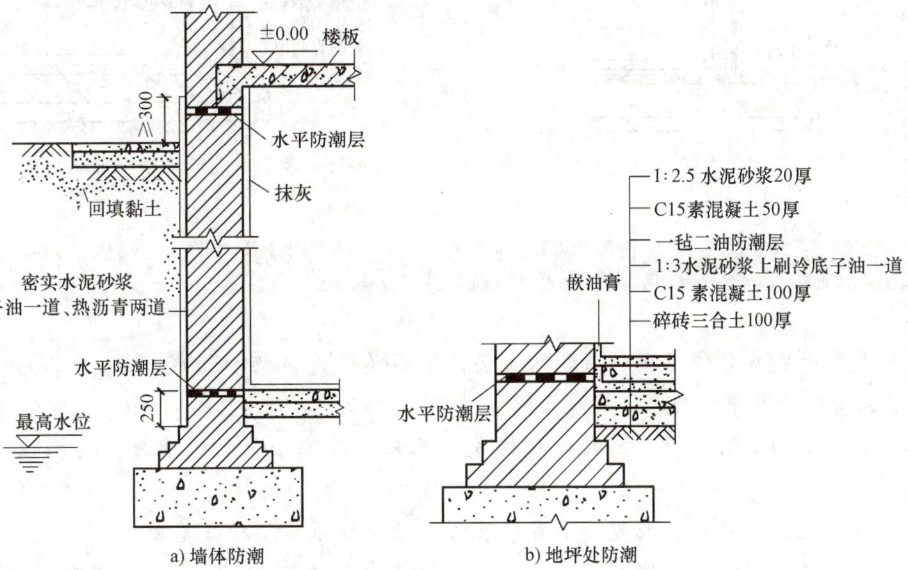

图4-15　地下室防潮构造

2. 地下室防水构造

当最高水位高于地下室地坪时，其外墙和地坪均受到水的侵袭，同时，还受到水的侧压力和浮力的影响。水位越高，侧压力和浮力越大，室内受到的侵袭越严重，故必须作防水处理。地下室防水构造做法基本有以下三种。

（1）卷材外防水　卷材防水材料分层黏贴在结构层外表面的做法称为卷材外防水。其构造做法如图4-16所示。

第一步，外墙抹20mm厚的1∶3水泥砂浆，并刷冷底子油一道。

第二步，铺贴防水卷材，并与地坪防水卷材搭接合为一体。防水卷材层数视地下水位高出地下室地坪高度 H 确定，铺贴高度应高出最高水位500mm以上。

第三步，在防水层外砌筑120mm厚保护砖墙，其间用水泥砂浆填实，保护砖墙底部干铺油毡一层，沿长度方向约8m及转折处设垂直断缝一道。其作用是在土侧压力作用下，使保护墙能将力均匀传递给防水层，避免防水层受力不均匀而破裂。

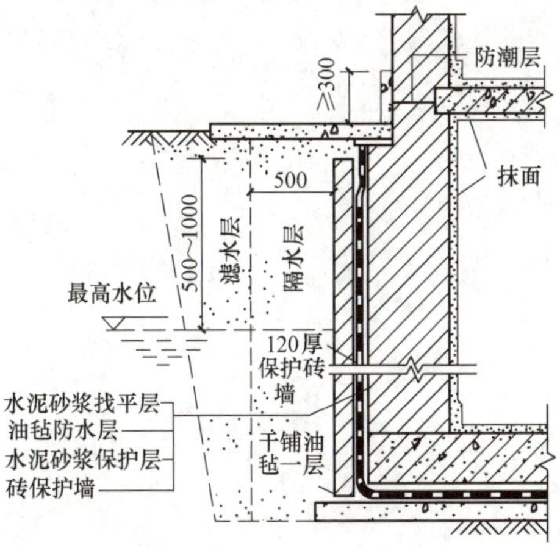

图4-16　地下室卷材外防水构造做法

第四步，距地下室外墙500mm左右回填低渗透土壤并夯实。

（2）卷材内防水　卷材防水材料分层黏贴在结构层内表面的做法称为卷材内防水。此法防水效果差，但施工简单，常用于维护修缮工程，如图4-17所示。

（3）防水混凝土自防水　当地下室的外墙和底板均为钢筋混凝土结构时，可通过调整混凝土的配合比或在混凝土中掺入外加剂等手段，改善混凝土构件的密实性，提高其抗渗性能，这种方法称为防水混凝土自防水。其构造做法如图4-18所示。

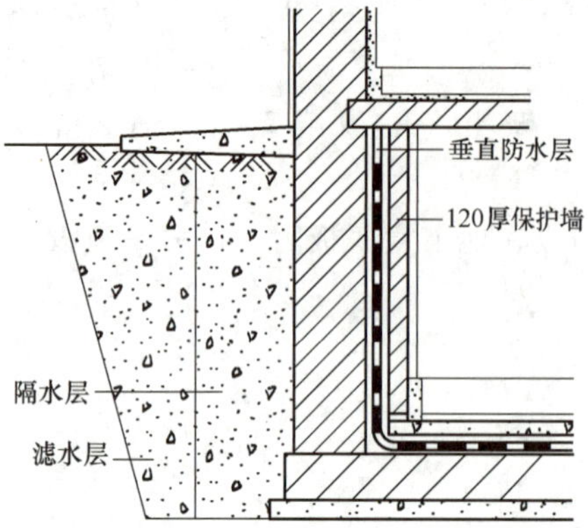

图 4-17　地下室卷材内防水构造做法

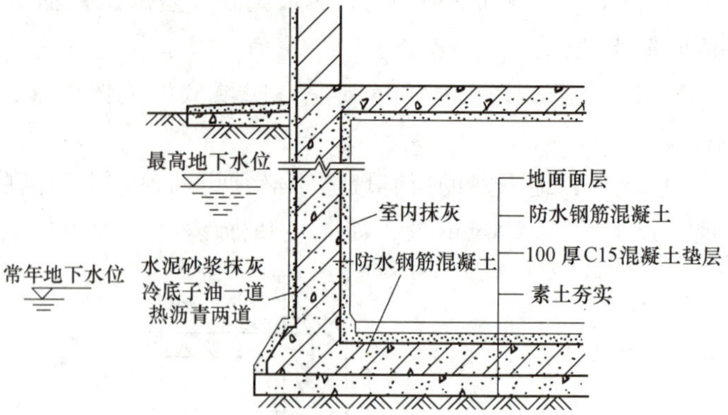

图 4-18　地下室混凝土构件自防水构造做法

项目小结

1. 地基是承受由基础传下来的荷载的土层，它不属于建筑物的组成部分。基础是承受建筑物上部结构传下来荷载的承重构件。

2. 刚性基础是由有刚性角限制的材料构成的基础。砖基础是刚性基础，其刚性角控制在 26°~33°之间。

3. 柔性基础能承受弯矩，一般墙下常用条形基础，柱下常用独立基础。

4. 地下室一般由顶板、墙体、底板、门窗、楼梯等部分组成，有窗的地下室要设采光井。

5. 地下室因设计最高地下水位至地下室底板的距离不同，分别采用防潮和防水处理。防潮的目的是避免地下潮气的影响，防水的目的是避免有压地下水的影响。

6. 地下室防水的构造做法：卷材外防水、卷材内防水、防水混凝土自防水。

项目5

墙　体

思维导图

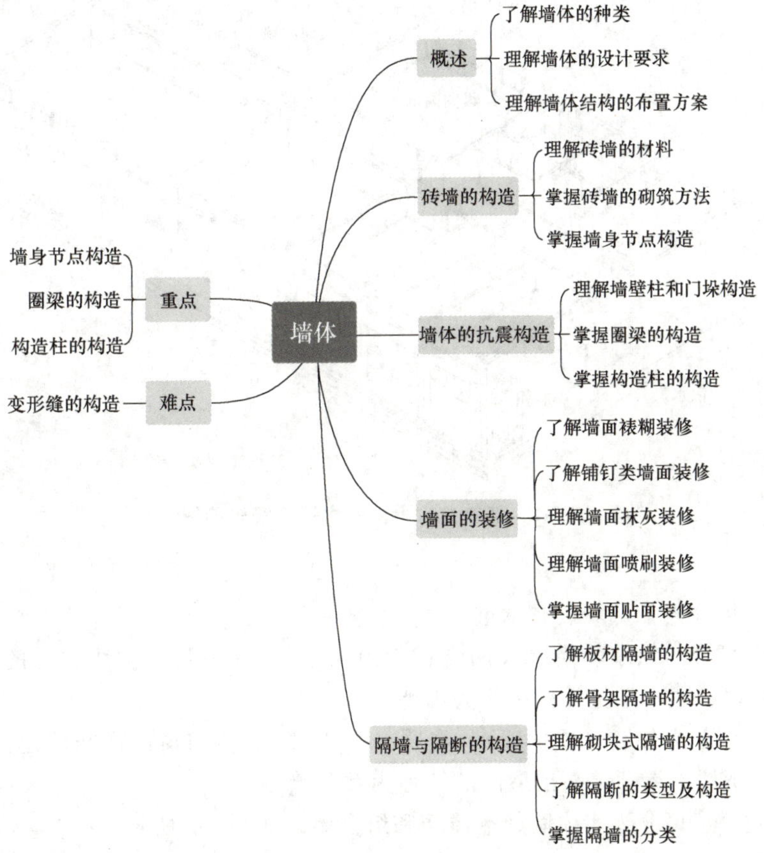

知识储备

墙体是房屋的重要组成部分。在一般民用建筑中，墙体的工程量占相当大的比重，墙和楼板被称为房屋的主体结构。墙的造价占工程总造价的30%~40%，墙的重量占建筑物总重量的40%~65%。

5.1　概述

问题引入

学生宿舍楼（多层建筑）由多面墙体组成，并由墙体分隔出各个房间。每面墙体用什么材料砌筑？墙体的厚度是多少？用什么材料做的饰面？

5.1.1　墙的类型与作用

如图 5-1 所示是某单身宿舍楼的水平剖切轴测图，从中可以看到很多面墙。由于这些墙所处位置不同以及建筑结构布置方案的原因，它们在建筑中起的作用也不同。

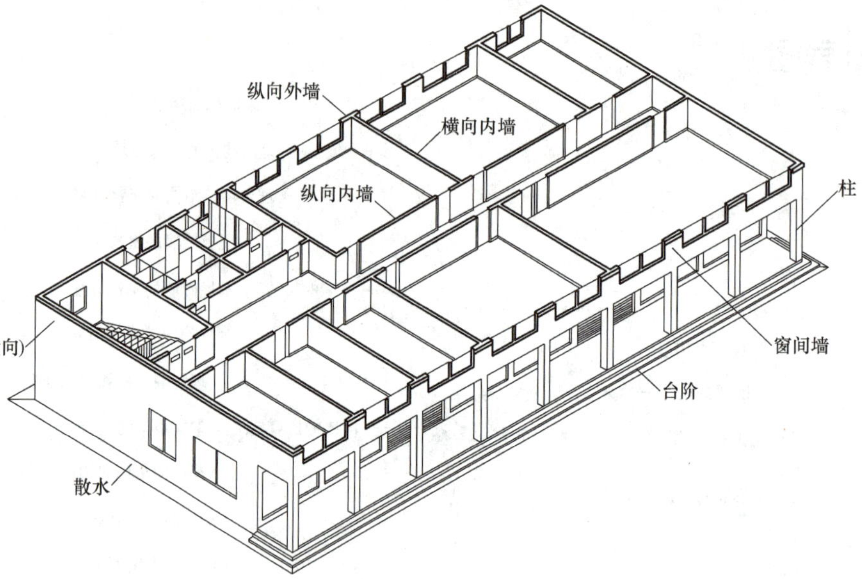

图 5-1　某单身宿舍楼的水平剖切轴测图

1. 墙体的种类

（1）按受力分　可分为承重墙、非承重墙。

（2）按方向分　可分为纵墙、横墙（两端称为山墙）。沿建筑物纵轴线方向的墙称为纵墙，沿横轴线方向的墙称为横墙，通常还把外横墙称为山墙。

（3）按位置分　可分为外墙（围护墙）、内墙（分隔墙）。窗与窗或窗与门之间的墙称为窗间墙，窗洞下方的墙称为窗下墙，屋顶上高出屋面的墙称为女儿墙。

（4）按构造方式分　可分为实体墙、空体墙和组合墙，如图 5-2 所示。

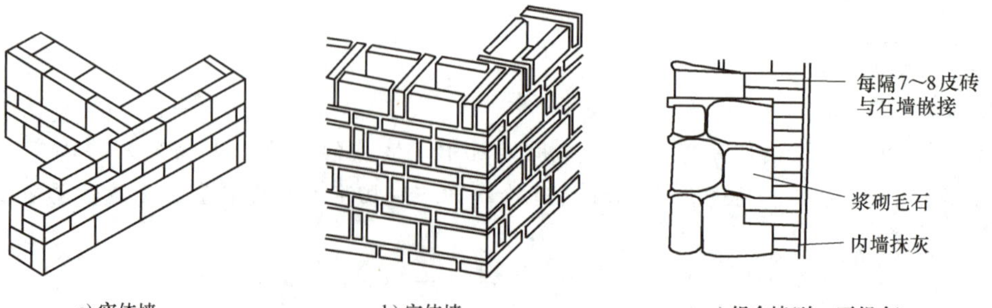

a) 实体墙　　b) 空体墙　　c) 组合墙(砖、石组合)

图 5-2　墙体的种类（按构造方式）

（5）按材料分 可分为砖墙、土墙、混凝土墙、石墙、砌块墙等，如图5-3所示。

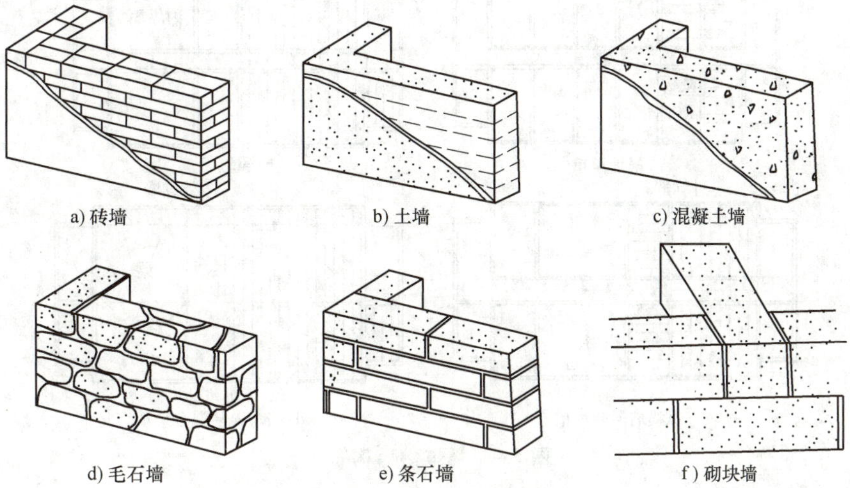

图5-3 墙体的种类（按墙体材料）

（6）按施工方法分 可分为叠砌式、现浇整体式和预制装配式。

2. 墙体的作用

（1）墙体的承重作用 承重墙体需承受从屋面、楼板等构件传下来的荷载及自重荷载，同时还要承受外来的荷载，如人和家具的重力、风力、地震力等。

（2）墙体的围护作用 建筑物外墙需要抵御风、雨、雪、太阳辐射、噪声等的自然侵袭，并保证建筑物内具有良好的生活环境和工作条件。

（3）墙体的分隔作用 建筑物内的纵横墙和隔墙将建筑物分隔成不同大小的房间，以满足不同使用的要求。

5.1.2 对墙体的要求

对墙体主要考虑以下要求：

1）满足建筑物坚固耐久的要求。

2）满足防寒和隔热的要求，以保证房间内具有良好的气候条件和卫生条件。

3）满足隔声的要求，以避免受到室外或相邻房间的噪声影响，从而获得安静的生活与工作环境。特别是对隔墙的隔声要求应高于外墙。

4）满足防火的要求。墙体材料的燃烧性能和耐火极限应符合防火规范的要求。

除此之外，墙体还要满足不同房间的使用功能，如仓库、储藏室的防潮，X光室的防射线要求等。

在墙体材料的选择上，应尽量就地取材，并采用自重轻的材料。

5.1.3 墙体结构的布置方案

一般民用建筑有两种承重方式，一种是框架承重，一种是墙体承重。墙体承重又可分为横墙承重、纵墙承重、纵横墙混合承重、墙与内柱混合承重等结构布置方案。

（1）横墙承重 它是将预制楼板、屋面板的两端搁置在横墙上，纵向墙只起纵向稳定和拉结的作用。这种结构布置方案的优点是跨度小、弯矩小、建筑物刚性好；但其开间尺寸不够灵活，房间不宜过大，消耗材料。此种承重方案适用于单身宿舍、住宅、旅馆等小开间房屋，如图5-4a所示。

（2）纵墙承重 它是将预制楼板、屋面板的两端搁置在纵墙上，横墙只起分隔房间的作用，有的起横向稳定作用。这种结构布置方案的优点是房间划分灵活，构件规格小；但其房间进深较浅，门窗洞受限制，刚度较差。此种承重方案适用于教学楼、办公楼、商店等公共建筑，不宜用于地震区，如图5-4b所示。

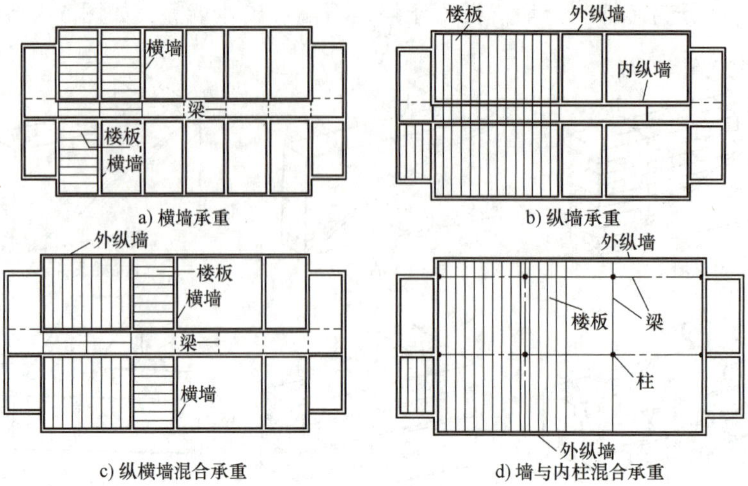

图 5-4 墙体的结构布置

(3) 纵横墙混合承重 它是将预制楼板、屋面板根据设计需要布置在纵横墙上，因此纵横墙均为承重墙。这种结构布置方案的优点是平面布置灵活，缺点是楼板、屋面板类型偏多，施工较麻烦，适用于进深较大、变化较多的房屋，如教学楼、医院等建筑，如图 5-4c 所示。

(4) 墙与内柱混合承重 当建筑物内需设置较大房间时，可采用墙与内柱混合承重的方案（如多层住宅的底层商店、餐厅等）。其构造方式为室内设钢筋混凝土柱，柱上搁置大梁和连系梁，梁上搁置楼板和二层以上的墙体，如图 5-4d 所示。它较适合于室内需要较大使用空间的建筑，如商场等。

5.2 砖墙的构造

5.2.1 砖墙的材料

砖墙是用砂浆将砖按一定技术要求砌筑成的砌体，其主要材料是砖与砂浆。

1. 砖

砖的品种按照生产方式分，有普通烧结砖和非烧结砖；按照外观形状不同分为普通实心砖、多孔砖、空心砖三种。普通烧结砖又分为青砖、红砖等。非烧结砖分为蒸压灰砂砖、粉煤灰砖、炉渣砖、混凝土砖等。标准砖的尺寸为 240mm×115mm×53mm。多孔砖的主要规格尺寸为 240mm×115mm×90mm、240mm×190mm×90mm 等。空心砖的尺寸随各地形式的不同而不同，如三孔砖为 240mm×115mm×115mm（相当于 2 块标准砖），七孔砖为 240mm×180mm×115mm（相当于 3 块标准砖）如图 5-5 所示。

承重结构标准砖的强度等级分为 Mu30、Mu25、Mu20、Mu15、Mu10 五个等级。

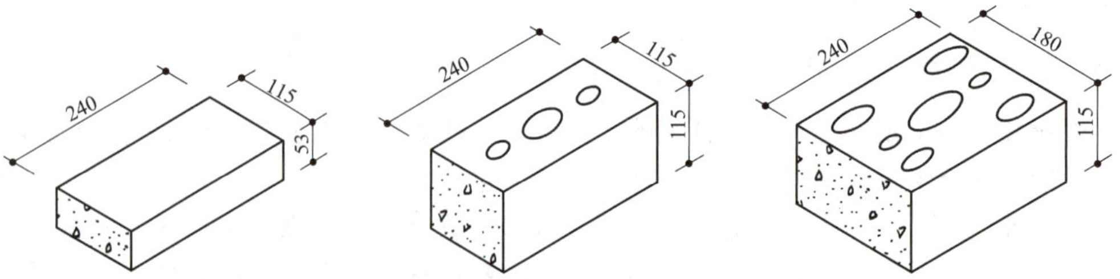

a) 标准砖 b) 三孔砖 c) 七孔砖

图 5-5 砖的尺寸

2. 砂浆

砌墙用的砂浆有水泥砂浆（水泥、砂）、混合砂浆（水泥、石灰、砂）、石灰砂浆（石灰、砂）。砂浆强度等级有 M30、M25、M15、M10、M7.5、M5。

3. 砖砌体的强度

1）砖砌体的强度比砖和砂浆的强度均低。

2）砖砌体的强度主要取决于砖和砂浆的强度，其中砖的作用大于砂浆的作用（砖的强度等级号一般比砂浆的高）。

3）墙体的材料选用。砖墙所用的砖和砂浆，主要应依据承载能力、耐久性以及保温、隔热等要求选择。对于一般房屋：承重墙用普通砖和多孔砖常采用的强度等级不应低于MU10；砂浆一般采用M5、M7.5，受力较大的部位可采用M10。地面以下或防潮层以下的砖墙，所用材料的最低强度等级应按相关规定确定。

5.2.2　砖墙的名称和砌法

微课：砖墙的砌法

1. 砖墙的名称

砖墙的名称习惯以砖长的倍数来称呼，根据砖块的尺寸和数量可组合成不同厚度的墙体，见表5-1。

表5-1　砖墙名称　（单位：mm）

砖墙名称	1/4砖墙	1/2砖墙	3/4砖墙	1砖墙	1砖半墙	2砖墙	2砖半墙
标志尺寸	60	120	180	240	370	490	620
构造尺寸	53	115	178	240	365	490	615
习惯称呼	60墙	12墙	18墙	24墙	37墙	48墙	62墙

2. 砖墙的砌法

砖墙的砌法有全顺法（12墙）、一顺一丁法（24以及24以上墙）、三顺一丁法（24以及24以上墙）、两平一侧法（18墙）、梅花墙砌法（与一顺一丁法相同）。

其余材料砖墙的砌法基本相同。砖墙的组砌方法如图5-6所示。

要求：砖缝必须横平、竖直；错缝搭接；避免上下通缝；砖缝砂浆必须饱满。

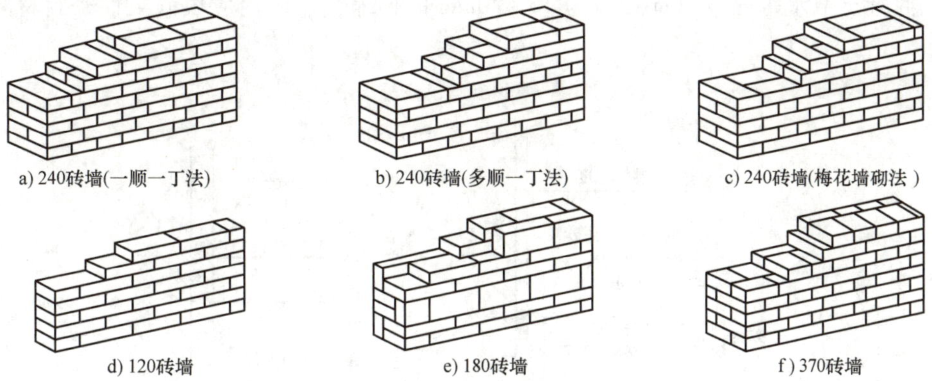

a) 240砖墙(一顺一丁法)　b) 240砖墙(多顺一丁法)　c) 240砖墙(梅花墙砌法)

d) 120砖墙　e) 180砖墙　f) 370砖墙

图5-6　砖墙的组砌方法

小知识

砖尺寸的模数

1m＝长4块(缝10mm)＝宽8块(缝10mm)＝高16块(缝9.5mm)

即：

$$4\times(240+10)\,\text{mm}=1000\text{mm}$$

$$8\times(115+10)\,\text{mm}=1000\text{mm}$$

$$16\times(53+9.5)\,\text{mm}=1000\text{mm}$$

砖的理论体积：$1\text{m}^3=(4\times8\times16)$块＝512块（包括砂浆）

砖的密度：$1600\sim1800\text{kg/m}^3$

5.2.3 墙身节点构造

1. 勒脚

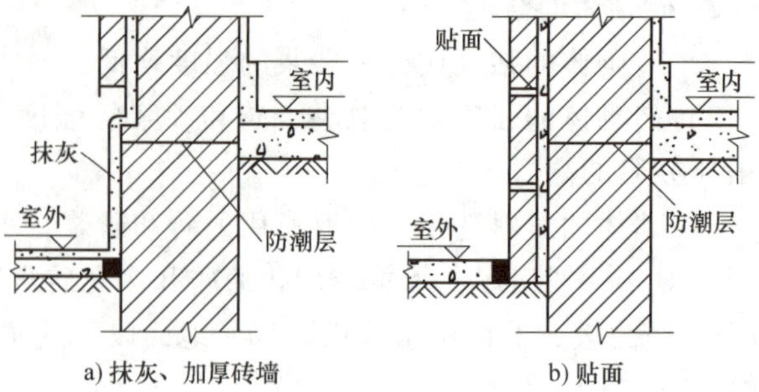

图 5-7 勒脚构造

勒脚在外墙身下部靠近室外地面的部位。勒脚经常受地面水、屋檐滴下的雨水的侵蚀，容易因受碰撞而损坏。所以，勒脚的作用是保护墙面，防止受潮，如图 5-7 所示。勒脚的做法有以下几种：

1）水泥砂浆勒脚。它采用 M5 水泥砂浆抹面，20mm 厚，高出地面 300～600mm，常用 450mm（当室内外高差为 300mm 时，高于室内地面 150mm）。

2）将勒脚部分墙身加厚 60～120mm，再抹灰。

3）镶贴天然石材。

4）用天然石材砌筑。

5）水刷石勒脚。底层 1∶3 水泥砂浆，10mm 厚；面层水刷石，10mm 厚。

一般情况下，勒脚的高度不受严格限制，常至窗台。当墙体材料防水性能较差时，勒脚部分的墙体应换用防水性能好的材料。

微课：勒脚

2. 散水

散水用来排除房屋四周积水，保护房基，做法一般有以下几种。

1）混凝土散水：C20 素混凝土，60～80mm 厚，基层为素土夯实。

2）铺砖散水：平铺砖，砂浆嵌缝，砂垫层，基层为素土夯实。

3）块石散水：片石平铺，1∶3 水泥砂浆嵌缝，基层为素土夯实。

微课：散水

散水宽 600～1000mm，比屋檐挑出宽度大 200mm 左右，坡度一般为 3%～5%，外边缘比室外地面高出 20mm。混凝土散水每隔 4～6m 设宽为 15～20mm 的伸缩缝，缝内应填嵌柔性密封材料，如图 5-8 所示。

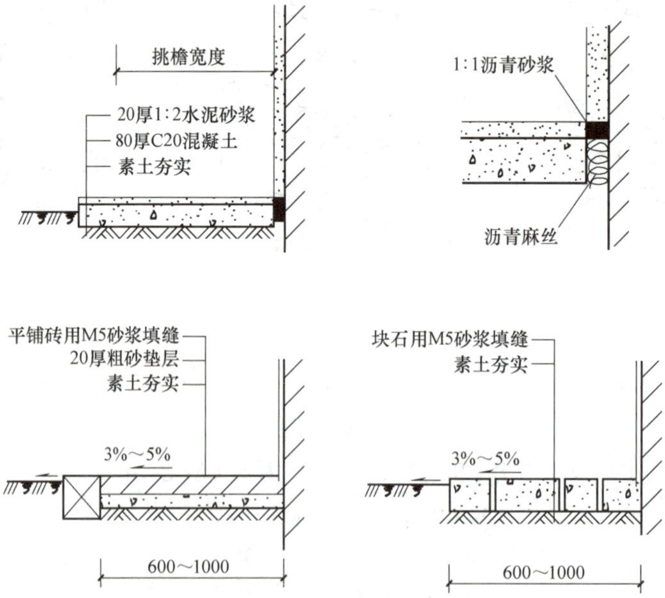

图 5-8 散水的构造

3. 明沟

明沟又称阳沟、排水沟。明沟一般在降雨量较大的地区采用，布置在建筑物四周。其作用是把屋面下落的雨水引至集水井，进入排水管道。明沟通常采用混凝土浇筑，也可用砖、石砌筑，并用水泥砂浆抹面。明沟的断面尺寸一般宽不小于 180mm，深不小于 150mm，沟底应有不小于 1%的纵向坡度。明沟构造如图 5-9 所示。

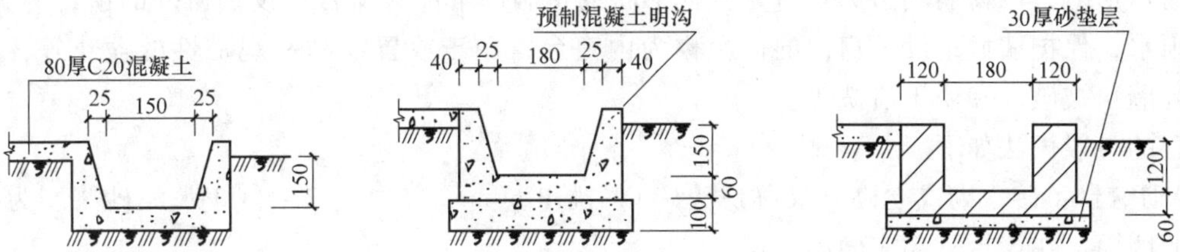

a) 80厚C20素混凝土　　b) 预制混凝土明沟　　c) 砖砌明沟

图 5-9　明沟的构造

4. 防潮层

墙身防潮层的作用是防止地面水、土壤中的潮气和水分因毛细管作用沿墙面上升，提高墙身的坚固性和耐久性，并保证室内干燥卫生，防止物品霉烂等。

微课：防潮层

防潮层一般在墙身底部、基础墙的顶部（-0.060m 处）设置。为了防止地表水反渗的影响，防潮层应设置在距室外地面 150mm 以上的墙体内。同时，防潮层应设置在首层地面结构层（如混凝土垫层）厚度范围之内的墙体之中。它与室外墙基勒脚、散水、明沟组成一道防线，保护墙体免受室外雨水和地下潮气的影响。

防潮层的做法有以下几种：

1）用防水砂浆砌筑三皮砖，高 180mm，如图 5-10a 所示。

2）20mm 厚的防水砂浆防潮层。用 1：2.5 水泥砂浆，加水泥质量 5%的防水粉配成防水砂浆，防潮层位置一般设置在-0.060m 处，如图 5-10b 所示。

3）在土质较差处或地震区，可浇厚 60～120mm 的细石混凝土防潮带，内设 3Φ8 钢筋、Φ6@250 分布筋，如图 5-10c 所示。

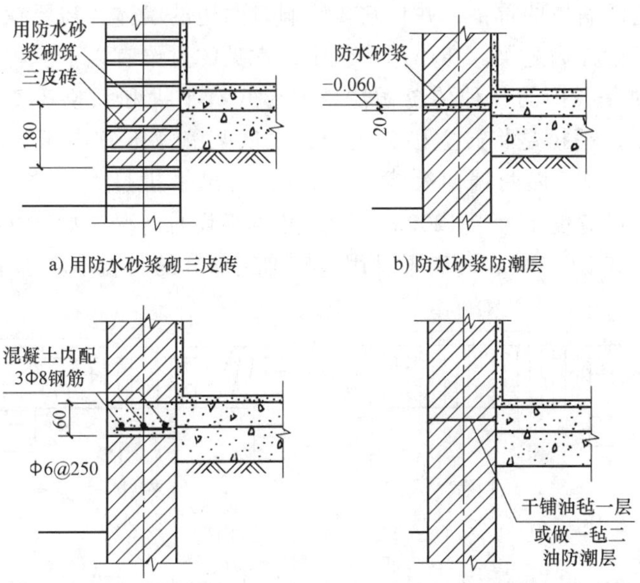

c) 细石混凝土防潮带　　d) 油毡防潮层

图 5-10　防潮层的构造

4）先抹一层 20mm 厚 1∶3 的水泥砂浆，再干铺一层油毡或做一毡二油，油毡比墙宽 20mm，如图 5-10d 所示。油毡的防潮效果好，但由于它使墙身与基础完全脱开成两部分，降低了房屋的抗震能力，因此油毡防潮不宜用于有强烈震动的建筑和地震区。

当基础顶面设置钢筋混凝土地圈梁时，可不另做防潮层，因为它本身具有足够的防潮能力。

5. 窗台

窗洞为矩形时，以窗洞底边为窗台；其他形状的窗洞以下部为窗台。设于窗外的窗台称为外窗台，用于排除雨水，保护墙面；设于窗内的窗台称为内窗台，用于放置物品和观赏性的盆花等，同时也为了防止该处墙角被破坏和便于清洗等。

外窗台的一般做法如下。

1）砖砌窗台：砖平砌或立砌（又称虎头砖），挑出 60mm，抹 1∶2~1∶3 水泥砂浆。为防止水污染窗台下的墙面，在窗台下部应做滴水槽。

2）混凝土或钢筋混凝土预制窗台：尺寸按设计要求确定，凸出墙面 60mm，每端长度比窗洞口宽 120mm。

内窗台的做法一般为：用 1∶2.5 水泥砂浆抹面；做木质内窗台板时，板厚 30mm，表面刷油漆，挑出墙面 40~60mm；也可用预制或成品窗台板做内窗台，如大理石板、花岗岩板、金属板等窗台板。

窗台的构造如图 5-11 所示。

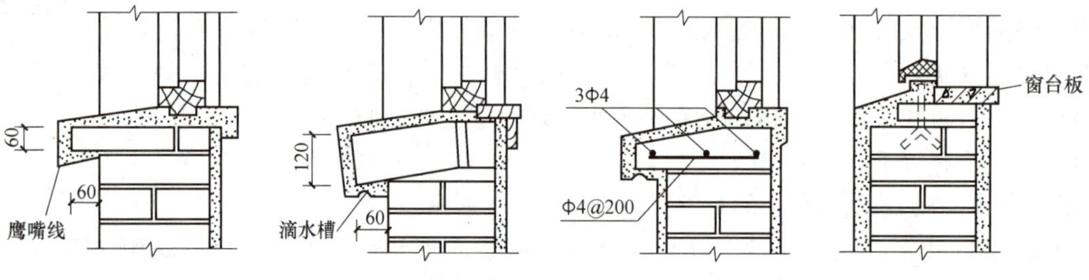

图 5-11　窗台的构造

6. 过梁

为了支承门窗洞口上面墙体的重量，并将它传给洞口两边的墙体，需要在门窗洞口顶上放一根横梁，这根横梁称为过梁。在民用建筑中，常见的过梁有以下三种。

微课：过梁

（1）砖拱过梁　砖拱是我国的一种传统做法，其形式有平拱和弧拱等。其中，平拱在建筑中采用较多。砖砌平拱是将砖立砌成楔形，拱底灰缝宽不宜小于 5mm，拱顶灰缝宽不应大于 15mm，拱脚下面两端伸入墙约 20mm，砖砌平拱过梁底应有 1% 的起拱。平拱一般用于门窗洞口宽度不大于 1200mm 且无集中荷载的情况，如图 5-12 所示。砖砌过梁截面计算高度内的砂浆强度不宜低于 M5；砖砌平拱用竖砖砌筑部分的高度不应小于 240mm。

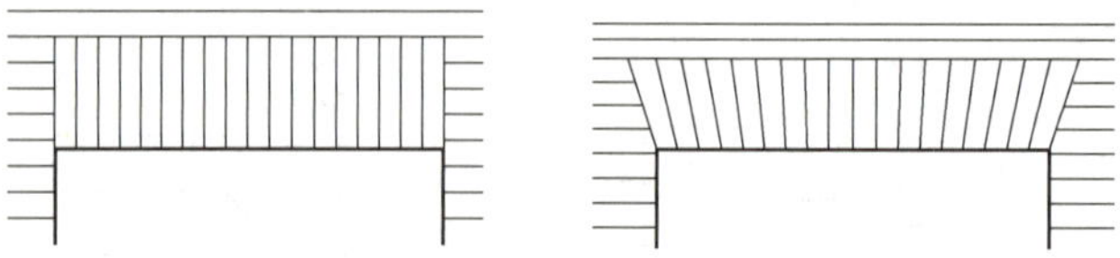

图 5-12　砖拱过梁的构造

（2）钢筋砖过梁　钢筋砖过梁是利用钢筋抗拉强度大的特点，把钢筋放在门窗洞口顶上的灰缝中，以承受洞顶上部荷载。钢筋砖过梁适用于跨度不大于 1500mm、无集中荷载的情况，如图 5-13 所示。钢筋砖过梁底面砂浆层处的钢筋，其直径不应小于 5mm，间距不宜大于 120mm，钢筋伸入支座砌体内长度不宜小于240mm，砂浆厚度不宜小于30mm。

（3）钢筋混凝土过梁　钢筋混凝土过梁一般采用预制安装，也有现浇钢筋混凝土过梁，适用于各种墙体和洞口宽度，其断面形式有矩形、L形等。断面尺寸：高度有60mm、120mm、180mm、240mm，宽度与墙宽一致，过梁两端伸入墙内长度不小于240mm，如图5-14所示。

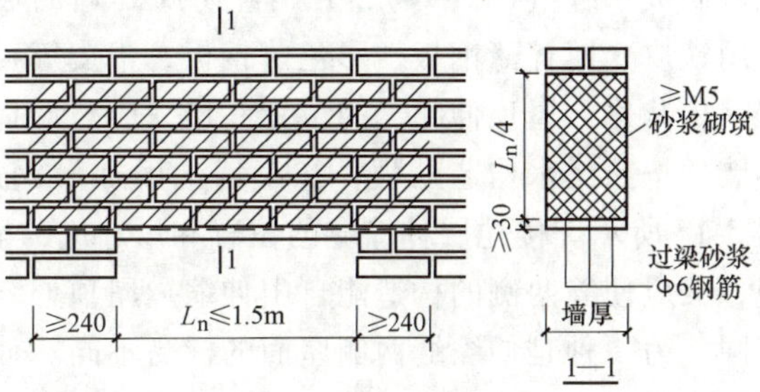

图 5-13　钢筋砖过梁

预制钢筋混凝土过梁的断面尺寸过大时，不便于搬运和安装，可以分成宽度较小的几片，并排组合使用。预制钢筋混凝土过梁的构造示意图如图5-15所示。

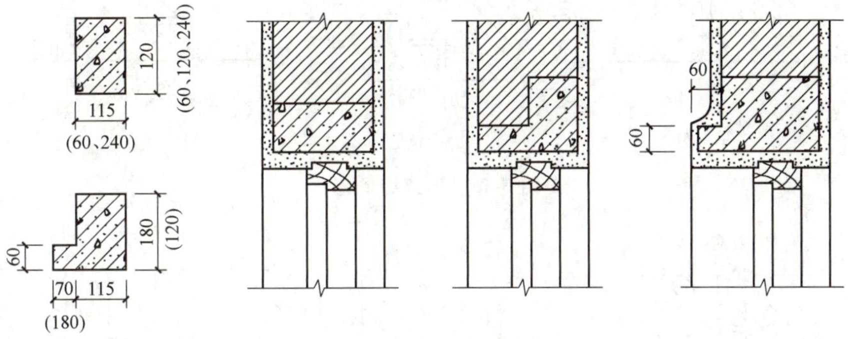

图 5-14　钢筋混凝土过梁

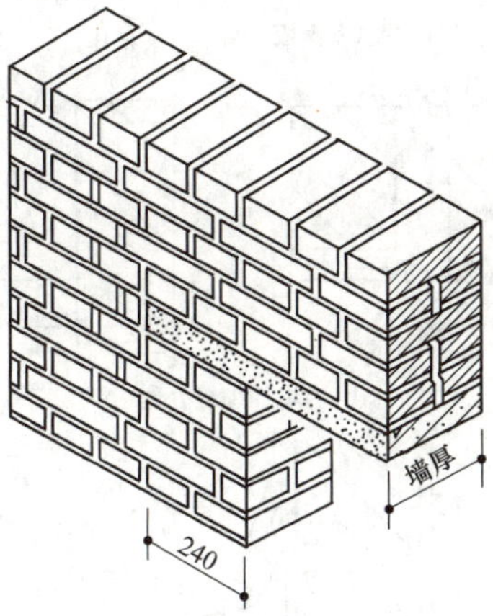

a)

b)

图 5-15　预制钢筋混凝土过梁构造示意图

7. 变形缝

墙体变形缝包括伸缩缝、沉降缝、抗震缝，分别用于防止或减轻由于温度变化、基础不均匀沉降和地震造成的墙体破坏。在一般情况下，沉降缝可以与伸缩缝合并，抗震缝的设置也应结合伸缩缝、沉降缝的要求统一考虑。设置变形缝的条件及位置应符合国家有关规范的规定。

（1）伸缩缝　当气温变化时，墙体将因热胀冷缩而可能出现不规则破坏。为了防止这种破坏，将建筑物沿长度分成几段，使各段有独立伸缩的可能，各段间的垂直缝隙从建筑物基础顶面开始，将墙体、楼地面、屋顶等全部分开，这种缝称为伸缩缝，也称温度缝。

伸缩缝的宽度一般为20~40mm。为了避免风、雨对室内的影响，伸缩缝应砌成错口缝或企口缝，也可做成平缝（图 5-16），并用经防腐处理的可塑材料填塞，如沥青麻丝、橡胶条、塑料条。外墙面上用铁皮、镀锌薄钢板、彩色薄钢板、铝皮等盖缝，内墙面用木制盖封条或有一定装饰效果的金属调节盖板装修。屋顶伸缩缝的位置和尺寸应与墙体、楼板层的伸缩缝相对应，在缝的两侧各砌半砖厚的小墙，按照泛水构造处理，在小墙上面加设钢筋混凝土盖板或镀锌铁皮盖板盖缝作好防水处理，如图 5-17 所示。楼地层伸缩缝的位置和尺寸应与墙体伸缩缝相对应，在构造上应保证地面面层和顶棚美观，又应使缝两侧的构造能自由伸缩。屋顶伸缩缝的位置有两种情况，一种是伸缩缝两侧屋面的标高相同，另一种是伸缩缝两侧屋面的标高不同。伸缩缝两侧屋面的标高相同时，上人屋面和不上人屋面伸缩缝的做法也不相同。如为不上人屋面，一般在缝的两侧各砌半砖厚的小墙，按泛水构造处理，它与泛水构造不同的是在小墙上面加设钢筋混凝土盖板或铁皮盖板。刚性防水屋顶伸缩缝的构造与柔性防水屋顶的做法基本相同，只是防水材料不同而已。

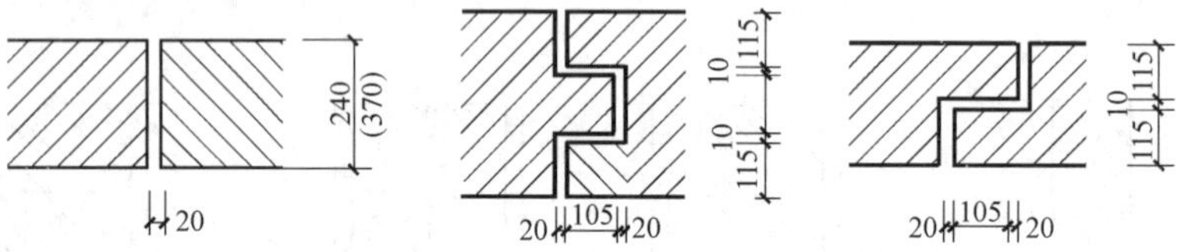

a) 平缝　　b) 企口缝　　c) 错口缝

图 5-16　伸缩缝的形式

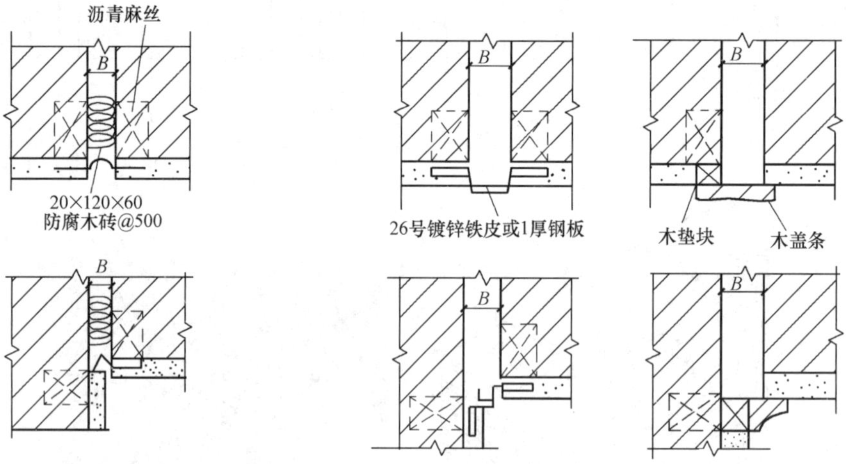

a) 外墙伸缩缝处理　　b) 内墙伸缩缝处理

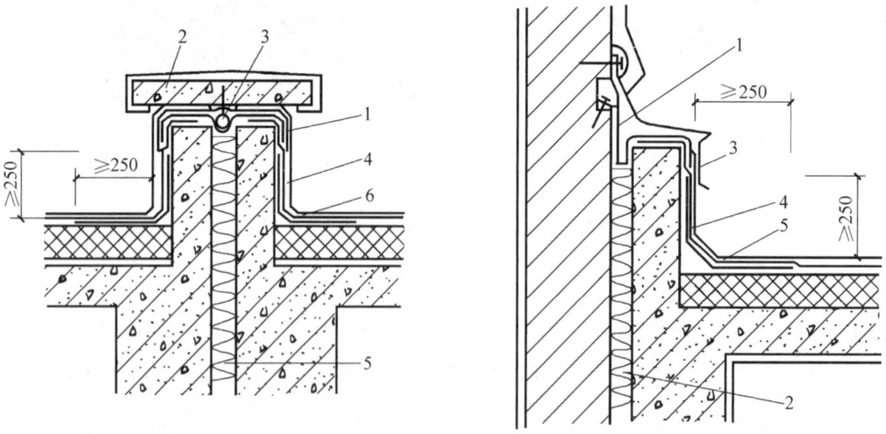

c) 等高屋面伸缩缝处理

1—卷材密封　2—混凝土盖板　3—衬垫材料
4—附加层　5—不燃保温材料　6—防水层

d) 高低跨屋面伸缩缝处理

1—卷材密封　2—不燃保温材料
3—金属盖板　4—附加层　5—防水层

图 5-17　伸缩缝的构造

B—伸缩缝宽度

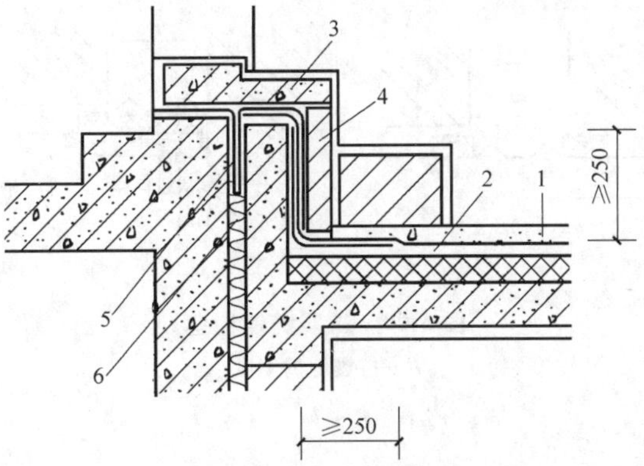

e) 水平出入口伸缩缝处理

1—防水层 2—附加层 3—踏步 4—护墙

5—防水卷材封盖 6—不燃保温材料

图 5-17 伸缩缝的构造（续）

（2）沉降缝 当建筑物的地基承载能力差别较大或建筑物相邻部分的高度、荷载、结构类型有较大不同时，为防止地基因不均匀沉降而破坏，在适当的位置设置垂直的沉降缝。沉降缝应从基础底面起，沿墙体、楼地面、屋顶等在构造上全部断开，使相邻两侧各成单元，各自沉降互不影响。沉降缝缝宽一般为 30~70mm。

沉降缝可作为伸缩缝使用。沉降缝的构造与伸缩缝的构造基本相同。沉降缝的宽度随着地基情况和建筑物的高度而不同，地基越软弱，建筑物越高，缝宽也就越大。墙体的沉降缝盖缝条应满足水平伸缩和垂直沉降变形的要求，屋顶沉降缝处的金属调节片或其他构件应考虑沉降变形与维修余地，如图 5-18 所示。

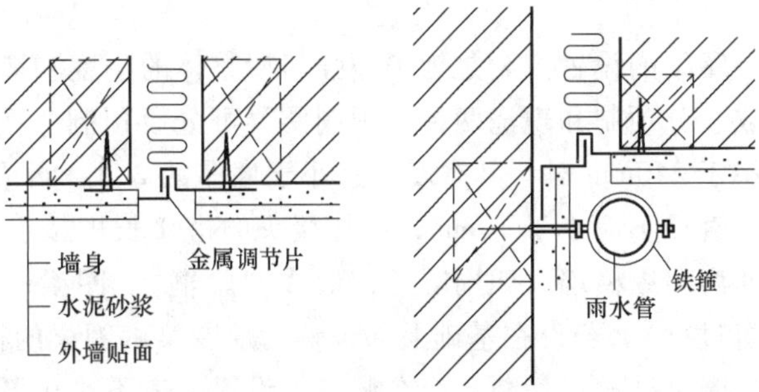

图 5-18 墙体沉降缝的处理

基础沉降缝的处理形式有双墙承重基础（图 5-19a）、双墙基础交叉排列、挑梁基础（图 5-19b）三种。

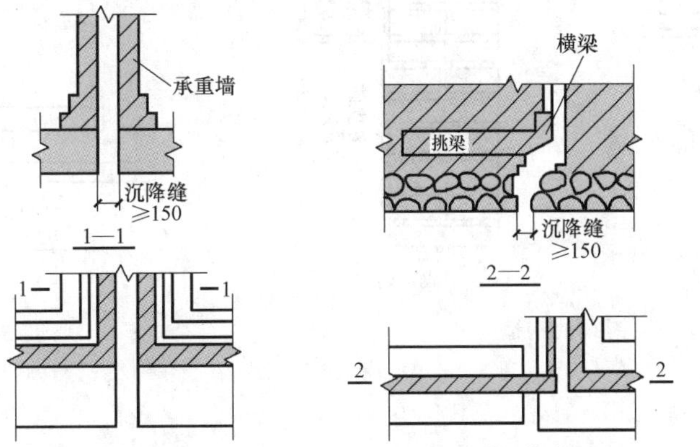

a) 双墙承重基础　　b) 挑梁基础

图 5-19 基础沉降缝的处理

（3）抗震缝 为了防止建筑物的各部分在地震时相互撞击造成变形和破坏而设置的缝称为抗震缝。抗震缝在建筑物的基础部位有的不断开，而其他部位则需全部设置。抗震缝的构造要求与伸缩缝相似，缝宽在 50~100mm 之间，且为平缝。由于抗震缝的缝隙较大，故在外墙缝处常用可伸缩的、呈 V 形或 W 形的镀锌铁皮或铝皮遮盖。地震设防房屋的伸缩缝和沉降缝应符合抗震缝要求。抗震缝的构造如图 5-20 所示。

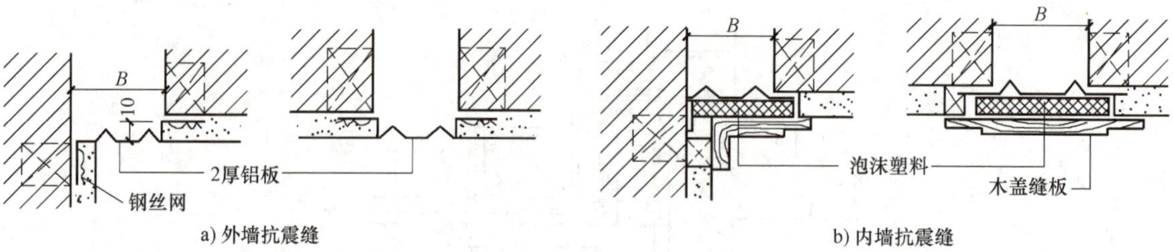

图 5-20　抗震缝的构造

B—抗震缝的宽度

5.3　墙体的抗震构造

根据国家有关规定，在7度（抗震设防烈度，下同）以上的地震设防区，应对以砖砌墙体为结构的建筑物作出一定的限制和要求，如限制房屋的总高度和层数，限制建筑体的高宽比，限制横墙的最大间距等。也可设置防震缝，提高砌体砌筑砂浆的强度。同时，还可以采取以下措施来提高建筑物的整体刚度和稳定性。

5.3.1　圈梁

圈梁的设置主要是为了增强房屋整体的刚度和墙体的稳定性。圈梁一般采用C20以上钢筋混凝土制成，分预制和现浇两种，预制圈梁可分段预制，接头浇灌连接。圈梁的宽度宜与墙厚相等；当墙厚不小于240mm时，其宽度不宜小于墙厚的2/3。圈梁高度不应小于120mm，纵向钢筋数量不应少于4根，直径不应小于10mm，绑扎接头的搭接长度按受拉钢筋考虑，箍筋间距不应大于300mm。圈梁应贯通房屋纵横墙，四周圈通，形成"腰箍"。圈梁一般设置在檐口下、各层楼板下口或门窗洞口（代替窗过梁）。若设在基础上部，称为地圈梁。圈梁的构造如图5-21所示。

圈梁被洞口切断，应在洞口上设置一道不小于圈梁断面的过梁，与圈梁搭接，其搭接长度不应小于错开高度的2倍，也不应小于1.0m，如图5-22所示。

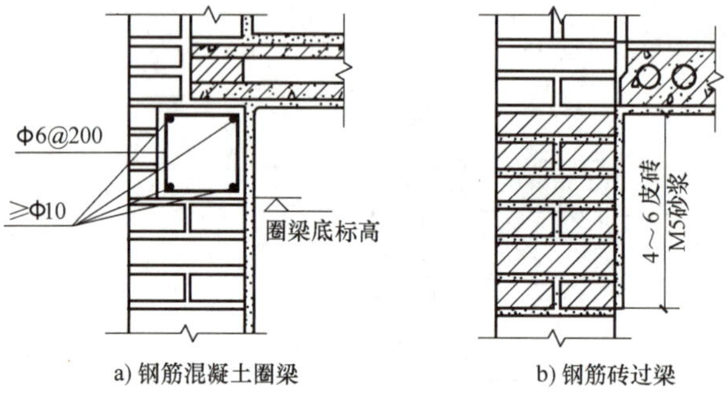

图 5-21　圈梁的构造

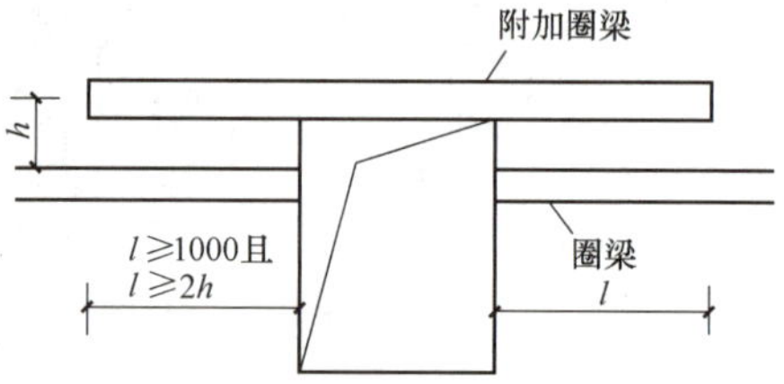

图 5-22　圈梁搭接长度

5.3.2　构造柱

钢筋混凝土构造柱的作用是与水平设置的圈梁一起形成空间骨架，以增强建筑物的整体刚度，提高墙体抵抗变形的能力，使得砖墙在受震开裂后也不倒塌。

钢筋混凝土构造柱一般设置在外墙转角，内外墙交接处，楼梯间、电梯间的四角，较大洞口两侧以及部分较长墙体的中部。构造柱的最小断面尺寸为240mm×180mm，最小配筋为4Φ12，箍筋为Φ6@250。当地震设防区级别为6度、7度超过六层，8度超过五层和9度时，构造柱纵向钢筋宜采用4Φ14，箍筋间距不应大于200mm。构造柱可不单独设基础，但应深入室外地面以下500mm，或与埋深小于500mm的基础圈梁相连，如图5-23所示。构造柱与圈梁连接处，构造柱的纵筋应在圈梁纵筋内侧穿过，保证构造柱纵筋上下贯通。在施工时应先放置构造柱的钢筋骨架，后砌墙体，且每隔300mm留马牙槎，以加强构造柱与墙体的咬合连接；沿墙高每隔500mm设2Φ6的拉结钢筋，每边伸入墙内不少于1000mm，用不低于C20的混凝土逐段现浇，如图5-24所示。

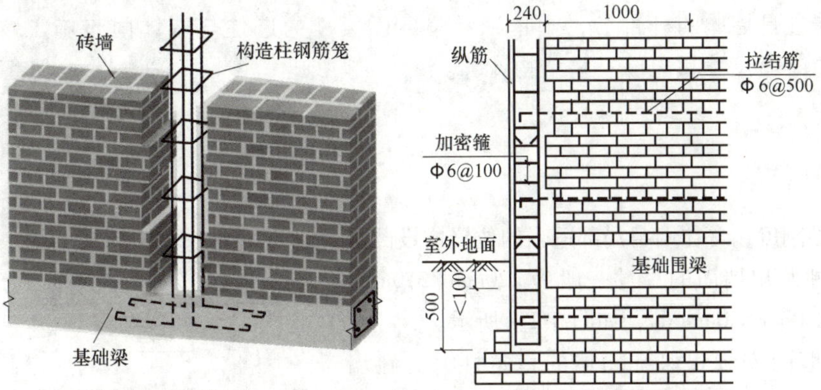

a) 构造柱与圈梁的连接　　b) 构造柱伸入室外地面以下

图5-23 构造柱基础设置

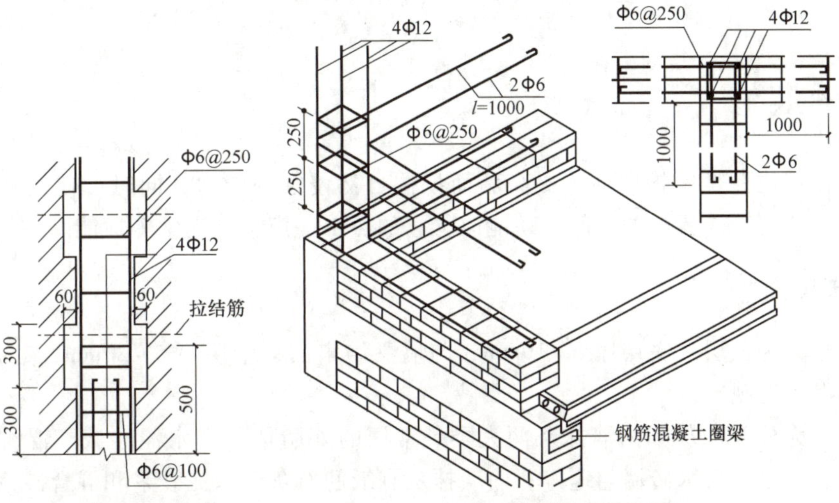

a) 构造柱的构造要求　　b) 构造柱与圈梁的连接

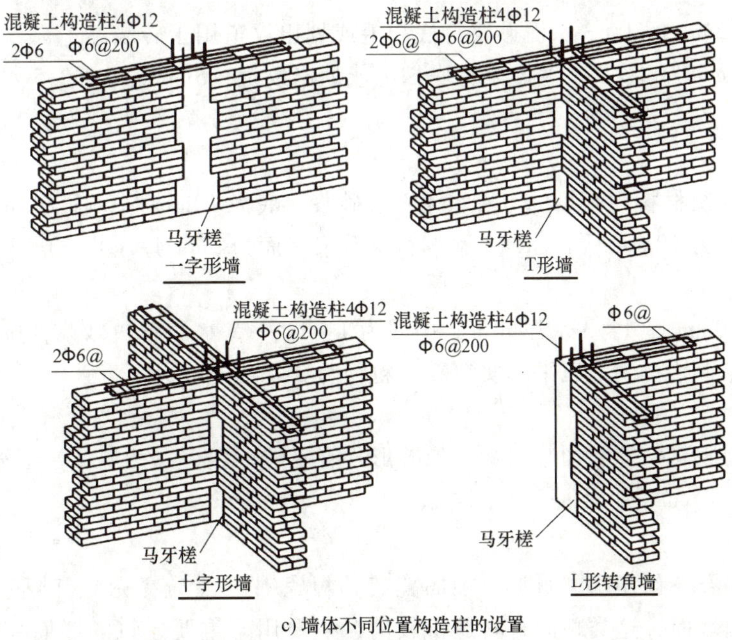

c) 墙体不同位置构造柱的设置

图5-24 构造柱

小知识

圈梁、构造柱与框架结构梁、柱的区别

圈梁、构造柱是墙体的一部分，不单独承重；圈梁、构造柱与墙体同步施工，墙不是填充体；圈梁、构造柱的断面尺寸和配筋不需结构计算。

5.3.3 壁柱和门垛

为提高墙体的刚度，常在墙身局部适当的位置增设凸出墙面的壁柱。壁柱凸出墙面的尺寸一般为 120mm×370mm、240mm×370mm、240mm×90mm 等，如图 5-25a 所示。

为了便于门框的安装和保证墙体的稳定性，凡在墙上开设门洞且门洞开在两墙转角处或丁字墙交接处时，须在门靠墙的转角部位或交接的一边设置门垛，如图 5-25b 所示。

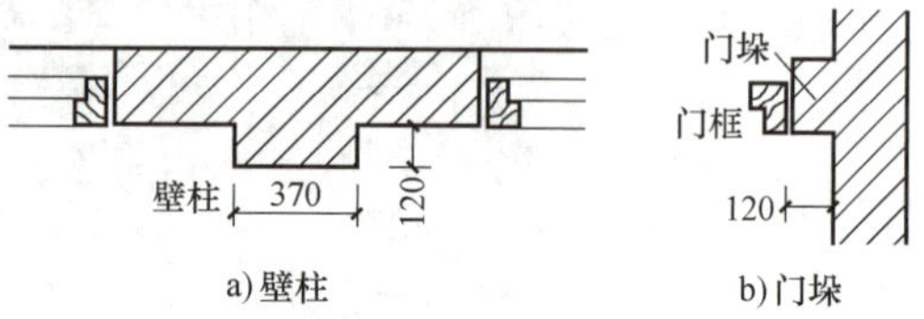

图 5-25 壁柱和门垛

5.4 墙面的装修

墙面装修的作用主要是保护墙面，提高墙面抵抗自然侵蚀的能力，同时可使内外墙面平整光滑、清洁美观。对于一些有特殊要求的房间，还能改善它的热工、声学、光学等性能。

5.4.1 墙面抹灰

墙面抹灰一般分为三层：底层厚 5~10mm，与墙黏结牢固；中层厚 5~20mm，起找平作用；面层使墙面平整、光滑、美观。

墙面抹灰可分为外墙抹灰和内墙抹灰两大类。常用的外墙抹灰有水泥砂浆、混合砂浆、水刷石、斩假石、干粘石、拉毛和清水砖墙勾缝等；内墙抹灰有纸筋石灰、水泥砂浆和混合砂浆等。

1. 水泥砂浆

（1）外墙抹灰 12mm 厚 1∶3 水泥砂浆打底扫毛或划出纹道用于砖墙。

（2）内墙抹灰 9mm 厚 1∶3 水泥砂浆打底扫毛或划出纹道，5mm 厚 1∶2.5 水泥砂浆找平、喷面浆饰面。

2. 混合砂浆

（1）外墙抹灰 抹灰材料均为 1∶1∶4 水泥石灰砂浆，底为 10mm 厚，面为 5mm 厚。

（2）内墙抹灰 底为 10mm 厚 1∶1∶4 水泥石灰砂浆，面为 5mm 厚 1∶0.3∶3 水泥石灰砂浆。

3. 干粘石

外墙抹灰的底为 10mm 厚 1∶3 水泥砂浆；中间为 1∶1∶1.5 水泥石灰砂浆，按设计要求，做分格凹缝；面为刮水泥浆，干粘石洒上压平拍实，石子粒径为 3~5mm。

4. 清水砖墙勾缝

清水砖墙勾缝分为原浆勾缝和加浆勾缝，勾缝形式有平缝、斜缝、凹缝、半圆缝等。

5.4.2 墙面贴面

采用大理石、花岗石、预制水磨石板、釉面瓷砖、陶瓷锦砖（马赛克）、玻璃马赛克等各种饰面材料贴外墙面和部分内墙面，这类贴面材料造价较高，主要用于重要建筑的墙面、门厅或其他要求较高和卫生要求较高的房间（如卫生间、盥洗间、餐厅等）。

墙面贴面是在抹灰墙面的基层上，用白水泥浆（或水泥浆）、聚酯砂浆粘贴剂、有机胶粘剂直接粘贴的，如图 5-26 所示。大型的装饰石板，要钻孔用铜丝等挂钩材料安装，如图 5-27 和图 5-28 所示。

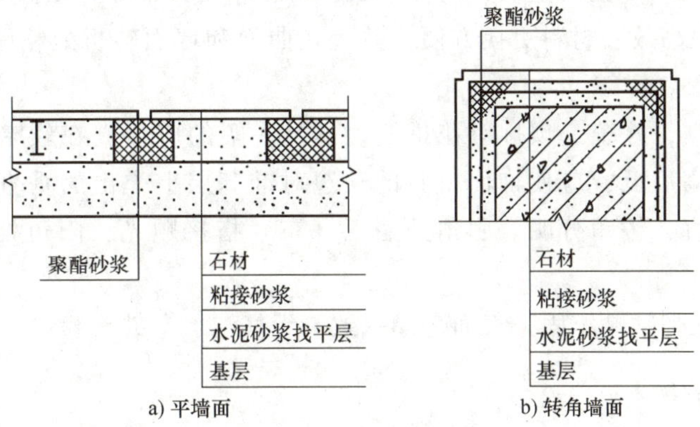

图 5-26　墙面贴面构造

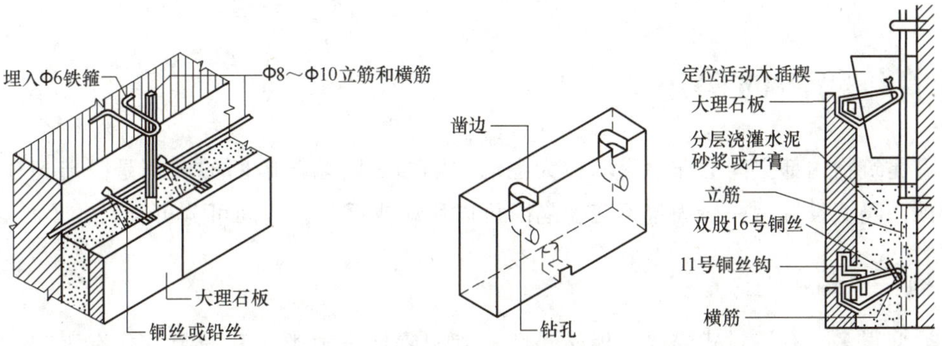

图 5-27　薄型石材饰面安装构造

5.4.3　墙面喷刷

采用喷刷方法装饰墙面施工简单，造价较低，同时有较好的装饰效果和保护墙面的作用，但其耐久性较差。下面介绍几种常用的装饰墙面。

（1）普通刷浆　普通刷浆采用石灰浆、大白浆等喷刷 2~3 遍。

（2）装饰刷浆　装饰刷浆底层刷大白浆，面层刷可赛银粉，墙粉可配置成各种颜色。

（3）油漆墙面　油漆墙面的底层为水泥砂浆或混合砂浆基层，填补裂缝后满刮腻子，再用砂纸抹光，刷调和漆两遍或喷漆两遍。油漆墙面清洁美观，适用于装饰要求、卫生要求较高的房间，但其造价较高、耐久性较差，现大多用多乐士五合一、立邦漆等。

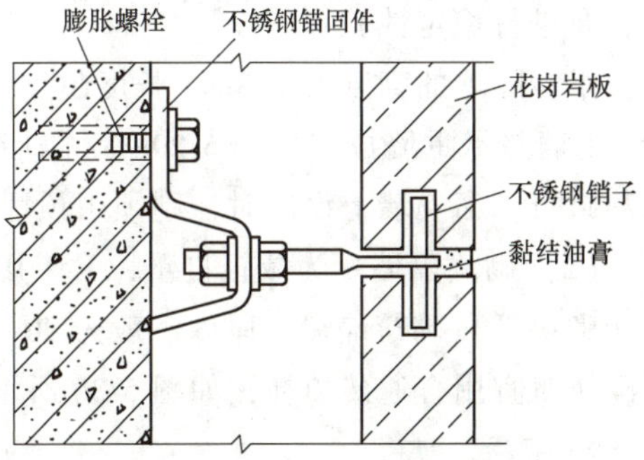

图 5-28　花岗岩块材饰面安装构造

（4）彩色水泥色浆　用彩色水泥调制成色浆进行喷刷，可用于混凝土、水泥砂浆等基层，一般喷刷 2~3 遍。

（5）墙面涂料　墙面涂料分为外墙涂料和内墙涂料，一般刷 2~3 遍，尤其是内墙涂料（简称 106 涂料），应用极为广泛，是一种经济、美观的装饰材料。

5.4.4 墙面裱糊

墙面裱糊装修是将各种装饰性的墙纸、墙布、织锦等卷材类的装饰材料裱糊在墙面上的一种装修做法。常用的装饰材料有 PVC 塑料壁纸、复合壁纸、玻璃纤维墙布等。裱糊类墙体饰面装饰性强、造价较经济、施工方法简捷高效、材料更换方便，并且在曲面和墙面转折处粘贴可以顺应基层获得连续的饰面效果。

墙面应采用整幅裱糊，并统一预排对花拼缝。不足一幅的应裱糊在较暗或不明显的部位。裱糊的顺序为先上后下，先高后低，应使饰面材料的长边对准基层上弹出的垂直准线，用刮板或胶辊赶平压实。阴阳转角应垂直，棱角分明。阴角处墙纸（布）搭接顺光，阳角处不得有接缝，并应包角压实。

裱糊工程的质量标准是粘贴牢固，表面色泽一致，无气泡、空鼓、翘边、皱折和斑点。

5.4.5 铺钉类墙面装修

铺钉类墙面装修的面料包括木板、塑料饰面板、富丽板、镜面板、不锈钢板等，多用于高档和特殊要求的房间。铺钉类墙面装修的做法是先在墙面干铺油毡一层，再钉木骨架，将面板钉或粘贴在骨架上。

5.5 隔墙与隔断的构造

用于分隔建筑物内部空间的非承重墙称为隔墙或隔断。隔墙与隔断的区别是隔墙到顶，隔断可到顶也可不到顶；隔墙设置后一般固定不变，隔断可以移动或拆装，空间可分可合。

5.5.1 隔墙

隔墙的类型很多，有块材式隔墙、板材隔墙和骨架隔墙三大类。其安装方式有固定、可活动等形式，下面列出几种代表性的隔墙。

1. 块材式隔墙

块材式隔墙是采用烧结普通砖、空心砖、加气混凝土砌块等块材砌筑而成的非承重墙。随着墙体改革的进展，块材式隔墙已由传统的砌筑空心砖、烧结普通砖向各种轻质砌块方向发展。

（1）砖隔墙　砖隔墙采用普通砖顺砌为半砖墙，可用 M5、M7.5 砂浆砌筑。砖隔墙不宜过长或过高，要进行稳定性验算。

半砖隔墙的高度大于 3m、长度超过 5m 时，应采取加固措施。一般沿高度方向每隔 10~15 皮砖放 2Φ6 钢筋与承重墙拉结（图 5-29a）。隔墙顶部与楼板相接处常采用立砖斜砌，或留出 30mm 的缝隙并抹灰封口。当隔墙上设门时，则须用预埋件或木砖将门框拉结牢固，如图 5-29b 所示。

（2）砌块隔墙　为减轻自重，常采用轻质小型砌块（如混凝土砌块、水泥矿渣空心砖、粉煤灰硅酸盐砌块等）砌筑隔墙，厚度一般为 90~120mm。砌筑时应在墙下砌 3~5 皮普通砖，隔墙长度不够整块砌块时宜用普通砖填补，如图 5-30 所示。砌块隔墙的加固构造方法与砖隔墙相同。

2. 板材隔墙

板材隔墙是指那些使用轻质隔墙板材，并将隔墙板材直接固定于建筑主体上的隔墙工程。这种隔墙不依赖骨架，由隔墙板材自身承重。目前，这类轻质隔墙的应用范围很广，使用的隔墙板材类型按断面和材料组成的不同，可分为空心条板、实心条板和夹芯条板等类型。常见的隔墙板材有增强水泥条板（GRC 板）、增强石膏条板、轻质混凝土条板、粉煤灰泡沫水泥条板、蒸压轻质加气混凝土板、钢丝网架夹芯板（泰柏板、舒乐舍板）等。GRC 板隔墙如图 5-31 所示。

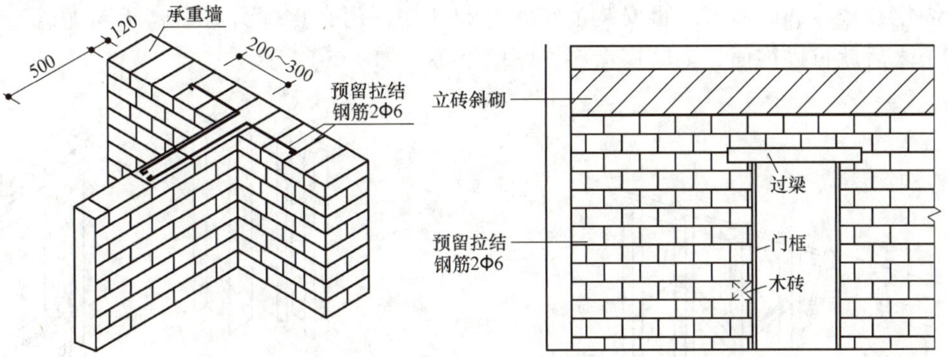

a) 隔墙拉结钢筋　　b) 隔墙示意

图 5-29　砖隔墙

3. 骨架隔墙

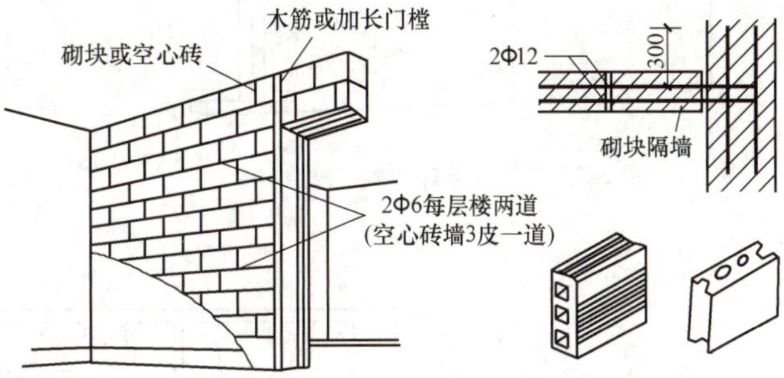

图 5-30　砌块隔墙

骨架隔墙又称立筋隔墙，其面板本身不具有必要的刚度，难以自立成墙，需要先制作一个骨架，再在其表面覆盖面板。骨架（统称为龙骨或墙筋）材料可以是木材和金属等，其构成分为上槛、下槛、纵筋（竖筋）、横筋和斜撑，如图 5-32 所示。面板材料可以是胶合板、纸面石膏板、硅钙板、塑铝板、纤维水泥板等。

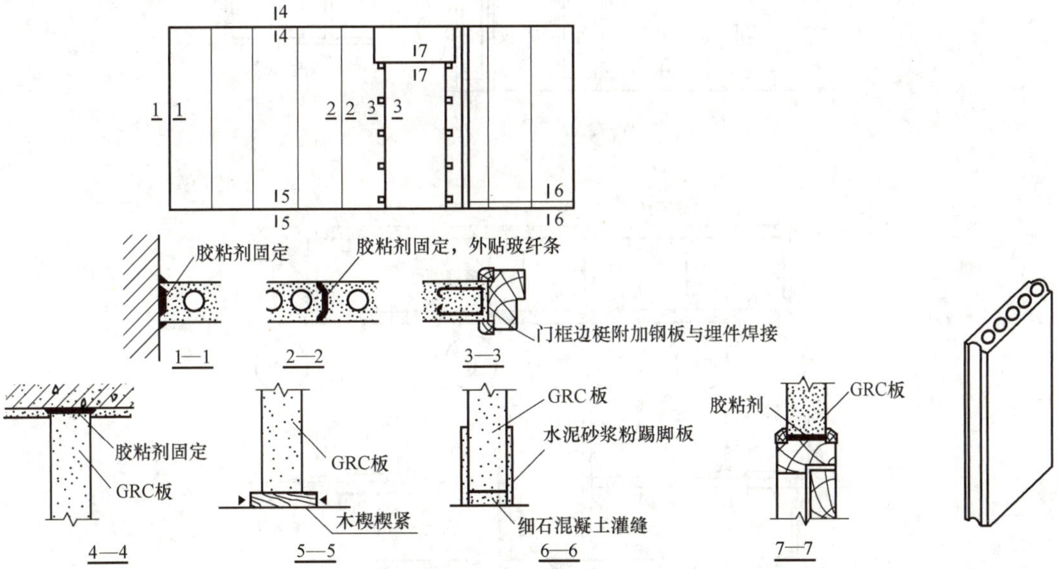

a) 隔墙构造　　b) GRC板

图 5-31　GRC 板隔墙

传统的骨架隔墙是将胶合板或纤维板镶钉在木骨架上，现在使用较多的面板是石膏板。石膏板以石膏为主要原料，生产时在板的两面粘贴具有一定抗拉强度的纸，以增强板材在搬运和施工时的抗弯能力，所以又称纸面石膏板。

石膏板隔墙的骨架可采用木材、石膏板条和薄壁型钢，目前使用较多的是金属材料轧制的薄壁型钢，称为隔墙轻钢龙骨（图 5-33）。轻钢龙骨石膏板隔墙的做法是先用螺钉或射钉将骨架的上槛、下槛和边龙骨固定在楼板和墙面上，再安装中间龙骨和横撑，用自攻螺钉将石膏板与龙骨连接。石膏板在表面刮腻子之后就可以饰面，如喷刷涂料、贴壁纸等，如图 5-34 所示。

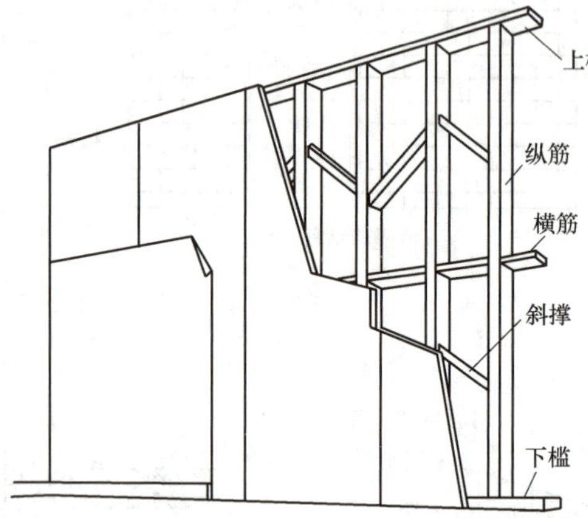

图 5-32　立筋类轻隔墙龙骨构成

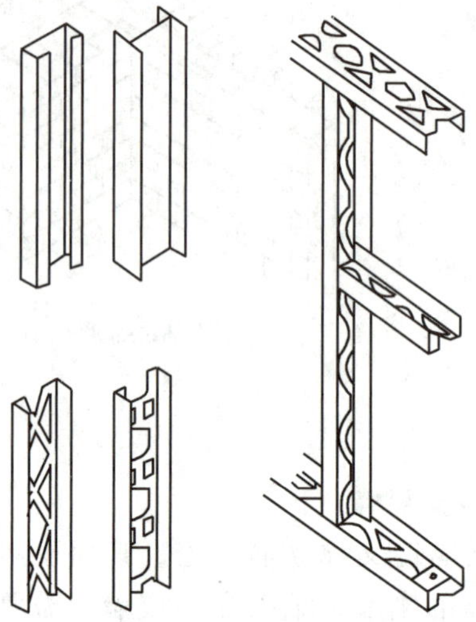

图 5-33　隔墙轻钢龙骨

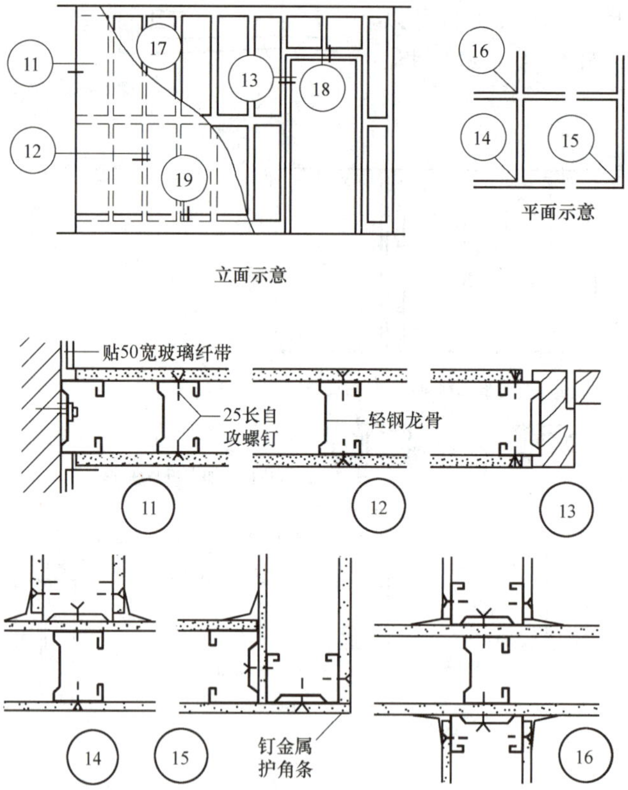

图 5-34　轻钢龙骨石膏板隔墙

5.5.2　隔断

隔断主要用于空间分隔。如在餐厅中，既要划分不同的饮食区域，又可相互通行，还可随时拆除。隔断有木隔断、玻璃隔断、家具隔断（图 5-35）、屏风式隔断、竹编隔断等。

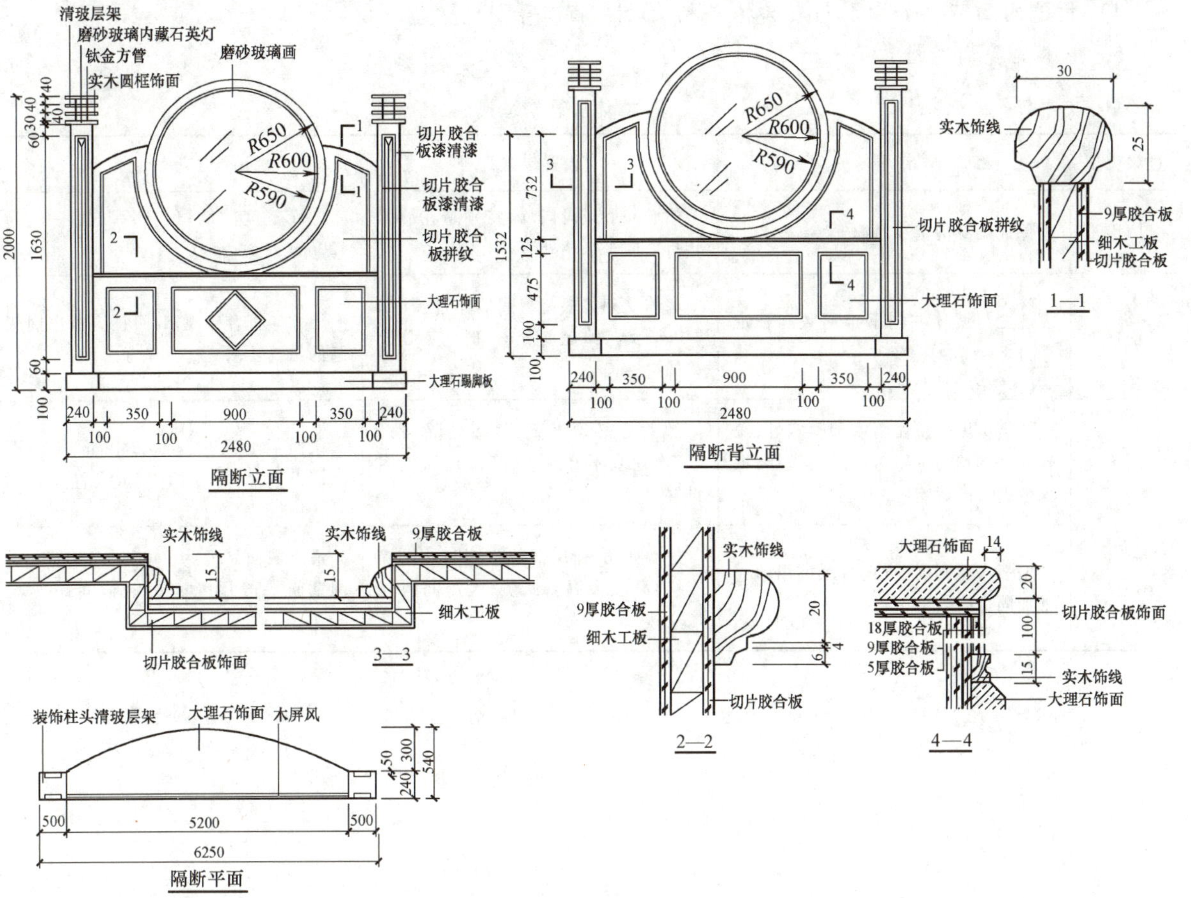

图 5-35　家具隔断

相关链接

多层宿舍楼一般是砖混结构的房屋，砖砌筑墙体，墙体厚度为 240mm，混合砂浆抹面。

知识应用

1. 参照图 5-11 画出你所在房间（宿舍或教室）的窗台构造图（比例自定）。
2. 校园里的建筑共有几种墙面装修？在构造上有何要求？

项目小结

1. 承重墙与非承重墙的区别：结构受力不同。
2. 墙的三个作用：承重、围护和分隔。
3. 对墙的要求：足够的强度和稳定性、热工、隔声、防火、经济、工业化。
4. 学习砖墙的细部构造时，要理解和掌握以下各点：
1）该部位的作用。
2）有几种做法？各用于什么情况？
3）各种部位的构造层次和做法。

4）构造的细节：如散水与勒脚抹灰相交处、滴水等。

5. 墙体抗震构造措施见表5-2。

表5-2 墙体抗震构造措施

过梁类型	作用	设置位置	构造要点
门垛	保证墙身稳定和门框安装	门洞一般应设门垛，特别是在墙体转折处或丁字墙处	门垛宽度同墙厚，门垛长度一般为120mm或240mm（不计灰缝）
壁柱	使之与墙体共同承担荷载和稳定墙身	墙体受到集中荷载或墙体过长（如240mm厚，长超过6m）时，应增设壁柱	尺寸应符合砖规格，而且应考虑到灰缝的错缝要求
圈梁	提高房屋的整体刚度和稳定性，减轻地基不均匀沉降对房屋的破坏，抵抗地震力的影响	屋盖处必须设置；楼板处隔层设置；当地基不好时，在基础顶面也应设置	截面不小于120mm×240mm，主要沿纵墙设置，内横墙10~15m设置一道
构造柱	增强房屋刚度、防止房屋倒塌的一种加固措施	外墙四角、错层部位横墙与外纵墙交接处、较大洞口两侧、大房间内外墙交接处	最小截面尺寸为240mm×180mm，竖向钢筋一般用4Φ12，钢箍间距不大于250mm

项目6

楼 地 面

思维导图

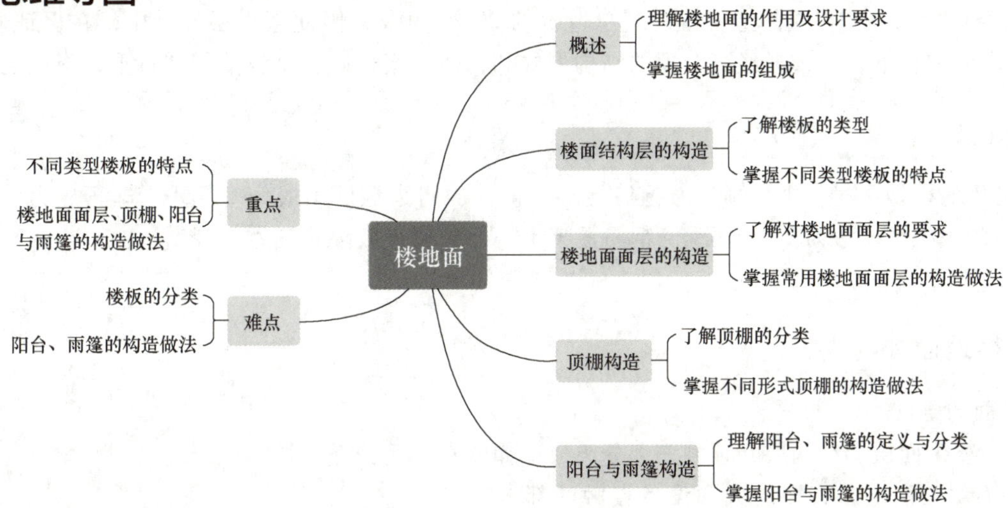

知识储备

楼地面是房屋的重要组成部分，是房屋的水平承重构件。它们与墙或柱等垂直承重构件相互依赖，互为支承，构成了房屋的多层空间结构。

6.1 概述

问题引入

教室层与层之间的水平分隔构件是什么？它有哪些作用？

6.1.1 楼地面的作用及设计要求

1. 楼地面的作用

楼地面包括楼层地面和底层地面，是分隔建筑空间的水平承重构件。它一方面承受着楼面荷载，并把这些荷载合理有序地传给墙或柱；另一方面对墙体起着水平支承作用，帮助墙体抵抗风及地震产生的水平力，加强建筑物的整体刚度；此外还起到一定的隔声、防火、防水、防潮、保温隔热等作用。

2. 楼地面的设计要求

（1）坚固要求　楼面和地面均应有足够的强度，保证在自重和活荷载作用下不发生任何破坏；同时应具有规定的刚度，即在荷载作用下弯曲挠度不超过允许值。

（2）隔声要求　楼面的隔声包括隔绝空气传声和固体传声，可采用隔声性能强的弹性材料作为面层。

（3）防火要求　楼面应根据建筑物耐火等级，对防火要求进行设计。如二级耐火建筑物的耐火极限不少于1h。

（4）防水、防潮要求　对于厨房、卫生间等地面潮湿、易积水的房间，应进行防水、防潮处理。可采用有防水性能的材料铺设面层或在面层下设置防水层。

（5）保温、隔热要求　采暖建筑或上下温差较大的建筑，应附设保温隔热材料层。

（6）设备管线布置要求　现代建筑中，各种功能日趋完善，有更多管线借助楼板层敷设。为使室内平面布置灵活，空间使用完整，在楼面设计中应充分考虑各种管线布置的要求。

（7）经济要求　楼板层的造价占建筑总造价的20%~30%，因此楼板层设计中，在保证质量标准和使用要求的前提下，要选择经济合理的结构形式和构造方案，减少材料消耗和自重，降低工程造价。

小知识

在常用的楼地面材料中，预应力钢筋混凝土楼板的耐火极限一般为0.75h，非预应力钢筋混凝土楼板的耐火极限一般为1.0h，现浇钢筋混凝土楼板的耐火极限一般为1~2h。

6.1.2 楼地面的组成

1. 楼面的组成

楼面主要由面层、结构层和顶棚三部分组成，如图6-1所示。

（1）面层　面层是直接与人和设备接触的部分，起着保护楼板的作用，同时对室内有重要的装饰作用。面层应坚固耐磨、光滑平整。

（2）结构层　结构层是楼面的承重部分，一般由板或梁和板组成，主要功能是承受楼板层上的全部荷载，并将这些荷载传递给墙或柱，要求具有足够的强度和刚度。

（3）顶棚　顶棚又称天花板，位于楼面最下层，主要有装饰、隔声等作用。

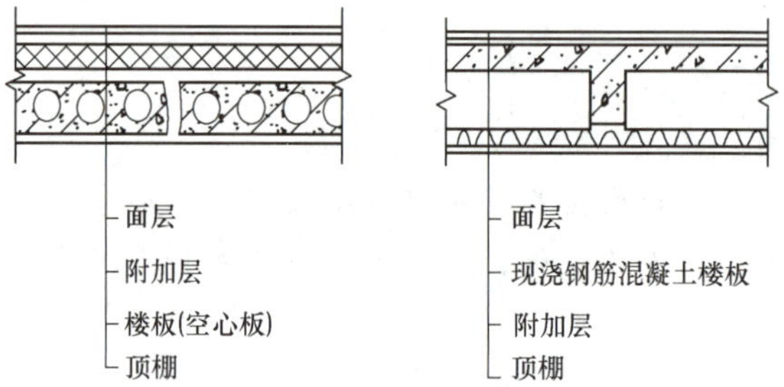

图6-1　楼面的组成

由于各种建筑物功能不同，根据使用的实际需要可在楼板层设置附加层。如当上下层温度相差较大有可能产生凝结水时，可附设隔汽层；需要加强防水和保温功能时，可附设防水层和保温层；为了掩盖设备管道，还可附设管道敷设层等，如图6-2所示。

2. 地面的组成

地面主要由面层、垫层和基层三部分组成；对有特殊要求的地面，常在面层和垫层之间增设附加层，如图6-3所示。

1）地面的面层和附加层与楼板层类似，这里不再赘述。

2）基层是地面的承重层，一般为土壤。土壤条件较好、地面上荷载不大时，一般采用原土夯实或填土分层夯实；地面上荷载较大时，可掺碎砖、石子等集料夯实。

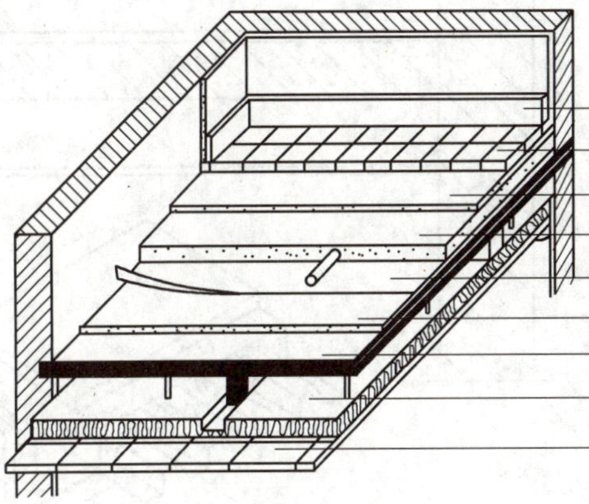

图 6-2　楼面的附加构造层

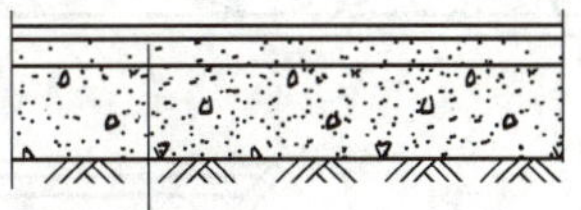

图 6-3　地面的组成

3）垫层是指承受并传递荷载给基层的构造层，有刚性垫层和柔性垫层之分。

刚性垫层有足够的整体刚度，受力后变形很小，常采用低强度素混凝土，厚度为 60～100mm。刚性垫层用于地面要求较高及薄且性脆的面层，如水磨石地面、大理石地面等。

柔性垫层整体刚度小，受力后易产生塑性变形，常用 60～100mm 厚砂垫层、80～100mm 厚碎砖灌浆或 100～150mm 厚的灰土等。柔性垫层常用于厚且不易断裂的面层，如水泥制品块地面、黏土砖地面或预制混凝土块地面。

对于某些室内荷载大或装修标准高的地面，可在基层上先做柔性垫层，再做一层刚性垫层，即复式垫层。

6.2　楼面结构层的构造

问题引入

楼面结构层即楼板层，它是楼面的承重层，在建筑物中有重要作用。常见的现浇钢筋混凝土楼板有什么优点和缺点呢？

6.2.1　楼板的类型

楼板根据使用材料不同，可分为木楼板、钢筋混凝土楼板和压型钢板组合楼板等，如图 6-4 所示。

钢材价格昂贵，压型钢板组合楼板耗钢量大，应慎重采用；木楼板构造简单，自重轻，吸热指数小，但耐久性和耐火性差，耗木材量大，除林区外，不宜采用；钢筋混凝土楼板强度高，刚度大，防火，耐久，可塑性大，可浇灌各种形状和尺寸的构件，形式多样，便于工业化生产和机械化施工，因此被广泛采用。

钢筋混凝土楼板根据施工方法不同，分为现浇式、装配式及装配整体式三种。

微课：楼板的类型

6.2.2　现浇钢筋混凝土楼板

现浇钢筋混凝土楼板是在现场支模，绑扎钢筋，浇捣混凝土梁、板，经养护而成的。这种楼板成型自由，整体性好，抗震性强，防水性好。但其模板用量大，现场湿作业量大，工期长，且施工受季节影响较大。

现浇钢筋混凝土楼板可分为板式、梁板式和无梁式，其中板式和梁板式较为常用。

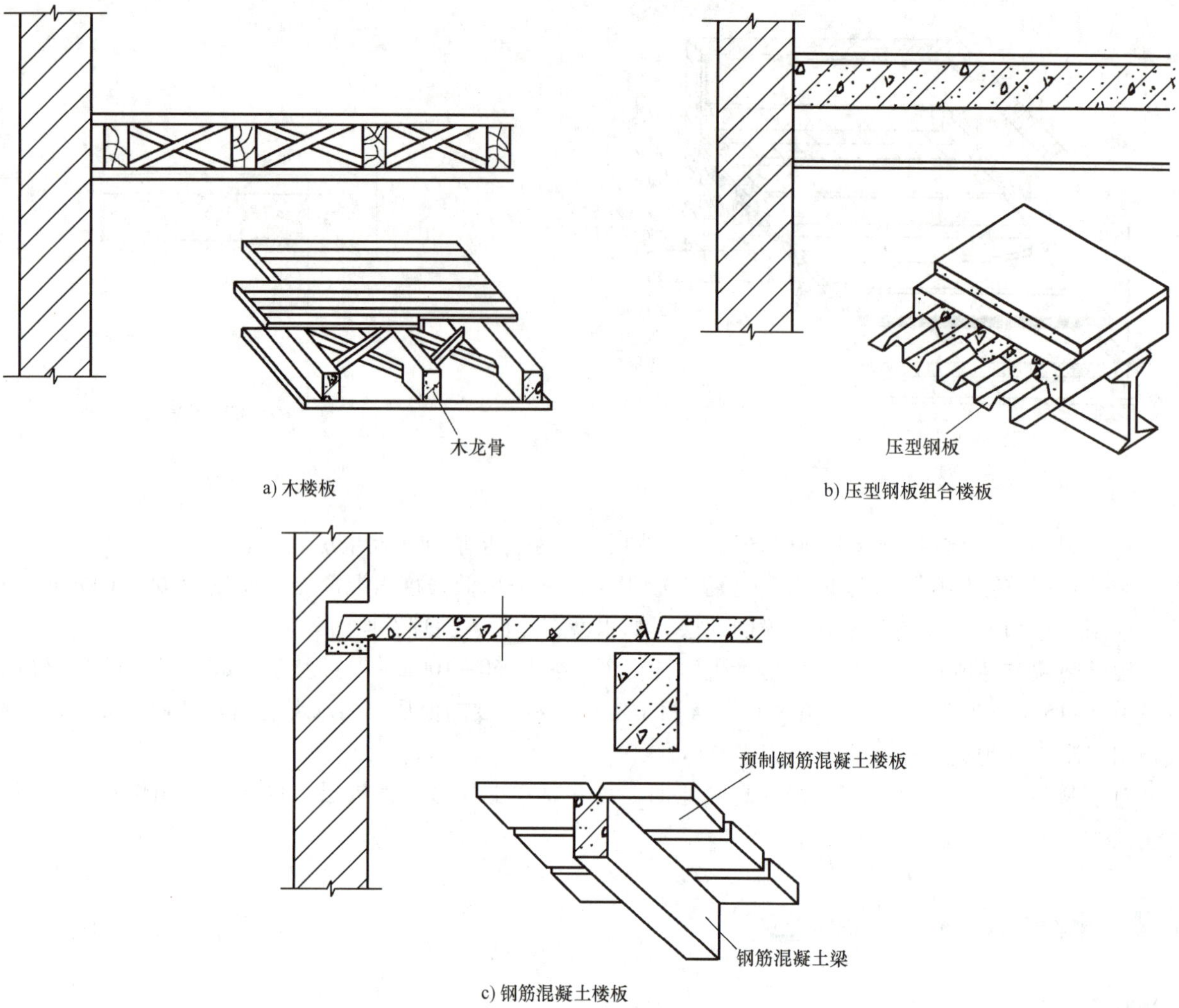

图 6-4　楼板的类型

1. 板式楼板

楼板内不设梁，板直接搁置在墙上，此种楼板称为板式楼板。板式楼板有单向板和双向板之分，如图6-5所示。

1）沿两对边支承的板应按单向板计算。

2）四边支承的板应按下列规定计算：

① 当长边与短边比值大于或等于3时，宜按沿短边方向受力的单向板计算。

② 当长边与短边比值介于2~3时，宜按双向板计算；当按沿短边方向受力的单向板计算时，应沿长边方向布置足够数量的构造钢筋。

③ 当长边与短边比值小于或等于2时，荷载沿两个方向传递，板在两个方向上产生弯曲，应按双向板计算。

板式楼板底部平整，可以得到最大的使用净高，施工方便。它适用于小跨度房间，特别是墙承重体系的建筑物，如住宅、旅馆等，或者其他建筑的走道。

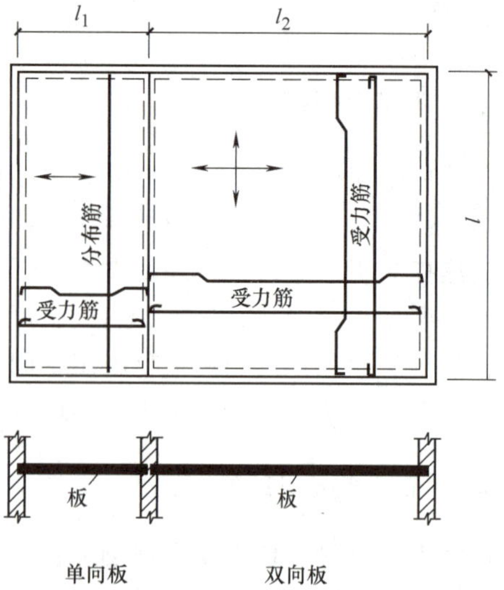

图 6-5　单向板和双向板

注：四边支承单向板（$l/l_1 \geq 3$），
　　四边支承双向板（$l/l_2 \leq 2$）。

小知识

通常把单向板的受力钢筋沿短边方向布置，在双向板中受力钢筋沿双向布置。双向板较单向板刚度好，且可节约材料和充分发挥钢筋的受力作用。

2. 梁板式楼板

当房间的跨度较大时，采用板式楼板会造成单块楼板的跨度太大，弯矩增大。此时可以在楼板下设梁作为板的支承点，从而减小板跨。由板、梁组合而成的楼板称为梁板式楼板。根据梁的构造情况，梁板式楼板可分为单梁式、复梁式和井字梁式楼板。

微课：梁板式楼板

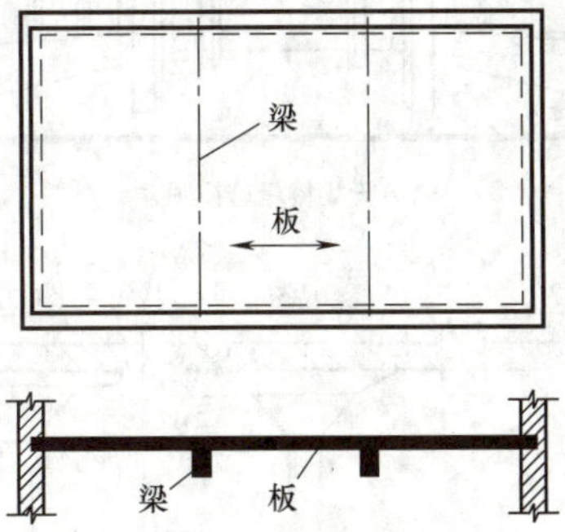

图 6-6　单梁式楼板

（1）单梁式楼板和复梁式楼板　当房间尺寸不大时，可以仅在一个方向设梁，梁可以直接支承在承重墙上，此种楼板称为单梁式楼板，如图 6-6 所示。

当房间双向尺寸均大于 6m 时，则应在两个方向设梁，甚至还应设柱。其中一向为主梁，另一向为次梁。次梁一般与主梁垂直相交，板搁置在次梁上，次梁搁置在主梁上，主梁搁置在墙或柱上，此种楼板称为复梁式楼板，如图 6-7 所示。

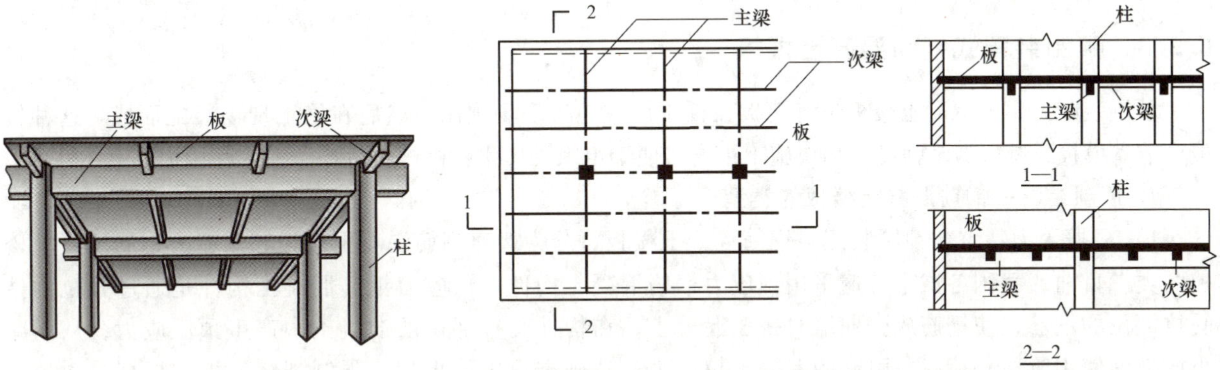

图 6-7　复梁式楼板

（2）井字梁式楼板　井字梁式楼板是复梁式楼板的一种特例。当房间尺寸较大且接近正方形时，常沿两个方向布置等距离、等截面高度的梁（不分主次梁），板为双向板，纵梁和横梁同时承担板传递的荷载，形成井字形的梁板结构。井字梁式楼板的跨度一般为 6m，常用于建筑物的门厅、大厅，如图 6-8 所示。

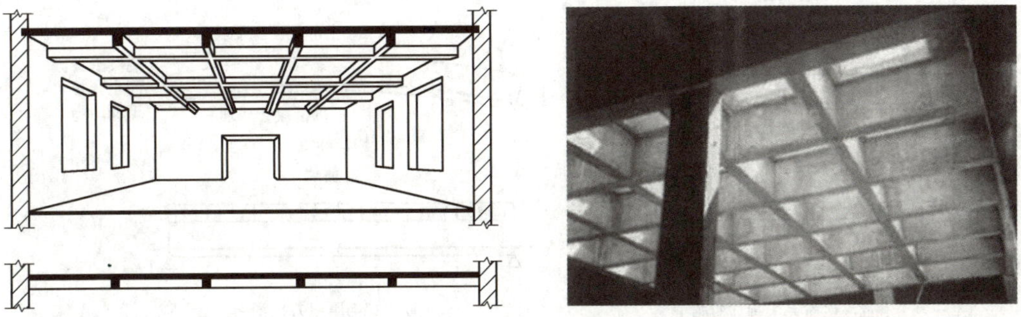
图 6-8　井字梁式楼板

3. 无梁楼板

无梁楼板是将楼板直接支承在柱上的楼板。柱网一般布置为正方形或矩形，柱距以 6m 左右较为经济。当楼面荷载较大时，为改善板的受力条件和加强柱对板的支承作用，一般在柱的顶部设柱帽或托板，如图 6-9 所示。板跨度较大，板厚不宜小于 150mm。

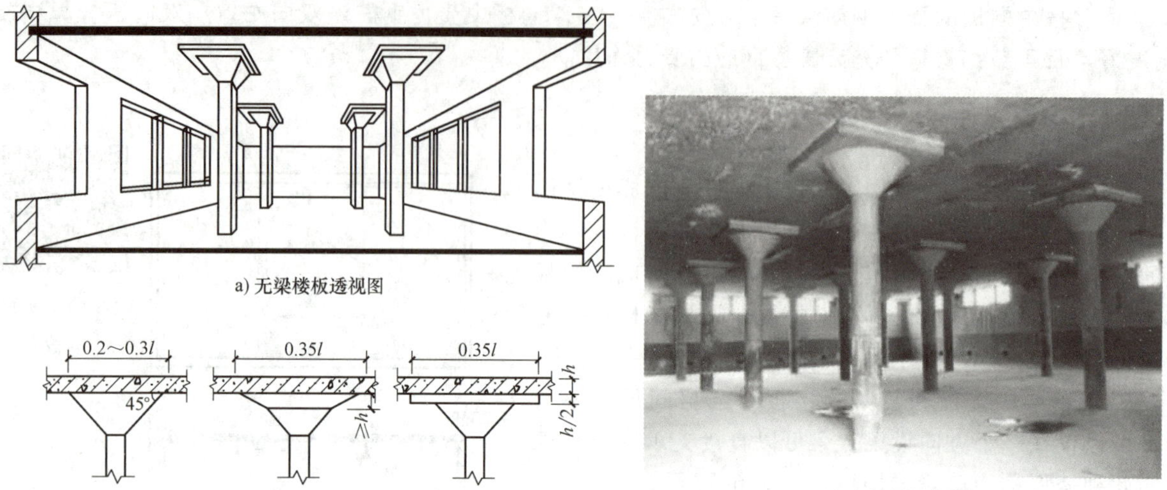

a) 无梁楼板透视图

b) 柱帽形式

c) 无梁楼板实物图

图 6-9　无梁楼板

无梁楼板楼层净空较大，顶棚平整，采光通风条件较好，适宜于活荷载较大的商店、仓库和展览馆等建筑。

6.2.3　预制装配式钢筋混凝土楼板

预制装配式钢筋混凝土楼板是将楼板在预制厂或施工现场预制，然后在施工现场装配而成。这种楼板可节省模板，减轻劳动强度，加快施工进度，便于组织工厂化、机械化生产，但这种楼板的整体性差。

1. 预制装配式钢筋混凝土楼板的类型

1）根据受力特点，预制装配式钢筋混凝土楼板可分为普通钢筋混凝土楼板和预应力钢筋混凝土楼板两类。目前，我国各城市普遍采用预应力钢筋混凝土构件。预应力钢筋混凝土构件是通过张拉构件受拉部位的钢筋，使钢筋放张回缩时挤压混凝土，在构件受拉部位的混凝土中产生预压应力，从而减小或抵消使用阶段外荷载所引起的混凝土拉应力，达到推迟裂缝出现，限制裂缝发展，提高结构的强度、刚度和节约材料的目的，如图 6-10 所示。

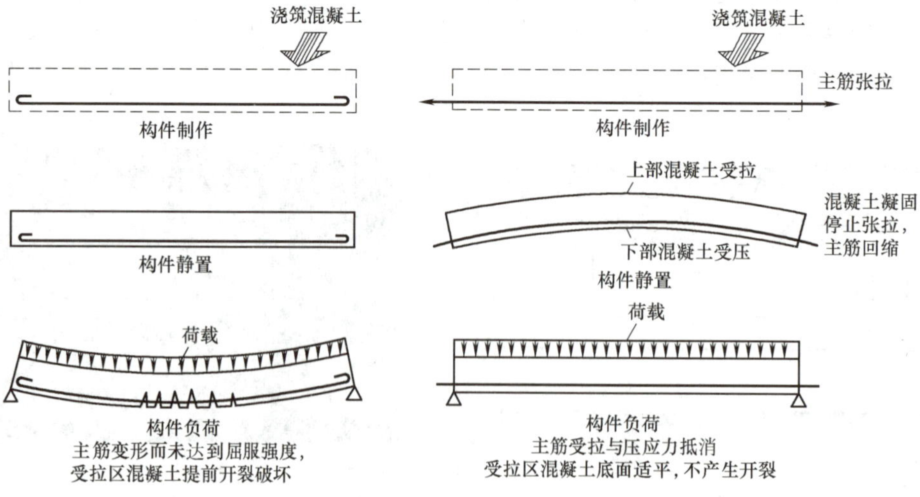

a) 非预应力构件

b) 预应力构件

图 6-10　预应力受弯构件受力分析

2）根据截面形状，常用的预制钢筋混凝土楼板可分为预制实心平板、预制槽形板和预制空心板三种类型。

① 预制实心平板。预制实心平板跨度一般在 2.4m 以内，板厚一般为 60～100mm，板宽为 400～900mm。板的两端简支在墙或梁上，如图 6-11 所示。预制实心平板多用作过道或小开间房间的楼板，也可用作楼梯平台板或管道盖板等。

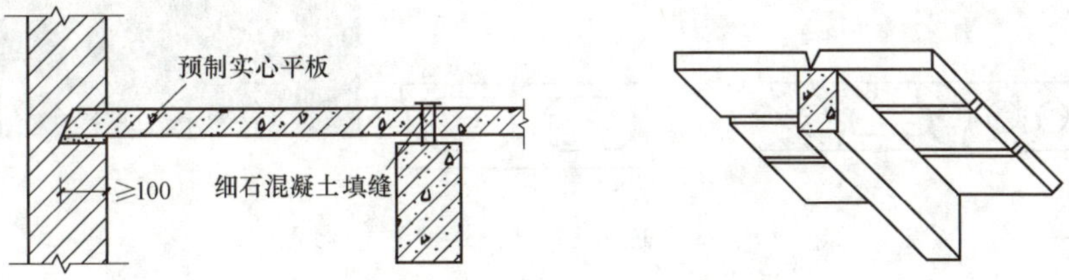

图 6-11　预制实心平板及安装示意图

② 预制槽形板。预制槽形板是一种梁板结合的构件，即在实心板两侧设纵肋。为了提高板的刚度和便于搁置，常将板的两端以端肋封闭。当板跨达到 6m 时，应在板的中部增设横肋，如图 6-12 所示。搁置时，板有正置（指肋向下）与倒置（指肋向上）两种。

微课：预制槽形板

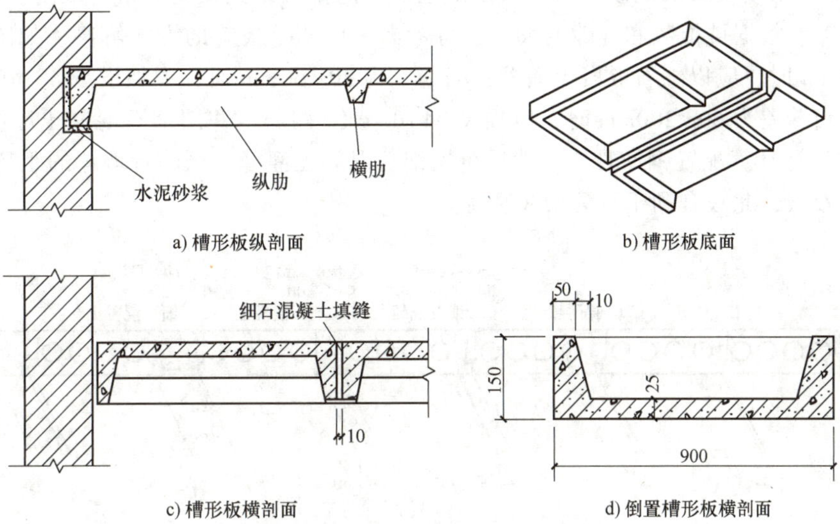

a) 槽形板纵剖面　b) 槽形板底面

c) 槽形板横剖面　d) 倒置槽形板横剖面

图 6-12　预制槽形板及安装示意图

槽形板承载能力较好，适应跨度较大，常用于工业建筑。

小知识

正置槽形板由于板底不平，因此用于民用建筑时通常需要做吊顶。倒置板可保证板底平整，但配筋与正置时不同。如不另做板面，则可以综合楼面装修共同考虑，例如直接在其上做架空木地板。有时为考虑楼板的隔声或保温，还可在槽内填充轻质多孔材料。

③ 预制空心板。为了减轻板的自重，并使板面上下平整，可将预制板抽孔做成空心板。空心板的孔洞形状有圆形、椭圆形和矩形等，如图 6-13 所示。短向空心板的长度为 2.1～4.2m，非预应力板厚 150mm，预应力板厚 120mm。预应力空心板可做成 4.5～6m 的长向板，板厚 180～200mm，板宽 600～1200mm。

空心板板面不能随意开洞。在安装时，空心板孔的两端常用砖或混凝土填塞，以免端缝灌浇时漏浆，并保证板端的局部抗压能力。

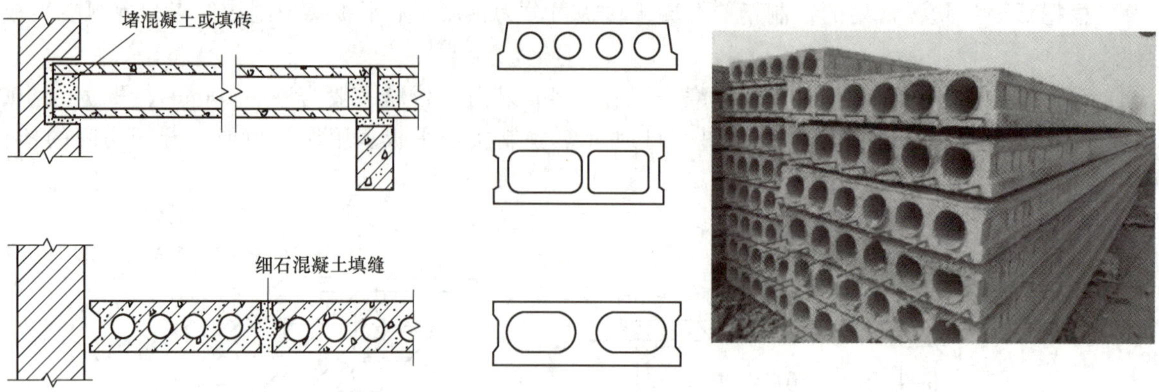

图 6-13　空心板

预制空心板自重较轻，节约材料，受力合理，隔热隔声效果好，应用广泛。

2. 预制装配式钢筋混凝土楼板节点的连接构造

由于装配式钢筋混凝土楼板的整体性较差，因此楼板中的预制构件之间的节点连接构造十分重要，它是加强和改善楼板整体性的有效构造措施，应予以高度重视。

（1）板缝构造　安装预制板时，为使板缝灌浆密实，要求板块之间离开一定的缝隙，且板缝一般要求不小于 20mm，以便填入水泥砂浆或细石混凝土。板的排列受到板宽规格的限制，因此排板的结果常出现较大的缝隙。根据排板数和缝隙的大小，可考虑采用调整板缝的方式解决。如图 6-14 所示，当其缝宽为 10～20mm 时，应以细石混凝土灌缝；当缝宽为 20～60mm 时，应加设 2Φ8～Φ10 钢筋，并用细石混凝土灌缝；当缝差为 60～200mm 时，应加设 3Φ10～Φ12 钢筋，并用细石混凝土灌缝；当缝差大于 200mm 时，可按设计计算配置钢筋骨架，然后再用细石混凝土灌缝；当临近墙体的距离在 120mm 以内时，可采用挑砖做法，此法有利于打洞安装竖管。

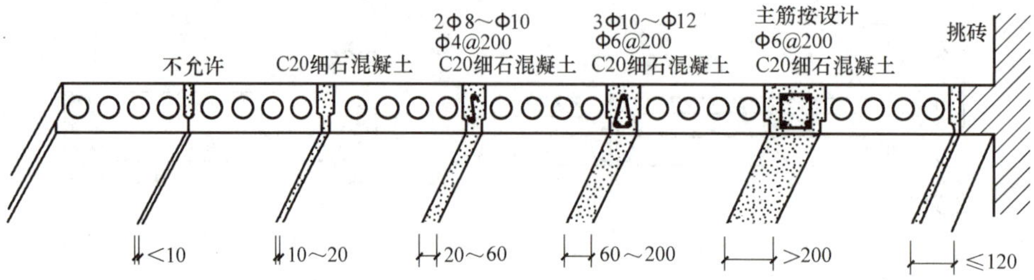

图 6-14　板缝处理措施

（2）板与墙、梁的连接构造　预制板直接搁置在砖墙或梁上时，均应有足够的支承长度。支承于梁上时其搁置长度不小于 80mm，支承于墙上时其搁置长度不小于 100mm，并在梁上或墙上抹 20mm 厚 M5 水泥砂浆，以保证连接效果，如图 6-15 所示。

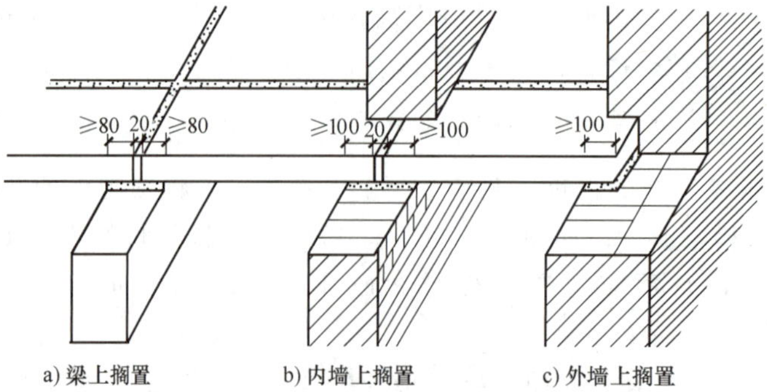

图 6-15　预制板在梁、墙上的搁置要求

为了增强建筑物的整体刚度，还应用拉结钢筋将预制楼板加以锚固。一般在非地震区拉结钢筋的间距≤4000mm，在地震区应视设防情况加密。

(3) 板上隔墙的处理　预制钢筋混凝土楼板上设置隔墙时，宜采用轻质隔墙，可搁置在楼板的任何位置。当隔墙自重较大时，如采用砖隔墙、砌块隔墙等，应避免将隔墙搁置在一块板上，通常将隔墙设置在两块板的接缝处；当采用槽型板或小梁搁板的楼板时，隔墙可直接搁置在板的纵肋或小梁上；当采用空心板时，需在隔墙下的板缝处设现浇板带或梁来支承隔墙，如图6-16所示。

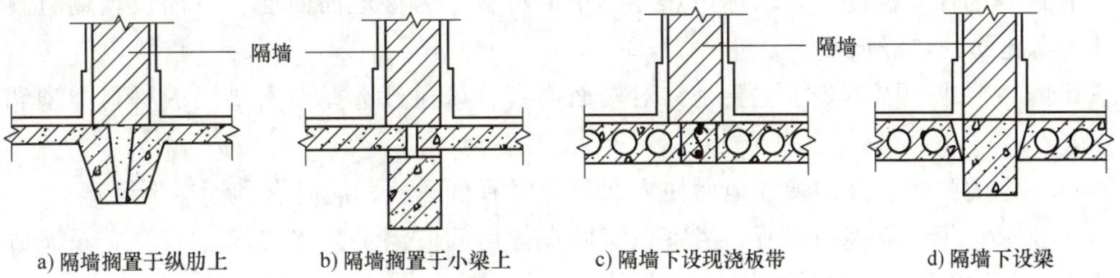

图6-16　板上隔墙的处理

6.2.4　装配整体式钢筋混凝土楼板

装配整体式钢筋混凝土楼板适用于有震动荷载或有地震设防要求的地区。

常见的装配整体式钢筋混凝土楼板为叠合式的构造做法。所谓叠合式楼板，就是在预制楼板安装好后，再在上面浇筑35~50mm厚的钢筋混凝土面层，这样既加强了楼板层的整体性能，又提高了楼板的强度。另一种做法是将预制板拉开60~150mm距离，在两块板中间配置钢筋，再与钢筋混凝土面层同时浇筑，如图6-17所示。

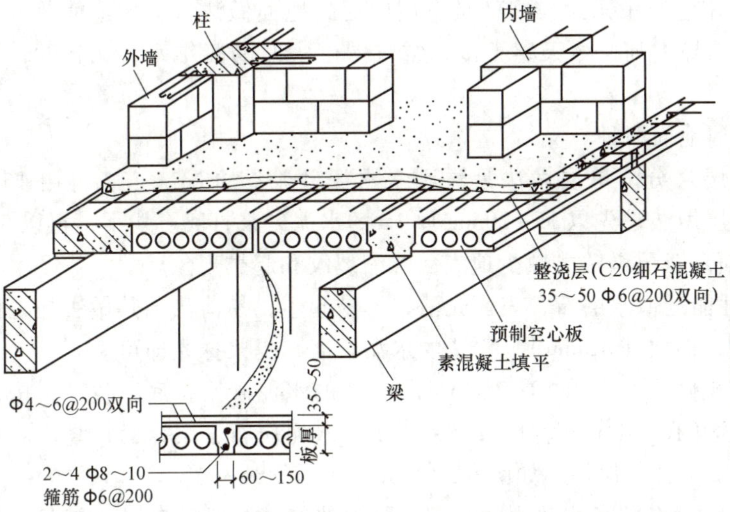

图6-17　叠合式楼板

6.3　楼地面面层的构造

问题引入

楼地面面层是楼面和地面的重要组成部分，起着保护楼板、改善房间使用质量和增加美观的作用。楼地面面层属于室内装修范畴，那么楼地面面层的构造做法是什么呢？

6.3.1　对楼地面面层的要求

楼地面面层是人、家具和设备直接接触的部分，也是直接承受荷载，经常需要清扫的部分，因此应满足一定的功能要求。

（1）具有坚固耐久性　要求楼地面面层在外力作用下不易被破坏和磨损，且表面平整光洁、易清洗和不起灰尘。

（2）具有良好的保温性能　要求选用热导率小的材料作为楼地面面层，或铺设辅助材料，减小地面吸热，以提高地面的热舒适性。

（3）满足隔声要求　隔声要求主要是针对楼面而言，可通过选择楼面垫层的材料类型和厚度，来满足隔声要求。

（4）具有一定的弹性　好的弹性地面使人们行走时有舒适感，同时有利于减弱噪声。

（5）防水要求　用水较多的厕所、浴室、实验室等房间应满足防水要求。一般应保证适当的排水坡度，有时还应做防水层。

（6）经济及节能要求　楼地面面层在满足使用要求的前提下，应选择经济节能的构造方案，并尽量就地取材，以降低整个房屋的造价。

6.3.2　常用楼地面面层的构造做法

楼地面常以面层的材料和做法来命名，如面层为水磨石，则该地面称为水磨石地面；地面按其材料和做法可分为四大类，即整体类地面、块材类地面、卷材类地面和木地面。

1. 整体类地面

整体类地面包括水泥地面、水磨石地面、混凝土或细石混凝土地面等现浇地面。

（1）水泥地面　水泥地面在一般民用建筑中采用较多，是应用广泛的地面做法，其构造简单、坚固、防潮、防水且造价较低。但该地面热导率高，冬天感觉冷，空气湿度大时易凝结水，无弹性，易起灰，不易清洁。

水泥地面有水泥砂浆地面和水泥石屑地面两种。

1）水泥砂浆地面构造有单层和双层之分。单层做法是先刷素水泥砂浆结合层一道，再用15~20mm厚1∶2.5水泥砂浆压实抹光。双层做法是先以15~20mm厚1∶3水泥砂浆打底、找平，再以5~10mm厚1∶2或1∶2.5的水泥砂浆抹面。双层做法能减少地表面干缩裂纹和起鼓现象。

2）水泥石屑地面以石屑代替砂，性能近似水磨石，表面光洁，不易起尘，易清洁。其做法是先做一层15~20mm的1∶3水泥砂浆找平层，面层铺15mm厚1∶2的水泥石屑，提浆抹光即可。

（2）水磨石地面　水磨石地面的常规做法是先用10~20mm厚1∶3的水泥砂浆打底、找平，按设计图采用1∶1水泥砂浆固定分格条，再用10~15mm厚1∶2.5~1∶1.5水泥白石子浆抹面，浇水养护约一周后用磨石机磨光，最后用草酸清洗，打蜡保护，如图6-18所示。

水磨石面层分格尺寸不宜大于1m×1m，分格条也称嵌条，用料常为玻璃、塑料或金属（铜条、铝

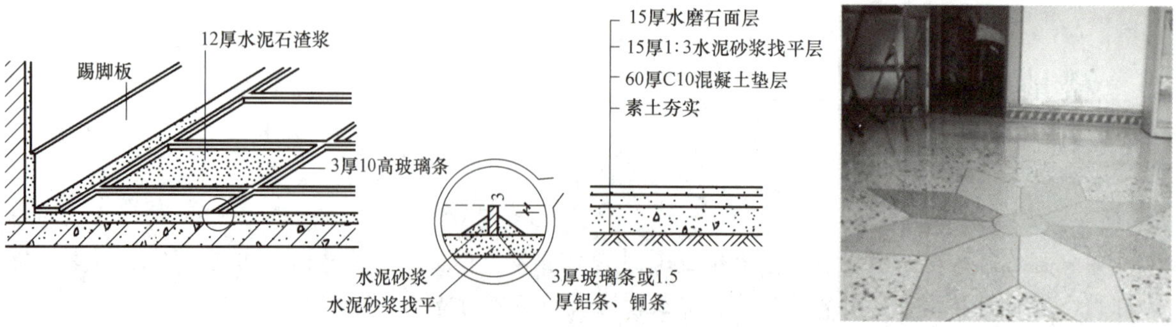

图6-18　水磨石地面

条），其高度与水磨石面层厚度相等，用1∶1水泥砂浆固定。水磨石地面分格的作用是将地面划分成面积较小的区格，减少开裂，增加美观，方便维修。

水磨石地面具有良好的耐磨性、耐久性、防水防火性，质地美观，表面光洁，不易起灰，通常用于卫生间、公共建筑的门厅、走廊、楼梯间以及标准较高的房间。当用白水泥代替普通水泥并掺入颜料时可做成彩色地面。

（3）混凝土或细石混凝土地面　混凝土面层或细石混凝土面层的强度等级不应小于C20；耐磨混凝土面层或耐磨细石混凝土面层的强度等级不应小于C30；底层地面的混凝土垫层兼面层的强度等级不应小于C20，其厚度不应小于80mm；细石混凝土面层厚度不应小于40mm。

2. 块材类地面

块材类地面是把地面材料加工成块状，然后借助胶结材料铺贴在结构层上，常用的有水泥砖地面、石板地面、陶瓷板块地面。

（1）水泥砖地面　水泥砖即水泥制品块，常见的有水磨石块和预制混凝土块。水泥制品块和基层连接有两种，块体较大且厚时，常在板下干铺一层20~40mm厚的细砂或细炉渣，校正后用砂浆嵌填板缝。本做法简单、造价低，便于维修，但不易平整，一般城市人行道常按此法施工。当预制块较小且薄时，则采用12~20mm厚1∶3水泥砂浆做结合层，之后用1∶1水泥砂浆嵌缝，此法坚实、平整。

（2）石板地面　石板地面有天然石地面（大理石板、花岗石板等）和人造石地面（预制水磨石板、人造大理石板等），具有较好的装饰效果，其中磨光花岗石板的耐磨性最佳，但造价昂贵。

石板尺寸普遍较大，一般长宽为300~500mm，因此对粘贴表面的平整度要求较高，须先试铺合适之后再正式粘贴。其构造做法是在混凝土垫层上先用20~30mm厚的1∶4~1∶3干硬性水泥砂浆找平，再用5~10mm厚的1∶1水泥砂浆铺贴石板，缝中灌稀水泥砂浆。

（3）陶瓷板块地面　缸砖是用陶土焙烧而成的一种无釉砖块，形状有正方形、六边形、八角形等，其背面有凹槽，可使砖块和基层粘贴牢固，铺贴时一般用15~20mm厚1∶3水泥砂浆做结合材料。缸砖地面具有质地坚硬、耐磨、耐水、耐酸碱、易于清洁的优点。

其他陶瓷板块有陶瓷锦砖、釉面陶瓷地砖、瓷土无釉砖等，其中陶瓷锦砖又称马赛克，主要用于防滑要求高的卫生间、浴室地面，也可用于外墙面。其出厂前已按照各种图案反贴在牛皮纸上以便于施工，如图6-19所示，其构造做法参见表6-1。

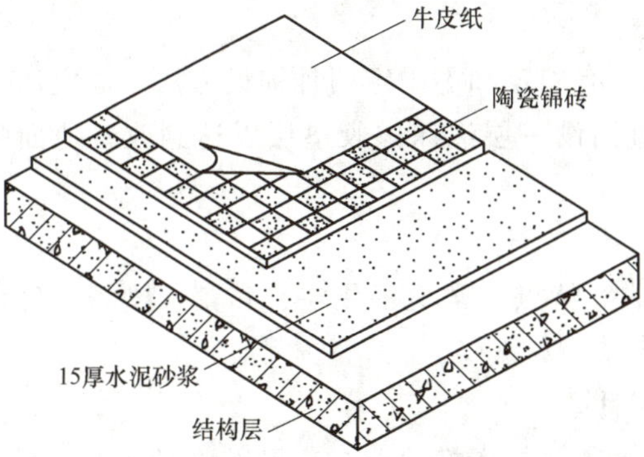

图6-19　陶瓷锦砖地面

表6-1　陶瓷板块地面做法

名称	材料及做法
缸砖地面	(1)10mm厚缸砖面层白水泥浆擦缝 (2)20mm厚1∶4干硬性水泥砂浆 (3)水泥结合层一道 (4)80mm或100mm厚C15混凝土垫层 (5)素土夯实

（续）

名称	材料及做法
陶瓷锦砖（马赛克）地面	（1）4mm厚陶瓷锦砖面层白水泥浆擦缝 （2）20mm厚1∶4干硬性水泥砂浆 （3）水泥结合层一道 （4）60mm或80mm厚C15混凝土垫层 （5）素土夯实

3. 卷材类地面

卷材地面是用成卷的铺材铺贴而成，常见卷材有软质聚氯乙烯塑料地毡、橡胶地毡以及地毯等。

1）软质聚氯乙烯塑料地毡的规格为宽700~2000mm，长10~20m，厚1~6mm，有一定的弹性，耐凹陷性能好，但不耐燃，尺寸稳定性差，主要用于医院、住宅等。施工时在清理基层后按照设计弹线，在塑料板底涂满氯丁橡胶胶粘剂1~2遍之后进行铺贴。地面的拼接方法是先将接缝处地毡切割成V形，然后用三角形塑料焊条、电热焊枪焊接，如图6-20所示。

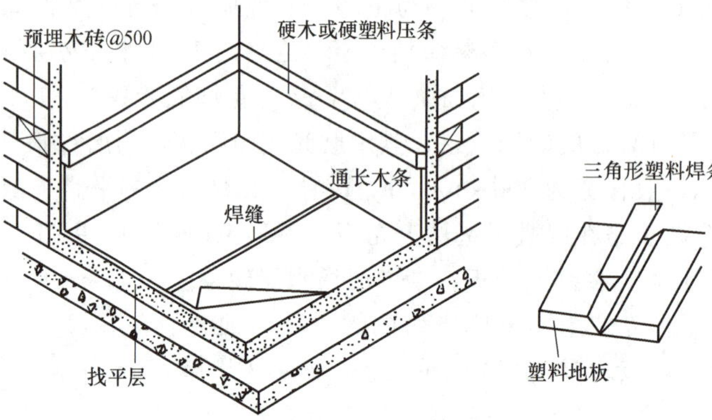

图6-20　塑料地面施工

2）橡胶地毡是以橡胶粉为基料，掺入填充料、防老化剂、硫化剂等制成的卷材，具有耐磨、防滑、防潮、绝缘、吸声等特点，且富有弹性。橡胶地毡可以干铺，也可以用胶粘剂粘贴在水泥砂浆找平层上。

3）地毯柔软舒适、吸声、保温，并且施工简便，有固定和不固定两种铺设方法。固定法是将地毯粘贴在地面上，或将地毯四周钉牢。地毯下可以通过铺设一层泡沫橡胶垫层以达到改善地面弹性和消声的目的。

4. 木地面

木地面具有弹性好、热导率低、不起灰、易清洁等特点，常用于住宅、宾馆、剧场、舞台、办公等建筑中。

木地面的构造方式有实铺式、空铺式和粘贴式三种。

1）实铺式木地面是将木地板直接钉在钢筋混凝土基层的木格栅上。这里以双层硬木地面为例介绍其做法：在钢筋混凝土楼板中伸出Φ6钢筋，绑扎直径为6mm的U形铁件，中距为400mm，将700mm×50mm的木龙骨用两根10号铜丝绑于U形铁件上，在垂直于龙骨的方向上钉放40mm×60mm支承，中距为800mm，其间填40mm厚干焦渣隔声层。上铺18mm厚松木毛地板，铺设方向为45°，再铺油毡一层，表面铺50mm×18mm硬木企口长条或拼花地板，并烫硬蜡，如图6-21所示。

2）空铺式木地面常用于底层地面，主要用于舞台、运动场等有弹性要求的地面。空铺式木地面由木格栅、横撑和木面板组成，如图6-22所示。底层木地面的具体做法为：素土夯实后，做3∶7灰土一层（上皮标高不低于室外地坪）；用M5砂浆砌筑120mm或240mm地垄墙，中距为4m。地垄墙顶部做20mm厚1∶3水泥砂浆找平层，并固定100mm×50mm厚垫木（用8号铜丝绑扎）；垫木上钉50mm×

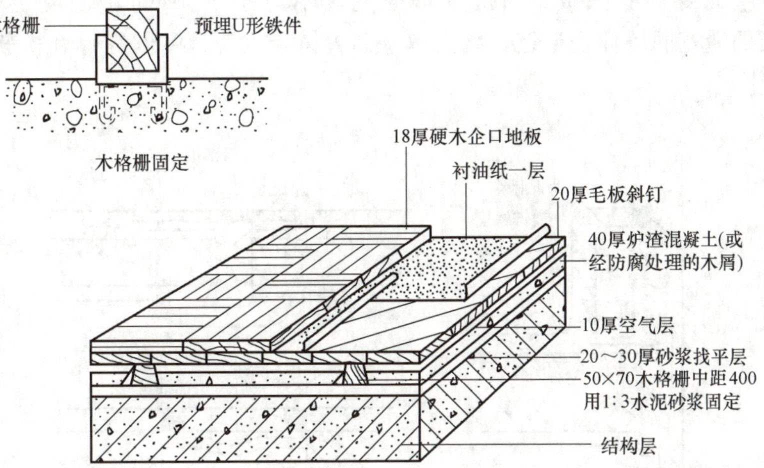

图 6-21　双层硬木地面

70mm 木格栅，中距为 400mm。在垂直木格栅方向钉 50mm×50mm 横撑，中距为 800mm；其上钉 50mm×20mm 硬木企口长条地板或拼花木地板等，表面烫蜡。空铺式木地面应注意通风、防鼠等措施。

3）粘贴式木地面的做法是先在钢筋混凝土基层上采用沥青砂浆找平，然后刷冷底子油一道，热沥青一道，用 2mm 厚沥青胶、环氧树脂乳胶等随涂随铺贴 20mm 厚硬木长条地板，如图 6-23 所示。

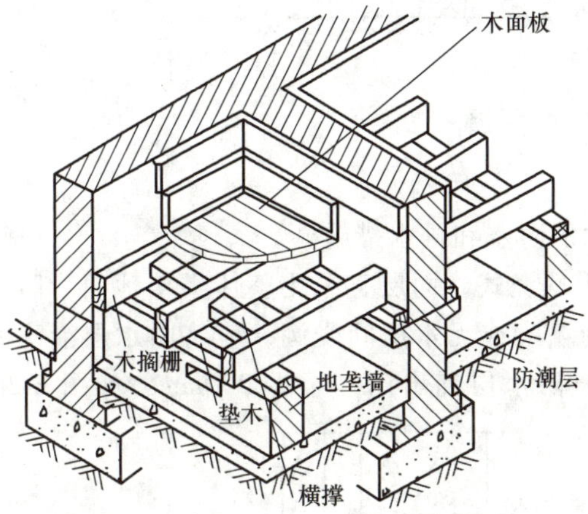

图 6-22　空铺式木地面

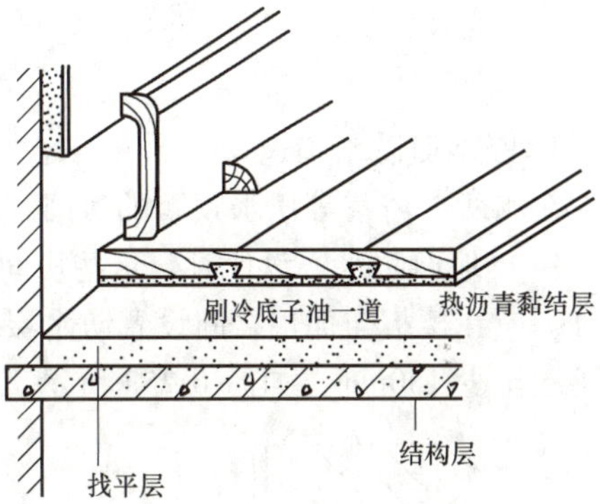

图 6-23　粘贴木地面构造

小知识

舞池地面应该如何选用呢？一般舞池应选用表面光滑、耐磨和略有弹性的木地板、水磨石等面层；迪斯科舞池宜选用耐磨和耐撞击的水磨石或花岗石等面层。

6.3.3　楼地面的细部构造

1. 踢脚板构造

踢脚板是指地面与墙面交接处的垂直部位，通常看作地面的延伸部分。踢脚板可以保护室内墙脚，避免日常清扫地面时污染墙面。踢脚板的高度一般为 100～150mm，所用水泥砂浆、水磨石等的材料与室内地面材料相适应。

2. 楼地面变形缝构造

楼地面变形缝包括楼板层变形缝和地坪层变形缝，如图 6-24 所示。一般情况下，地面变形缝尺寸和位置应与墙体及屋面变形缝一致。面层变形缝宽度不应小于 10mm，混凝土垫层的缝宽不小于 20mm，楼板结构层的缝宽同墙体变形缝。缝内填塞沥青树脂或沥青麻丝等弹性松软材料，上铺活动盖板或橡胶条以防灰尘。

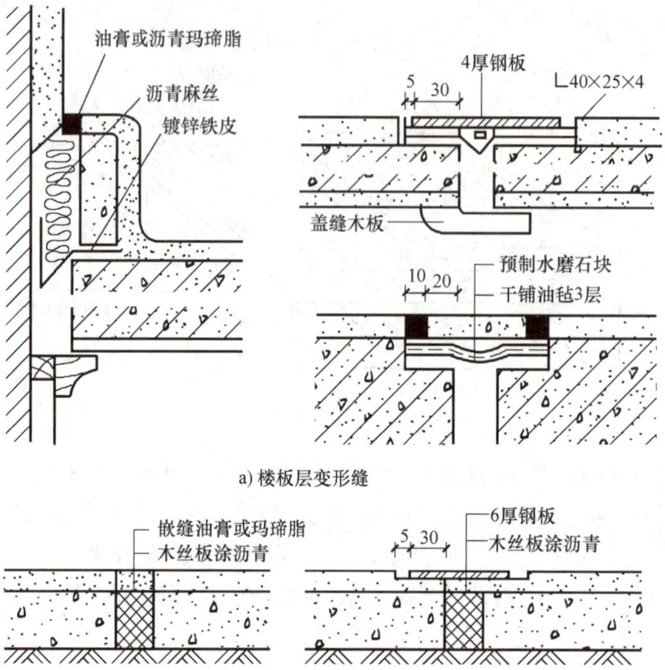

a) 楼板层变形缝

b) 地坪层变形缝

图 6-24 楼地面变形缝

3. 楼地面防水构造

在厕所、浴室等用水频繁的房间，应做好楼地面的防水和排水措施。

（1）地面防水 设计时，这些房间的楼板宜采用现浇式，面层宜采用整体类楼地面。防水要求更高时，应在楼板与面层之间设置防水层。为防止四周墙脚或无水房间受潮，应将防水层沿房间周边向上泛起至少 150mm，如图 6-25a 所示。到门口处应将防水层铺出门外至少 250mm，如图 6-25b 所示。

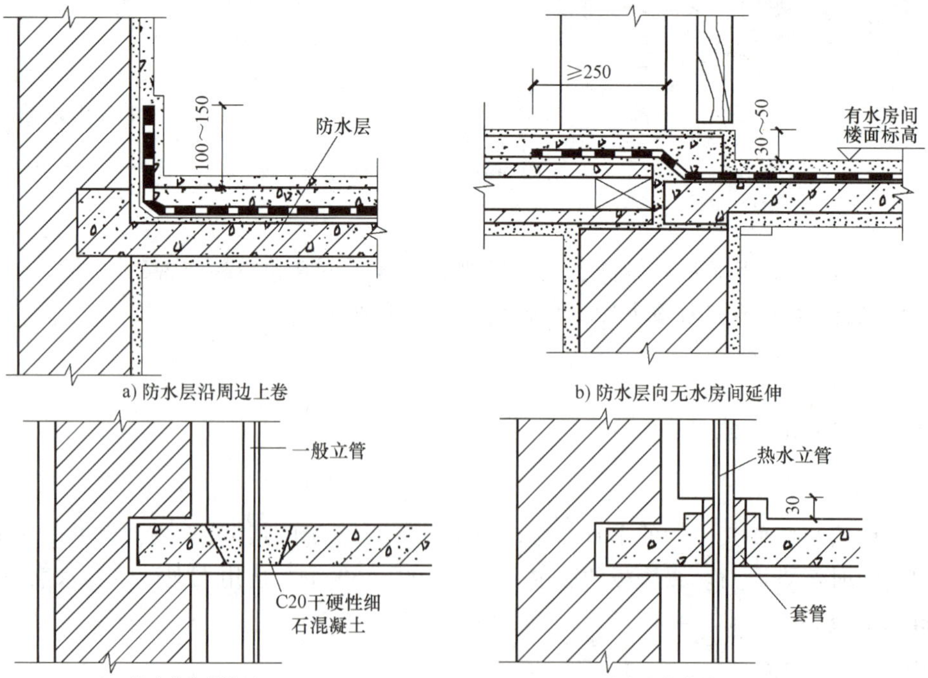

a) 防水层沿周边上卷

b) 防水层向无水房间延伸

c) 一般立管穿越楼层

d) 热水立管穿越楼层

图 6-25 楼地面防水构造

当竖向管道穿越楼地面时，为防止渗透，需作相应处理：对于冷水管，可在立管穿越区域用 C20 干硬性细石混凝土填实，再以防水卷材或涂料作密封处理；对于热水管，为适应温度变化导致的胀缩现象，常在穿管位置预埋较立管稍粗的套管，高出地面 30mm 左右，并在缝隙内填塞防水材料，如图 6-25c、d 所示。

（2）地面排水　有水房间标高应低于相邻房间 20～30mm 或在房间门口设置相当高度的门槛。同时，为利于排水，有水房间内应设置地漏，并使地面有一定的坡度，一般为 1%～1.5%，使水能够有组织地排入地漏不致外溢，如图 6-26 所示。

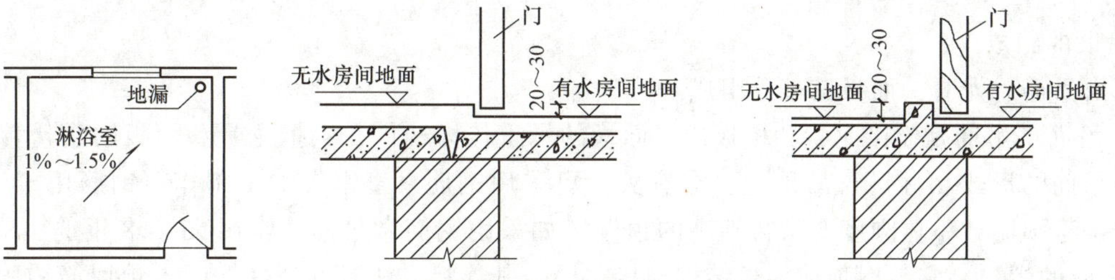

a) 地漏　　b) 地面低于无水房间　　c) 与无水房间地面齐平，设门槛

图 6-26　有水房间排水与防水

6.4　顶棚构造

问题引入

抬头看看，能否直接看到房间的楼板？一般情况下，楼板结构层的下面都会设有顶棚。那么，顶棚有什么作用，又有怎样的构造呢？

顶棚是楼板层或屋顶下面的装修层，其目的是保证房间清洁整齐、封闭管线，增强隔声和装饰效果。顶棚按构造方式可分为直接式和悬吊式两种。

6.4.1　直接式顶棚

直接式顶棚是在楼板下直接做饰面层，它构造简单、造价较低，常见的有下面三种。

（1）直接喷刷涂料　当楼板底面平整、室内装饰要求不高时，可直接或稍加修补刮平后喷刷大白浆、石灰浆等，以增强顶棚的反射光照作用。

（2）抹灰　当楼板底面不够平整且室内装饰要求较高时，可在楼板底面先抹灰再喷刷涂料。抹灰可用纸筋灰、水泥砂浆、混合砂浆等，其中纸筋灰最为常用。纸筋灰的常见做法是：先用 10% 火碱水清洗楼板底面，刷素水泥浆一道，以 1∶1∶6 的水泥石灰砂浆打底 7mm 厚，纸筋石灰膏罩面 3mm 厚，最后喷刷涂料，如图 6-27a 所示。

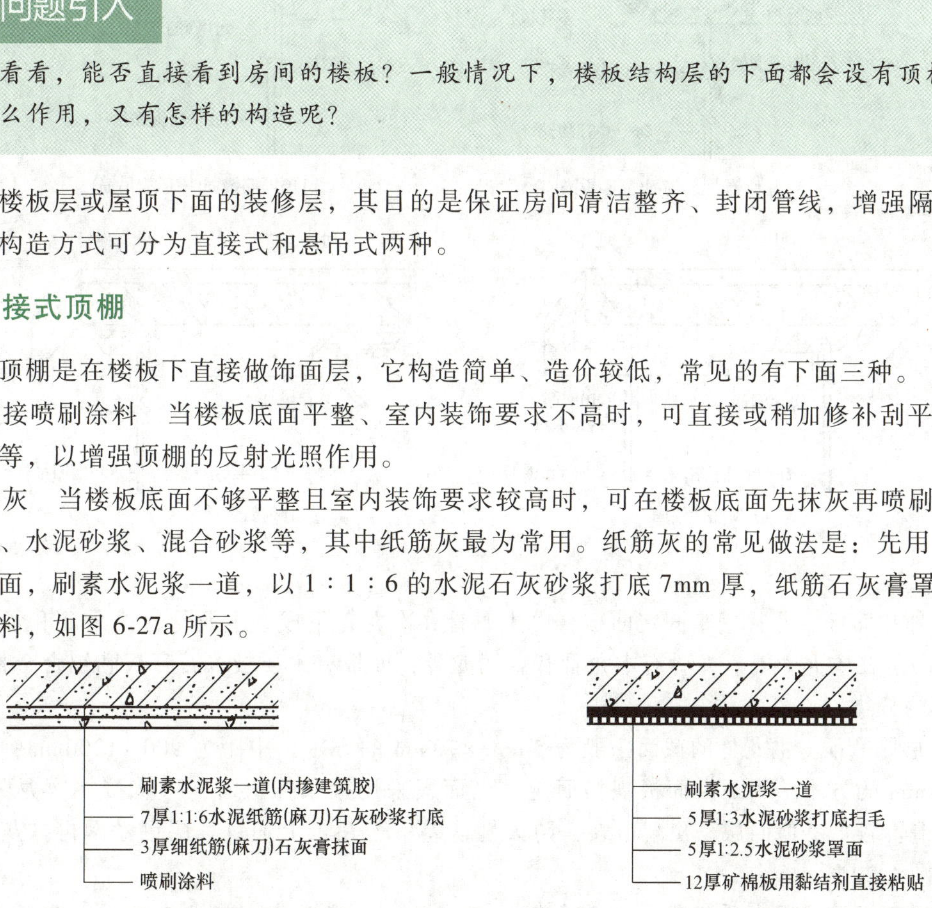

a) 抹灰顶棚　　b) 粘贴顶棚

图 6-27　顶棚构造

（3）粘贴顶棚　对于楼板底不需敷设管线而装饰要求较高的房间，可在楼板底面用砂浆打底找平后，用黏结剂粘贴墙纸、泡沫塑料板、铝塑板或吸声板、矿棉板，起到一定的保温、隔热和吸声作用，如图 6-27b 所示。

6.4.2　悬吊式顶棚

悬吊式顶棚又称吊顶，应满足以下要求：具有足够的净空，以便于敷设管线；合理安排灯具、通风口的位置，以符合照明、通风要求；选用适当的材料和构造做法，使其燃烧性能和耐火极限满足防火规范要求。

1. 吊顶的组成

吊顶由吊筋、龙骨、面板三部分组成。

（1）吊筋　吊筋是连接龙骨和楼板或屋面板的承重传力构件，它把龙骨和面板的重量传递给承重结构层。吊筋的形式和材料与吊顶的自重有关，可采用钢筋、型钢等加工制作，钢筋用于一般顶棚，型钢用于重型顶棚或整体刚度要求特别高的顶棚。如采用钢筋做吊筋，常用Φ6～Φ8 钢筋、8 号铅丝或直径为 8mm 的螺栓，它与屋顶或楼板结构连接牢固，其连接方法有预埋件锚固、预埋筋锚固、膨胀螺栓锚固和射钉锚固，如图 6-28 所示。

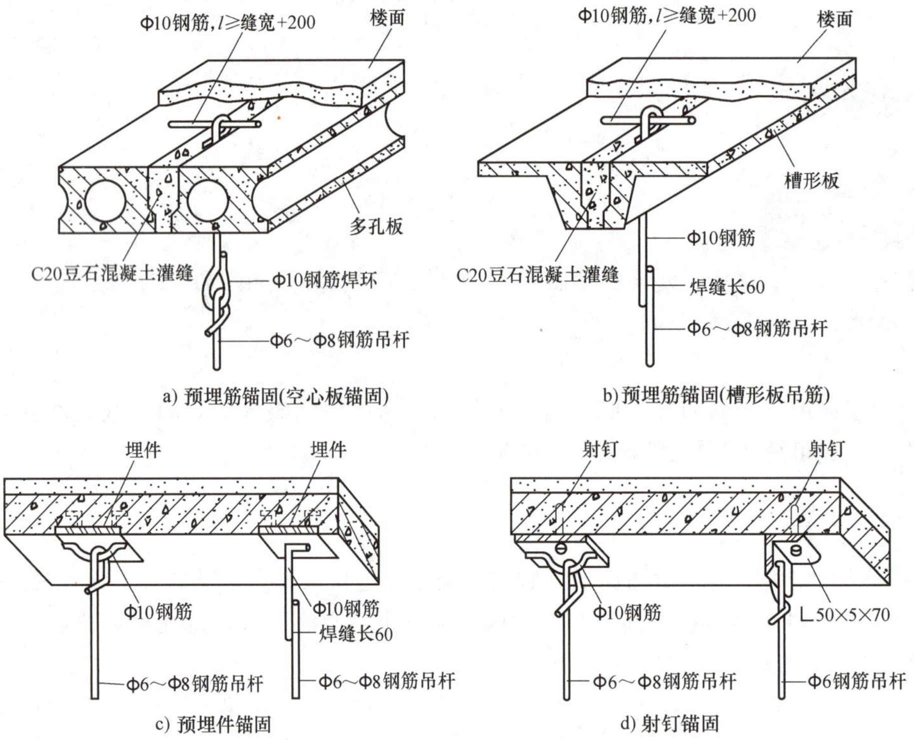

图 6-28　吊筋与楼板的连接

（2）龙骨和面板　龙骨用来固定面板，由主龙骨和次龙骨组成。主龙骨通过吊筋和承重结构层相连，次龙骨固定在主龙骨上。龙骨有木龙骨和金属龙骨，面板有木质板、石膏板和铝合金板。

2. 吊顶的分类

（1）木龙骨吊顶　主龙骨的截面一般为 50mm×70mm 的方木，中距为 900～1200mm；次龙骨截面为 40mm×40mm 的方木，间距由面板规格而定。当面板采用板条抹灰时，可直接在次龙骨上钉板条，再抹灰，其造价较低，但面层易出现龟裂，防火性能差；若在板上加钉一层钢丝网再抹灰，可避免上述弊端，如图 6-29 所示。

木龙骨的面板可采用木质板材，如胶合板、纤维板、刨花板等，其优点是干作业、施工速度快，因而应用更为广泛，如图 6-30 所示。

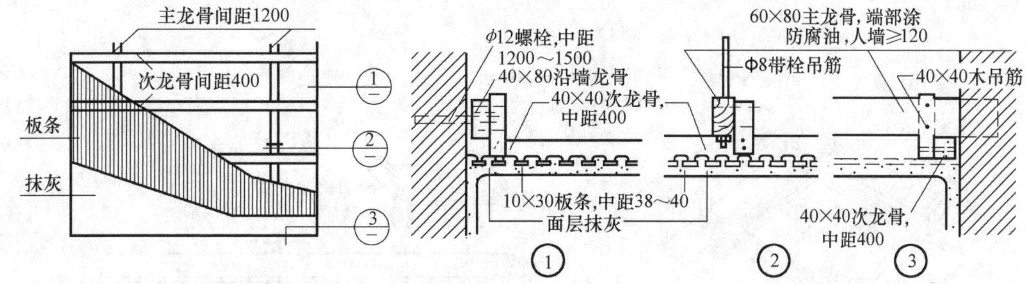

a) 板条抹灰吊顶

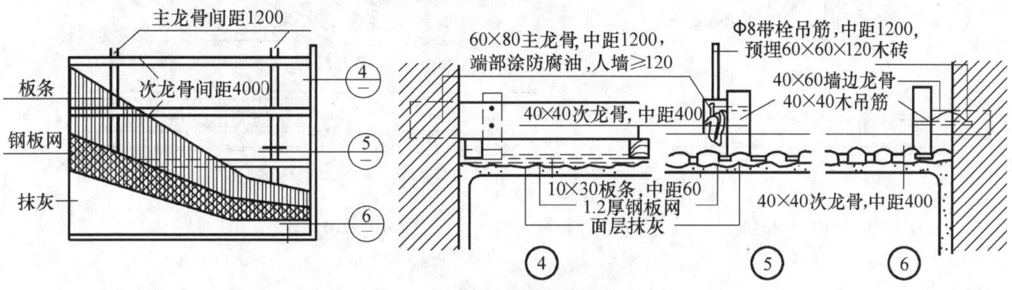

b) 板条钢板网抹灰吊顶

c) 木龙骨抹灰吊顶实物图

图 6-29 木龙骨抹灰吊顶

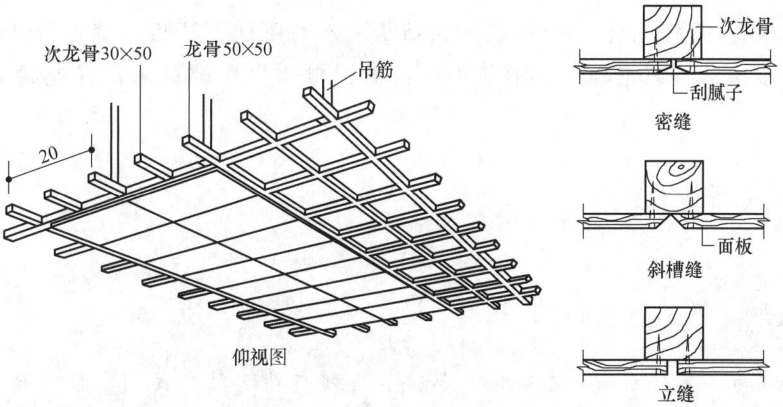

图 6-30 木质板材吊顶

（2）金属龙骨吊顶 金属龙骨吊顶一般以轻钢或铝合金型材作为龙骨，具有轻质高强、刚度大、施工速度快、防火性能好的优点。主龙骨间距为 900～1200mm，下挂次龙骨。龙骨有 U 形、T 形和槽形。为保证龙骨的整体刚度并便于铺钉面板，在龙骨之间增设有横撑，间距视面板具体规格而定，最后在次龙骨上铺钉面板，如图 6-31 所示。

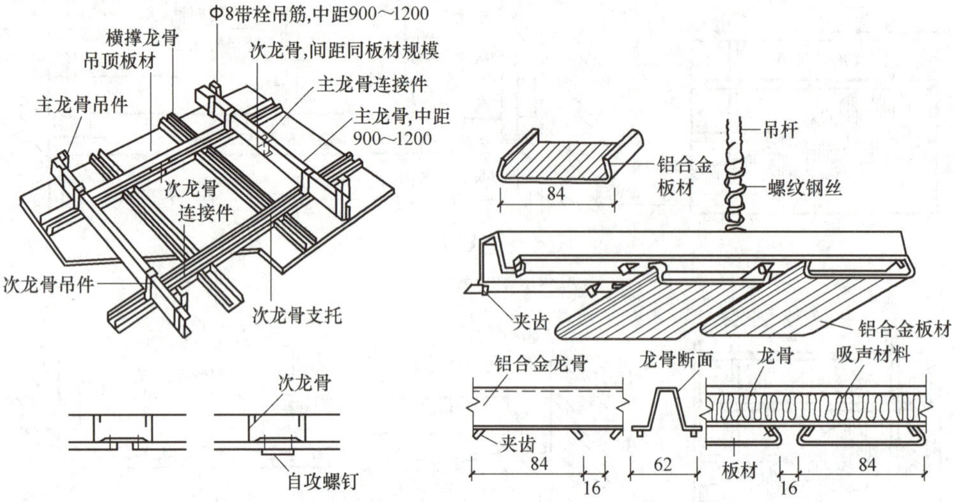

a) 轻钢龙骨吊顶　　b) 开敞时铝合金吊顶

c) 轻钢龙骨吊顶实物图

图 6-31　轻钢龙骨吊顶和铝合金吊顶

金属龙骨的面板有各种人造板和金属板。人造板一般有纸面石膏板、浇筑石膏板、铝塑板等；金属板有铝板、铝合金板、不锈钢板等，形状多样。面板可用自攻螺钉固定在龙骨上或直接搁置在龙骨内。

6.5　阳台与雨篷构造

问题引入

想一想，如果我们不住在底楼或顶楼，怎样直接到户外活动？我们需要一个生活阳台。再想一想，如果正在阳台上活动时适逢下雨或者骄阳似火，怎么办？这时候，我们还需要雨篷挡雨遮阳。

在有楼层的建筑中，阳台给人们提供了直接到达室外活动或者安放建筑设备的平台，如图 6-32 所示；而雨篷是建筑物入口或阳台处位于外门上部用以遮挡雨水、保护外门免受雨水侵害的水平构件，如图 6-33 所示。下面分别介绍钢筋混凝土阳台、雨篷和悬吊式阳台及雨篷。

图 6-32 挑阳台实例

图 6-33 挑梁雨篷实例

6.5.1 阳台

阳台按照其与外墙的相对位置分为凹阳台、凸阳台和半凸半凹阳台，如图 6-34 所示。

微课：阳台

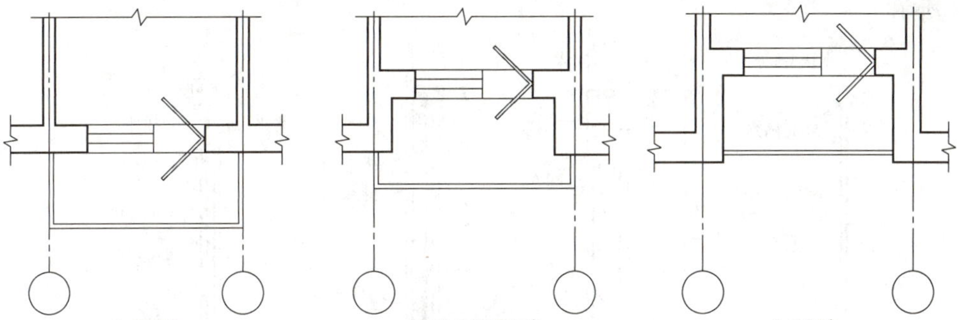

a) 凸阳台　b) 半凸半凹阳台　c) 凹阳台

图 6-34 阳台的类型

凹阳台实为楼板层的一部分，其构造与楼板层相同；而凸阳台的受力构件为悬挑构件，其挑出长度和构造必须满足结构受力和抗倾覆的要求。

1. 凸阳台的承重

凸阳台常为钢筋混凝土材料。钢筋混凝土凸阳台按承重方案大体可以分为挑梁式、压梁式和挑板式，如图 6-35 所示。当挑出长度在 1200mm 以内时，可用挑板式或压梁式；大于此挑出长度则用挑梁式。凸阳台按施工方式不同有现浇钢筋混凝土阳台和预制钢筋混凝土阳台。如图 6-36 所示为预制钢筋混凝土阳台。

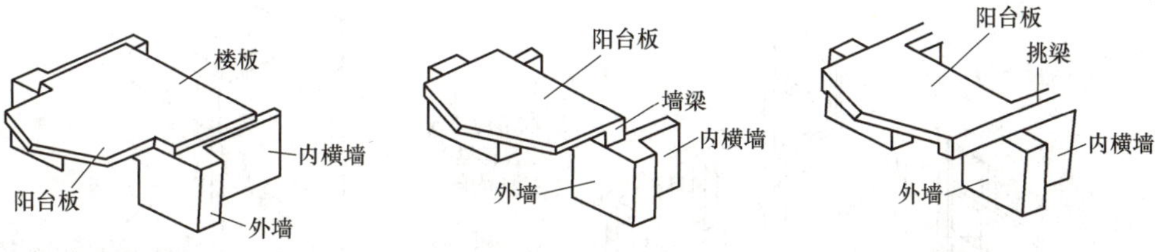

a) 挑板式　b) 压梁式　c) 挑梁式

图 6-35 钢筋混凝土凸阳台

2. 阳台的构造

(1) 栏杆（栏板）与扶手　栏杆是为保证人们在阳台上活动安全而设置的竖向构件，要求坚固可靠、舒适美观。其高度应高于人体重心，临空高度在 24m 以下时，栏杆高度不小于 1.05m；临空高度在 24m 及 24m 以上（包括中高层住宅）时，栏杆高度不应低于 1.10m。中高层及寒冷地区住宅的阳台宜采用实体栏板。

栏杆由金属或混凝土制作，杆件之间净距不应大于 110mm。其上、下分别与扶手和阳台板连接。

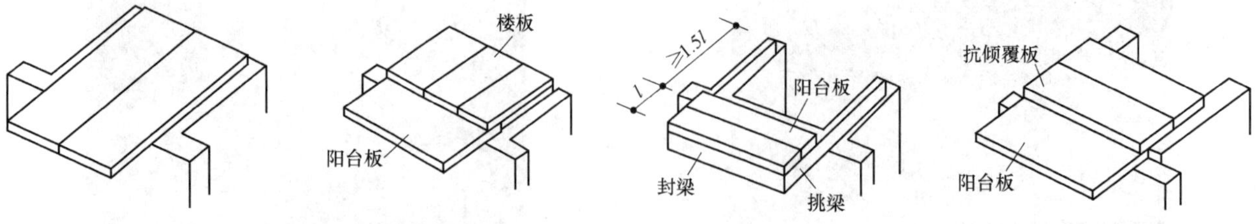

图 6-36　预制钢筋混凝土阳台

金属栏杆与阳台板的连接方法有两种：一是直接插入阳台板的预留孔内，用砂浆灌注，如图 6-37a 所示；二是与阳台板中预埋的通长扁钢焊接。扶手与金属栏杆的连接，根据扶手材料的不同有焊接、螺栓连接等。预制钢筋混凝土栏杆可直接插入扶手和阳台板上的预留孔中，也可用预埋件焊接固定。

栏板常用的有砖砌和钢筋混凝土两种。砖砌栏板厚度为 120mm，并在砌体内配通长钢筋或现浇扶手及加设小构造柱。栏板可与阳台板整体现浇为一体，也可借助预埋件相互焊接与阳台板焊接，如图 6-37b～d 所示。

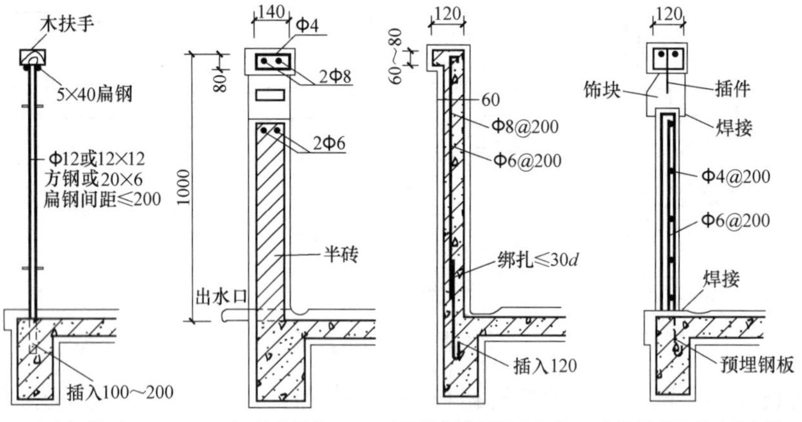

图 6-37　阳台栏板与栏杆构造

注：d 为钢筋直径。

（2）阳台隔板　双连阳台时需设阳台隔板，常见的有砖砌隔板和钢筋混凝土隔板两种。考虑到抗震因素，多用钢筋混凝土隔板。阳台隔板构造如图 6-38 所示。

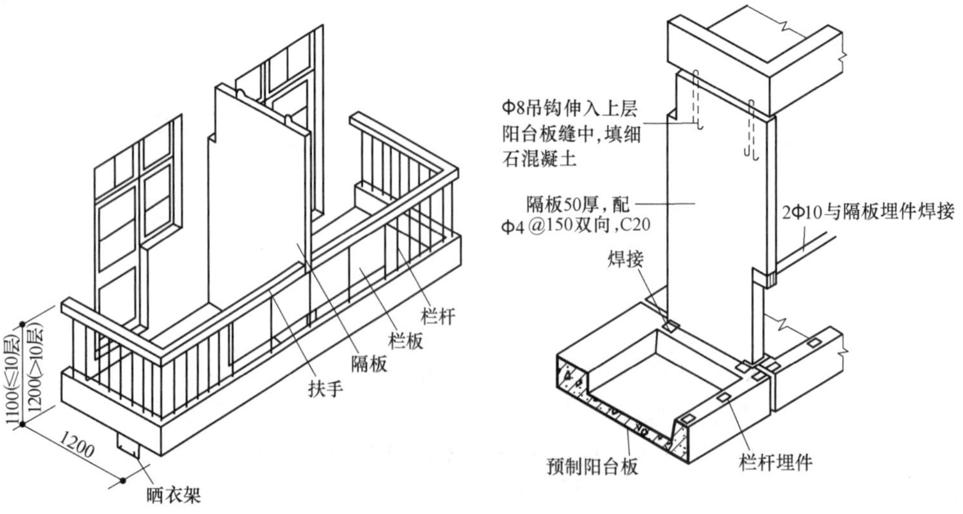

图 6-38　阳台隔板构造

（3）阳台保温与排水 寒冷地区为阻挡冷空气入室宜采用封闭阳台，并设可开启窗口保持通风。未封闭阳台为室外构件，需作排水措施。阳台地面一般低于室内 30mm 以上，防止雨水倒灌；同时，阳台地面向排水口做 1%～2%的坡。阳台排水有外排和内排两种。外排水是在阳台外侧设置直径为 40～50mm 的镀锌铁管或塑料管作为水舌排水，其外挑不小于 80mm，以防止雨水溅到下层阳台。内排水是在阳台内侧设置排水立管或地漏，将雨水直接排入地下管网，适用于高层或高标准建筑。

微课：阳台保温与排水

6.5.2 雨篷

雨篷设置于建筑物入口或者阳台上方，不但能挡雨遮阳，而且对建筑立面效果起到重大作用。因此，对不同建筑的不同位置和造型，雨篷也随其变化形成多种形式。通常雨篷采用钢筋混凝土结构。雨篷较大时由梁、板、柱组成，其构造与楼板相同；较小时做成悬臂构件，由雨篷梁和板组成。

简单雨篷常用挑板式，将雨篷与外门上面的过梁浇筑为一体，因所受荷载不大，厚度较薄（一般为 80mm），悬挑长度不超过 1.2m；当挑出长度较大时采用挑梁式。雨篷排水分为有组织排水和无组织排水，有组织排水结构中通常沿雨篷板四周用砖或现浇混凝土做翻口，高度不小于 60mm，板面用防水砂浆向排水口做 1%的坡面以利于排水，如图 6-39 所示。

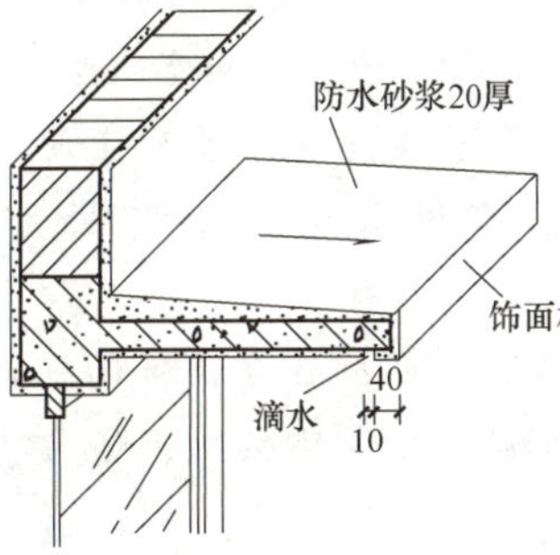

a) 自由落水雨篷

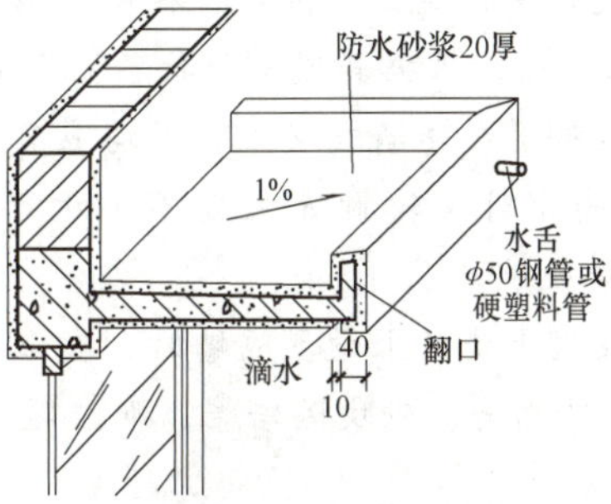

b) 有翻口有组织排水雨篷

图 6-39 雨篷的构造

6.5.3 悬吊式阳台与雨篷

随着钢结构建筑的兴起，采用轻型钢材制造的阳台和雨篷大量出现。钢的受拉性能好，轻钢阳台和雨篷的构造形式多样，减小了挑出构件的重量，并和整个结构用材一致，达到了美观的效果，如图 6-40 和图 6-41 所示。

图 6-40 某悬挑亲水平台实例

图 6-41 某悬挂阳台及雨篷实例

小知识

悬吊式阳台或雨篷同主体结构的节点一般为铰接，因为吊杆一般只设计为受拉构件；如果节点为刚性连接，在吊杆受压时就成为压杆，往往需要较大的截面，否则将会失稳。

项目小结

1. 楼地面包括楼层地面和底层地面，是分隔建筑空间的水平承重构件。楼面主要由面层、结构层和顶棚三部分组成，地面主要由面层、垫层和基层三部分组成。

2. 楼板根据使用材料不同，可分为钢筋混凝土楼板、压型钢板组合楼板和木楼板等。

3. 钢筋混凝土楼板根据施工方法不同，有现浇式、装配式及装配整体式三种。

4. 现浇钢筋混凝土楼板可分为板式、梁板式和无梁式。楼板内不设梁，板直接搁置在墙上，称为板式楼板，有单向板和双向板之分；由板、梁组合而成的楼板称为梁板式楼板，根据梁的构造情况，梁板式楼板可分为单梁式、复梁式和井字梁式楼板；无梁楼板是将楼板直接支承在柱上的楼板。

5. 预制装配式钢筋混凝土楼板是将楼板在预制厂或施工现场预制，然后在施工现场装配而成。常用的钢筋混凝土楼板，根据其截面形状不同可分为实心平板、槽形板和空心板三种类型。

6. 预制板直接搁置在砖墙或梁上时，均应有足够的支承长度。支承于梁上时，其搁置长度不小于80mm；支承于墙上时，其搁置长度不小于100mm，并在梁上或墙上做M5水泥砂浆，厚度为20mm，以保证连接效果。

7. 预制钢筋混凝土楼板上设置隔墙时，宜采用轻质隔墙，可搁置在楼板的任何位置。当隔墙自重较大时，如采用砖隔墙、砌块隔墙等，则应避免将隔墙搁置在一块板上，通常将隔墙设置在两块板的接缝处。

8. 地面按其材料和做法不同可分为四大类，即整体类地面、块材类地面、卷材类地面和木地面。

9. 水磨石地面的常规做法是先用10~20mm厚1∶3的水泥砂浆打底、找平，按设计图采用1∶1水泥砂浆固定分格条，再用10~15mm厚1∶2.5~1∶1.5水泥白石子浆抹面，浇水养护约一周后用磨石机磨光，最后用草酸清洗，打蜡保护。

10. 木地面按照构造不同分为实铺式、空铺式和粘贴式三种。

11. 顶棚是楼板层或屋顶下面的装修层，其目的是保证房间清洁整齐、封闭管线，增强隔声和装饰效果。顶棚按其构造方式不同分为直接式和悬吊式两种。

12. 吊筋连接龙骨和楼板，把龙骨和面板的重量传递给承重结构层。其形式和材料与吊顶的自重有关，它与承重结构层的固定方法有：预埋件锚固、预埋筋锚固、膨胀螺栓锚固和射钉锚固。

13. 阳台按照其与外墙的相对位置不同分为凹阳台、凸阳台和半凸半凹阳台。

14. 阳台地面一般低于室内30mm以上，以防止雨水倒灌；同时，有组织排水结构阳台地面向排水口做1%的坡。阳台排水有外排和内排两种。

项目7

楼梯与电梯

思维导图

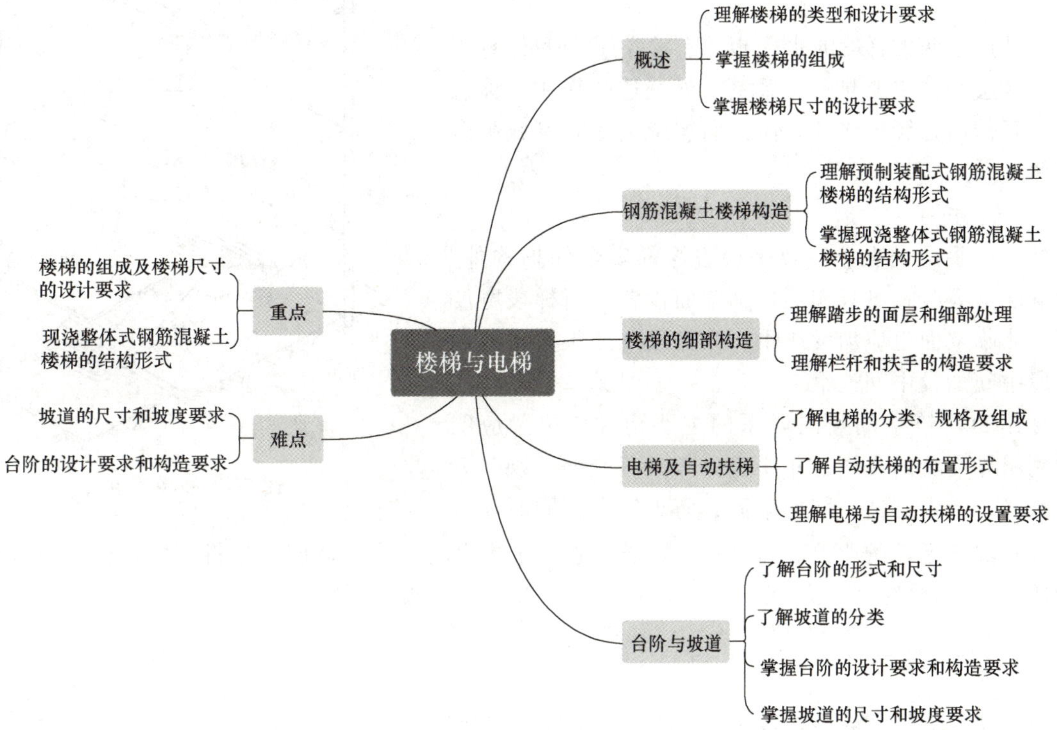

知识储备

在建筑中，楼梯是联系上下层的垂直交通设施。楼梯应满足人们正常的垂直交通、搬运家具设备和紧急情况下安全疏散的要求，其数量、位置、形式应符合有关规范和标准的规定。大多数楼梯对建筑具有装饰作用，因此应考虑楼梯对建筑整体空间效果的影响。

电梯也是现代多层、高层建筑中常用的垂直交通设施。在高层建筑中，电梯是解决垂直交通的主要设备，但楼梯作为安全疏散通道仍然不能取消。

7.1　概述

问题引入

想一想楼梯有哪些类型？由哪些基本构件组成？

7.1.1　楼梯的组成

楼梯一般由楼梯段、平台及栏杆（或栏板）、扶手三部分组成，如图 7-1 所示。

1. 楼梯段

楼梯段是楼梯的主要使用和承重构件，它由若干个踏步组成，一个梯段称为一跑。《民用建筑设计统一标准》（GB 50352—2019）规定，每个梯段的踏步级数不应少于 3 级，且不应超过 18 级。

2. 平台

平台是连接两楼梯段的水平板，有楼层平台和休息平台之分。楼层平台主要起到联系室内外交通的作用，休息平台的主要作用是缓解疲劳，让人们连续上楼时可在平台上稍加休息。

3. 栏杆、扶手

栏杆、扶手是设在楼梯及平台边缘的安全保护构件。当梯段宽度不大时，可只在楼梯临空面设置；当梯段宽度较大时，非临空面也应加设扶手；当梯段宽度很大时，则需在梯段中间加设中间扶手。

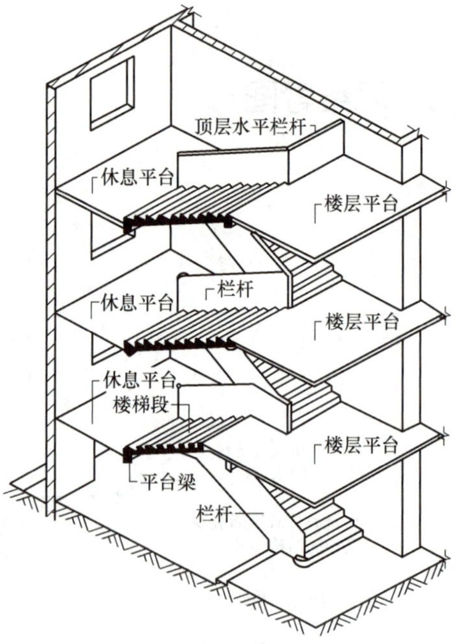

图 7-1　楼梯的组成

楼梯作为建筑空间竖向联系的主要构件，位置应明显，起到引导人流的作用，并要充分考虑其造型美观，人流通行顺畅，行走舒适，结构牢固，防火安全，同时还应满足施工和经济条件的要求。因此，需要合理地选择楼梯的形式、坡度、材料、构造做法，处理好其细部构造。

7.1.2　楼梯的类型

建筑中楼梯的形式较多，楼梯的分类一般按以下原则进行。

（1）按照楼梯的材料分类　分为钢筋混凝土楼梯、钢楼梯、木楼梯及组合材料楼梯。

（2）按照楼梯的位置分类　分为室内楼梯和室外楼梯。

（3）按照楼梯的使用性质分类　分为主要楼梯、辅助楼梯、疏散楼梯及消防楼梯。

（4）按照楼梯间的平面形式分类　分为开敞楼梯间、封闭楼梯间、防烟楼梯间。

（5）按照楼梯的平面形式分类　主要可分为单跑直楼梯、双跑直楼梯、转角楼梯、双跑平行楼梯、双分平行楼梯、螺旋楼梯、交叉楼梯等（图 7-2）。

（6）按结构形式分类　分为板式楼梯、梁式楼梯、悬挑楼梯。

目前在建筑中应用较多的是双跑平行楼梯（简称为双跑楼梯或两段式楼梯），其他如三跑楼梯、双分平行楼梯等均是在双跑平行楼梯的基础上变化而成的。螺旋楼梯对建筑室内空间具有良好的装饰性，适合于在公共建筑的门厅等处设置，但如果用于疏散目的，楼梯踏步尺寸应满足有关规范的要求。

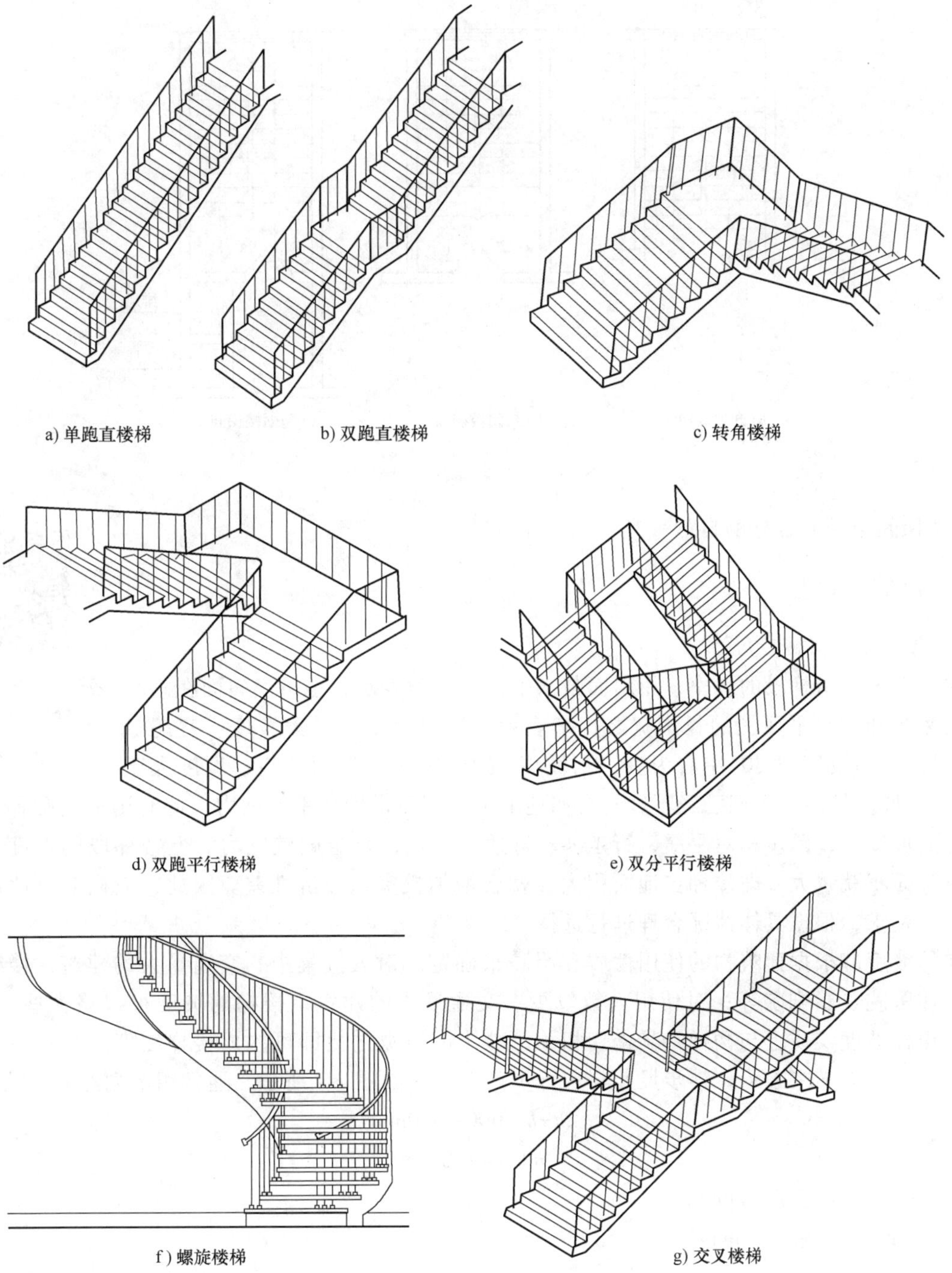

a) 单跑直楼梯　b) 双跑直楼梯　c) 转角楼梯

d) 双跑平行楼梯　e) 双分平行楼梯

f) 螺旋楼梯　g) 交叉楼梯

图 7-2 楼梯的平面形式分类

7.1.3 楼梯的设计要求

楼梯既是楼房建筑中的垂直交通枢纽，也是进行安全疏散的主要交通工具。为确保使用安全，楼梯的设计必须满足如下要求：

1）作为主要楼梯，应与主要出入口临近，且位置明显；同时还应避免垂直交通与水平交通在交界处拥挤、堵塞。

2）必须满足防火要求。楼梯间除允许直接对外开窗采光外，不得向室内任何房间开窗；楼梯间四周墙壁必须为防火墙；对防火要求较高的建筑物，特别是高层建筑，应设计成封闭楼梯或防烟楼梯，如图 7-3 所示。

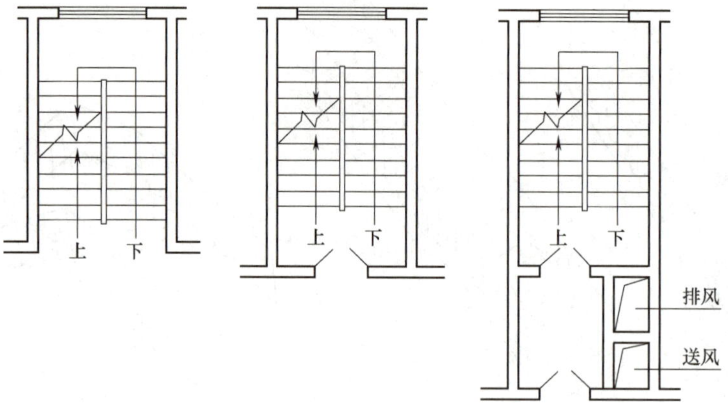

a) 开敞楼梯间　　b) 封闭楼梯间　　c) 防烟楼梯间

图 7-3　楼梯间的平面形式

3）楼梯间必须有良好的自然采光。

7.1.4　楼梯的尺寸

微课：楼梯的坡度与踏步尺寸

1. 楼梯的坡度与踏步尺寸

楼梯的坡度是指梯段的斜率，用斜面与水平面的夹角表示，也可用斜面在垂直面上的投影高和在水平面上的投影宽之比来表示。楼梯梯段的最大坡度不宜超过45°，常用楼梯的坡度以30°左右为宜；当坡度小于20°时，采用坡道；坡度大于45°时，由于坡度较陡，人们已经不容易自如地上下，需要借助扶手的助力，此时则采用爬梯。一般来说，楼梯的坡度小，踏步相对平缓，行走就较舒适；反之，行走就较吃力。但楼梯段的坡度越小，它的水平投影面积就越大，即楼梯占地面积大，就会增加投资，经济性差。因此，应当兼顾使用性和经济性两者的要求，根据具体情况合理进行选择。

楼梯的坡度应根据建筑物的使用性质和层高来确定。对人流集中、交通量大的建筑，楼梯的坡度应小些，如医院、影剧院等；对使用人数较少、交通量小的建筑，楼梯的坡度可以略大些，如住宅、别墅等。楼梯坡度实质上与楼梯踏步密切相关，踏步高与宽之比即可构成楼梯坡度。踏步高常以 h 来表示，踏步宽常以 b 来表示。踏步尺寸与人行步距有关，如图 7-4 所示，通常用下列经验公式来表示。

$$2h+b=600\sim620\text{mm}$$

$$h+b\approx450\text{mm}$$

式中　h——踏步的高度（mm）；

　　　b——踏步的宽度（mm）。

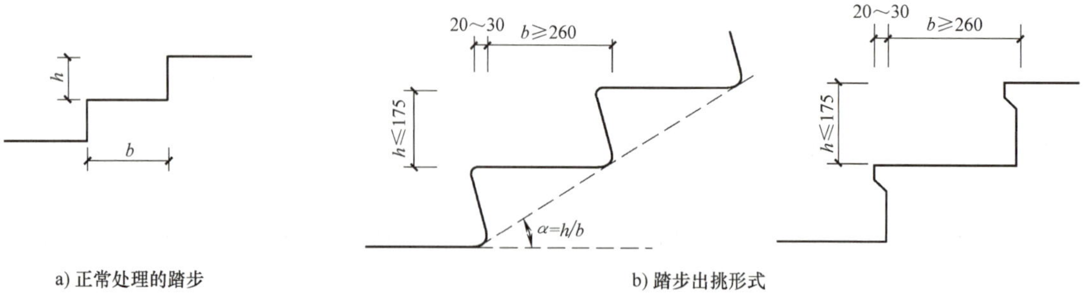

a) 正常处理的踏步　　b) 踏步出挑形式

图 7-4　踏步的尺寸

踏面宽度一般不宜小于 260mm，常用宽度为 260～320mm。为了适应人们在上楼梯时脚的活动情况，踏面应适当放宽，在不增加楼梯间进深的情况下可加踏口或将踢面做成倾斜。为使踏面宽度增大，可将踏步前缘挑出，形成凸缘，如图 7-4 所示。

《民用建筑设计统一标准》（GB 50352—2019）规定，楼梯踏步最小宽度和最大高度见表 7-1。

表 7-1　楼梯踏步最小宽度和最大高度　（单位：m）

楼梯类别		最小宽度	最大高度
住宅楼梯	住宅公共楼梯	0.260	0.175
	住宅套内楼梯	0.220	0.200
宿舍楼梯	小学宿舍楼梯	0.260	0.150
	其他宿舍楼梯	0.270	0.165
老年人建筑楼梯	住宅建筑楼梯	0.300	0.150
	公共建筑楼梯	0.320	0.130
托儿所、幼儿园楼梯		0.260	0.130
小学校楼梯		0.260	0.150
人员密集且竖向交通繁忙的建筑和大、中学校楼梯		0.280	0.165
其他建筑楼梯		0.260	0.175
超高层建筑核心筒内楼梯		0.250	0.180
检修及内部服务楼梯		0.220	0.200

注：螺旋楼梯和扇形踏步离内侧扶手中心 0.250m 处的踏步宽度不应小于 0.220m。

2. 楼梯段的宽度

墙体装饰面至扶手中心线或扶手中心线之间的水平距离即楼梯段的净宽。楼梯段的净宽是根据通行人数的多少（设计人流股数）和建筑的防火要求确定的。为了保证建筑的使用安全，《建筑设计防火规范（2018 年版）》（GB 50016—2014）规定，学校、商店、办公楼、候车室等民用建筑楼梯的总宽度应通过计算确定，以每 100 人拥有的楼梯宽度作为计算标准，俗称百人指标。通常情况下，作为主要通行用的楼梯，其梯段净宽应至少满足两个人相对通行（即大于等于两股人流）。我国规定每股人流按［0.55+(0~0.15)］m 计算，其中 0~0.15m 为人在行进中的摆幅，公共建筑人流众多的场所应取上限值。非主要通行的楼梯，应满足单人携带物品通过的需要，梯段的净宽一般不应小于 900mm（图 7-5a）。《住宅设计规范》（GB 50096—2011）规定，楼梯梯段净宽不应小于 1.10m，不超过六层的住宅，一边设有栏杆的梯段净宽不应小于 1.00m。住宅套内楼梯，当一边临空时，梯段净宽不应小于 0.75m；当两侧有墙时，墙面之间净宽不应小于 0.90m，并应在其中一侧墙面设置扶手。

微课：楼梯段的宽度与楼梯栏杆扶手的高度

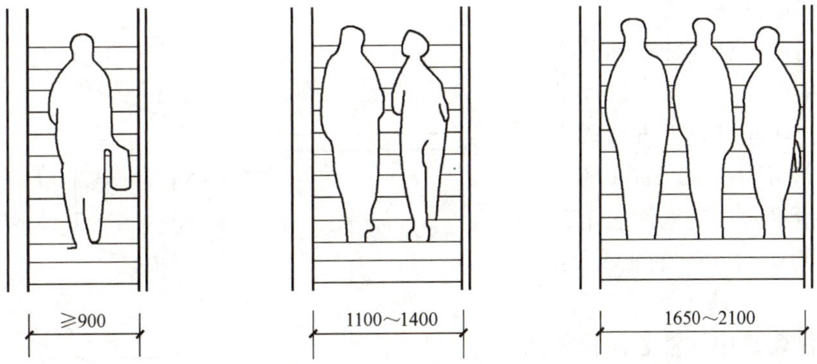

a) 单人通行　b) 双人通行　c) 三人通行

图 7-5　楼梯段的宽度

高层建筑中作为主要通行用的楼梯，其楼梯段的宽度指标应高于一般建筑。《建筑设计防火规范（2018年版）》（GB 50016—2014）规定，高层建筑每层疏散楼梯总宽度应按其通过人数每100人不小于规定数值计算。各层人数不相等时，楼梯的总宽度可分段计算，地上建筑物内下层疏散楼梯总宽度按该层及其以上疏散人数最多一层的人数计算；地下建筑物内上层楼梯的疏散楼梯总宽度按该层及以下疏散人数最多一层的人数计算。疏散楼梯的最小净宽不应小于表7-2的规定。

表 7-2　高层建筑疏散楼梯的最小净宽

高层建筑	疏散楼梯的最小净宽/m	高层建筑	疏散楼梯的最小净宽/m	高层建筑	疏散楼梯的最小净宽/m
医疗建筑	1.30	住宅建筑	1.10	其他公共建筑	1.20

3. 楼梯栏杆扶手的高度

楼梯栏杆扶手的高度与楼梯的坡度及使用要求有关。很陡的楼梯，扶手的高度矮些，坡度平缓时高度可稍大。在30°左右的坡度下，栏杆扶手高度常采用900mm，儿童使用的楼梯一般为600mm。《民用建筑设计统一标准》（GB 50352—2019）规定，室内楼梯扶手高度自踏步前缘线量起不宜小于0.9m；楼梯水平栏杆或栏板长度大于0.5m时，其高度不应小于1.05m；当采用垂直杆件做栏杆时，其杆件净距不应大于0.11m。

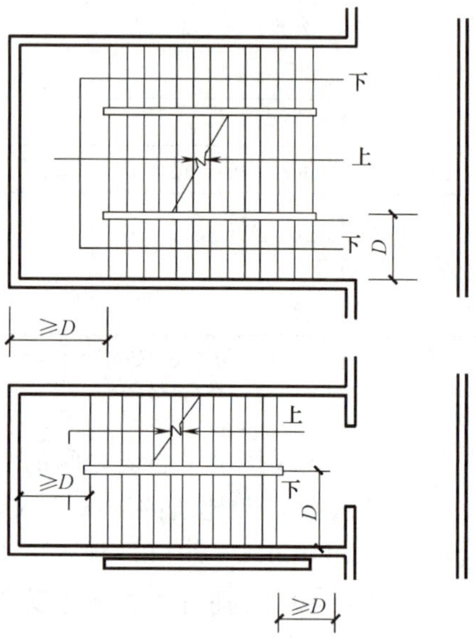

图 7-6　楼梯段和平台的尺寸关系

微课：楼梯平台宽度与楼梯的净空高度

4. 平台净宽

平台净宽是指扶手处平台的宽度。为了搬运家具设备的方便和通行的顺畅，楼梯平台净宽不应小于梯段净宽，并不得小于1.2m；当有搬运大型物件的需要时，应适量加宽。楼梯为剪刀梯时，楼梯平台的净宽不得小于1.30m。双跑平行楼梯对中间平台的深度也作出了具体的规定，图7-6所示为楼梯段和平台的尺寸关系。楼梯井宽度一般取60~200mm；供儿童活动的建筑，楼梯井净宽大于0.11m时，必须采取防止儿童攀滑的措施。

5. 楼梯的净空高度

梯段的净空高度为自踏步前缘（包括每个梯段最低和最高一级踏步前缘线以外0.3m范围内）量至上方突出物下缘间的垂直高度。

楼梯的净空高度包括楼梯段间的净高和平台过道处的平台净高。楼梯段间的净高指梯段的踏步前缘至其正上方梯段下表面的垂直高度，应不小于2.2m。平台过道处的平台净高指平台过道地面至上部结构最低点（通常为平台梁）的垂直距离，应不小于2m，如图7-7所示。

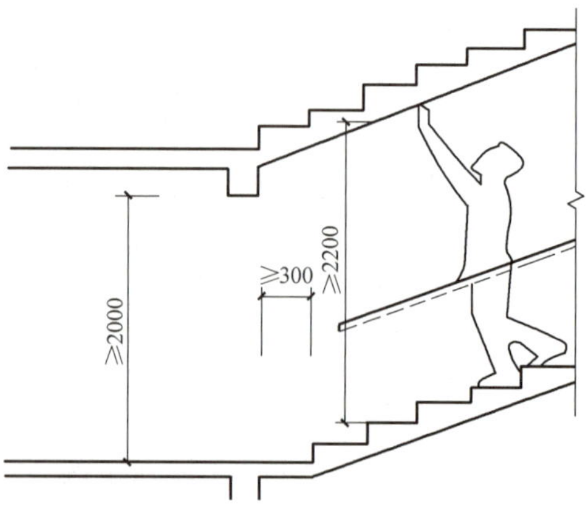

图 7-7　梯段与平台部位的净高要求

微课：楼梯净空高度实例分析

在大多数居住建筑中，常利用楼梯间作为出入口，加之居住建筑的层高较低，因此应特别重视平台下通行时的净高设计问题。以双跑楼梯为例，如住宅的层高为

3m，则第一个休息平台的标高为 1.5m，此时平台下过道净高约为 1.2m。为使平台过道处净高满足不小于 2.0m 的要求，主要采用以下两种方法。

1）将双跑楼梯设计成“长短跑”，使第一跑的踏步多些，第二跑的踏步少些，利用踏步的多少来调节下部净空的高度。如第一跑采用 10 级，第二跑采用 8 级，这时平台下的净空高度由 1200mm 增至 1367mm。不过这样做，必须注意第二跑在楼梯部位的平台梁的布置，它的位置必须保证其下面的净空高度也要≥2000mm。

设计长短跑时还要注意，楼梯间的尺寸也相应在改变，即楼梯的深度增加了。

2）前一种措施虽然能使平台下净高有所增加，但有时还不能满足 2000mm 的要求。此时采取第二种措施，即利用室内外地面高差，将室外的踏步移一部分到室内来，将平台下地面标高降低。当然降低后的地面不能低于室外地面标高。为保证室外雨水不致流入室内，必须保证楼梯间地面与室外至少有 100mm 的高差，如图 7-8 所示。

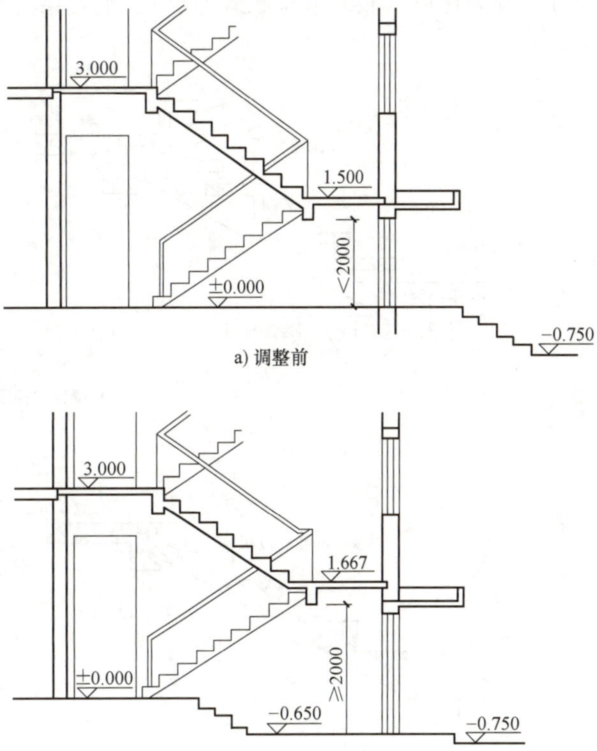

图 7-8　楼梯间净高设计

当然，解决楼梯净空高度还可以采用其他办法，如将底层楼梯改为直跑梯等，但必须以经济适用为原则。

7.2　钢筋混凝土楼梯构造

问题引入

观察一下教学楼、宿舍楼的楼梯，是否为钢筋混凝土楼梯？钢筋混凝土楼梯的构造有哪些特点？

钢筋混凝土楼梯具有坚固耐久、节约木材、防火性能好、可塑性强等优点，因此得到广泛应用。钢筋混凝土楼梯按其施工方式不同可分为预制装配式和现浇整体式。预制装配式有利于节约模板、提高施工速度，但其结构复杂、整体性较差，在地震区不宜使用，一般用于次要或临时性楼梯。现浇钢筋混凝土楼梯具有整体性好、构造形式灵活等优点，适用于各种楼梯间平面和楼梯形式，充分发挥钢筋混凝土的可塑性；但它需要现场支模，模板耗费较大，施工周期较长。

7.2.1　预制装配式钢筋混凝土楼梯

预制装配式钢筋混凝土楼梯按其构造方式可分为梁承式、墙承式和墙悬臂式等类型。下面以平行双跑楼梯为例，说明预制装配式钢筋混凝土楼梯的一般构造原理和做法。

预制装配式钢筋混凝土楼梯是指梯段由平台梁支承的楼梯构造方式。在楼梯平台与斜向梯段交汇处设置了平台梁，避免了构件转折处受力不合理带来的处理困难，在一般民用建筑中较为常用。预制构件可划分为梯段（板式或梁板式梯段）、平台梁、平台板三部分，如图 7-9 所示。

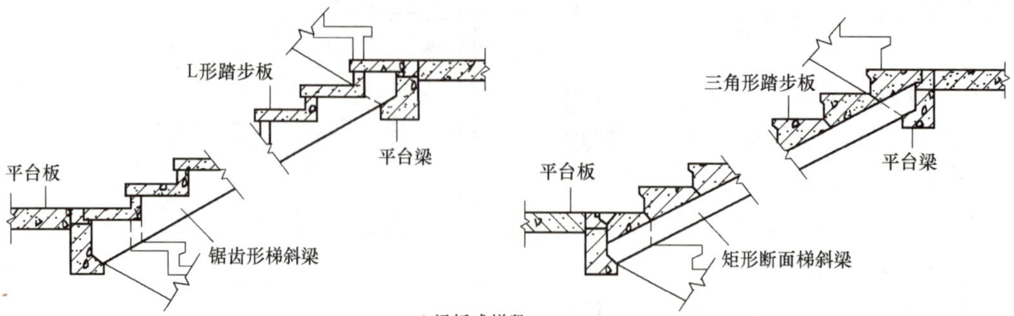

a) 梁板式梯段

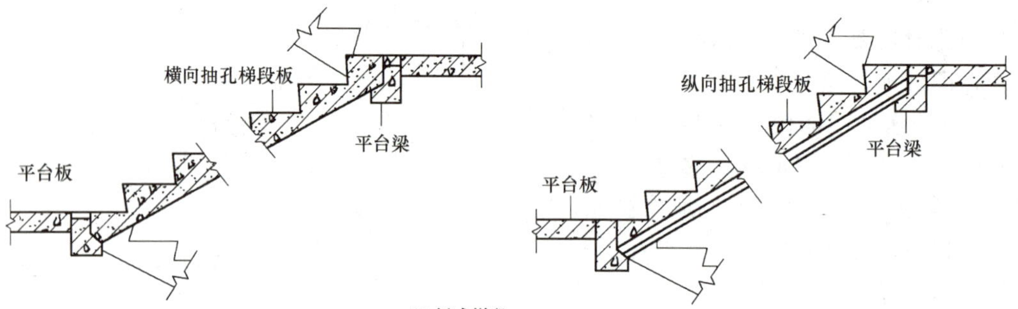

b) 板式梯段

图 7-9 预制装配梁承式楼梯

1. 梯段

（1）梁板式梯段 梁板式梯段由踏步板和梯段斜梁组成，在踏步板两端各设一根梯段斜梁，踏步板支承在梯段斜梁上，梯段斜梁的两端搁置在平台梁上。平台板大多搁置在横墙上，也有的一端搁置在平台梁上，而另一端搁置在纵向墙上。

微课：预制装配式钢筋混凝土楼梯梯段构造

1）踏步板。踏步板的断面形式有一字形、L 形、ㄱ 形、三角形等，如图 7-10 所示。断面厚度根据受力情况为 40~80mm。一字形踏步板制作简单，梯面可漏空或填充，但其受力不太合理，仅用于简易楼梯、室外楼梯等。L 形与ㄱ 形踏步板较一字形踏步板受力合理、用料省、自重轻，缺点是底面呈折线形，不平整。三角形踏步板使梯段底面平整、简洁，解决了前面几种踏步板底面不平整的问题。为了减轻自重，常将三角形踏步板抽孔，形成空心构件。

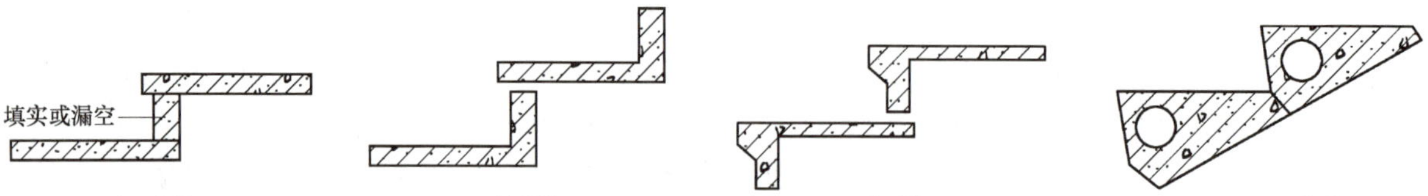

a) 一字形　b) L形　c) ㄱ形　d) 三角形

图 7-10 踏步板的断面形式

2）梯段斜梁。梯段斜梁一般为矩形断面，为了减少结构所占的空间，也可做成 L 形断面，但构件制作较为复杂。用于搁置一字形、L 形、ㄱ 形断面踏步板的梯段斜梁为锯齿形变断面构件，如图 7-11a 所示。用于搁置三角形断面踏步板的梯段斜梁为等断面构件，如图 7-11b 所示。梯段斜梁一般按 $l/12$ 估算其断面有效高度（l 为梯段斜梁水平投影跨度）。

（2）板式梯段 板式梯段为整块的条板，上下端直接支承在平台梁上。板式梯段没有梯段斜梁，梯段底面平整，结构厚度小，其有效断面厚度可按 $l/30$~$l/20$ 估算。另外，梯段板厚度小，且无梯段

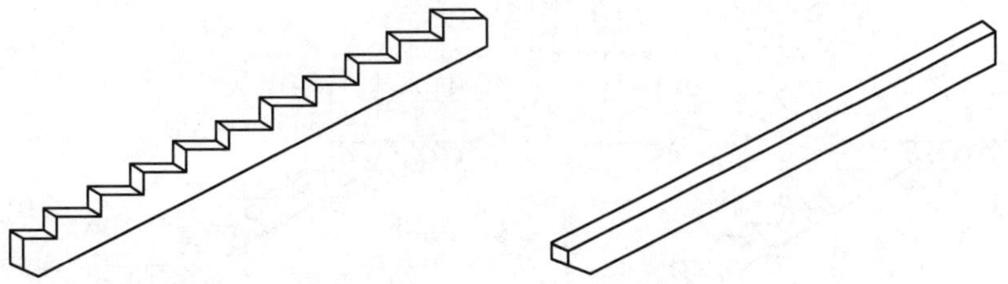

图 7-11　梯段斜梁形式

斜梁，使平台梁位置相应抬高，增大了平台下净空高度。

为了减轻梯段板自重，也可做成空心构件，有横向抽孔和纵向抽孔两种形式，横向抽孔较纵向抽孔合理易行，较为常用，如图 7-12 所示。

2. 平台梁

为了便于支承梯段斜梁或梯段板，平衡梯段水平分力并减少平台梁所占结构空间，一般将平台梁做成 L 形断面，如图 7-13 所示，其构造高度按 $l/(10\sim12)$ 估算（l 为平台梁跨度）。

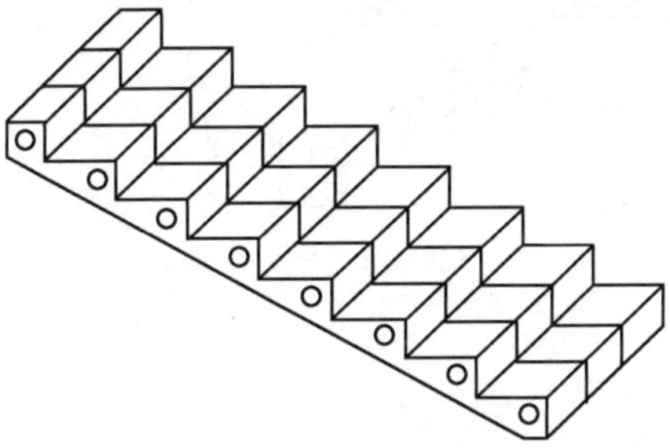

图 7-12　板式梯段

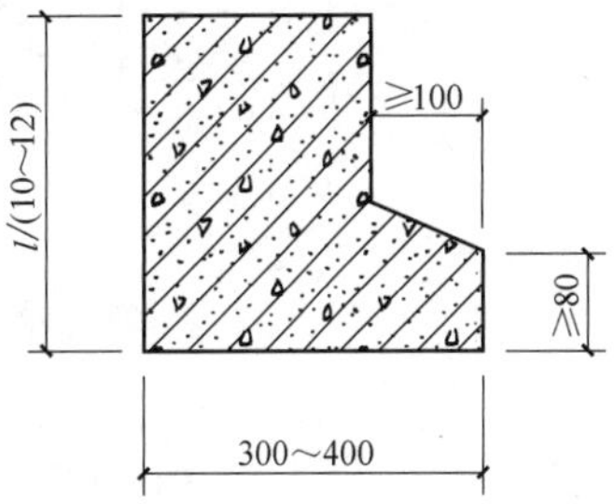

图 7-13　平台梁断面尺寸

3. 平台板

平台板可根据需要采用钢筋混凝土空心板、槽形板或平板。需注意的是，当平台上有管道井时，不宜布置空心板。平台板一般平行于平台梁布置，以利于加强楼梯间的整体刚度。当为垂直于平台梁布置时，常用小平板。

4. 梯段与平台梁连接节点细部处理

梯段与平台梁节点处理是构造设计的难点，就两梯段之间的关系而言，一般有梯段齐步和错步两种方式。就平台梁与梯段之间的关系而言，有埋步和不埋步两种方式，如图 7-14 所示。

（1）梯段齐步布置的节点处理　上下梯段起步和末步梯面对齐，平台完整，可节省梯间进深尺寸。

（2）梯段错步布置的节点处理　上下梯段起步和末步梯面相错一步，在平台梁与梯段连接方式相同的情况下，平台梁底标高可比齐步方式抬高，有利于减少结构空间。但错步方式使平台不完整，并且多占楼梯间进深尺寸。

当两梯段采用长短跑时，它们之间相错步数便不止一步，需将短跑梯段做成折形构件。

5. 构件连接

楼梯是主要交通部件，对其坚固耐久、安全可靠的要求较高，特别是在地震区建筑中更需引起重视。当梯段为倾斜构件时，需加强各构件之间的连接，提高其整体性。

（1）踏步板与梯斜梁连接　一般在梯斜梁支承踏步板处用水泥砂浆坐浆连接。如需加强，可在梯斜梁上预埋插筋，与踏步板支承端的预留孔插接固定，并用强度等级高的水泥砂浆填实，如图 7-15a 所示。

（2）梯斜梁或梯段板与平台梁连接　在支座处除了用水泥砂浆坐浆外，还应在连接端预埋钢板进

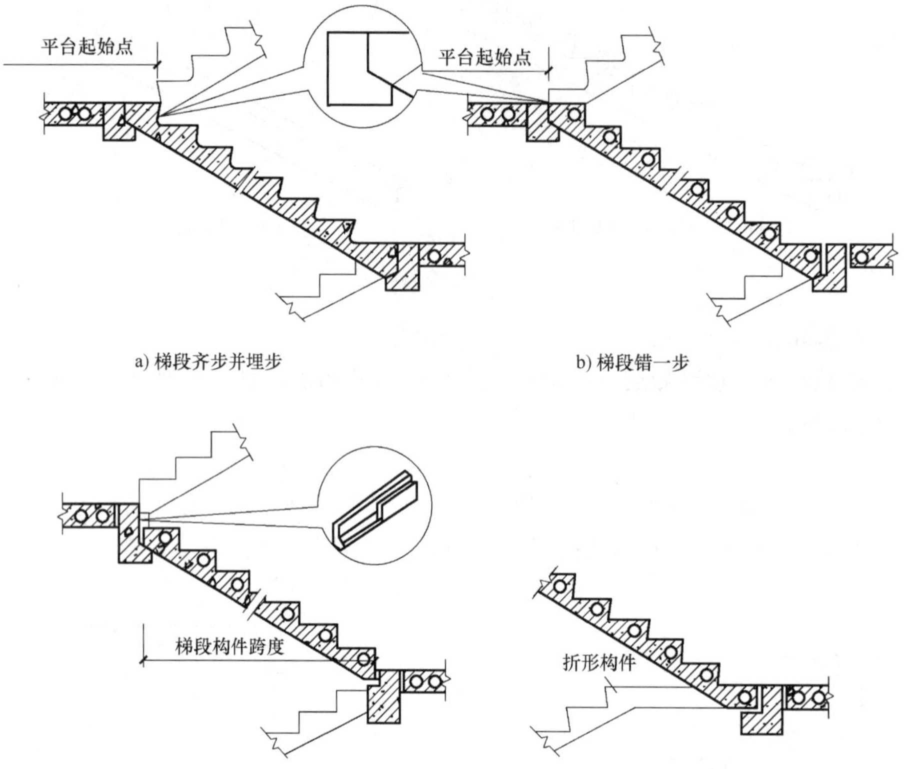

a) 梯段齐步并埋步　b) 梯段错一步

c) 梯段齐步不埋步　d) 梯段错多步

图 7-14　梯段与平台梁节点处理

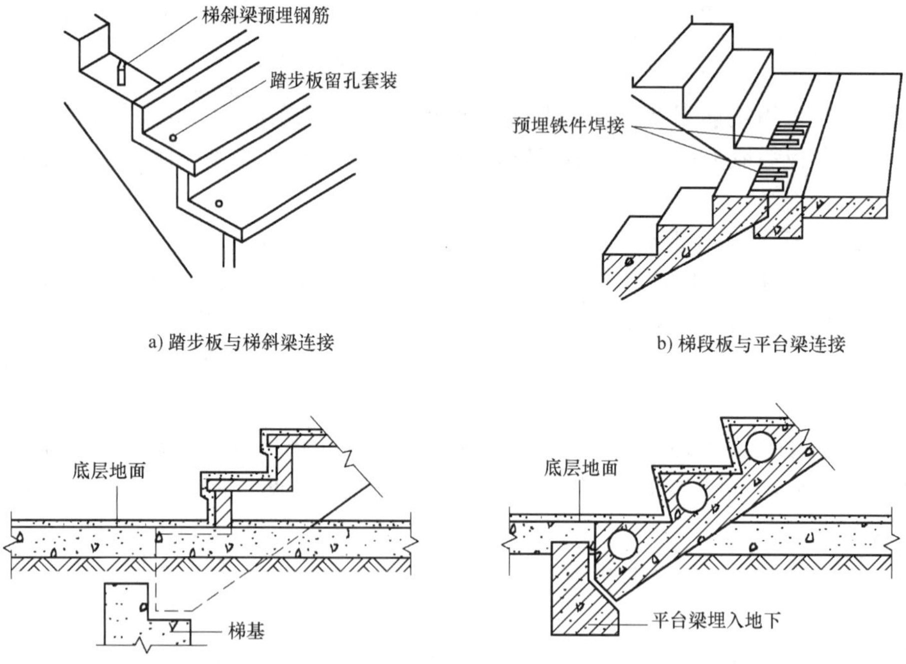

a) 踏步板与梯斜梁连接　b) 梯段板与平台梁连接

c) 梯段板与梯基连接　d) 平台梁代替梯基

图 7-15　构件连接

行焊接，如图 7-15b 所示。

（3）梯斜梁或梯段板与梯基连接　在楼梯底层起步处，梯斜梁或梯段板下应做梯基，梯基常用砖或混凝土，如图 7-15c、d 所示。

在楼层平台与梯段交接处，由于楼梯间侧墙另一面常有房间楼板支承在该墙上，其入墙位置与踏步板入墙位置冲突，需对此块踏步板作特殊处理，如图 7-16 所示。

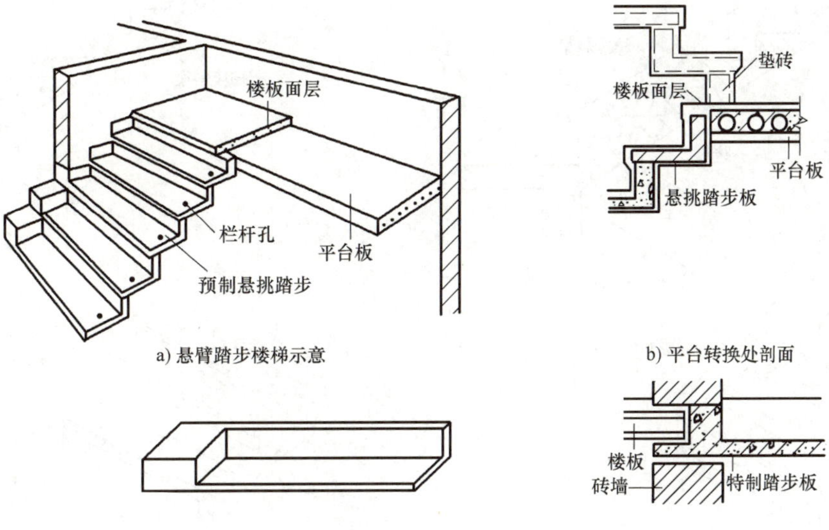

a) 悬臂踏步楼梯示意　b) 平台转换处剖面　c) 踏步构件　d) 遇楼板处构件

图 7-16　预制装配悬臂式钢筋混凝土楼梯

7.2.2　现浇整体式钢筋混凝土楼梯

现浇整体式钢筋混凝土楼梯结构整体性好，能适应各种楼梯间平面和楼梯形式，充分发挥钢筋混凝土楼梯的可塑性。但由于需要现场支模，其模板耗费较大，施工周期较长；并且抽孔困难，不便做成空心构件，所以混凝土用量和自重较大。现浇整体式钢筋混凝土楼梯常用于特殊性的楼梯或整体性要求高的楼梯，或当预制配件条件不具备时使用。

现浇整体式钢筋混凝土楼梯根据楼梯段的传力与结构形式的不同，分为板式楼梯和梁式楼梯两种。

1. 板式楼梯

梯段板两端搁置在平台梁上，相当于斜放的一块板，如图 7-17 所示。

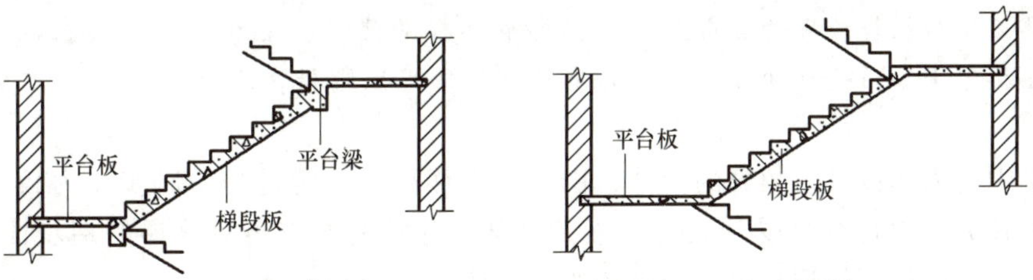

a) 有平台梁　b) 无平台梁

图 7-17　板式楼梯

微课：板式楼梯

特点：底面光滑平整，外形简单，施工方便，但耗材多，荷载较大时，板的厚度将增大，适用于梯段长度≤3m 的楼梯。

2. 梁式楼梯

微课：梁式楼梯

踏步板搁置在斜梁上，斜梁又由上下两端的平台梁支承的现浇钢筋混凝土楼梯称为梁式楼梯。梁式楼梯的宽度相当于踏步板的跨度，平台梁的间距即为斜梁的跨度，梯段的荷载主要由斜梁承担。梁式楼梯适用于荷载较大、建筑层高较大的建筑物，梯段长度≥3m 的楼梯，如图 7-18 所示。

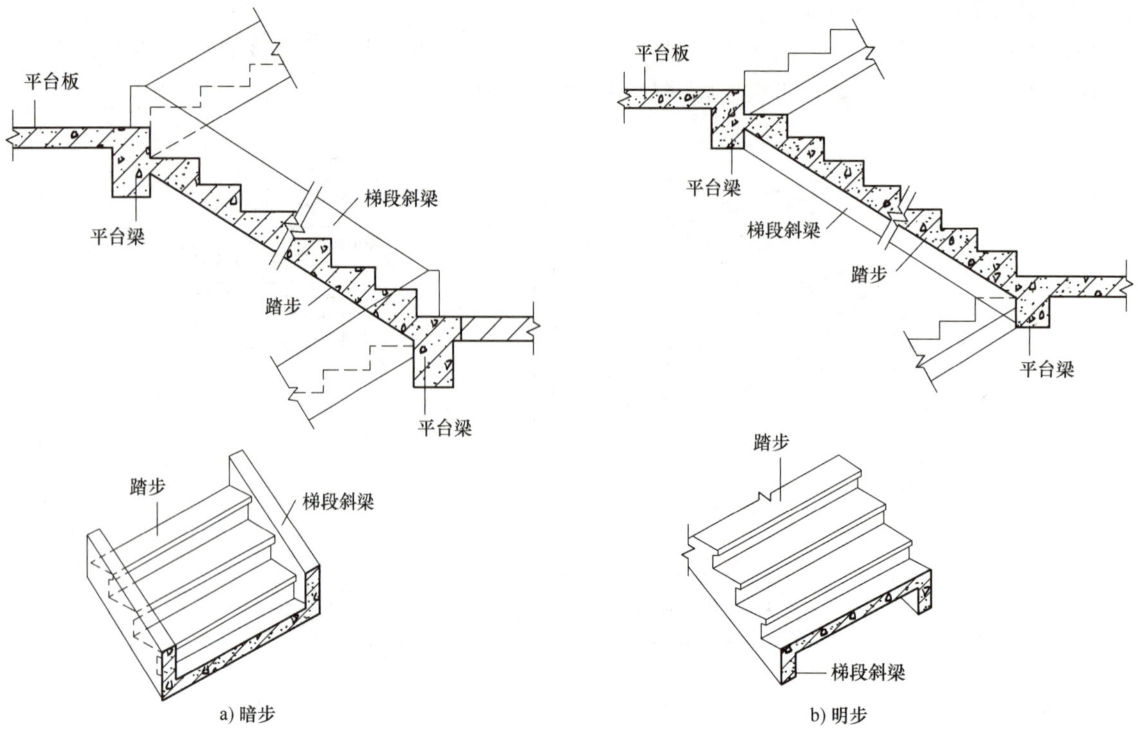

图 7-18　梁式楼梯

梁式楼梯有暗步和明步两种做法，暗步做法的斜梁设到踏步板的上面，梯段下面是平整的斜面，如图 7-18a 所示。明步做法的斜梁一般暴露在踏步板的下面，从梯段侧面就能看见踏步，如图 7-18b 所示。明步做法在梯段下部形成梁的暗角容易积灰，梯段侧面经常被清洗踏步的脏水污染，容易影响美观。

7.3　楼梯的细部构造

问题引入

踏步面层装修和栏杆扶手处理得好坏直接影响楼梯的使用安全和美观，其在设计中已引起足够的重视。在构造上如何处理才能使楼梯具有较好的使用性能和装饰性能？

楼梯是建筑中与人体接触较频繁的构件，由于人在楼梯上行走过程中脚步用力较大，因此梯段在使用过程中磨损较大，而且容易受到人为因素的破坏。建造时，应当对楼梯的踏步面层、踏步细部、栏杆和扶手进行适当的构造处理，以保证楼梯的正常使用。

7.3.1　踏步的面层和细部处理

踏步面层应当平整光滑，耐磨性好。一般认为，凡是可以用来做室内地坪面层的材料，均可以用来做踏步面层。常见的踏步面层有水泥砂浆、水磨石、地面砖、各种天然石材等。公共建筑楼梯踏步面层经常与走廊地面面层采用相同的材料。面层材料要便于清扫，并且应当具有一定的装饰效果。

由于踏步面层比较光滑，行人容易滑跌，因此在踏步前缘应有防滑措施，这对人流集中建筑的楼梯就显得更加重要。踏步前缘也是踏步磨损最厉害的部位，同时也容易受到其他硬物的破坏。设置防滑措施可以提高踏步前缘的耐磨程度，起到保护作用，如图 7-19 所示。

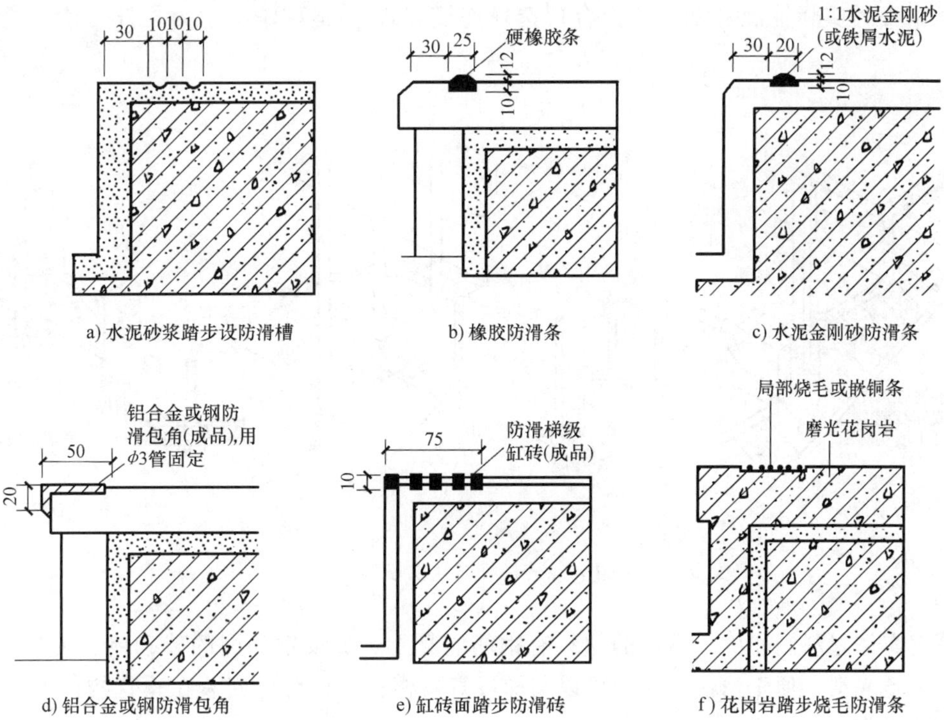

图 7-19 踏步的防滑构造

7.3.2 栏杆和扶手

1. 栏杆、栏板

栏杆通透性好，对建筑空间具有良好的装饰作用，因此在楼梯中采用较多。栏杆多采用金属材料制作，如钢材、铝材、铸铁花饰等。用相同或不同规格的金属型材拼接、组合成不同的规格和图案，可使栏杆在确保安全的同时又能起到装饰作用，如图 7-20 所示。栏杆应有足够的强度，能够保证在人多拥挤时楼梯的使用安全，栏杆垂直构件之间的净距不应大于 110mm。经常有儿童活动的建筑，栏杆的分格应设计成不易儿童攀登的形式，以确保安全。

图 7-20 栏杆的形式

栏杆的垂直构件必须要与楼梯段有牢固、可靠的连接。目前在工程上采用的连接方式多种多样，应当根据工程实际情况和施工能力合理选择连接方式。图 7-21 所示为栏杆与楼梯段的连接构造举例。

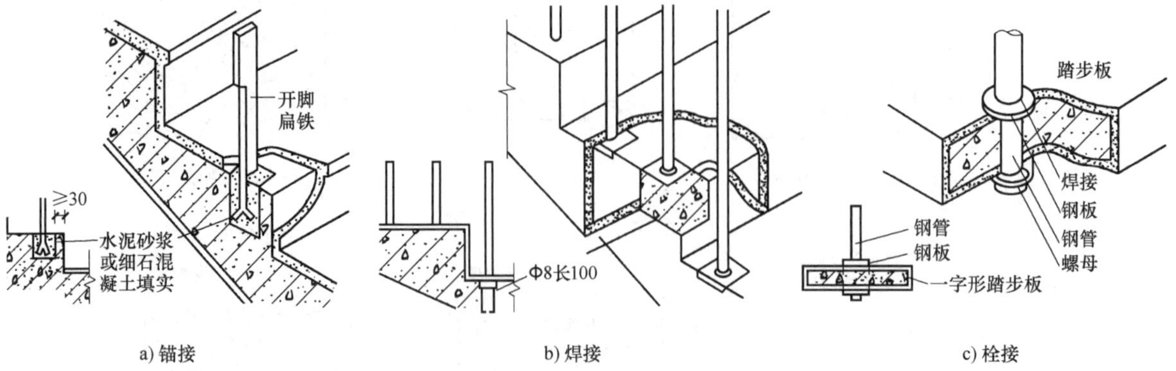

图 7-21　栏杆与楼梯段的连接

栏板是用实体材料制作的，常用的材料有钢筋混凝土、加设钢筋网的砖砌体、木材、玻璃等。栏板的表面应平整光滑，便于清洗。栏板可以与梯段直接相连，也可以安装在垂直构件上。图 7-22 所示为栏板的构造举例。

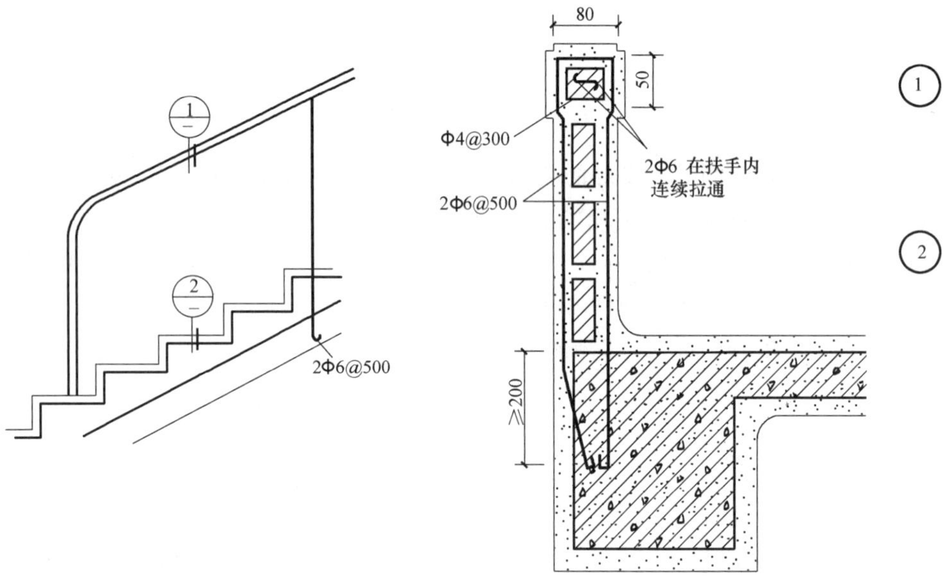

图 7-22　栏板的构造

2. 扶手

扶手是楼梯的重要组成部分。扶手可以用优质硬木、金属型材（铁管、不锈钢、铝合金等）、工程塑料及水泥砂浆抹灰、水磨石、天然石材制作。室外楼梯不宜使用木扶手，以免淋雨后变形和开裂。不论何种材料的扶手，其表面必须要光滑、圆顺，以便于扶持。绝大多数扶手是连续设置的，接头处应当仔细处理，使之平滑过渡。金属扶手通常与栏杆焊接；抹灰类扶手在栏板上端直接饰面；木扶手及塑料扶手在安装之前应事先在栏杆顶部设置通长的倾斜扁铁，扁铁上预留安装钉孔，然后把扶手安放在扁钢上，并用螺钉固定好，如图 7-23 所示。

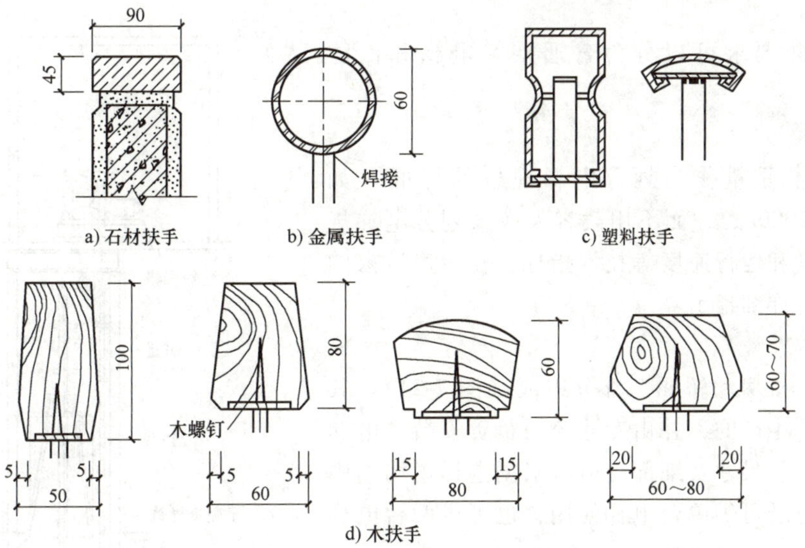

图 7-23 扶手类型

7.4 电梯及自动扶梯

问题引入

为解决垂直交通问题，在大型公共建筑、高层建筑中不仅应设置钢筋混凝土楼梯，还应设置方便快捷的电梯和自动扶梯，以此满足这类建筑的使用功能要求。电梯和自动扶梯虽然属于工业产品，但也是建筑物中的设备，作为建筑类专业的技术人员有必要了解与此相关的内容，那么电梯及自动扶梯的组成和作用是什么呢？

电梯是多层及高层建筑中常用的建筑设备，主要是为了解决人们在上下楼时体力及时间的消耗问题。有的建筑虽然层数不多，但由于建筑级别较高或使用的特殊需要，往往也设置电梯，如高级宾馆、多层仓库、医院等。部分高层及超高层建筑为了满足疏散和救火的需要，还要设置消防电梯。

自动扶梯是人流集中的大型公共建筑常用的建筑设备。在大型商场、展览馆、火车站、航空港等建筑设置自动扶梯，可以方便使用者，同时对疏导人流也起到很大的作用。有些占地面积大、交通量大的建筑还要设置自动人行道，以解决建筑内部的长距离水平交通，如大型航空港。

电梯及自动扶梯的安装与调试一般由生产厂家或专业公司负责。不同厂家提供的设备尺寸、规格和安装要求均有所不同，土建施工时应按照厂家的要求在建筑的指定部位预留出足够的空间和设备安装的基础设施。

小知识

为有利于通风和一旦发生火灾时能迅速将烟气及热气排出室外，井道内应设置通风口，其面积不应小于井道面积的 3.5%，且通风口总面积的 1/3 应经常开启，通风管道可在井道顶板上或井道壁上直接通往室外。

7.4.1 电梯

1. 电梯的分类

电梯根据动力拖动的方式不同可以分为交流拖动（包括单速、双速、调速）电梯、直流拖动电梯、液压电梯。

电梯根据消防要求可以分为普通乘客电梯和消防电梯。

2. 电梯的规格

目前多采用载重量作为划分电梯规格的标准（如400kg、1000kg、2000kg），而不用载客人数来划分电梯规格。电梯的载重量和运行速度等技术指标，在生产厂家的产品说明书中均有详细指示。

3. 电梯的组成

电梯由井道、机房和轿厢三部分组成（图 7-24）。其中轿厢是由电梯厂生产的，并由专业公司负责安装。电梯井道和机房的布局、尺寸及细部构造应根据电梯说明书中的要求设计。井道既可供单台电梯使用，也可供两台电梯共用，如图 7-25 所示。

电梯井道出入口的门套应进行装修，如图 7-26 所示。电梯出入口地面应设置地坎，并向电梯井道内挑出牛腿，如图 7-27 所示。

电梯机房一般设在电梯井道的顶部，也有少数电梯把机房设在井道底层的侧面（如液压电梯）。由于电梯运行时设备噪声较大，会对井道周边房间产生影响，因此为了减少噪声，有时在机房下部设置隔声层，如图 7-28 所示。

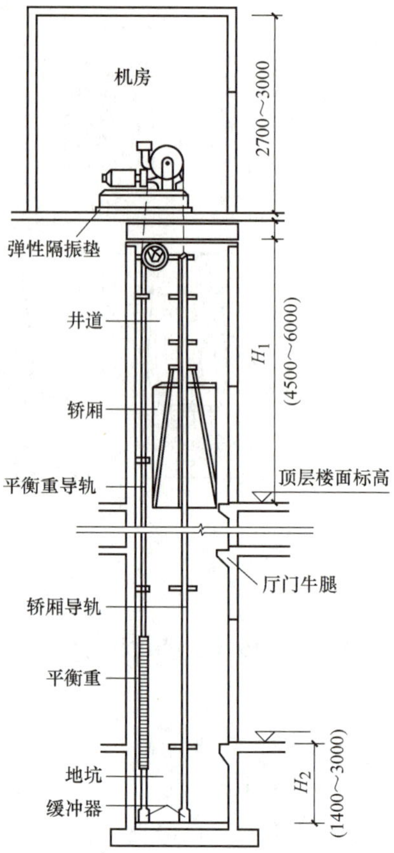

图 7-24　电梯的组成示意图

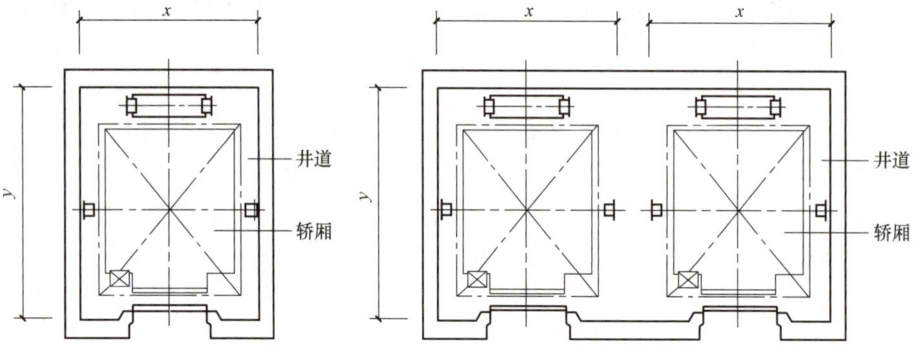

图 7-25　住宅电梯井道

4. 电梯的设置要求

电梯的设置应符合以下要求。

1）设置电梯时，不应将电梯作为安全出口。

2）电梯的规格与台数应由计算确定，同时还要满足建筑的使用特点和要求。

3）通常情况下，高层公共建筑、高层宿舍建筑的电梯台数不宜少于 2 台，住宅建筑（12 层及 12 层以上）的电梯台数不应少于 2 台，并应符合现行国家标准《住宅设计规范》（GB 50096—2011）的规定。

4）电梯不应紧邻卧室布置。受条件限制必须布置时，应采取隔声、减振的构造措施。

5）电梯不应在转角处贴邻布置，且电梯井不宜被楼梯环绕设置。

6）消防电梯的布置应符合现行国家标准《建筑设计防火规范（2018 年版）》（GB 50016—2014）的有关规定。

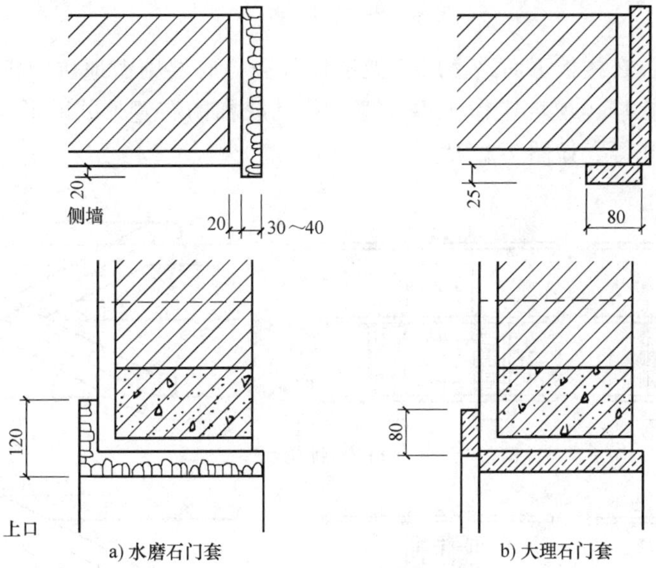

图 7-26　门套的构造

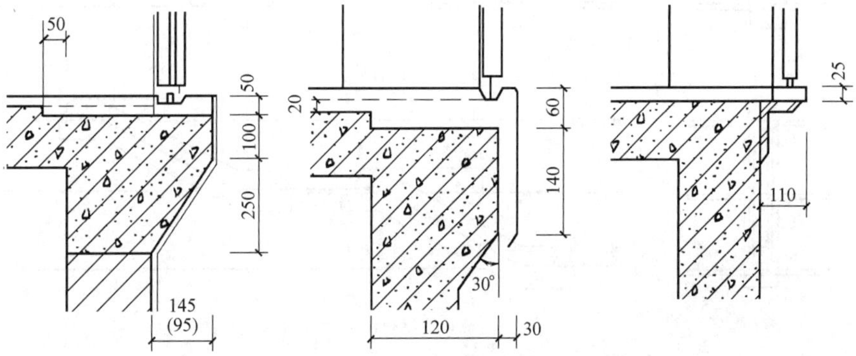

图 7-27　牛腿的构造

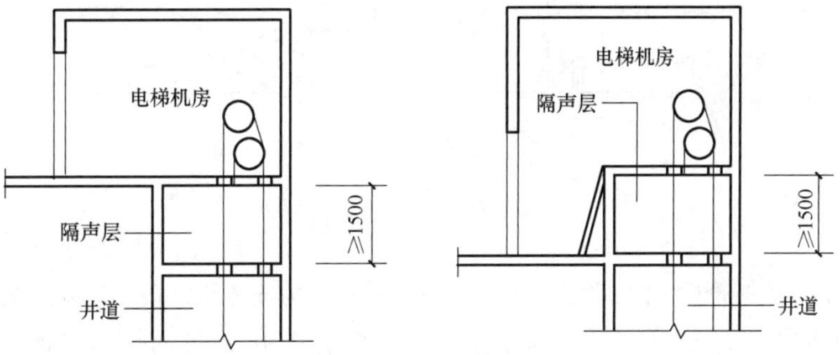

图 7-28　机房隔声层

7）专为老年人及残疾人使用的建筑，其乘客电梯应设置监控系统，梯门宜装可视窗，并应符合现行国家标准《无障碍设计规范》（GB 50763—2012）的有关规定。

8）候梯厅深度不应小于多台电梯中最大轿箱的深度，且不应小于 1.50m。

7.4.2　自动扶梯

自动扶梯适用于车站、码头、空港、商场等人流量大的建筑层间，是连续运输效率高的载客设备。自动扶梯可正、逆方向运行，停机时可当作临时楼梯行走。平面布置方式可单台设置或双台并列。

自动扶梯的机房悬挂在楼板下面，楼层下做装饰外壳，底层则做地坑。机房上方的自动扶梯口处应做活动地板，以利于检修，地坑应作防水处理。自动扶梯的布置形式有并联排列式、平行排列式、串联排列式、交叉排列式等，如图 7-29 所示。

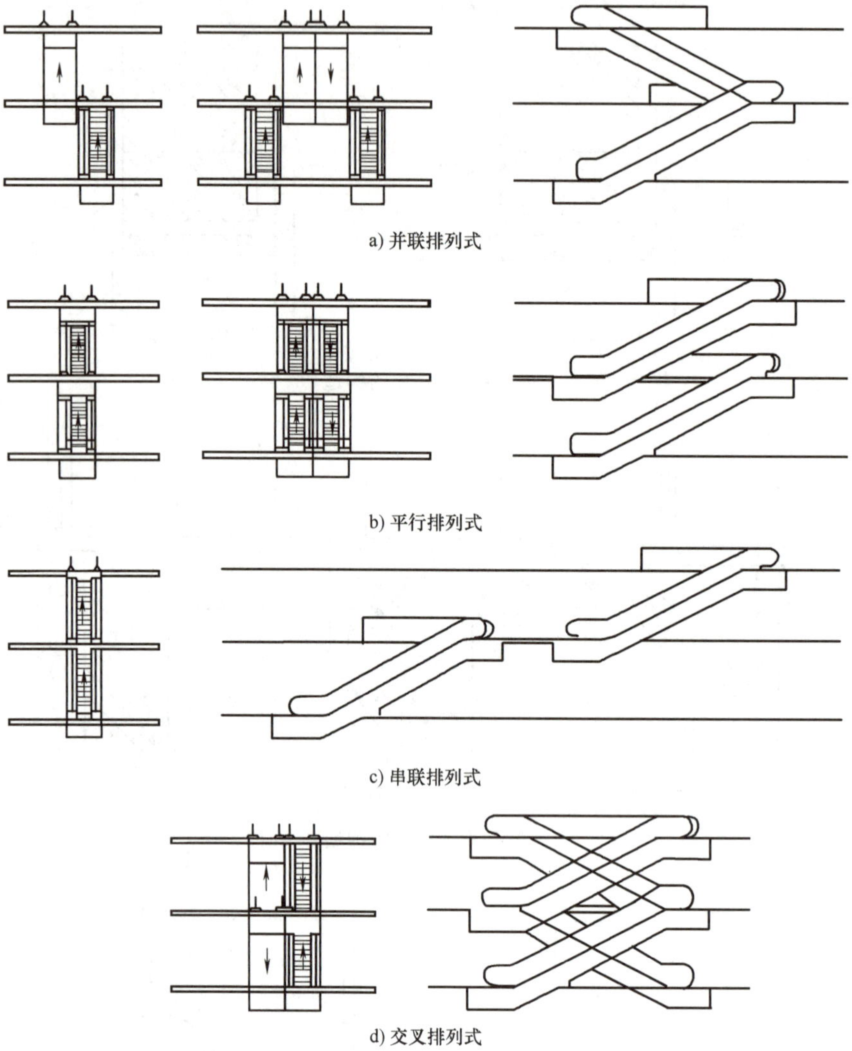

图 7-29　自动扶梯的布置形式

设置自动扶梯时，必须符合相关要求：自动扶梯不应作为安全出口；扶梯栏板应光滑平整、无突出物；扶梯扶手带顶面距自动扶梯前缘的垂直高度不应小于 0.9m；自动扶梯的梯级上空，垂直净高不应小于 2.3m；自动扶梯的倾斜角不宜超过 30°，额定速度不宜大于 0.75m/s；设置自动扶梯所形成的上下层贯通空间，应符合现行国家标准《建筑设计防火规范（2018 年版）》（GB 50016—2014）的有关规定。

自动扶梯对建筑室内具有较强的装饰作用，扶手多为特制的耐磨胶带，有多种颜色。栏板分为玻璃不锈钢板、装饰面板等几种，有时还辅助以灯具照明，以增强其美观性。

由于自动扶梯在安装及运行时需要在楼板上开洞，所以此处楼板已经不能起到分隔防火分区的作用。当上下两层建筑面积总和超过防火分区面积要求时，应按照防火要求设置防火卷帘，以便在火灾发生时封闭自动扶梯井。

7.5 台阶与坡道

问题引入

建筑室内外地坪存在高差，需要在建筑入口处设置台阶和坡道作为建筑室外的过渡。由于其位置明显，人流量大，因此需慎重处理。

台阶供人们进出建筑之用，坡道是为车辆及残疾人而设置的，有时会把台阶和坡道合并在一起共同工作。从规划要求来看，台阶和坡道视为建筑主体的一部分，不允许并入道路红线，因此在一般情况下，台阶的踏步数不多，坡道长度不大。有些建筑由于使用功能或精神功能的需要，有时设有较大的室内外高差或把建筑入口设在二层，此时就需要大型的台阶和坡道与其配合。台阶和坡道与建筑入口关系密切，具有相当的装饰作用，美观要求较高。

7.5.1 台阶

1. 台阶的形式和尺寸

台阶的平面形式种类较多，应当与建筑的级别、功能及基地周围的环境相适应。较常见的台阶形式有单面踏步、两面踏步、三面踏步、单面踏步带花池（花台）等。部分大型公共建筑经常把行车坡道与台阶合并成为一个构件，强调了建筑入口的重要性，提高了建筑的地位。图 7-30 是常见台阶形式的示例。

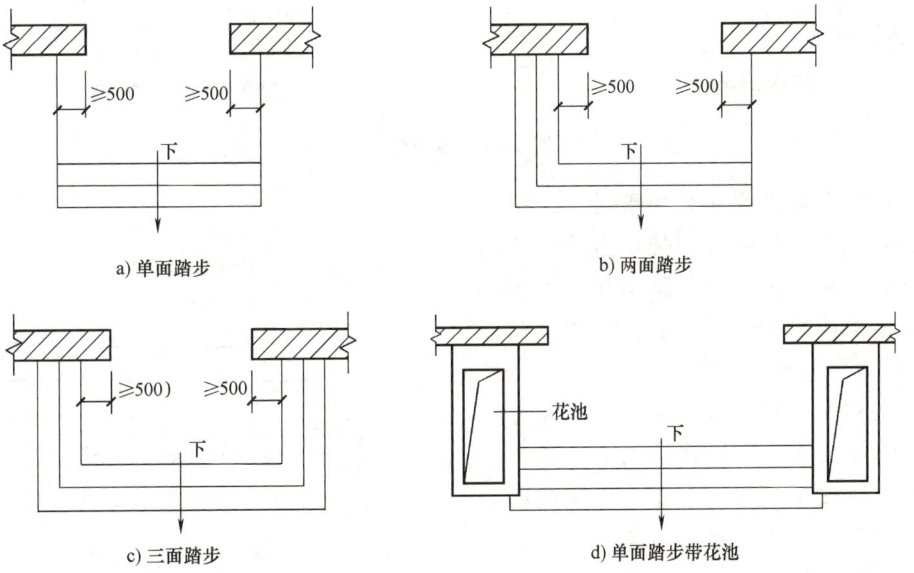

图 7-30 常见台阶的形式

为了满足基本的使用要求，台阶顶部平台的宽度应大于所连通的门洞口宽度，一般至少每边宽出 500mm。室外台阶顶部平台的深度不应小于 1.0m。由于室外台阶受雨、雪的影响较大，为确保人身安全，台阶的坡度宜平缓些。《民用建筑设计统一标准》（GB 50352—2019）规定，公共建筑室内外台阶踏步宽度不宜小于 0.3m，踏步高度不宜大于 0.15m，且不宜小于 0.1m。

2. 台阶的基本要求

为使台阶能满足交通和疏散的需要，台阶的设置应满足如下要求。

1）人流密集场所台阶的高度超过 0.7m 并侧面临空时，应有防护设施，防护设施净高不应低于 1.05m。

2）影剧院、体育馆观众厅疏散出口门内外 1.40m 范围内不能设台阶踏步。

3）室内台阶踏步数不应少于 2 级；当高差不足 2 级时，宜按坡道设置。

4）台阶和踏步应充分考虑雨、雪天气时的通行安全，宜用防滑性能好的面层材料。

3. 台阶的构造

台阶的构造分为实铺和架空两种，大多数台阶采用实铺。实铺台阶的构造与室内地坪的构造相似，包括基层、垫层和面层（图 7-31a）。基层为素土夯实；垫层多采用混凝土、碎砖混凝土或砌砖，其强度和厚度应当根据台阶的尺寸相应调整；面层有整体和铺贴两大类，材料有水泥砂浆、水磨石、剁斧石、缸砖、天然石材等。在严寒地区，为保证台阶不受土壤冻胀影响，应把台阶下部一定深度范围内的土换掉，改设砂垫层（图 7-31b）。

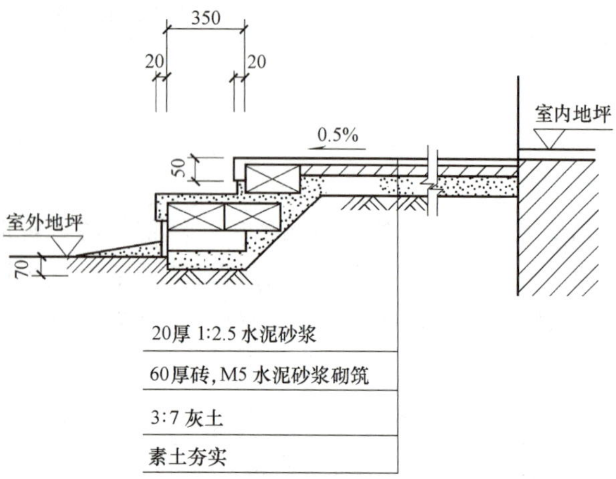

a) 不受冻胀影响的台阶

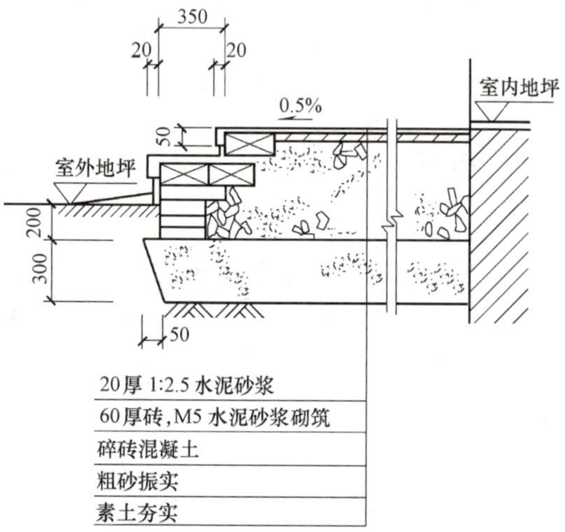

b) 考虑冻胀影响的台阶

图 7-31 实铺台阶

当台阶尺寸较大或土壤冻胀严重时，为保证台阶不开裂和塌陷，往往选用架空台阶。架空台阶的平台板和踏步板均为预制钢筋混凝土板，分别搁置在梁或砖砌地垄墙上，如图 7-32 所示。

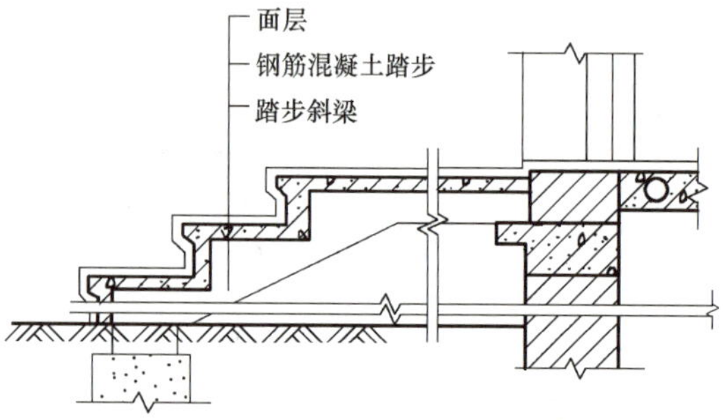

图 7-32 架空台阶

由于台阶与建筑主体在承受荷载和沉降方面差异较大，因此大多数台阶在结构上和建筑主体是分开的，一般是在建筑主体工程完成后再进行台阶的施工。台阶与建筑主体之间要注意解决好以下两个问题。

1）处理好台阶与建筑之间的沉降缝，常见的做法是在接缝处挤上一根 10mm 厚的防腐木条。

2）为防止台阶上的积水向室内流淌，台阶应向外侧做 0.5%~1%的斜坡，台阶面层标高应比首层室内地面标高低 10mm 左右。

7.5.2 坡道

1. 坡道的分类

坡道按照其用途的不同，可以分成行车坡道和轮椅坡道两类。

1）行车坡道分为普通行车坡道（图 7-33a）与回车坡道（图 7-33b）两种。普通行车坡道布置在有车辆进出的建筑入口处，如车库、库房等。回车坡道与台阶踏步组合在一起，布置在某些大型公共建筑的入口处，如办公楼、旅馆、医院等。

2）随着我国社会文明程度的提高，为使残疾人能平等地参与社会活动，体现社会对特殊人群的关爱，应在为公众服务的建筑及市政工程中设置方便残疾人使用的设施，轮椅坡道是其中之一。我国专门制定了《无障碍设计规范》（GB 50763—2012），对有关问题作出了明确的规定。党的二十大报告指出：完善残疾人社会保障制度和关爱服务体系，促进残疾人事业全面发展。

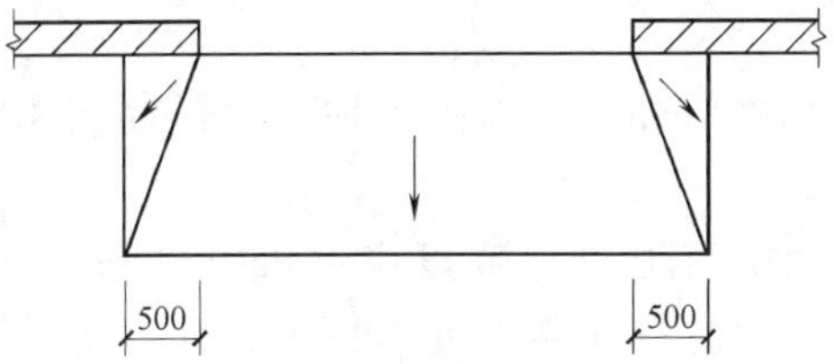

a) 普通行车坡道

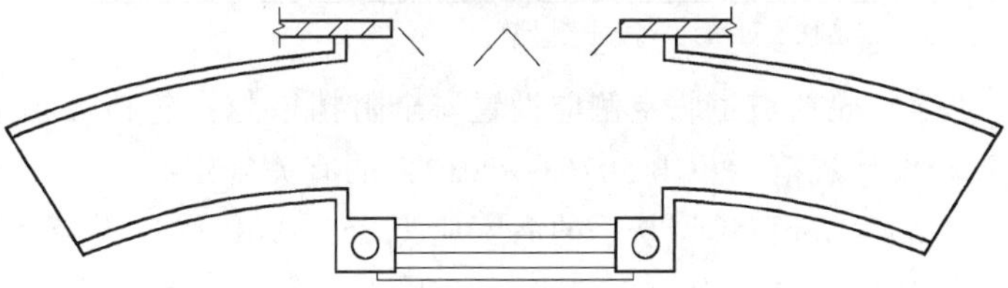

b) 回车坡道

图 7-33　行车坡道

2. 坡道的尺寸和坡度

（1）普通行车坡道　普通行车坡道的宽度应大于所连通的门洞口宽度，一般每边至少≥500mm。坡道的坡度与建筑的室内外高差及坡道的面层处理方法有关。通常情况下，室内坡道坡度不宜大于1：8，水平投影长度过大（超过15.0m）时，宜设休息平台。室外坡道坡度不宜大于1：10，坡道应有防滑措施。

（2）轮椅坡道　轮椅坡道主要供残疾人使用，如图7-34所示。《无障碍设计规范》（GB 50763—2012）中对于轮椅坡道的设置作了相关规定，为残疾人出行提供了有力的保障。

图 7-34　轮椅坡道

1）轮椅坡道宜设计成直线形、直角形或折返形；轮椅坡道的坡面应平整、防滑、无反光。

2）轮椅坡道的净宽度不应小于1.00m，无障碍出入口的轮椅坡道净宽度不应小于1.20m。

3）轮椅坡道的高度超过300mm且坡度大于1：20时，应在两侧设置扶手，坡道与休息平台的扶手应保持连贯；轮椅坡道起点、终点和休息平台的水平长度不应小于1.50m，如图7-35所示；轮椅坡道的最大高度和水平长度应符合表7-3的规定。

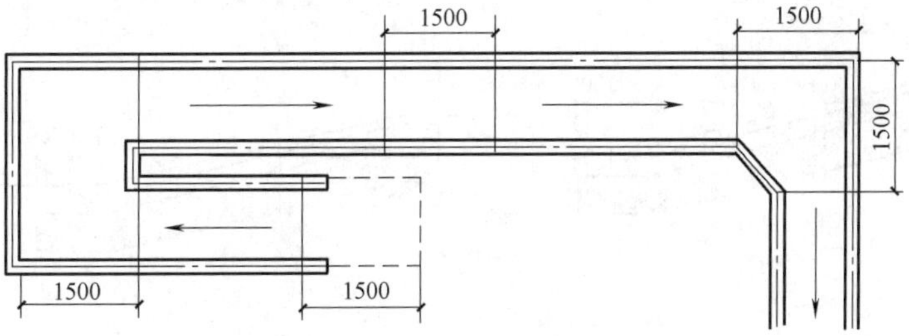

图 7-35　轮椅坡道起点、终点和休息平台水平长度

表 7-3　轮椅坡道的最大高度和水平长度

坡度	1∶20	1∶16	1∶12	1∶10	1∶8
最大高度/m	1.20	0.90	0.75	0.60	0.30
水平长度/m	24.00	14.40	9.00	6.00	2.40

注：其他坡度可用插入法进行计算。

4）轮椅坡道临空侧应设置安全阻挡措施；轮椅坡道应设置无障碍标志，无障碍标志应符合《无障碍设计规范》（GB 50763—2012）的有关规定。

5）无障碍单层扶手的高度应为850~900mm，无障碍双层扶手的上层扶手高度应为850~900mm，下层扶手高度应为650~700mm。扶手应保持连贯，靠墙面的扶手的起点和终点处应水平延伸不小于300mm的长度。扶手末端应向内拐到墙面或向下延伸不小于100mm，栏杆式扶手应向下成弧形或延伸到地面上固定。扶手内侧与墙面的距离不应小于40mm。

相关链接

《无障碍设计规范》（GB 50763—2012）中对于无障碍楼梯和台阶的无障碍设计也作了相关规定。

无障碍楼梯的有关规定：宜采用直线形楼梯；公共建筑楼梯的踏步宽度不应小于280mm，踏步高度不应大于160mm；不应采用无踢面和直角形突缘的踏步；宜在两侧均做扶手；如采用栏杆式楼梯，在栏杆下方宜设置安全阻挡措施；踏面应平整防滑或在踏面前缘设防滑条；距踏步起点和终点250~300mm宜设提示盲道；踏面和踢面的颜色宜有区分和对比；楼梯上行及下行的第一阶宜在颜色或材质上与平台有明显区别。

台阶无障碍设计的有关规定：公共建筑的室内外台阶踏步宽度不宜小于300mm，踏步高度不宜大于150mm，并不应小于100mm；踏步应防滑；三级及三级以上的台阶应在两侧设置扶手；台阶上行及下行的第一阶宜在颜色或材质上与其他阶有明显区别。

3. 坡道的构造

坡道一般采用实铺，其构造要求与台阶基本相同。垫层的强度和厚度应根据坡道长度及上部荷载的大小进行选择，严寒地区的坡道同样需要在垫层下部设置砂垫层。图7-36所示为坡道构造的示例。

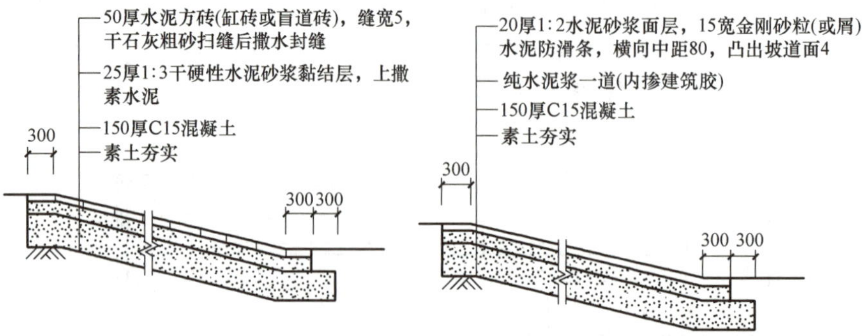

图7-36　坡道构造

项目小结

1. 楼梯、电梯、自动扶梯是建筑的垂直交通设施，虽然有些建筑中电梯和自动扶梯已经成为主要的垂直交通设施，但楼梯仍然要担负紧急情况下安全疏散的任务。

2. 楼梯段是楼梯的重要组成部分，其坡度、踏步尺寸和细部构造处理对楼梯的使用影响较大。

3. 钢筋混凝土楼梯在建筑中普遍采用，根据施工方式的不同分为现浇和预制两种，其中以现浇钢筋混凝土楼梯居多。

4. 楼梯及楼梯间的平面形式种类较多，应根据建筑的具体情况进行选择。

5. 电梯是高层建筑中的主要交通工具，由机房、电梯井道、地坑及运载设备等部分组成，细部构造包括厅门、门套装修的处理，导轨支架与井壁的固结处理等，对电梯的构造，应有初步的了解，并应尽量参观实物。

6. 建筑无障碍设计的问题应当得到足够的重视。

项目8

屋　顶

思维导图

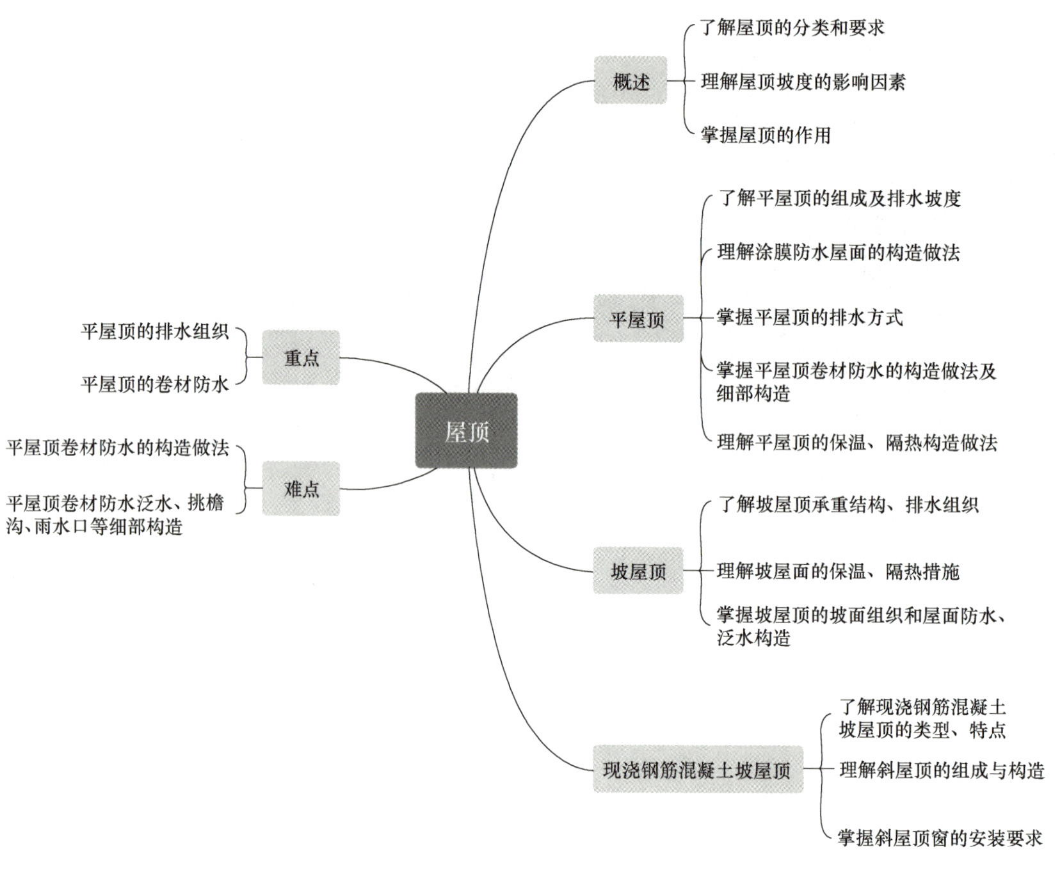

知识储备

屋顶是民用建筑的基本构造组成之一，屋顶的构造形式直接影响着它的使用功能，而且还是建筑艺术形象的重要体现。不同的屋顶类型有不同的构造方案，其结构组成、承重方式、防水排水、保温隔热措施也不相同。

8.1 概述

问题引入

回想一下，我们在生活中曾见过哪些屋顶形式？比如家里的屋顶，学校学生公寓、教学楼的屋顶，以及我们所在城市最有代表性的建筑屋顶。

8.1.1 屋顶的作用和设计要求

屋顶是房屋的重要组成部分，其主要作用有以下三方面：一是围护作用，防御自然界风、霜、雨、雪的侵袭，以及太阳辐射、温湿度的影响；二是承重作用，屋顶是房屋的水平承重构件，承受和传递屋顶上的各种荷载，对房屋起着水平支承作用；三是美观，屋顶的色彩及造型等对建筑艺术和风格有着十分重要的影响，是建筑造型的重要组成部分。

对屋顶的设计有以下几个方面的要求。

1）有良好的围护作用，具有防水、保温和隔热性能。其中防止雨水渗漏是屋顶的基本功能要求，也是屋顶设计的核心。

2）具有足够的强度、刚度和稳定性。能承受风、雨、雪、施工、上人等荷载，地震区还应考虑地震荷载对它的影响，满足抗震的要求，并力求做到自重轻、构造层次简单。

3）满足人们对建筑艺术（即美观方面）的需求。屋顶是建筑造型的重要组成部分，中国古建筑的重要特征之一就是有变化多样的屋顶外形和装修精美的屋顶细部，现代建筑也应注重屋顶形式及其细部设计。

8.1.2 屋顶的类型

（1）按外形和坡度分　有平屋顶、坡屋顶和曲面屋顶，屋顶外形和类型分别如图 8-1 和图 8-2 所示。

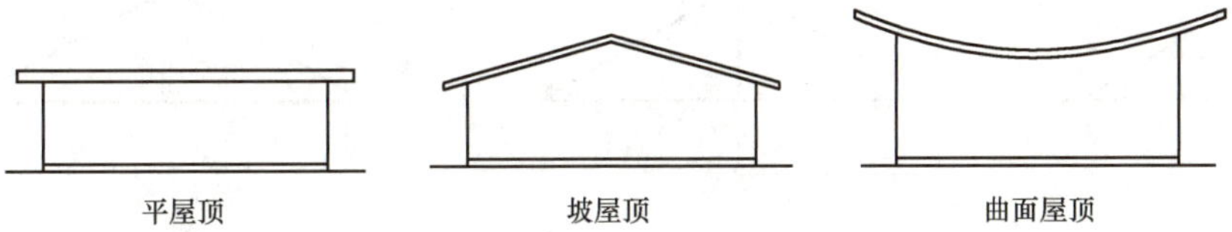

图 8-1　屋顶的外形

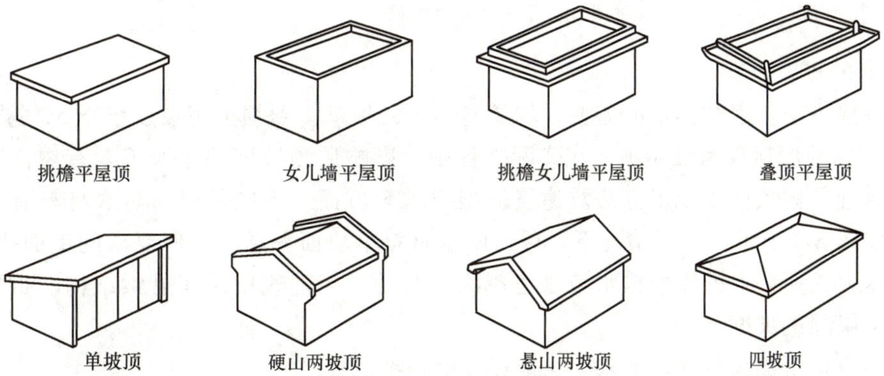

图 8-2　屋顶的类型

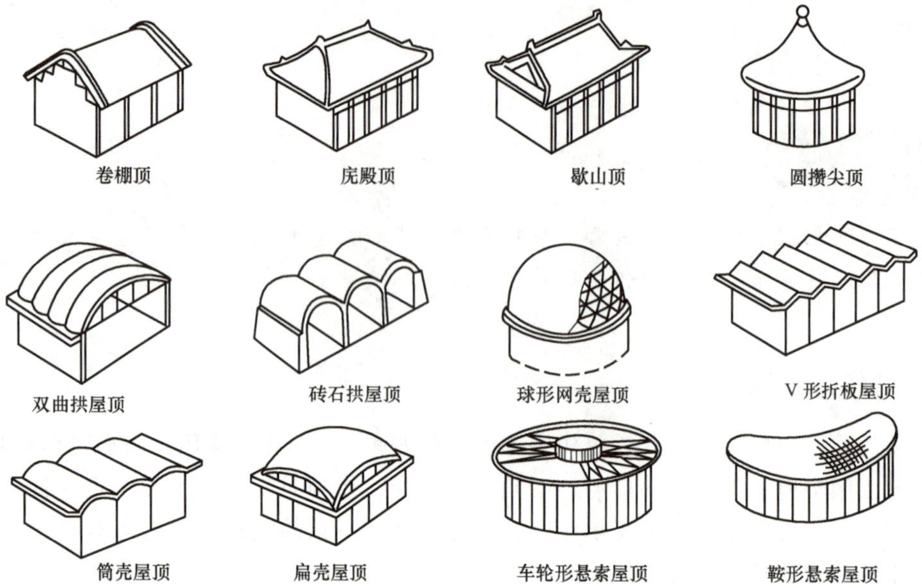

图 8-2 屋顶的类型（续）

（2）按保温隔热要求分 有保温屋顶、不保温屋顶、隔热屋顶等。

（3）按屋面防水材料分 有各种卷材铺贴形成的柔性防水屋面，涂料、粉剂涂刷的防水屋面，瓦屋面，波形瓦屋面，平金属板，压型金属板屋面，玻璃采光顶等类型。

8.1.3 屋顶的坡度

1. 屋顶坡度的表示方法

常用的屋顶坡度表示方法有角度法、斜率法和百分比法，如图 8-3 所示。斜率法以屋顶倾斜面的垂直投影高度与其水平投影长度之比来表示，如 1∶2、1∶5、1∶10 等；百分比法以屋顶倾斜面的垂直投影高度与其水平投影长度的百分比值来表示，如 2%、5%等；角度法以倾斜屋面与水平面所成的夹角表示，如 30°、50°等。坡屋顶多用斜率法，而平屋顶多用百分比法，角度法在实际中使用较少。

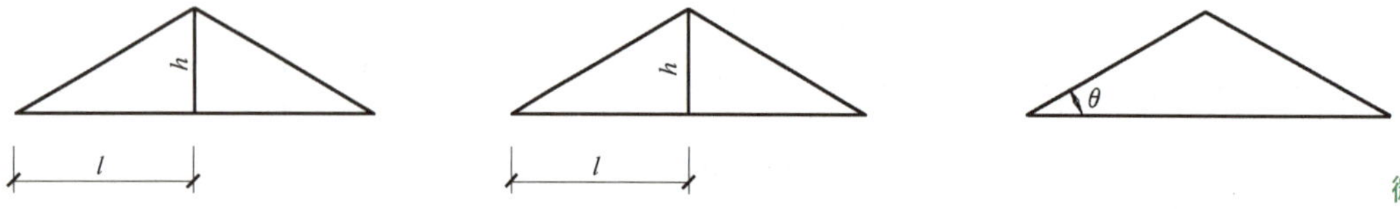

屋面坡度为 $h:l$

a) 斜率法

屋面坡度 $i=\frac{h}{l}\times 100\%$

b) 百分比法

屋面坡度θ

c) 角度法

微课：屋顶坡度

图 8-3 屋顶坡度表示方法

2. 屋顶坡度的影响因素

建筑中的屋顶由于排水和防水的需要，均要有一定的坡度。习惯上把坡度小于 5%的屋顶称为平屋顶，坡度大于 10%的屋顶称为坡屋顶。在实际工程中，影响屋顶坡度的主要因素有屋面防水材料、屋顶结构形式、地理气候条件、施工方法及建筑造型要求等方面。不同的屋面防水材料有各自的适宜排水坡度范围，如图 8-4 所示。一般情况下，屋面防水材料单块面积越小，所要求的屋面排水坡度越大；防水材料厚度越大，所要求的屋面排水坡度也越大。另外，当建筑中采用悬索结构、折板结构时，结构形式就决定了屋顶的坡度。

恰当的坡度应该既能满足防水要求，又能做到经济节约。

当屋顶坡度较小时，屋顶排水速度较慢，雨水在屋面上停留时间较长，屋面应有较好的防水性能。

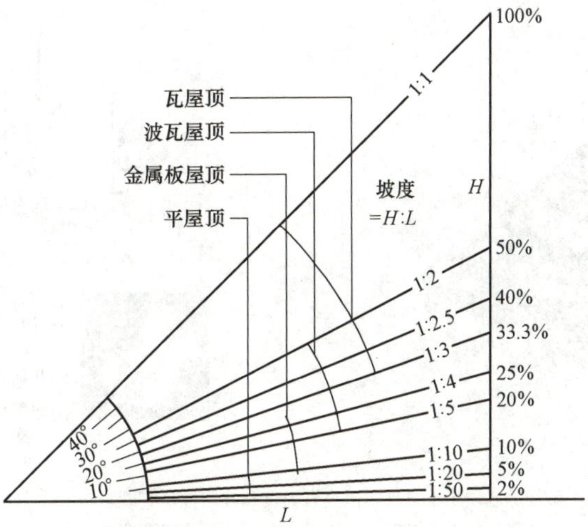

图 8-4 屋顶坡度范围

反之，当屋顶坡度较大时，屋顶排水速度较快，对屋面的防水要求就较低。我国根据建筑物的类别、重要程度、使用功能要求、防水耐用年限等，将屋面防水分为两个等级，见表 8-1。

表 8-1 屋面防水等级和设防要求

防水等级	建筑类别	设防要求
Ⅰ	重要建筑和高层建筑	两道防水设防
Ⅱ	一般建筑	一道防水设防

小知识

屋顶是建筑艺术形象的重要组成部分，同时也是建筑形态构成的一部分。如图 8-5 所示的四幅图分别是澳大利亚悉尼歌剧院、印度泰姬·玛哈尔陵、北京四合院和法国朗香教堂，体现了形式各异的建筑风格和艺术形象。

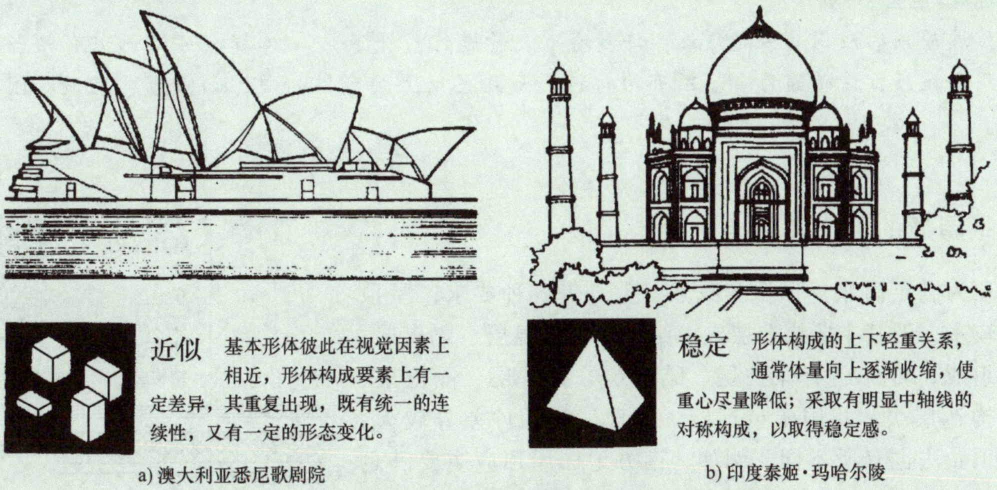

a) 澳大利亚悉尼歌剧院　　b) 印度泰姬·玛哈尔陵

图 8-5 形式各异的建筑风格和艺术形象

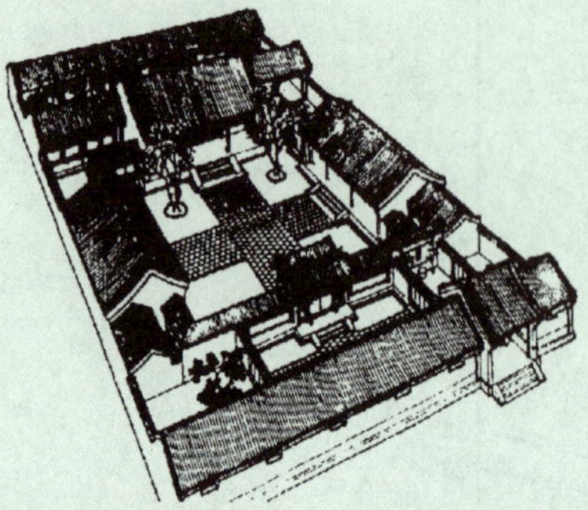

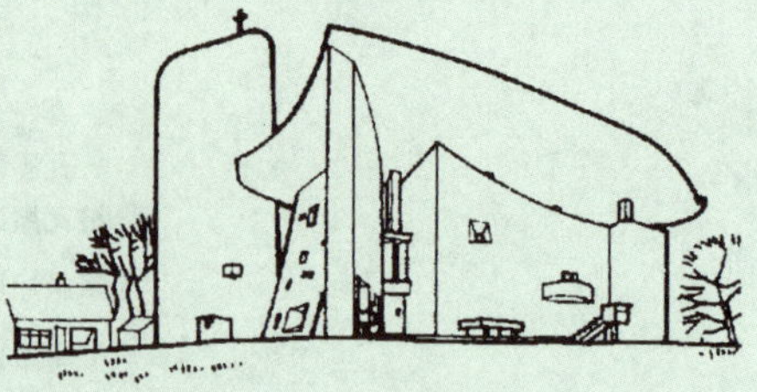

扭曲　基本形体在整体或局部上进行扭转或弯曲，使平直刚硬的几何形体具有柔和、流动感，包括顶面和侧面的扭曲。

d) 法国朗香教堂

轴线式　轴线的本质虽不可见，但具有长度和方向性，它既暗示对称，又要求均衡。在多元形体构成中具有组织形体、引导视线的强烈作用，是支配、控制全局的重要手段。构成中可根据不同情况采用单轴线、平行轴线、垂直轴线、倾斜轴线等。

c) 北京四合院

图 8-5　形式各异的建筑风格和艺术形象（续）

相关链接

在建筑形态构成和屋顶造型设计中，有许多优秀的建筑产品，如美国古根海姆美术馆、印度巴赫伊礼拜堂、日本球泉洞森林馆等。同学们可以查阅相关的资料去了解，同时在学习中多留意我们经常接触的建筑物屋顶造型，特别是风景名胜区的建筑。

8.2　平屋顶

问题引入

虽然坡屋顶的应用越来越广泛，许多城市大量进行"平改坡"工程，可目前仍有相当比例的房屋采用平屋顶，这是因为平屋顶节约材料，而且屋顶上面可供利用，如露台、屋顶花园、屋顶蓄水等。

8.2.1　平屋顶的组成和特点

平屋顶为满足防水、保温和隔热、上人等各种要求，屋顶构造层次较多，但其主要构造层次由结构层、保温层、隔离层、防水层等组成，另外还有保护层、结合层、找平层、隔汽层、顶装修等构造层次。我国幅员辽阔，地理气候条件差异较大，各地区屋顶做法也有所不同。例如，南方地区屋顶应主要满足隔热和通风要求，而北方地区应主要考虑屋顶的保温措施；另外，上人屋顶还应设置有较高强度和整体性的屋面面层。图 8-6 所示为普通卷材防水屋面构造组成示意图。我国各地区均有屋

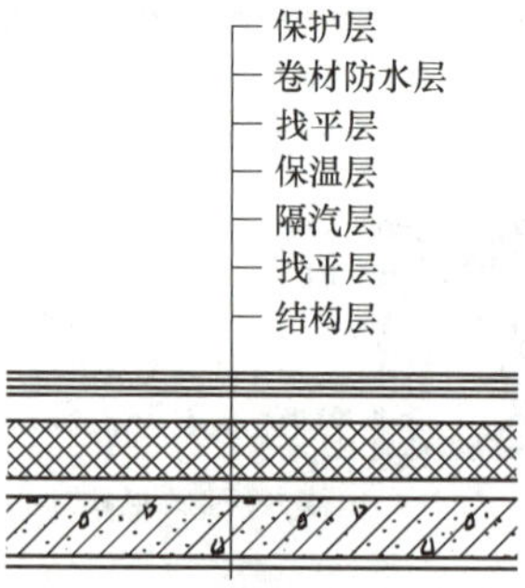

图 8-6　普通卷材防水屋面构造组成示意图

微课：平屋顶的组成与特点

面做法标准图或通用图，在实际工程中可以选用。

平屋顶具有以下特点。

1）屋顶构造厚度较小，结构布置简单，室内顶棚平整，能够适应各种复杂的建筑平面形状，且屋面防水、排水、保温、隔热等处理方便，构造简单。

2）屋面平整，便于屋顶上人及屋面利用。

3）由于屋顶坡度小、排水慢、屋面积水可能性大，因此易产生渗漏现象且维修困难。

8.2.2 排水组织

微课：平屋顶的排水组织

平屋顶的排水组织主要有屋顶的排水坡度和排水方式两个方面。

1. 排水坡度

平屋顶的排水坡度主要取决于排水要求、防水材料、屋顶使用要求和屋面坡度形成方式等因素。从排水要求方面，要使屋面排水畅通，屋面就需要有适宜的排水坡度，坡度越大，排水速度越快；从防水材料方面，平屋顶屋面目前主要采用卷材防水和涂膜防水，防水性能良好，其最低坡度要求是1%；从屋顶使用要求方面，若为上人屋面，或有一定的使用要求，一般希望坡度小于等于2%；从屋面坡度形成方式方面，平屋面的坡度主要由结构找坡和材料找坡形成，如图8-7所示。

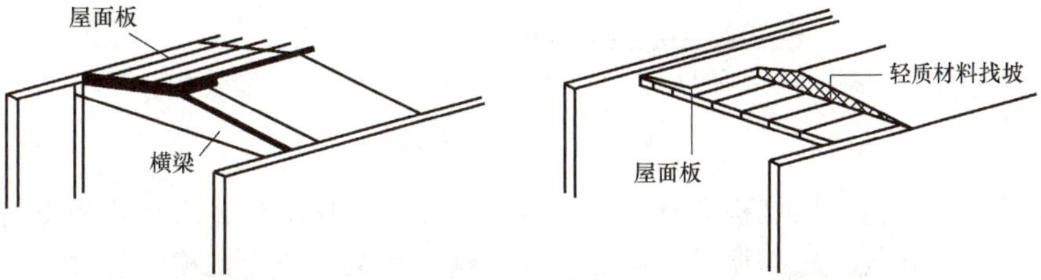

a) 结构找坡　　b) 材料找坡

图8-7　屋面坡度的形成

1）结构找坡是要求支承屋面板的墙或梁等结构构件保持有一定的坡度，屋面板铺设之后就形成了相应的坡度（图8-7a）。结构找坡不需另加找坡材料，省工省料，没有附加荷载，施工方便、造价低，但室内顶棚稍有倾斜，一般在对室内空间要求不高的建筑中采用。平屋顶结构找坡的坡度宜为3%。

2）材料找坡是在水平的屋面板上面利用材料层的厚度差别形成一定的坡度（图8-7b）。找坡材料宜用炉渣、蛭石、膨胀珍珠岩等轻质材料或这些轻质材料加适量水泥形成的轻质混凝土。在实际工程中，一般不另设找坡层，而是利用轻质保温层进行找坡。材料找坡的室内顶棚平整，施工简单方便，但会增加材料用量，增加屋面自重，一般仅在小面积屋面中使用。找坡层的厚度最薄处不小于20mm，平屋顶材料找坡的坡度宜为2%。

综上所述，平屋顶采用卷材或混凝土防水时，若为不上人屋面，一般做2%～5%的坡度（常用2%～3%）；若为上人屋面，则做2%的坡度。

2. 排水方式

屋面排水方式分为无组织排水和有组织排水两大类，如图8-8所示。

（1）无组织排水　无组织排水又称自由落水。其排水组织形式是屋面雨水顺屋面坡度排至挑檐板处自由滴落。这种做法构造简单、经济，但雨水下落时对墙面和地面均有一定影响，常用于建筑标准较低的低层建筑或雨水较少的地区。

（2）有组织排水　屋面雨水顺坡汇集于檐沟或天沟，并在檐沟或天沟内设置0.5%～1%的纵坡，使雨水集中至雨水口，经雨水管排至地面或地下排水管网时称为有组织排水。有组织排水有利于保护墙面和地面，消除了屋面雨水对环境的影响。根据雨水管的位置，有组织排水分为内排水和外排水。

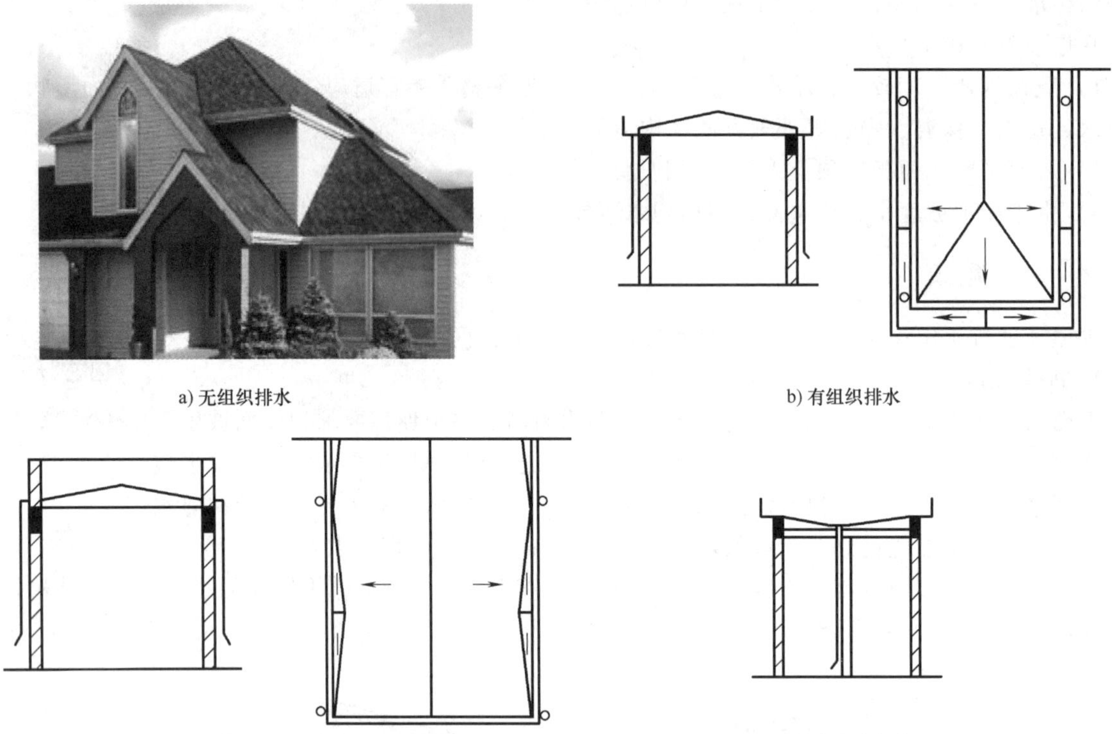

a) 无组织排水　b) 有组织排水

c) 有组织女儿墙外排水　d) 有组织内排水

图 8-8　屋面排水方式

内排水的雨水管设置于室内，因其构造复杂，易造成渗漏，故只用在多跨建筑的中间跨、临街建筑、高层建筑和寒冷地区的建筑。根据檐口的做法，有组织排水又可分为挑檐沟外排水、女儿墙外排水、女儿墙挑檐沟外排水、房间中部内排水 、外墙内侧内排水 、内落外排水等，如图 8-9 所示。

有组织排水中，雨水管的数量应依据地区每小时最大降雨量时一根雨水管所能承担的屋面雨水排除面积进行设置。一般情况下，当雨水管口径为 100mm 左右时，每根雨水管所承担的屋面排水面积宜为 150~200m^2。

8.2.3　防水构造

平屋顶防水常见的有卷材防水和涂膜防水。

1. 卷材防水屋面

卷材防水屋面是将柔性的防水卷材相互搭接用胶结料粘贴在屋面基层上组成防水层的屋面。过去一直使用沥青及油毡作为屋面防水层。油毡比较经济，也有一定的防水能力，但须热施工，污染环境，且高温易流淌，韧性差，易脆化，老化周期为 6~8 年。随着部分新型屋面防水卷材的出现，沥青油毡被逐步替代。这些新型卷材主要有三类：一是高聚物改性沥青卷材，如 APP 改性沥青卷材、SBS 改性沥青卷材、PVC 改性焦油沥青防水卷材、再生胶改性沥青防水卷材等；二是合成高分子防水卷材，如三元乙丙橡胶类、聚氯乙烯（PVC）类、氯化聚乙烯类等；三是沥青玻璃布油毡、沥青玻璃纤维油毡等。这些材料的共同优点是弹性好、抗腐蚀、耐低温、寿命长且为冷施工，具有很好的发展前景。

目前比较常用的屋面防水卷材有 SBS 改性沥青卷材、聚氯乙烯、氯丁橡胶、APP 改性沥青卷材、三元乙丙橡胶等。这些新型屋面防水材料的施工方法和要求虽然各有差异，但在构造处理上基本相同。以下主要讲述卷材防水屋面的构造。

（1）卷材防水屋面的基本构造　卷材防水屋面的基本构造层次有结构层、找平层、结合层、防水层、保护层等。

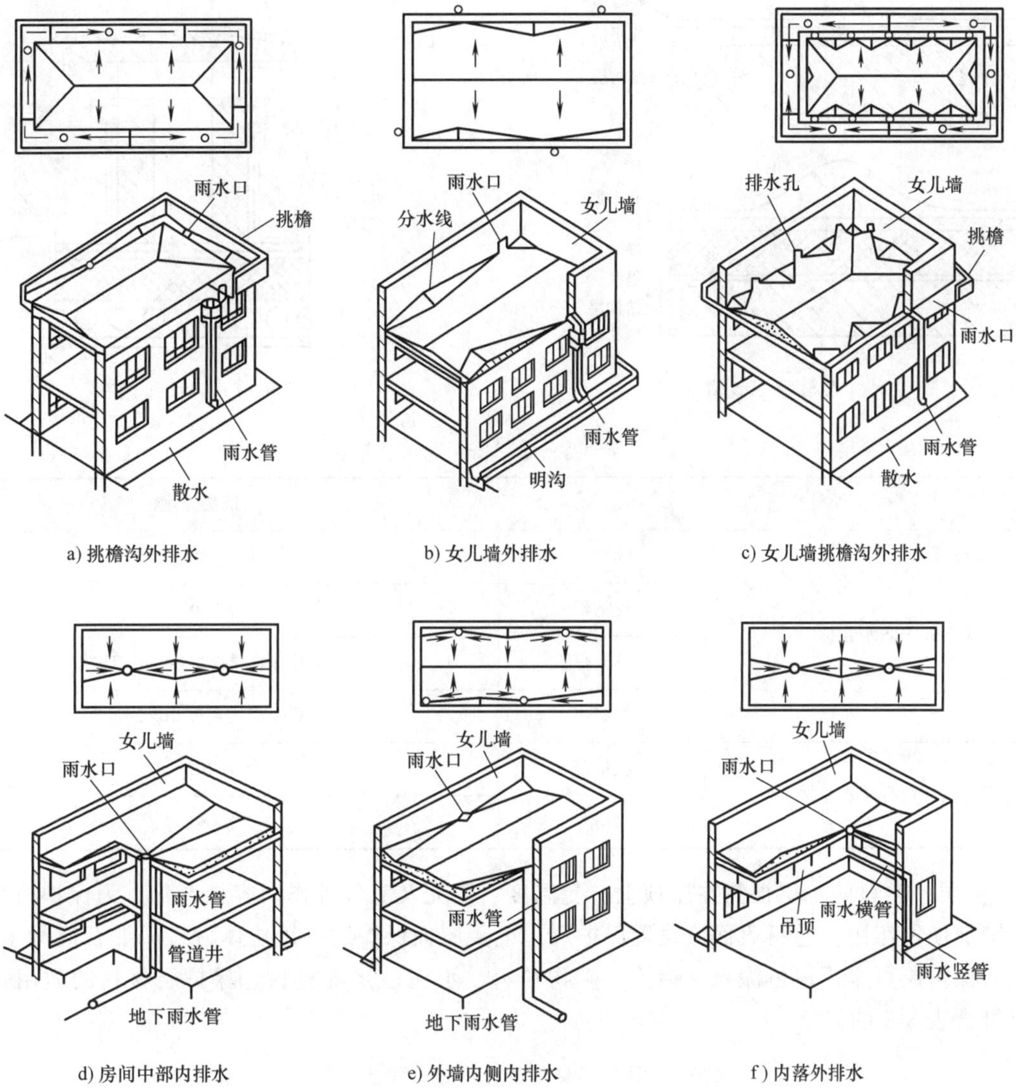

图 8-9　有组织排水方案

1）结构层。结构层即预制或现浇的钢筋混凝土楼板（屋面板）。

2）找平层。卷材防水层应铺设在平整且具有一定整体性的基层上，一般应在结构层上或保温层上做 15~25mm 厚 1∶25 水泥砂浆找平层。

3）结合层。卷材与找平层水泥砂浆间的结合层为与相应卷材配套的基层处理剂，SBS 卷材一般用冷底子油。冷底子油即为稀释沥青溶液，能和沥青黏合，又能较好地渗入水泥砂浆，这样能使第一层卷材较好地粘贴固定于找平层上。

在有保温层的卷材防水屋面中，卷材防水层经常由于滞留于屋面材料中或自室内渗入的水汽受热膨胀而起鼓泡和产生皱褶，如图 8-10 所示，这样会影响防水层的防水性能。为避免上述情况发生，可以采取以下两个措施：一是将第一层沥青采用点状或条状粘贴，使水蒸气有一定的扩散场所；二是在屋面的合适位置设排汽孔，如图 8-11 所示。

4）防水层。卷材宜平行于屋脊铺贴；应先进行细部构造处理，然后由屋面最低标高向上铺贴。上下层卷材不得相互垂直铺贴；平行屋脊的卷材搭接缝应顺流水方向，卷材搭接宽度应符合表 8-2 的规定。相邻两幅卷材短边搭接缝应错开，且不得小于 500mm；上下两层卷材长边搭接应错开，且不得小于幅宽的 1/3。屋面坡度大于 25% 时，卷材应采取满粘和钉压固定措施。

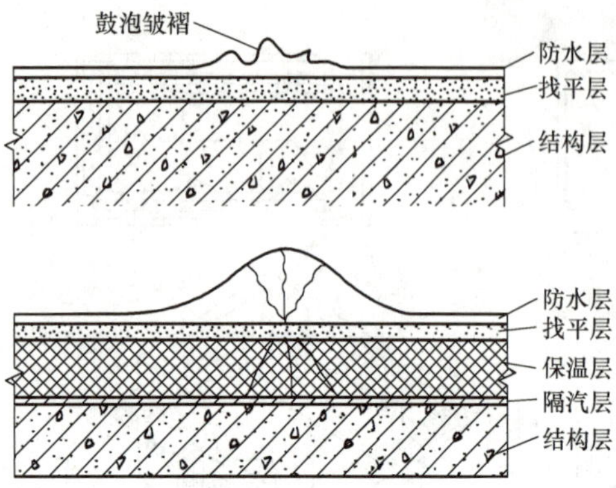

图 8-10 卷材鼓泡皱褶

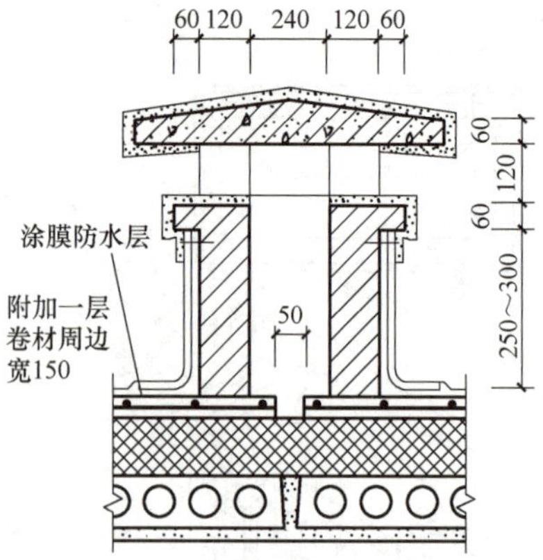

图 8-11 屋面排汽孔

表 8-2 卷材搭接宽度 （单位：mm）

卷材类别		搭接宽度
合成高分子防水卷材	胶粘剂	80
	胶粘带	50
	单缝焊	60,有效焊接宽度不小于 25
	双缝焊	80,有效焊接宽度 10×2+空腔宽
高聚物改性沥青防水卷材	胶粘剂	100
	自粘	80

5）保护层。卷材防水层裸露在屋顶上，受温度、阳光及氧气等作用容易老化。为保护防水层、延缓老化、增加使用年限，卷材表面应设置保护层。上人屋面保护层可用块体材料、细石混凝土等材料，不上人屋面保护层可采用浅色涂料、铝箔、矿物粒料、水泥砂浆等材料。保护层材料的适用范围和技术要求应符合表 8-3 的规定。

表 8-3 保护层材料的适用范围和技术要求

保护层材料	适用范围	技术要求
浅色涂料	不上人屋面	丙烯酸系反射涂料
铝箔	不上人屋面	0.05mm 后铝箔反射膜
矿物粒料	不上人屋面	不透明的矿物粒料
水泥砂浆	不上人屋面	20mm 厚 1：2.5 或 M15 水泥砂浆
块体材料	上人屋面	地砖或 30mm 厚 C20 细石混凝土预制块
细石混凝土	上人屋面	40mm 厚 C20 细石混凝土或 50mm 厚 C20 细石混凝土内配ϕ4@100 双向钢筋网片

卷材防水屋面的构造如图 8-12 所示。

采用块体材料做保护层时，宜设分格缝，其纵横间距不宜大于 10m，分格缝宽度宜为 20mm，并应用密封材料嵌缝；当采用水泥砂浆做保护层时，表面应抹光压平，并应设分格缝，分格面积宜为 1m^2；采用细石混凝土做保护层时，表面应抹光压平，并应设分格缝，其纵横间距不应大于 6m，分格缝宽宜为 10~20mm，并应用密封材料嵌缝；块体材料、水泥砂浆、细石混凝土保护层与卷材、涂膜防水层之间应设隔离层。隔离层材料的适用范围和技术要求宜符合表 8-4 的规定。

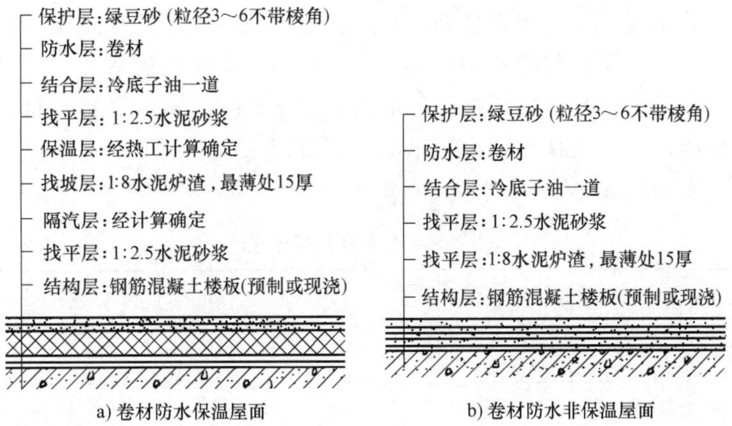

图 8-12　卷材防水屋面构造

表 8-4　隔离层材料的适用范围和技术要求

隔离层材料	适用范围	技术要求
塑料膜	块体材料、水泥砂浆保护层	0.4mm 厚聚乙烯膜或 3mm 厚发泡聚乙烯膜
土工布	块体材料、水泥砂浆保护层	$200g/m^2$ 聚酯无纺布
卷材	块体材料、水泥砂浆保护层	石油沥青卷材一层
低强度等级砂浆	细石混凝土保护层	10mm 厚黏土砂浆，石灰膏：砂：黏土 = 1：2.4：3.6
		10mm 厚石灰砂浆，石灰膏：砂 = 1：4
		5mm 厚掺有纤维的石灰砂浆

（2）卷材防水屋面的檐口及泛水构造　卷材防水屋面的檐口一般有自由落水、挑檐沟、女儿墙带檐沟、女儿墙外排水、女儿墙内排水等形式。其构造处理关键是卷材在檐口处的收头处理和雨水口处的构造处理。具体情况分别如图 8-13～图 8-16 所示。

卷材防水屋面檐口 800mm 范围内的卷材应满粘，卷材收头应采用金属压条钉压，并应用密封材料封严。檐口下端应做鹰嘴和滴水槽。滴水槽的宽度和深度不宜小于 10mm。

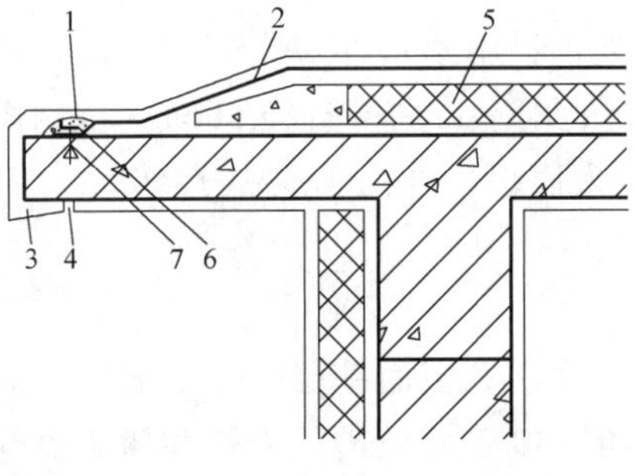

图 8-13　卷材防水屋面檐口防水构造

1—密封材料　2—卷材防水层　3—鹰嘴　4—滴水槽

5—保温层　6—金属压条　7—水泥钉

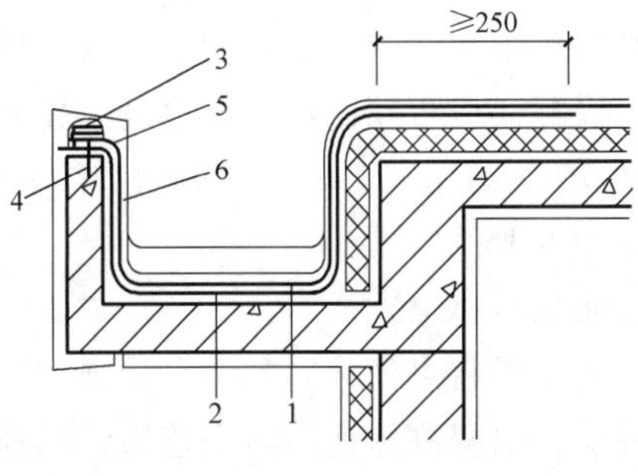

图 8-14　卷材挑檐沟防水构造

1—防水层　2—附加层　3—密封材料　4—水泥钉

5—金属压条　6—保护层

挑檐沟的卷材防水层下应增设附加层，附加层伸入屋面的宽度不应小于 250mm；檐沟防水层和附加层应由沟底翻上至外侧顶部，卷材收头应用金属压条钉压，并应用密封材料封严；檐沟外侧下端应做鹰嘴或滴水槽；檐沟外侧高于屋面结构板时，应设置溢水口。

泛水主要是指屋面防水层与垂直墙交接处的防水构造处理。卷材防水屋面山墙处泛水需注意以下三方面：一是屋面与墙面相交处应用水泥砂浆找平层做成弧形，且应整齐平顺，防止卷材直角折曲，找平层圆弧半径应符合表 8-5 的规定；二是卷材在垂直墙面上的铺设方法也为水泥砂浆抹光加冷底子油；三是泛水应有足够的高度，一般不小于 250mm，并应作好油毡的收头处理。

微课：平屋顶的泛水构造

表 8-5　找平层圆弧半径　（单位：mm）

卷材种类	圆弧半径
高聚物沥青防水卷材	50
合成高分子防水卷材	20

女儿墙压顶可采用混凝土或金属制品。压顶向内排水坡度不应小于 5%，压顶内侧下端应作滴水处理；女儿墙泛水处的防水层下应增设附加层，附加层在平面和立面的宽度均不应小于 250mm；低女儿墙泛水处的防水层可直接铺贴或涂刷至压顶下，卷材收头应用金属压条钉压固定，并应用密封材料封严，如图 8-15a 所示；高女儿墙泛水处的防水层泛水高度不应小于 250mm，防水层收头同低女儿墙；泛水上部的墙体应作防水处理，如图 8-15b 所示。

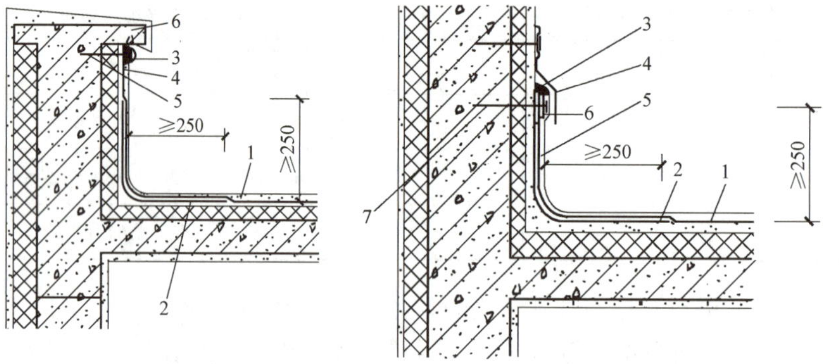

a) 低女儿墙
1—防水层　2—附加层　3—密封材料
4—金属压条　5—水泥钉　6—压顶

b) 高女儿墙
1—防水层　2—附加层　3—密封材料　4—金属盖板
5—保护层　6—金属压条　7—水泥钉

图 8-15　女儿墙泛水构造

雨水口可采用塑料或金属制品，其金属配件均应作防腐处理；雨水口杯应牢固地固定在承重结构上，其埋设标高应根据附加层的厚度及排水坡度加大尺寸确定；雨水口周围直径 500mm 范围内的坡度不应小于 5%，防水层下增设涂膜附加层；防水层和附加层伸入雨水口杯内不应小于 50mm，并应粘结牢固，如图 8-16 所示。

2. 涂膜防水屋面

涂膜防水是将可塑性和黏结力较强的高分子防水涂料直接涂刷在屋面基层上，形成一层满铺的不透水薄膜层，以提高屋面的防水能力，其材料主要有乳化沥青、氯丁橡胶类、丙烯酸树脂类等。按涂膜防水原理通常分为两大类，一类是用水或溶剂溶解后在基层上涂刷，通过水或溶剂蒸发而干燥硬化；另一类是通过材料的化学反应而硬化。

涂膜防水工程主要由底漆、防水涂料、胎体增强材料、隔热材料、保护材料组成。

涂膜防水屋面的构造及泛水处理如图 8-17 所示。

涂膜防水屋面檐口的涂膜收头应用涂料多遍涂刷；檐口下端应做鹰嘴和滴水槽。

涂膜的基层应为混凝土或水泥砂浆，要求平整干燥，含水率在 8%以下方可施工。涂膜防水夹铺胎

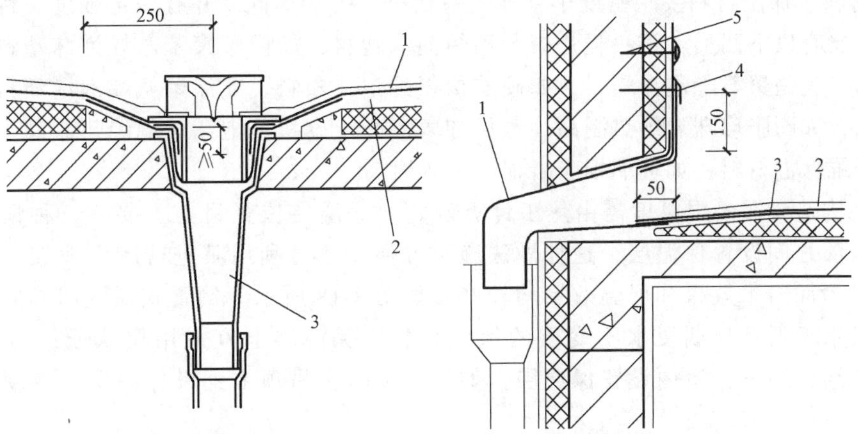

图 8-16 雨水口的防水构造

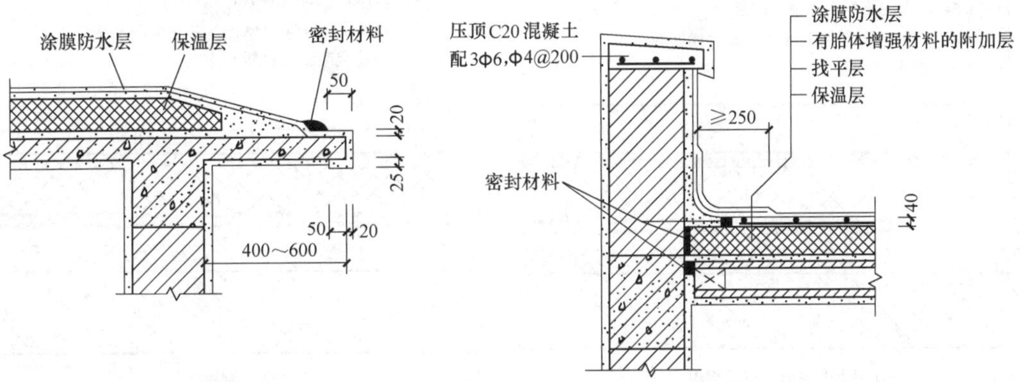

图 8-17 涂膜防水屋面的构造及泛水处理

体增强材料时，宜边涂布边铺胎体；胎体应铺贴平整，排除气泡，并应与涂料粘结牢固。在胎体上涂布涂料时，应使涂料浸透胎体，并覆盖完全，不得有胎体外露现象；最上面的涂膜厚度不应小于1.0mm。涂膜施工应先做好细部处理，再进行大面积涂布。屋面转角及立面的涂膜应薄涂多遍，不得流淌和堆积。

涂膜材料由于防水性好、黏结力强、延伸性大和耐腐蚀、耐老化、无毒、冷作业、施工方便等优点，具有很好的发展前景。

8.2.4 保温与隔热

屋顶属于房屋的外围护结构，必须具有良好的建筑热工性能，不但要有遮风避雨的功能，还应有保温与隔热的功能。我国各地区气候差异很大，北方地区需考虑保温措施，南方地区则需考虑隔热措施。

1. 屋顶的保温

我国大部分地区的建筑屋顶在结构层、防水层等的基础上，均需提高其保温性能。平屋顶的保温措施主要有以下三方面：一是在屋顶构造层次中设置实体保温层；二是屋顶结构层选用有较好保温性能的材料；三是在屋顶中设置通风层。目前，我国绝大多数需要提高保温性能的建筑均采用在屋顶构造中增设实体保温层的做法，其优点是构造简单、施工方便，经济效果也较好。下面主要介绍其构造方法。

（1）保温材料　保温材料要求密度小、导热系数小、吸水率低，并有一定强度。目前屋面工程常用的保温材料主要有以下四类：第一类是聚苯乙烯泡沫塑料，如模塑聚苯乙烯泡沫塑料、挤塑聚苯乙烯泡沫塑料；第二类是聚氨酯泡沫塑料，如硬质聚氨酯泡沫塑料、喷涂聚氨酯泡沫塑料；第三类是无机硬质绝热制品，如膨胀珍珠岩绝热制品、蒸压加气混凝土砌块、泡沫玻璃绝热制品、泡沫混凝土砌块；第四类是纤维保温材料，如玻璃棉、岩棉、矿渣棉。

（2）保温层构造　保温层厚度需由热工计算确定。保温层位置目前主要有三种情况。第一类是在防水层和结构层之间设置保温层，这种做法施工方便，还可利用其进行屋面找坡。第二类是倒置式保温屋面，其屋面防水效果和保温效果均较好，如图 8-18 所示。倒置式保温屋面的坡度宜为 3%，保温层应采用吸水率低且长期浸水不变质的保温材料，保温层上宜采用块状或细石混凝土做保护层。第三类是在结构层下，室内设置保温层；如做吊顶时在吊顶上铺设保温层，在顶棚上贴保温板材等。

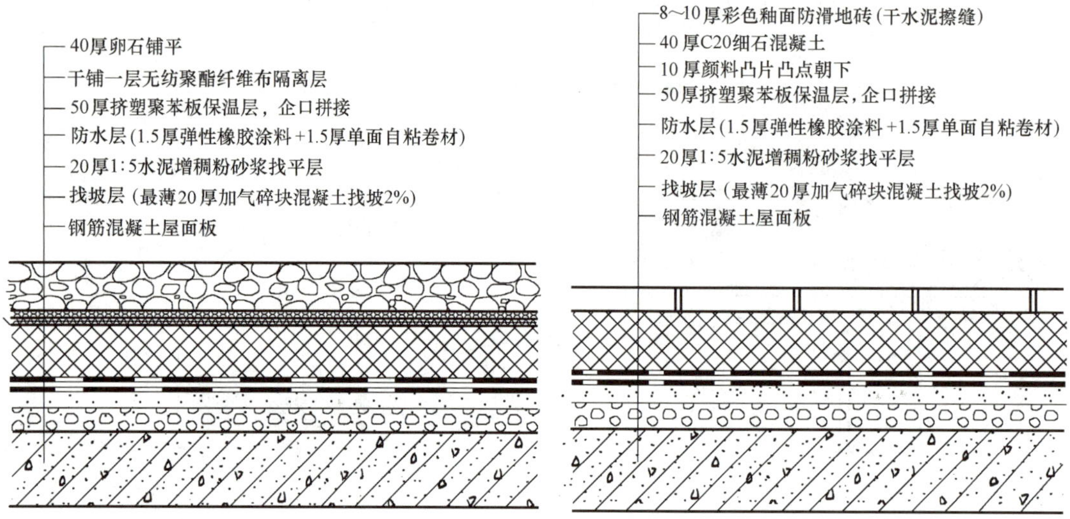

a) 不上人屋面倒置式保温　　b) 上人屋面倒置式保温

图 8-18　倒置式保温屋面做法

（3）隔汽层　当在防水层下设置保温层时，为了防止室内湿气进入屋面保温层，进而受热膨胀影响防水层，需在保温层下设置隔汽层，如图 8-6 所示。隔汽层应选用气密性、水密性好的材料。目前常用卷材和涂料做隔汽层，在屋面与墙的连接处，隔汽层应沿墙面向上连续铺设，高出保温层上表面不得小于 150mm，隔汽层采用卷材时宜空铺，卷材搭接时宜满粘，其搭接宽度不应小于 80mm；隔汽层采用涂料时，应涂刷均匀。穿过隔汽层的管道周围应封严，转角应无折损。在设置隔汽层的同时，为了排除进入保温层的水蒸气，可以在保温层上部或中部设置排汽道，在屋面上做排汽孔，如图 8-19 所示。

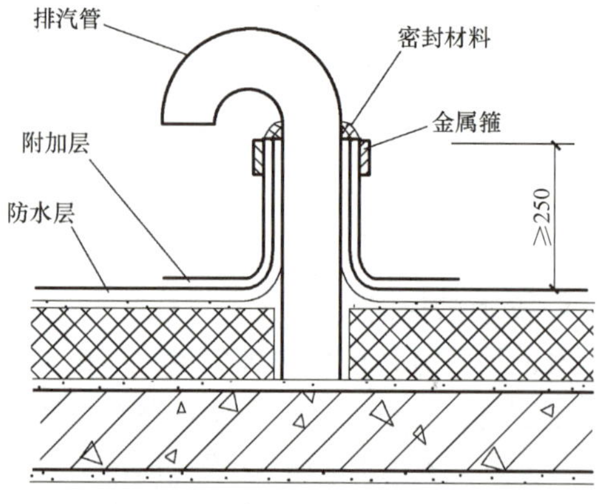

图 8-19　屋面排汽孔

2. 屋顶的隔热

我国南方地区的夏天由于太阳辐射强烈，屋顶温度较高，因此需在屋顶设置隔热构造。其常用的方法有：

1）铺设实体材料进行隔热处理。如铺设混凝土板或砾石屋面，如图 8-20 所示；蓄水屋顶、屋顶堆土植草等，如图 8-21 所示。蓄水隔热层的蓄水池应采用强度等级不低于 C25、抗渗等级不低于 P6 的现浇混凝土，蓄水层内宜采用 20mm 厚防水砂浆抹面；蓄水池的排水坡度不宜大于 0.5%；蓄水池的蓄水深度为 150～200mm，如图 8-22 所示。

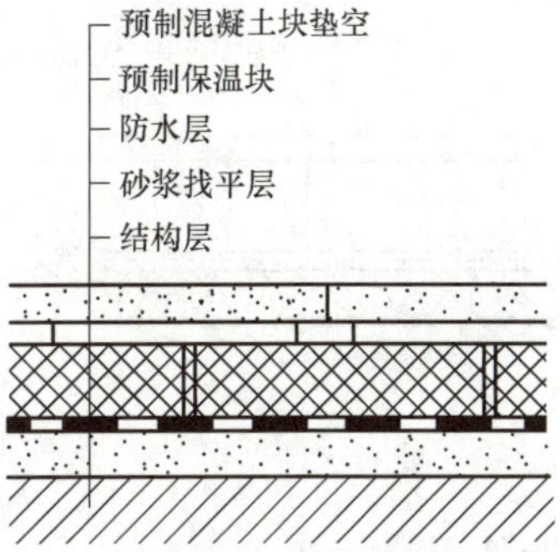

图 8-20　铺设实体材料保温屋面

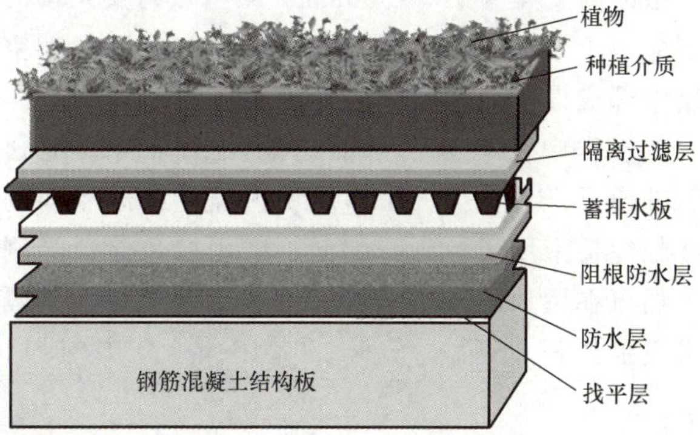

图 8-21　种植屋面

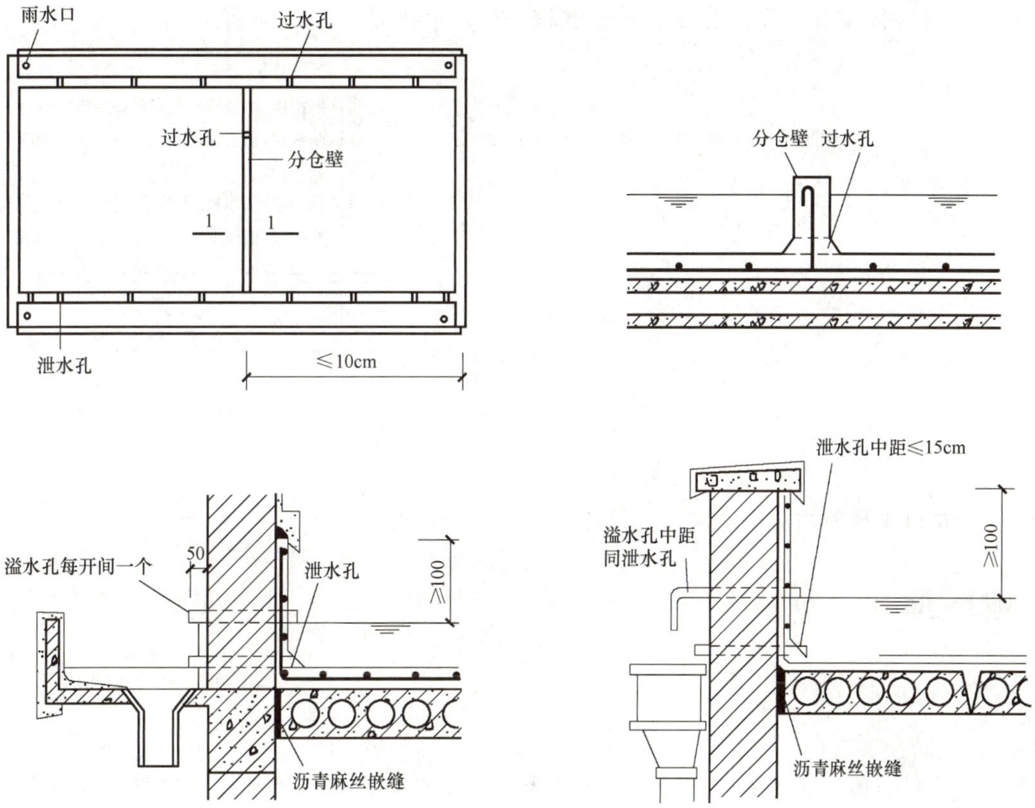

图 8-22　蓄水屋面

2）在屋顶上设架空隔热板或构造层中设空气间层，形成通风层屋顶，如图 8-23 所示，也可以在结构层下结合室内装修设吊顶形成通风层。当采用混凝土板架空隔热时，屋面坡度不宜大于 5%，架空

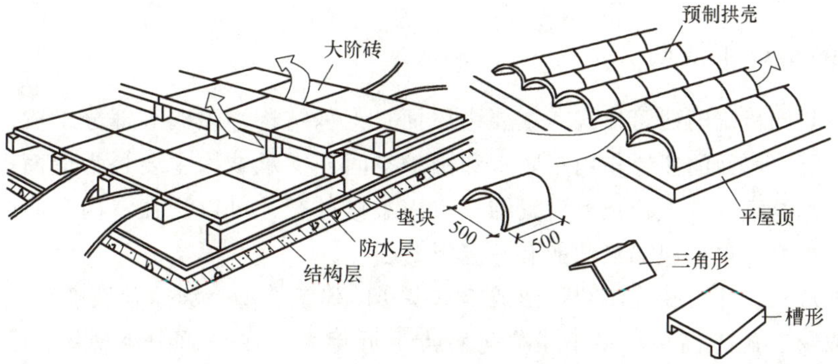

图 8-23　通风层屋顶示意图

隔热层的高度宜为 180~300mm，架空板与女儿墙的距离不应小于 250mm；当屋面宽度大于 10m 时，架空隔热层中部应设置通风屋脊，如图 8-24 所示。

在工程中还有采用屋面涂刷反光涂料或配套涂料、铺设反光卷材等方法形成反射隔热降温屋面的做法。如屋顶采用浅色砾石铺面，或用白色涂料涂刷屋面，还可在屋顶的基层上加铺一层铝箔纸板，其隔热效果更加显著。

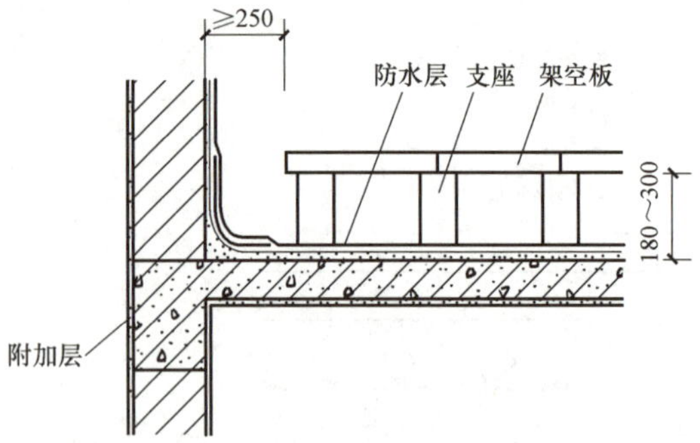

图 8-24 架空屋面

案例题

在平屋顶卷材防水屋面设计中，有保温屋面，也有不保温屋面；有不上人屋面，也有上人屋面。通过学习平屋顶的构造，试设计不保温不上人卷材防水屋面的构造层次，并注明材料。

分析：

平屋顶的基本构造层次为结构层、保温层、找平层、防水层等。在南方的一些建筑中，不需要设置屋面保温层，特别是在一些生产中有大量热量散发的车间。这样，基本构造层即为结构层和防水层；如果使用中无水蒸气产生，一般可以不设隔汽层。该屋面的构造层次依次为：结构层、找平层、结合层、防水层、保护层，如图 8-25 所示。

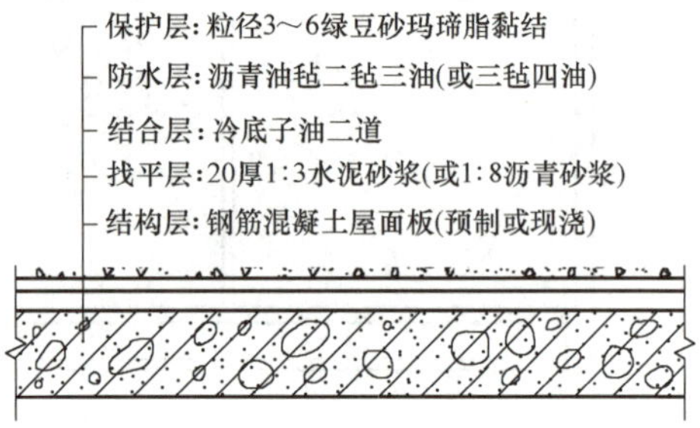

图 8-25 屋面构造做法

想一想

保温上人卷材屋顶的构造层次应如何设计？

8.3 坡屋顶

问题引入

我们平时到公园休闲散步时是否留意过公园的凉亭楼阁？这些风景园林建筑的屋顶是什么形式的？故宫的建筑，体现了中国建筑艺术风格和劳动人民的智慧；北京的四合院，现在在一些地方的农村，仍有大量砖木结构的坡屋顶建筑。这些建筑屋顶的承重结构、排水、屋面构造和保温隔热是如何设置的？

8.3.1 坡屋顶的组成和特点

坡屋顶建筑是我国传统的建筑形式，主要由屋面、支承结构、顶棚等部分组成，必要时还可以增加保温层、隔热层等。屋面的主要作用是防水和围护空间；支承结构主要是为屋面提供基层，承受屋面荷载等并将其传到垂直构件上；顶棚设置结合室内装修进行，可以增强室内空间的艺术效果，同时有了屋顶夹层后对提高屋顶保温隔热性能有一定帮助。

坡屋顶有多种形式，并可相互组合，形成丰富多彩的建筑造型。坡屋顶坡度较大、雨水容易排除、屋面材料可就地取材、施工简单、易于维修等特点，近年来，在普通中小型民用和工业建筑中使用较多。

8.3.2 承重结构

坡屋顶的承重结构主要由椽子、檩条、屋面梁或屋架等组成，承重方式主要有以下两类。

1. 山墙承重

山墙承重即在山墙上搁置檩条，檩条上设置椽子后再铺屋面，也可在山墙上直接搁置挂瓦板、预制空心板等形成屋面承重体系，如图8-26所示。布置檩条时，山墙端部檩条可出挑形成悬山屋顶。常用檩条有木檩条、钢筋混凝土檩条、钢檩条等，如图8-27所示。由于檩条及挂瓦板等跨度一般在4m左右，故山墙承重结构体系适用于小空间建筑，如宿舍、住宅等。

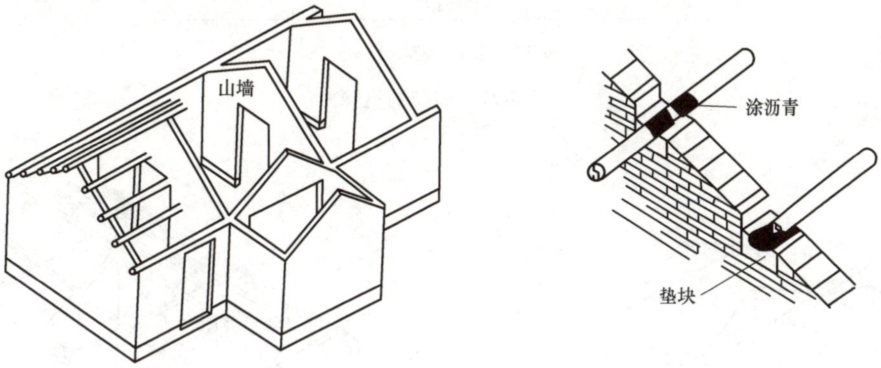

图8-26 山墙屋面承重体系

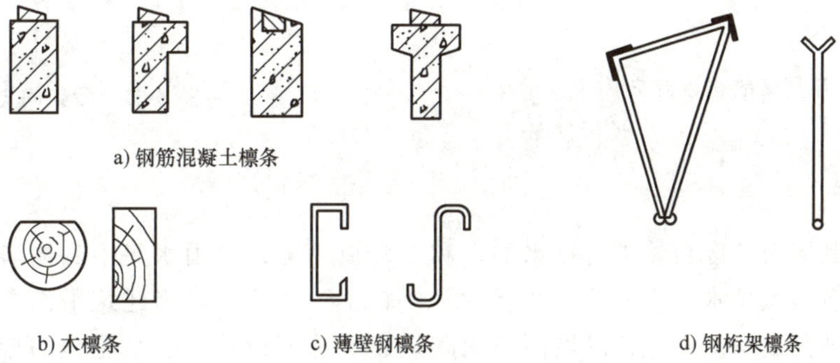

图8-27 檩条的断面形式

山墙承重结构简单，构造和施工方便，在小空间建筑中是一种合理和经济的承重方案。

2. 屋架承重

屋架承重即在柱或墙上设置屋架，再在屋架上放置檩条及椽子而形成的屋顶结构形式，如图8-28所示。由于屋顶坡度较大，故一般采用三角形屋架。屋架有木屋架、钢屋架、钢筋混凝土屋架等类型，如图8-29所示。屋架应根据屋面坡度进行布置，在四坡顶屋面及屋面相互交接处需增加斜梁或半屋架等构件，如图8-30所示。为保证屋架承重结构坡屋顶的空间刚度和整体稳定性，屋架间需设支承，如图8-31所示。屋架承重结构适用于有较大空间的建筑。

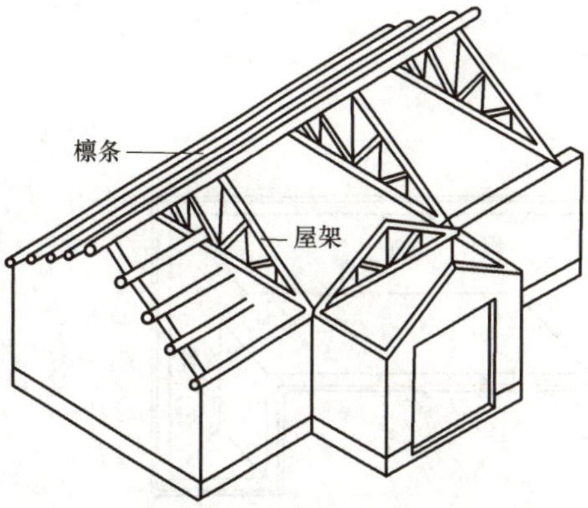

图8-28 屋架承重体系

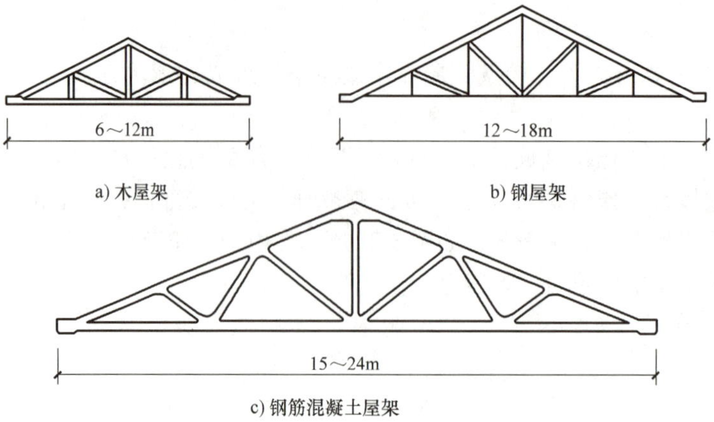

图 8-29 屋架的类型

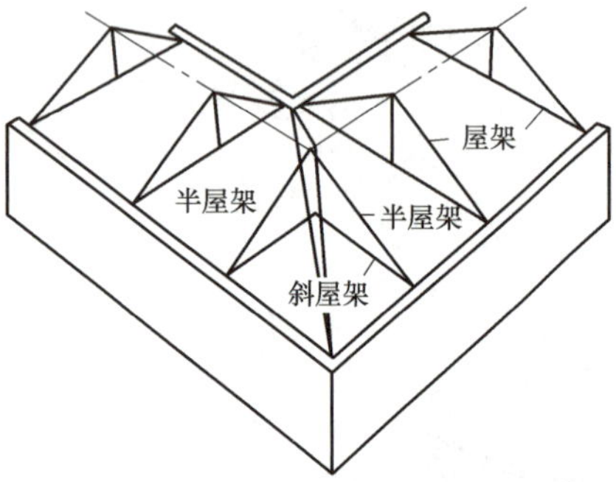

图 8-30 屋架、半屋架的布置方法

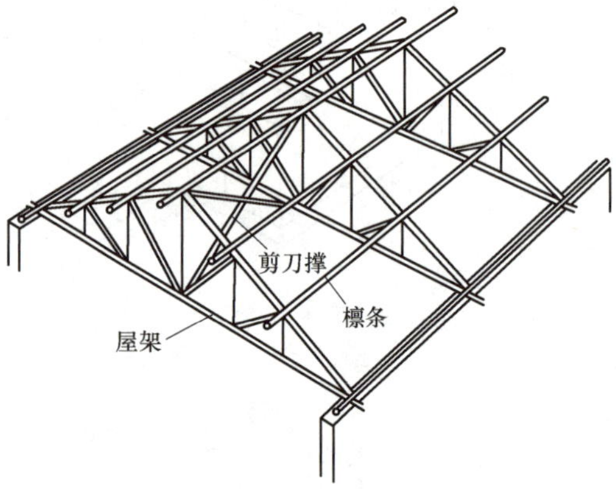

图 8-31 屋架间支承体系

8.3.3 排水组织

坡屋顶是利用其屋面坡度自然进行排水的，和平屋顶一样，当雨水集中到檐口处时，可根据需要设置无组织排水或有组织排水（内排水或外排水），如图 8-32 所示。当建筑平面有变化、坡屋顶有穿插交接时，需进行坡面组织。坡屋顶的坡面组织既是建筑造型设计，也是屋顶的排水组织。当建筑平面变化较多时，坡面组织就比较复杂，从而导致屋顶结构布置复杂及构造复杂。如图 8-33 所示为常见坡屋顶的坡面组织。

坡屋顶建筑平面应比较规整，并应尽量避免平天沟。

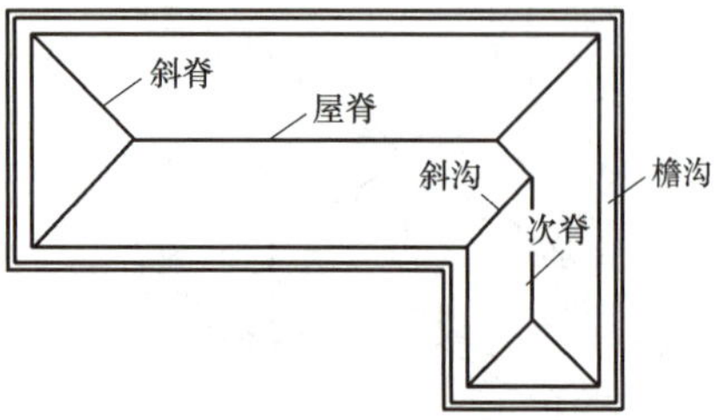

图 8-32 坡屋顶排水组织

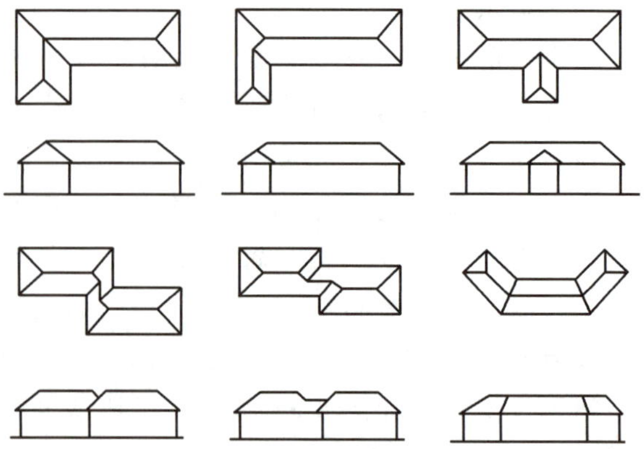

图 8-33 常见坡屋顶的坡面组织

8.3.4　坡屋顶的屋面构造

1. 坡屋顶的屋面构造分类

我国传统的坡屋顶建筑主要是依靠最上层的各种瓦相互搭接进行防水的。其屋面构造分为板式和檩式两类：板式屋面构造是在墙或屋架上搁置预制空心板或挂瓦板，再在板上用砂浆贴瓦或用挂瓦条挂瓦；檩式构造由椽子、屋面板、卷材、顺水条、挂瓦条及平瓦等组成，其主要构造如下。

1）椽子：垂直于檩条布置，间距为 200～300mm，常用 50mm×50mm 的方木或直径为 50mm 的圆木，其跨度为檩条的间距。当檩条间距较小时，也可以不用椽子。

2）屋面板：俗称“望板”，一般为 15～20mm 厚的木板，其主要作用是为屋面防水层提供平整的基层，如图 8-34 所示。

3）卷材：在屋面板上干铺一层卷材作为辅助防水层。一般应平行于屋脊自下向上铺设，搭接长度大于等于 100mm，用顺水条固定于屋面板上。

4）顺水条：是截面为（20～30）mm×6mm 的木条，沿坡度方向钉在屋面板上，间距为 400～500mm，其主要作用是固定卷材，因其顺水方向而俗称“顺水压毡条”。

5）挂瓦条：是沿顺水条垂直方向并固定于顺水条上的木条，常用截面为 20mm×30mm，其间距为屋面平瓦的有效尺寸（一般为 280～330mm），主要作用是挂瓦。

6）平瓦：瓦是常用的坡屋顶防水材料，我国传统的平瓦为黏土平瓦。近几年来，由于保护耕地，黏土平瓦在大多地区已禁用，目前有水泥平瓦、陶瓦等替代产品。瓦的一般尺寸为（190～240）mm×（380～450）mm。平瓦依靠上下及左右间相互搭接进行防水。

7）挂瓦板：常用 F 形板、T 形板及 TT 形组合板，是将檩条、屋面板、挂瓦条等构件合一的屋面构件。挂瓦板屋顶简单、经济，但易漏水。

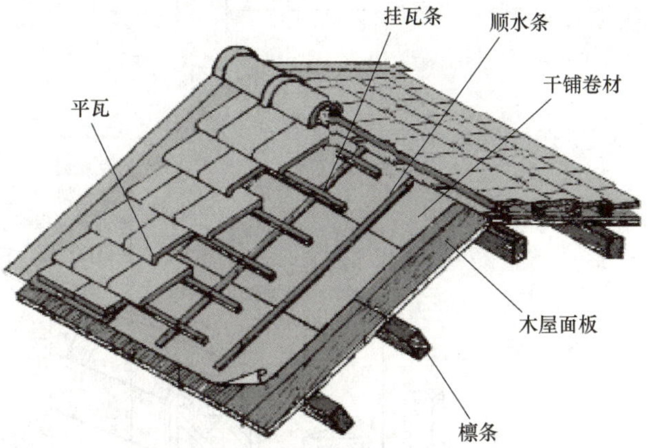

图 8-34　坡屋面的组成

图 8-35 所示为目前常用的几种坡屋顶构造组成示意图。

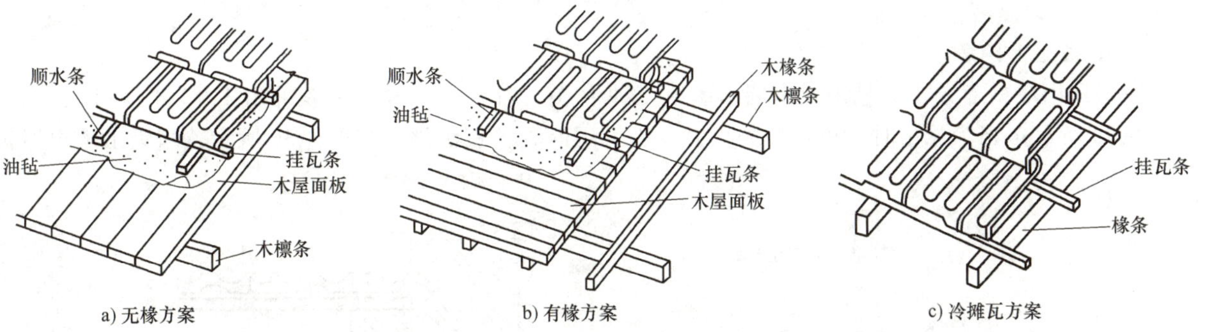

图 8-35　常用坡屋顶的构造组成

2. 檐口构造

坡屋顶檐口构造有挑檐无组织排水、天沟有组织排水和包檐有组织排水等几种类型。

当采用无组织排水时，可为下弦托木或挑檐木挑檐、挂瓦板挑檐、椽子挑檐及砖挑檐等形式，如图 8-36 所示。当采用有组织排水时，我国传统做法是用白铁皮（镀锌铁皮）构造方法，但此种方法不耐久、易损坏，建议仿照平屋顶形式做混凝土檐沟，如图 8-37 所示。

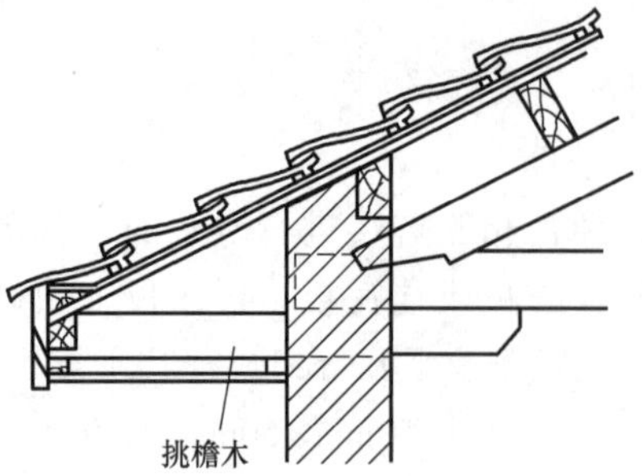

a) 挑檐木挑檐

b) 挂瓦板挑檐

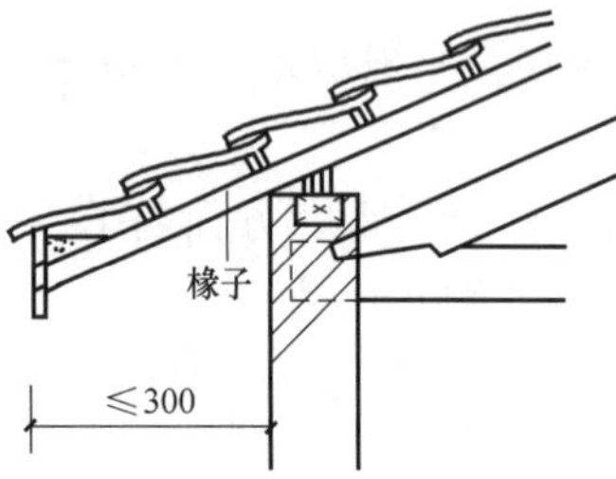

c) 椽子挑檐

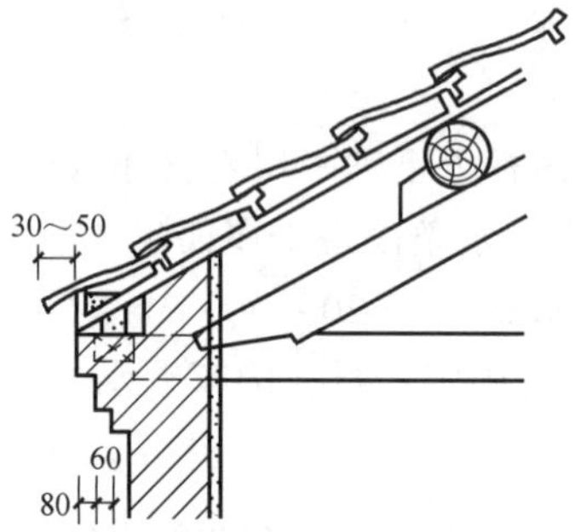

d) 砖挑檐

图 8-36　坡屋顶挑檐无组织排水构造

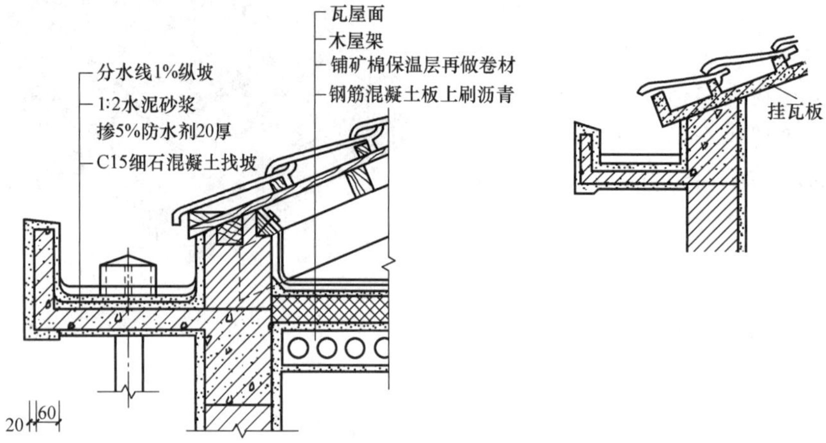

图 8-37　坡屋顶挑檐沟构造

3. 山墙泛水构造

坡屋顶山墙处有硬山、悬山及山墙出屋顶三种形式。当为硬山时，一般采用 1∶2 水泥砂浆窝瓦，如图 8-38 所示；当为悬山时，可用檩条出挑，也可用混凝土板出挑，如图 8-39 所示；当为山墙出屋顶

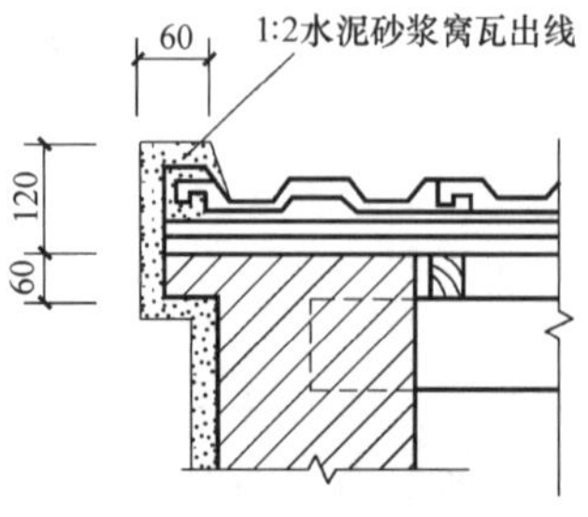

a) 抹瓦出线封檐

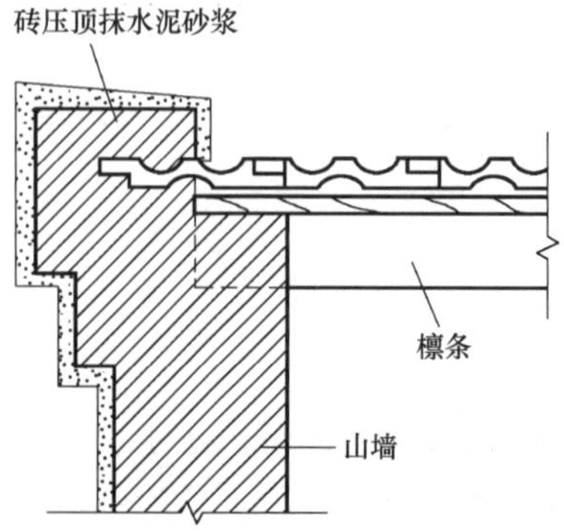

b) 挑砖压顶封檐(也可改压顶成抹瓦出线)

图 8-38　坡屋顶硬山泛水构造

时，泛水构造如图 8-40 所示。防水要求较高时，还可在瓦下加铺油毡、镀锌铁皮等。

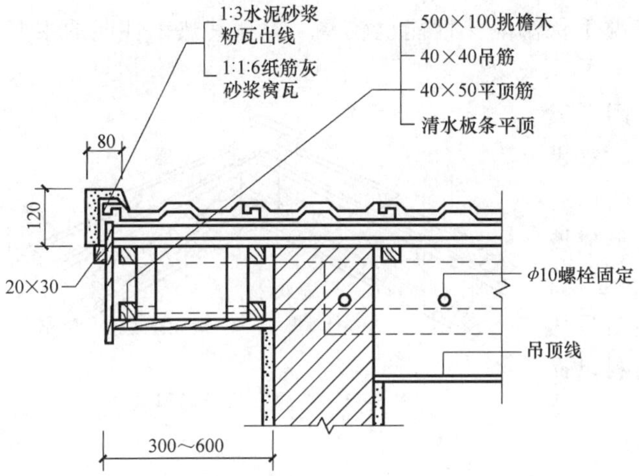

图 8-39　坡屋顶悬山泛水构造

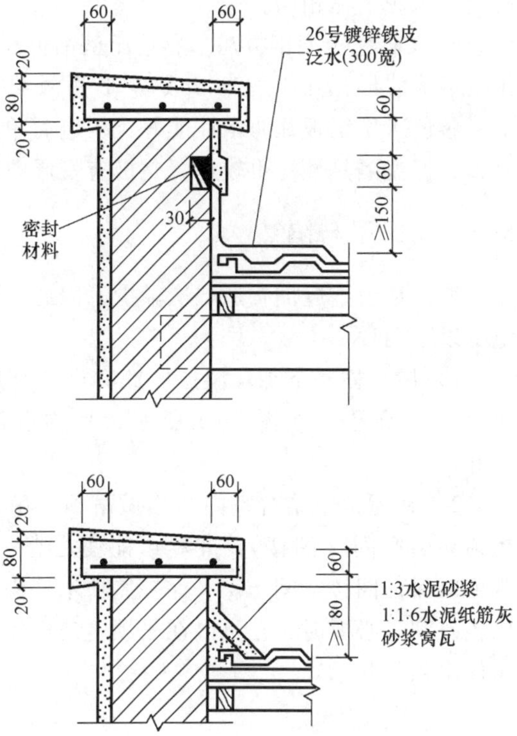

图 8-40　坡屋顶山墙出屋顶泛水构造

4. 屋脊和斜天沟构造

坡屋顶屋脊（正脊或斜脊）一般采用 1∶2 水泥砂浆或水泥纸筋石灰砂浆窝脊瓦，如图 8-41 所示。斜天沟采用镀锌铁皮、铅合金皮等天沟构造，如图 8-42 所示。

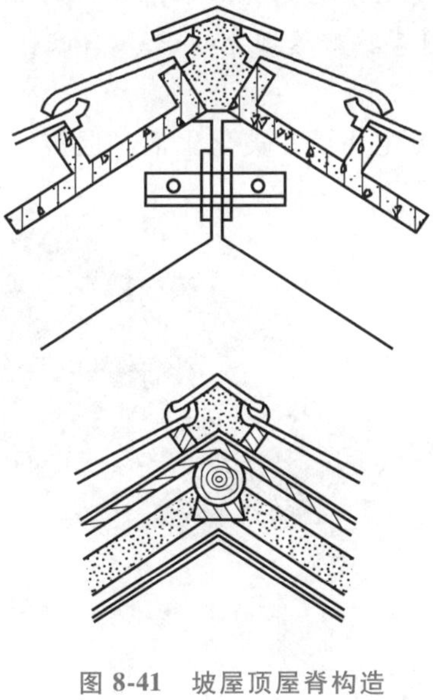

图 8-41　坡屋顶屋脊构造

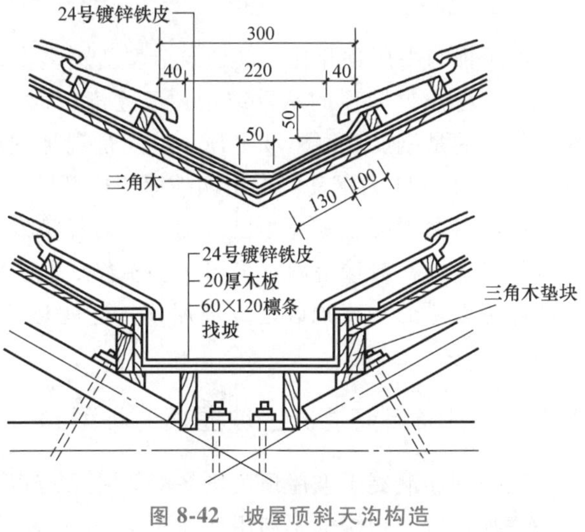

图 8-42　坡屋顶斜天沟构造

5. 坡屋顶的其他防水材料

坡屋顶除用水泥平瓦防水外，还可用以下几种瓦材。

（1）彩色水泥瓦　其基本尺寸和构造同水泥平瓦。

（2）小青瓦　小青瓦是我国民间常用的屋面瓦，由于其尺寸较小，因此要求屋面坡度不小于 1/2。小青瓦有盖瓦、底瓦、滴水瓦之分，一般应搭七露三。

（3）琉璃瓦　琉璃瓦有琉璃平瓦和琉璃筒瓦两类，并有绿、黄、紫红、湖兰等各种颜色，其屋面构造与水泥平瓦相同。

（4）彩色压型钢板瓦　彩色压型钢板瓦是我国近年来逐步推广应用的新型屋面防水材料，有彩色压型钢板波形瓦和压型 V 形或 W 形瓦两类，一般用自攻螺钉、拉铆钉或专用连接件固定于各类檩条上。彩色压型钢板瓦防水性能好、构造简单、屋面轻，在平屋顶、坡屋顶中均可使用。当采用复合板时，其保温隔热性能也较好，是极有发展前景的新型屋面防水材料。

8.3.5　保温与隔热

坡屋顶由于屋面构造层次较少，因此一般情况下保温隔热性能也较差。提高其热工性能的主要措施有以下两种。

1）屋顶檩条下加保温层。此时还能与屋顶间形成通风空气夹层，如图 8-43 所示，其构造简单，效果良好。

2）在屋顶下结合室内装修做吊顶。吊顶上形成坡屋顶夹层空间（阁楼），并尽可能使之有一定的通风，既可以保证阁楼空间干燥、保护屋顶木结构，也对隔热比较有利。必要时，还可以在吊顶上铺设保温材料以提高保温隔热效果。

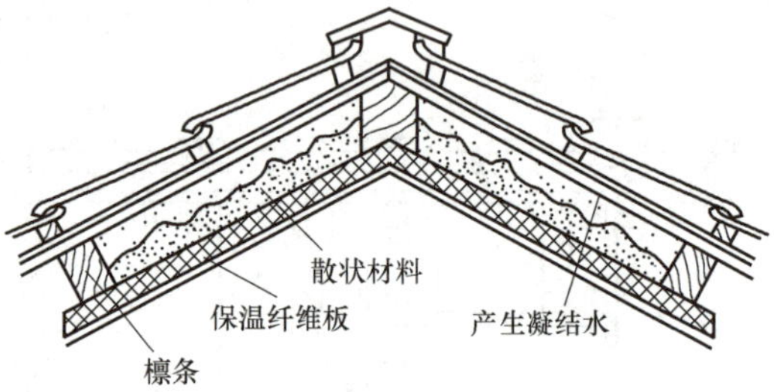

图 8-43　坡屋顶保温通风屋顶

8.4　现浇钢筋混凝土坡屋顶

问题引入

坡屋顶在建筑工程中的应用越来越广泛，是因为坡屋顶更能体现建筑形象，给人们以美的享受。在别墅设计中，现浇钢筋混凝土坡屋顶十分普遍，学生应掌握好这部分知识。

坡屋顶与平屋顶相比，其建筑造型新颖多变，可以更好地美化环境、美化生活。但传统的坡屋顶主要以木材作为屋顶的承重结构，已逐渐被时代所淘汰，取而代之的是钢筋混凝土坡屋顶，特别是现浇钢筋混凝土坡屋顶。图 8-44 为钢筋混凝土四坡屋顶模型图。

现浇钢筋混凝土坡屋顶已成为在沿海经济发达地区的发展趋势，并在数量上超过平屋顶。不仅如此，沿海各大城市还将大量的平屋顶改建成坡屋顶，这就是“平改坡”工程。

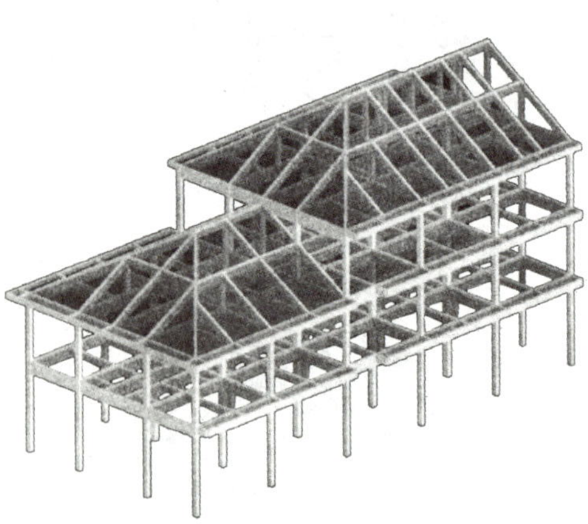
图 8-44　钢筋混凝土四坡屋顶模型图

8.4.1　现浇钢筋混凝土坡屋顶的类型和特点

现浇钢筋混凝土坡屋顶（图 8-45）主要有以下两种类型：一种是坡度较缓的不利用坡屋顶下空间的坡屋顶；另一种是坡屋顶下的空间被利用。为了有所区别，我们把坡屋顶下可被人居住和进行与居住有关的日常活动的空间称为“斜屋顶下可居住空间”。这个空间不同于传统的坡屋顶下无通风、少采光、空间低矮的阁楼，而是明亮、舒适、通风良好，宜人居住或可以作为办公室、厨房、卫生间等其他用途的空间。此处介绍的就是斜屋顶下可居住空间。

斜屋顶建筑有如下优点：一是防水、排水好；二是丰富了建筑造型，改变了城市面貌；三是增加了建筑的使用面积。斜屋顶建筑如图 8-46 所示。

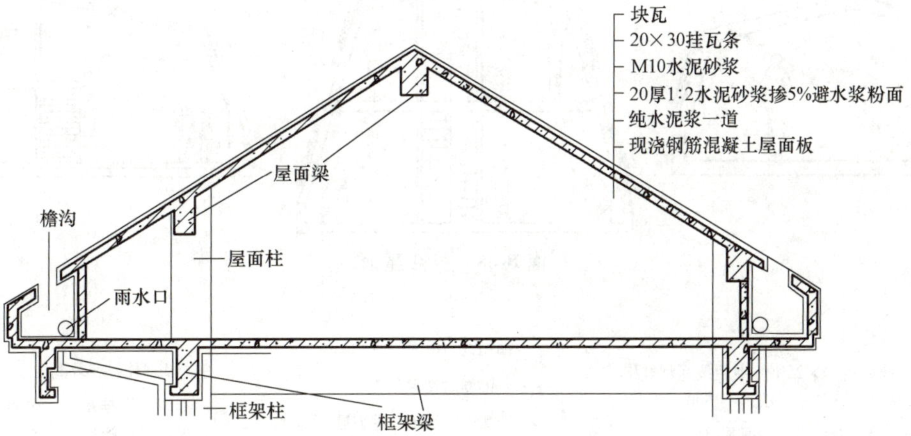

图 8-45　现浇钢筋混凝土坡屋顶

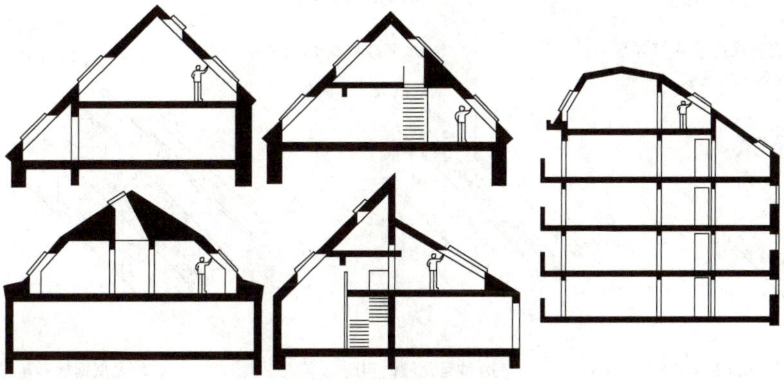

图 8-46　斜屋顶建筑

8.4.2　斜屋顶的形式

通常把坡度大于 15°且小于 90°的屋顶称为斜屋顶。其中，当坡度较大（如大于 60°）时，一般会被理解为斜墙，为了统一，也称之为斜屋顶。斜屋顶的坡度如图 8-47 所示。

斜屋顶的形式有单坡屋顶、双坡屋顶、四坡屋顶、曼莎屋顶和拱形屋顶等几种，其中曼莎屋顶是折线或复折线屋顶的统称，屋面通过折线被分成上下两个表面，上屋面坡度小，下屋面坡度大，如图 8-48 所示。

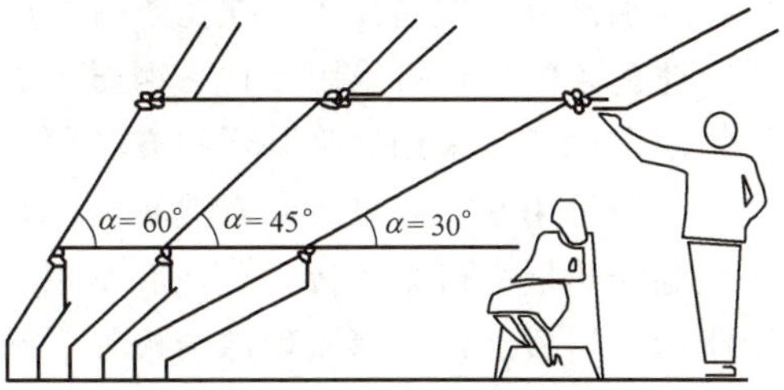

图 8-47　斜屋顶的坡度

8.4.3　斜屋顶的组成与构造

斜屋顶由承重结构层和屋面两部分组成。承重结构层是现浇钢筋混凝土梁和屋面板，它和其他屋顶相比，对建筑的整体性、防渗漏、抗震和延长使用寿命都有明显的优势；屋面的构造组成有瓦材及瓦材铺设层、找平层、保温隔热层、卷材或涂膜防水层和隔汽层等。斜屋顶的屋面构造如图 8-49 所示。

常用的屋面瓦材有块瓦、油毡瓦和钢板彩瓦等几种。块瓦包括彩釉面和素面的西式陶瓦（如 S 瓦、J 瓦等）、彩色水泥瓦，以及传统的水泥平瓦、黏土平瓦等结构轻、可钉绑固定的瓦材；油毡瓦是以玻璃纤维为胎基的彩色块瓦状的防水片材，其规格一般为 1000mm×333mm×2.8mm；钢板彩瓦是用厚度不小于 0.5mm 的彩色薄钢板压成型呈连片块瓦形状的屋面防水板材。屋面瓦材要求具有防水性能，瓦

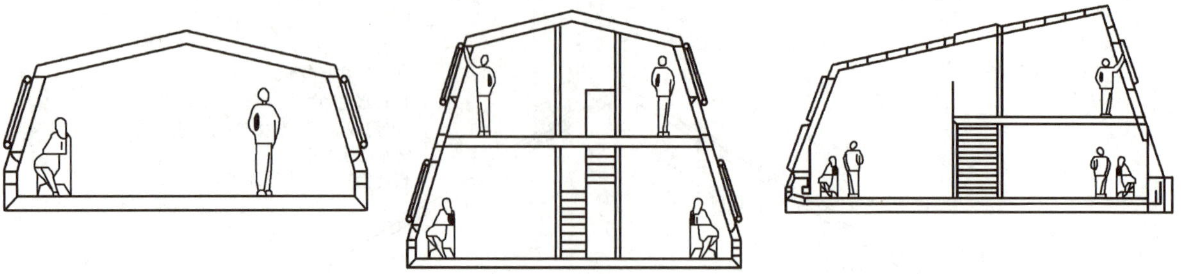

图 8-48　曼莎屋顶

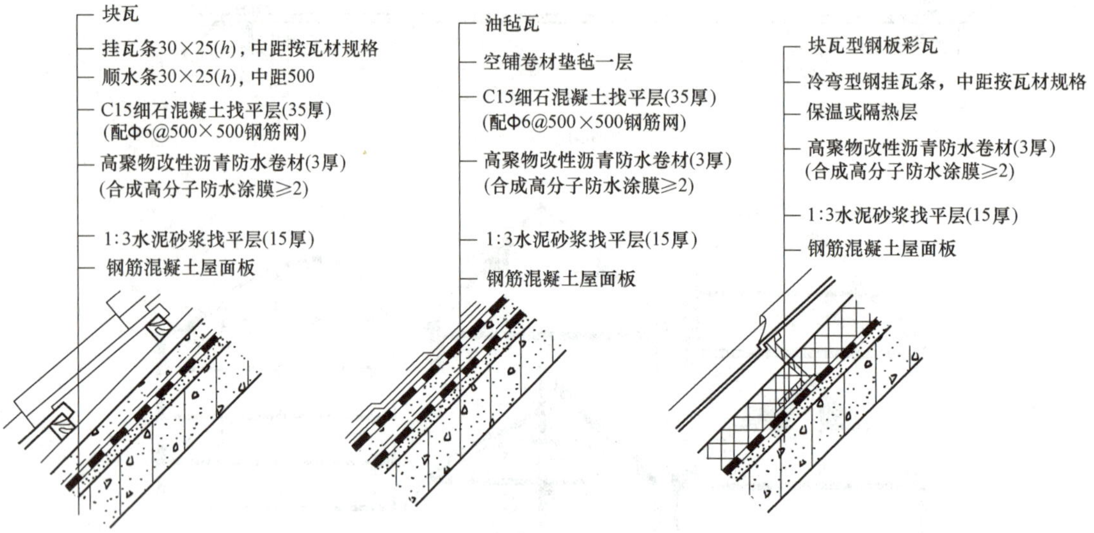

a) 块瓦屋面构造(木挂瓦条)　　b) 油毡瓦屋面构造　　c) 块瓦型钢板彩瓦屋面构造

图 8-49　斜屋顶的屋面构造

口上下左右都要有可靠的防水搭接，且要有一定的耐久年限。可以将屋面瓦材作为整个斜屋顶的第一道防水设防。

屋面瓦材的固定方式一般采用在防水层上做顺水条，顺水条的作用是架空挂瓦条，可钉牢在屋面上。在顺水条上再做挂瓦条，挂瓦条的作用是固定屋面瓦，可以用来拴瓦或用螺钉、钉子固定瓦。顺水条、挂瓦条的材料可采用木材、钢筋或型钢，并应作防腐处理。屋面瓦的固定如图 8-50 所示。屋面瓦材的固定也可以采用砂浆卧瓦的方法。

找平层可用水泥砂浆或细石混凝土，并设分格缝，缝的间距宜为 3~4mm。

保温隔热层一般采用板状、毡状材料，如挤塑聚苯乙烯泡沫塑料板、岩棉或玻璃棉板（毡）、憎水膨胀珍珠岩板、沥青膨胀珍珠岩板等。保温隔热层的厚度应经过计算确定。

卷材和涂膜防水层可作为整个斜屋顶的第二道防水设防，应采用高聚物改性沥青防水卷材等新型防水卷材，如 SBS 或 APP 改性沥青防水卷材，涂膜防水层应采用合成高分子防水涂料，如聚氨酯防水涂料、丙烯酸酯防水涂料等。

斜屋顶的屋面一般利用檐沟做有组织的排水。檐沟的构造如图 8-51 所示。

8.4.4　斜屋顶的窗

斜屋顶间应有良好的天然采光和自然通风，因此斜屋顶上应设置我国传统的老虎窗或斜屋顶窗。

玻璃面积相等的斜屋顶窗与老虎窗相比，视野更开阔，能提供更充足的采光，如一樘安装在坡度为 45°斜屋顶上的斜屋顶窗的进光量要比老虎窗多 40%左右。老虎窗与斜屋顶窗如图 8-52 所示。

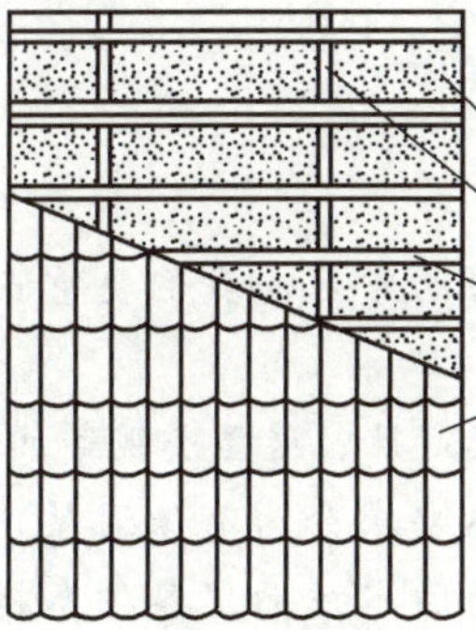

图 8-50 屋面瓦的固定

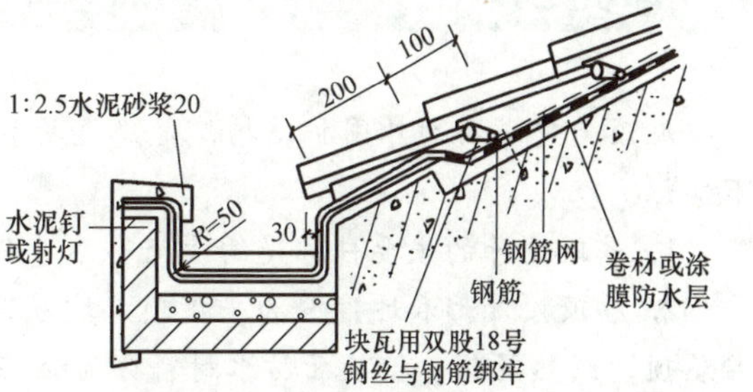

图 8-51 块瓦屋面檐沟的构造（砂浆卧瓦）

图 8-52 老虎窗与斜屋顶窗

斜屋顶窗是安装在斜屋顶上、平行于屋面且可开启的窗。为加强洞口周围屋面板的强度、屋面防水性能以及便于窗的安装，应在钢筋混凝土结构斜屋顶窗周围设置凸出屋面的环状框架梁，称为洞口反梁，如图 8-53 所示；为了增加采光，常把斜屋顶窗洞口的上下侧壁做成倒置喇叭口形状，即上侧壁平行于地面，下侧壁垂直于地面，通常把连接窗框与斜屋顶屋面板的构件称为窗筒子板，如图 8-54 所示。

为满足斜屋顶内的通风，斜屋顶窗可开启的面积不应小于该房间地板面积的 1/20。

斜屋顶窗安装的关键是要解决好排水和防水的问题。

图 8-53 洞口反梁

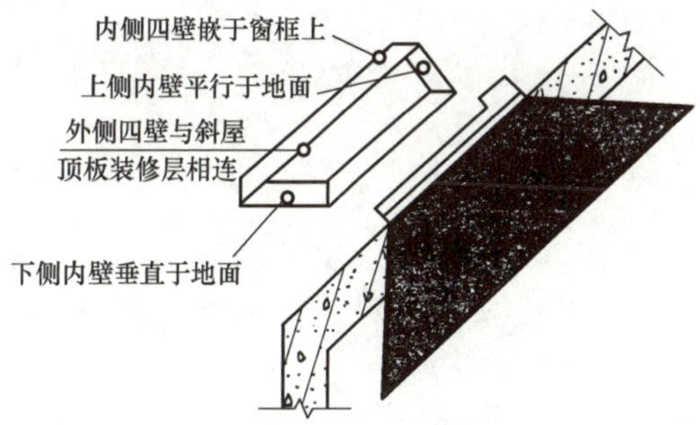

图 8-54 窗筒子板

相关链接

同学们可以搜集我们所见过的现浇钢筋混凝土斜屋顶的建筑物，写出其名称和构造。

玻璃采光屋顶就是用玻璃透光面板与支撑体系制成的有采光功能的建筑顶部。建筑玻璃采光屋顶是现代建筑不可缺少的装饰和采光并重的一种屋顶，最早是以采光为目的，随着建筑设计发展的需要，后来就成为装饰和采光并重的一种建筑形式。

建筑玻璃采光屋顶技术难度大，除自重、风荷载外，还要考虑雪和冰等荷载。由于其在人类活动空间的顶部，有的采光屋顶距离地面高达几十米，因此，其安全性是首要的，而且是重中之重。同学们，你们觉得从安全和节能的角度出发，玻璃采光屋顶需要考虑哪些方面的内容？去了解一下你所在的城市有哪些建筑采用的是玻璃采光屋顶。

项目小结

屋顶是建筑物的外围护结构，是建筑物的重要组成部分。通过本项的学习，我们要重点掌握以下知识。

1. 屋顶设计的主要任务是解决好防水、保温隔热、强度、刚度、稳定性、造型美观等问题。

2. 屋顶按外形和坡度分为平屋顶、坡屋顶和曲面屋顶；按保温隔热要求分为有保温屋顶、不保温屋顶、隔热屋顶；按屋面防水材料分为细石混凝土、防水砂浆等刚性防水屋面，各种卷材等柔性防水屋面，涂料、粉剂等防水屋面，瓦屋面，波形瓦屋面，平金属板、压型金属板屋面等类型。

3. 影响屋顶坡度的主要因素有屋面防水材料、屋顶结构形式、地理气候条件、施工方法及建筑造型要求等方面。平屋顶排水坡度的大小主要取决于排水要求、防水材料、屋顶使用要求和屋面坡度形成方式等因素，主要由结构找坡和材料找坡形成。

4. 坡屋顶的承重结构主要由椽子、檩条、屋面梁或屋架等组成，承重方式主要有山墙承重和屋架承重。瓦屋面的屋脊、檐口、天沟等部位应做好细部构造处理。

5. 斜屋顶已经逐渐成为城市建筑的首选设计方案，在沿海经济发达地区，斜屋顶在数量上已超过平屋顶，沿海各大城市还将大量的平屋顶改建成坡屋顶，这就是“平改坡”工程。斜屋顶建筑有如下优点：一是防水、排水好；二是丰富了建筑造型，改变了城市面貌；三是增加了建筑的使用面积。为满足斜屋顶内的通风，斜屋顶窗可开启的面积不应小于该房间地板面积的1/20。斜屋顶窗安装的关键是要解决好排水和防水的问题。

项目9

门　窗

思维导图

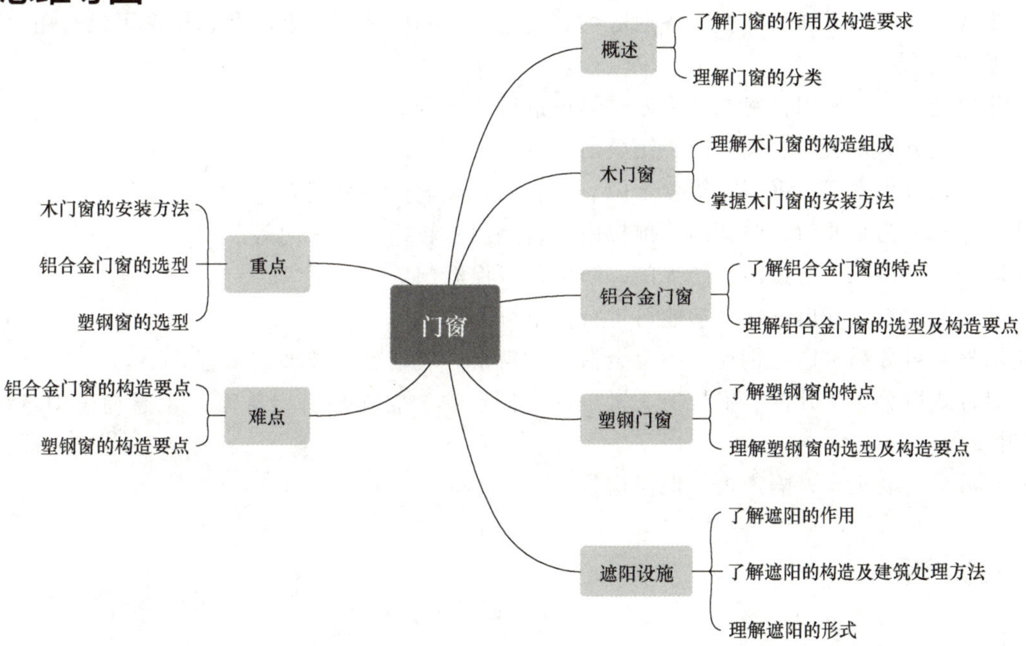

知识储备

门和窗是房屋的重要组成部分，在设计时必须根据有关规范和建筑的使用要求来决定其形式和尺寸大小。

9.1　概述

问题引入

门的主要功能是交通联系，窗的主要功能是采光和通风，两者均属于建筑的围护构件。怎样做才能使设计的门窗造型美观大方、构造坚固耐久，并且开启方便、使用灵活呢？

1. 门窗的作用及构造要求

门和窗是建筑物的重要组成部分，也是主要围护构件之一。

窗的主要作用是采光、通风、围护和分隔空间、联系空间（观望和传递）、建筑立面装饰和造型以及在特殊情况下交通和疏散等。门的主要作用是内外联系（交通和疏散）、围护和分隔空间、建筑立面装饰和造型，并兼有采光和通风作用。

在建筑中，窗的设置和构造要求主要有：满足采光要求，必须有一定的窗洞口面积；满足通风要求，窗洞口面积中必须有一定的活扇面积；开启灵活、关闭紧密，能够方便使用和减少外界对室内的影响；坚固、耐久，保证使用安全；符合建筑立面装饰和造型要求，必须有适合的色彩及窗洞口形状；同时必须满足建筑的某些特殊要求，如保温、隔热、隔声、防水、防火、防盗等要求。

门的设置和构造要求主要是要满足交通和疏散要求，必须有足够的宽度和适宜的数量及位置，其他方面要求基本与窗的设置和构造要求相同。

门窗的设置及构造对建筑空间使用的合理性和舒适度有着重要影响，其材料、色彩、造型及排列组合等也是建筑物造型和立面设计的主要内容。目前，我国门窗的制作和加工已基本实现标准化、定型化，走上了工业化生产的道路。在工程实践中，技术人员只需确定门窗洞口的形状和立面窗扇划分尺寸，委托有关生产厂家加工即可。各地区均有门窗尺寸和构造等标准图及通用图可供选用。

2. 门窗的分类

门按其构造形式、使用材料、开启方式等可进行如下分类。

按构造形式分为拼板门、夹板门、镶板门、百叶门等。

按使用材料分为木门、钢门、铝合金门、塑料门、玻璃门、纱门等。

按开启方式分为平开门、弹簧门、推拉门、折叠门、转门、卷帘门等。

按功能分为隔声门、防盗门、防火门、防爆门、保温门等。

窗按其使用材料、开启方式及功能可进行如下分类。

按使用材料可分为木窗、钢窗、铝合金窗、塑料窗、玻璃窗、玻璃钢窗等。

按开启方式可分为平开窗、推拉窗、折叠窗、固定窗、立式转窗、悬窗（上悬窗、中悬窗、下悬窗）、百叶窗等。

按功能可分为防火窗、隔声窗、保温窗等。

9.2 木门窗

问题引入

现今，把木窗用于室外装修来遮风挡雨的住户恐怕已为数不多了，更多的家庭把木窗作为室内装饰的一种元素加以应用，使木窗成为居室内隔断的选材之一。由于木质所具有的那种天然纹路及自然韵味，再加上木材能加工成各种各样的造型或几何图案，能适应各种风格的家居，因此深受大家的青睐。居室内的门、窗、隔断，以木质结构设计出各种图案，配以玻璃，既不影响光线又有一份自然的气息。下面我们共同来学习木门窗的构造。

9.2.1 木窗的构造与安装

1. 木窗的组成和构造

（1）窗框　窗框主要由上框、下框、边框及中横框、中竖框等组成，其主要作用是与墙连接并通过五金件固定窗扇，如图 9-1 所示。各框料的截面形状和尺寸与窗扇的层数、窗扇的厚度、开启方式、裁口大小及洞口尺寸等因素有关。一般情况下，单层窗框的截面为（40~60）mm×(70~95）mm，双层窗框为（45~60）mm×（100~120）mm，裁口宽度应稍大于窗扇宽度，深度为10~12mm。

（2）窗扇　窗扇由上冒头、下冒头、边梃及窗芯等组成，如图9-2所示。木材强度较低，为避免变形，木窗扇的尺寸应控制在600mm×1200mm以内。窗扇按其镶嵌材料可分为玻璃窗扇、纱窗扇及百叶窗扇等形式。冒头及边框的截面形状和尺寸与其扇面大小、立面划分、玻璃厚度等因素有关，一般上、下冒头截面尺寸为40mm×55mm左右，窗芯截面为40mm×30mm左右，裁口宽度为15mm左右，裁口深度8mm以上。纱窗扇的截面略小于玻璃扇。窗扇通过铰链固定于窗框或中竖框上。

（3）窗的五金零件　窗的五金零件主要有铰链、插销、窗钩、拉手等，如图9-3所示。铰链俗称合页、折页，是窗扇和窗框的连接件，窗扇可绕铰链转动。插销是木窗扇关闭后的定位五金零件，拉手是方便开关窗扇的把手，一般安装在窗扇中梃的中部位置。

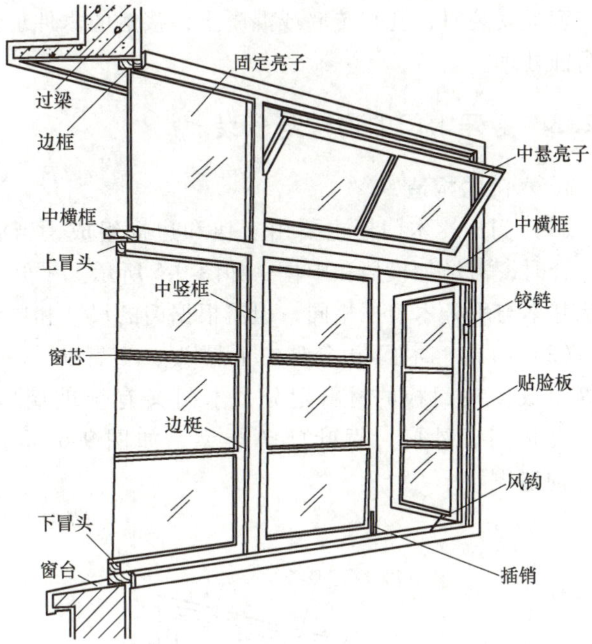

图9-1　木窗构造组成示意图

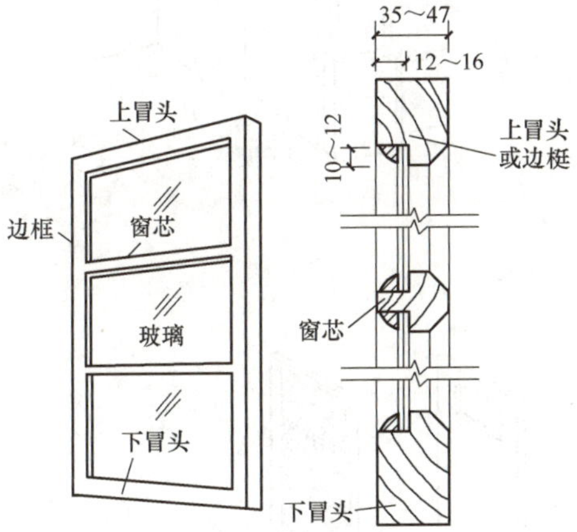

图9-2　窗扇的组成

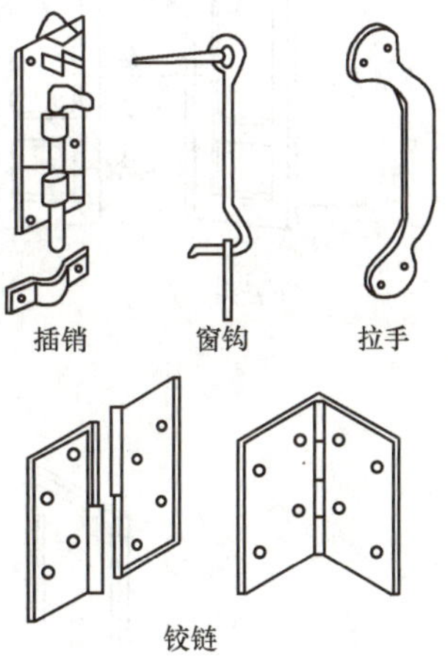

图9-3　窗的五金零件

2. 木窗的安装

木窗安装在外墙上时，一般安装至墙内表面与抹灰面平齐的位置；内墙上的木窗可安装于墙中，也可与一侧墙面的抹灰面平齐。在施工时，一般先安装窗框，再安装窗扇和五金零件。施工时窗框的安装有先立口和后塞口两种。

微课：木窗的安装

（1）先立口　先立口安装是在墙砌至窗台高度时先安装窗框并进行临时固定，然后再砌墙。为加强窗框与墙间的连接，一般应将上框和下框由边框向外伸出120~200mm，并沿窗高两侧隔500mm高度设木拉砖砌入墙中，如图9-4所示。先立口安装窗框与墙的连接较为紧密，但施工不便，而且窗框在施工过程中容易受损。

（2）后塞口　后塞口安装，是指在砌墙时先留出窗洞，之后再安装窗框。为了加强窗框与墙的连接，砌墙时需在窗洞口两侧每隔500~600mm高度预埋木砖（每侧不少于两块），用长钉或螺钉将窗框固定在木砖上。后塞口安装窗框施工比较方便，但窗框与墙体之间需要留有较大的安装空隙，对密封不利。

窗框安装时，凡与砖墙或混凝土柱接触的木件、预埋砖等，均应进行防腐蚀处理。

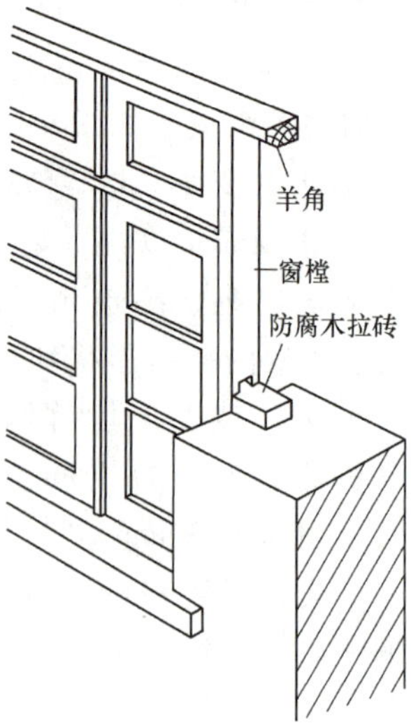

图 9-4 窗框先立口构造

9.2.2 平开木门的构造与安装

1. 木门的构造

(1) 门框 木门框主要由上槛和边框组成，当洞口尺寸较大、有多扇组合时，需增加横档和中框，如图 9-5 所示。平开木门框各构件的截面形状基本与平开木窗框相同，但需根据门的尺寸和质量适当加大截面。

(2) 门扇 木门扇主要由上冒头、中冒头、下冒头、门框及门芯板等组成。按门板的材料划分，木门又有全玻璃门、半玻璃门、拼板门、夹板门、纱门、百叶门等类型，如图 9-6 所示。图 9-7 所示为夹板门构造图。

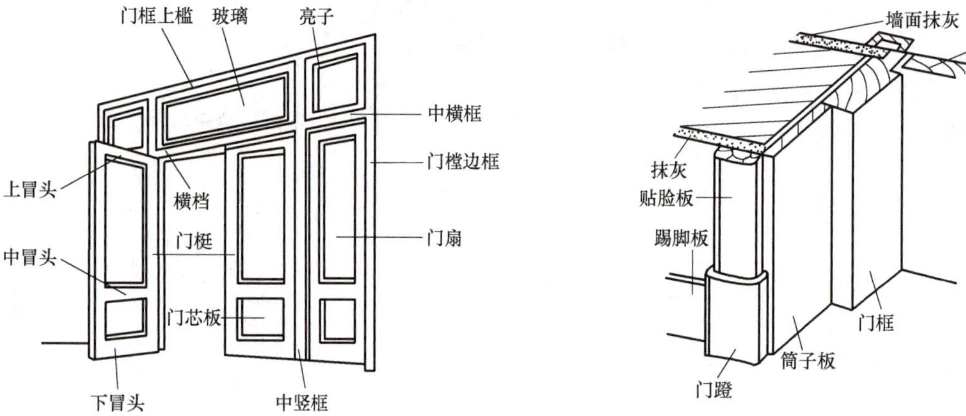

图 9-5 木门的构造组成

图 9-6 木门的类型

(3) 腰窗 腰窗构造与窗构造基本相同，一般采用中悬开启方法，也可以采用上悬、平开及固定窗形式。

(4) 门的五金零件 门的五金零件主要有铰链、门锁、插销、拉手、门吸（停门器）等，均为工业定型产品，形式多种多样。在选型时，铰链需特别注意其强度，以防止变形，影响门的使用；拉手需结合建筑装修进行选型。

2. 木门的安装

木门的安装也有先立口和后塞口两类，但均需在地面找平层和面层施工前进行，以便门边框伸入地面 20mm 以上。先立口安装时与窗先立口安装相似，如图 9-7b 所示，但目前使用较少。后塞口安装

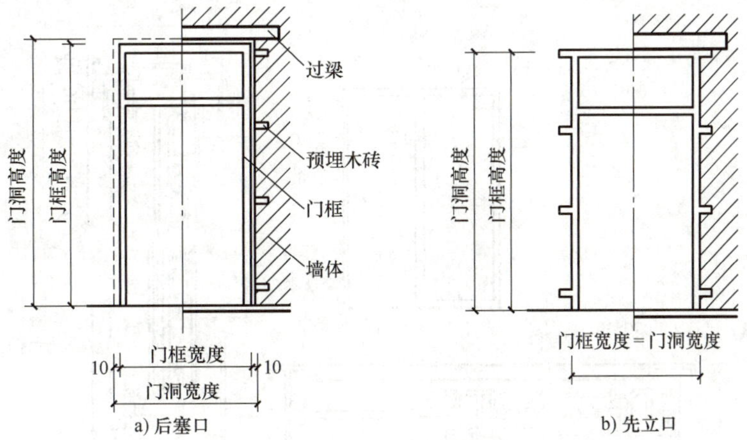

图 9-7 夹板门构造图

也是在门洞口侧墙上每隔 500~800mm 高度预埋木砖，用长钉、木螺钉等固定门框。

门框外侧与墙面（柱面）的接触面、预埋木砖均需进行防腐处理。

9.3 铝合金门窗

问题引入

铝合金门窗以质轻、高强、密封性能好、耐腐蚀性强、使用中变形小等优点在实际生产生活中使用较为广泛，那么它在构造上又有哪些要求呢？

9.3.1 铝合金窗的构造

铝合金窗重量轻，气密性和水密性好，其隔声、隔热、耐腐蚀等性能也比普通木窗、钢窗有显著提高，并且不需要日常维护；其框料还可通过表面着色、涂膜处理等获得多种色彩和花纹，具有良好的装饰效果，是我国目前建筑中使用的基本窗型。铝合金窗的主要不足是强度较钢窗、塑钢窗低，其平开窗尺寸较大时易变形。

铝合金窗常用固定、平开、推拉、滑撑等开启方式。除材质和材型不同外，其基本构造原理和方法与塑钢窗相似，工程中应视窗的尺寸、用途、开启方法和环境条件等选用适宜的型材、配套零件及密封件。建筑用窗型材常用 40mm、55mm、70mm、90mm 厚度等系列。图 9-8 为推拉铝合金窗构造图。窗玻璃也用专用密封条嵌固。铝合金窗的安装方法基本与塑钢窗相同，窗框与墙之间的缝隙可用保温材料填充，并用玻璃胶等密封胶密封。图 9-9 为铝合金窗的固定方式。

9.3.2 铝合金门的构造

铝合金门是目前常用门之一，其优缺点与铝合金窗类似。铝合金门由铝合金门框、门扇、腰窗及五金零件组成，按其门芯板的镶嵌材料划分，有铝合金条板门、半玻璃门、全玻璃门等形式，主要有平开、弹簧、推拉三种开启方法。铝合金门为避免门扇变形，其单扇门宽度受型材影响有一定限制。

1）平开门最大尺寸：55 系列型材为 900mm×2100mm；70 系列型材为 900mm×2400mm。

2）推拉门最大尺寸：70 系列型材为 900mm×2100mm；90 系列型材为 1050mm×2400mm。

3）地弹簧门最大尺寸：90 系列型材为 900mm×2400mm；100 系列型材为 1050mm×2400mm。

铝合金门构造和铝合金窗一样，有国家标准图集，各地区也有相应的通用图供选用。铝合金门的安装除门框边框伸入地面面层 20mm 以上外，其边框和上槛与墙或柱的连接与铝合金窗相同。

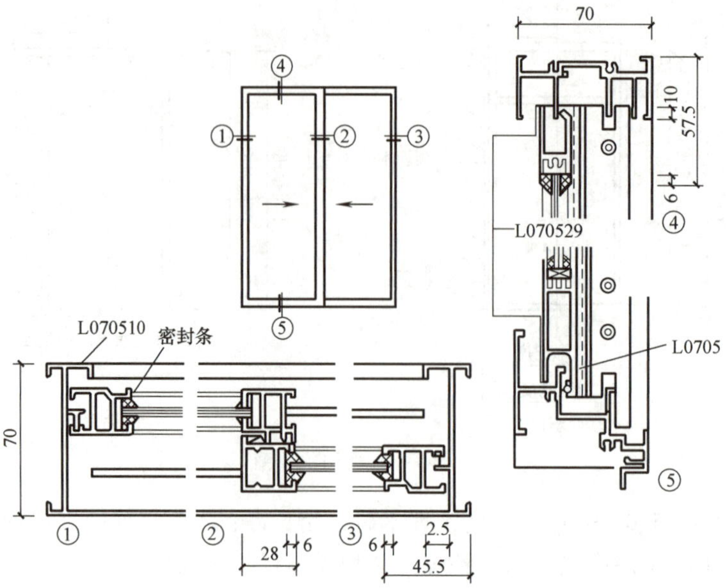

图 9-8 推拉铝合金窗构造图

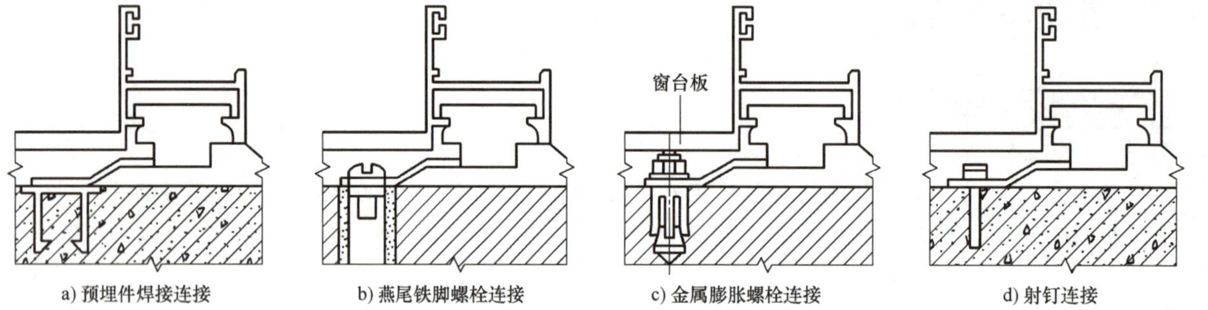

图 9-9 铝合金窗的固定方式

9.4 塑钢门窗

问题引入

塑钢门窗具有优良的物理化学性能，可广泛使用于风大、雨水多、高热、高寒及有腐蚀性气体等环境恶劣的场所，是较为理想可靠的建筑门窗。

塑钢门与塑钢窗的构造相似，这里只介绍塑钢窗的构造。

9.4.1 概述

塑钢窗是用增强塑料 PVC 空腔型材做窗框及窗扇，并在空腔中加入特制型钢的窗。塑钢窗具有如下优点。

（1）强度高，耐冲击性较强　塑料型材的断面形状和尺寸设计合理，耐冲击性能强，适用于各类建筑。

（2）可加工性强　在熔融状态下，塑料有比较高的流动性，因此通过模具可以形成精确的断面构造，从而实现窗应具备的功能需要；而且可以形成分割的腔室，以提高成窗的保温、隔声、排水性能，可以避开增强型钢的锈蚀。

（3）密闭性好，节约能源　塑料窗比其他窗在节能和改善室内热环境方面有更为优越的技术特性。单玻铝窗的传热系数为 64W/(m^2 · K)；单玻塑钢窗的传热系数为 47W/(m^2 · K) 左右；窗占建筑外围护结构面积的 30%，其散热量占 49%。由此可知，塑钢窗有很好的节能效益。

（4）隔声性能优越　塑钢窗型材是中空的，接缝处又装置密封材料，因此其隔声效果好，对于改善人们居住和工作的声环境质量有较大贡献。

（5）耐腐蚀性强　塑钢窗可用在沿海、化工厂等腐蚀环境中，普通用户使用也能减少维护油漆的人工和费用。

（6）外观好，便于保养　塑钢窗色泽繁多，能和国内的装饰效果要求相适应，且人体接触感觉比金属的舒适。

（7）成本低　和铝合金窗相比，同等使用效能的塑钢窗比铝合金窗节省成本 30%～60%，这是塑钢窗得以普及的主要原因。

综上所述，与木窗、钢窗、铝合金窗相比，塑钢窗具有明显的节约木材、钢材和贵重金属的优点，而且造价适中，技术日益成熟，已被国内外各类建筑广为应用，也是我国目前大力推广使用的窗型。

9.4.2　构造

塑钢窗由窗框、窗扇、窗的五金零件三部分组成，主要有平开、推拉、上悬、中悬等开启方式。按其构造层次不同，可分为单层玻璃窗、夹层玻璃窗、纱窗。按其材料化学性质不同，可分为普通型和防腐型。窗框和窗扇应视窗的尺寸、用途、开启方法等因素选用合适的型材，材质应符合国家标准《门、窗用未增塑聚氯乙烯（PVC-U）型材》（GB/T 8814—2017）的规定。一般情况下，型材框扇外壁厚度>2.3mm，内腔加强筋厚度>1.2mm，内腔加衬的增强型钢厚度>1.2mm，且尺寸必须与型材内腔尺寸一致。增强型钢及紧固件应采用热镀锌的低碳钢，其镀膜厚度≥12μm。固定窗可选用 50mm、60mm 厚度系列型材，平开窗可选用 50mm、60mm、80mm 厚度系列型材，推拉窗可选用 60mm、80mm、90mm、100mm 厚度系列型材。平开窗扇的尺寸不宜超过 600mm×1500mm，推拉窗的窗扇尺寸不宜超过 900mn×1800mm。如图 9-10 所示为推拉塑钢窗构造图。

微课：塑钢窗的构造

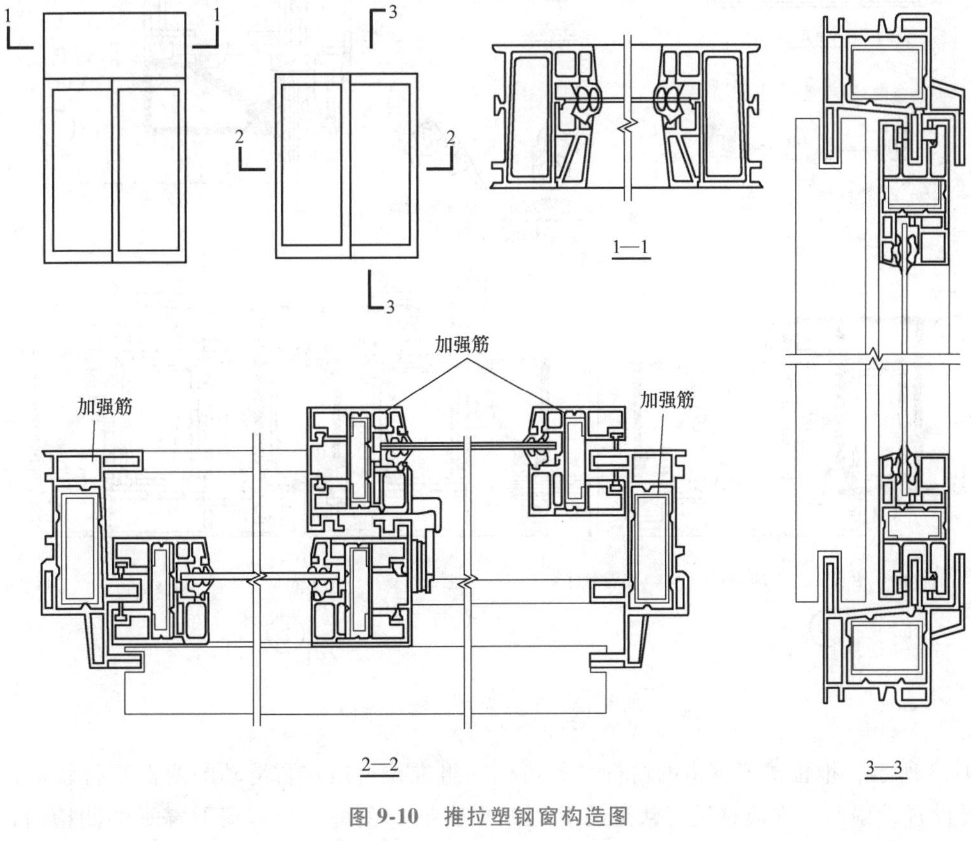

图 9-10　推拉塑钢窗构造图

塑钢窗一般采用后塞口安装，墙和窗框间的缝隙应用泡沫塑料等发泡剂填实，并用玻璃胶密封，如图 9-11 所示。安装时可用射钉或塑料、金属膨胀螺钉固定，也可用预埋件固定。

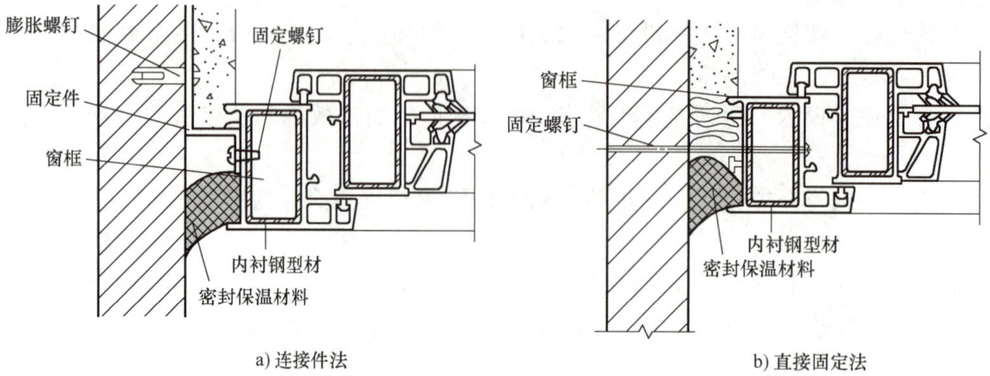

图 9-11　塑钢窗的安装

平开式塑钢窗由 L 形型材作为上下框和边框，T 形型材为中竖框组成整体窗框。窗扇的断面形式均为 T 形，其中一侧翼缘使用玻璃卡条安装玻璃，另一侧翼缘紧靠窗框。平开窗的启闭铰链为特制的防锈合页，用特制的防锈螺钉安装在窗扇一侧，当窗扇较大或当地风压较大时，可采用滑撑铰链，以保证窗扇开启时的安全，如图 9-12 所示。

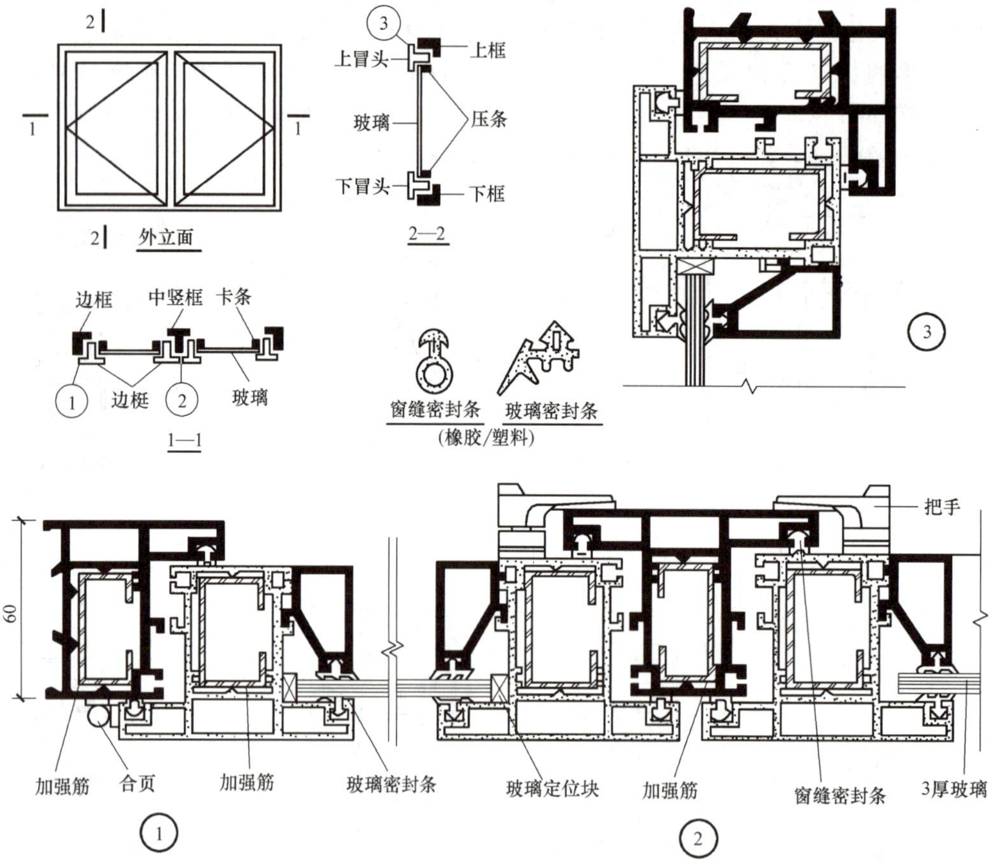

图 9-12　平开式塑钢窗构造图

如图 9-13 所示，推拉式塑钢窗的窗框带有可供一组推拉窗扇左右滑动的两根平行轨道，呈 U 形断面。当需要设置纱扇时，则应选用三轨道的 E 形断面窗框。在每一个窗扇下冒头的凹槽内，装有 2~3

个滑轨，以利推拉滑动灵活。两层推拉扇在关闭时，用特制的窗锁进行相对固定，从窗外无法开启，从而保证室内安全。

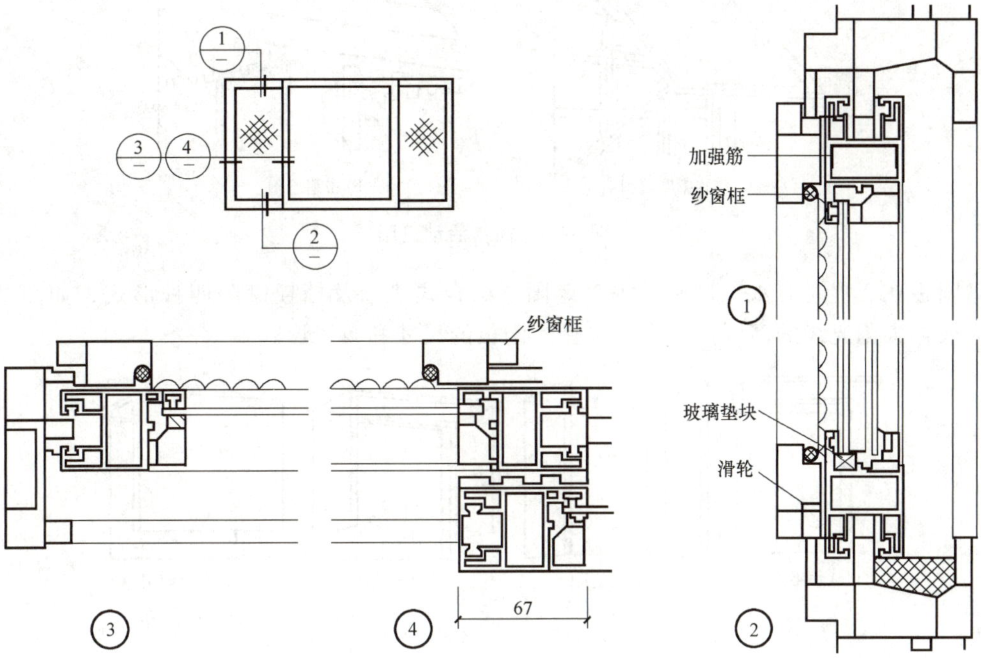

图 9-13 推拉式塑钢窗构造图

推拉窗最明显的优势是窗扇的自重均匀分布在下框上，因此，它多适用于大面积窗或安装厚玻璃、双层玻璃及当地风荷载较大的情况。由于推拉式塑钢窗的密封做法是靠接触摩擦，而不是像平开窗那样靠强力挤压，因此其气密性和水密性远不如平开窗的效果好，对节能极其不利，在寒冷地区仅允许用于室内。

微课：遮阳设施

9.5 遮阳设施

问题引入

绿色建筑强调自然采光、通风和加大迎面光以便利用太阳能，但是这样就会增加窗墙比，使建筑的保温性能降低，只能通过强化采暖系统和制冷系统来进行弥补，运行中耗能较大，增加了业主的开支。不少建成与建设中的居住建筑，采用大面积的落地窗。大面宽、小进深住宅在房地产市场中颇受欢迎，但如何运用建筑节能呢？

遮阳是为了避免阳光直射室内，防止局部过热，减少太阳辐射热或产生眩光以及保护物品而采取的建筑措施。建筑遮阳方法很多，如室外绿化、室内窗帘、设置百叶窗等均是有效的方法；但对于太阳辐射强烈的地区，特别是朝向不利的墙面上建筑的门窗等洞口，应设置专用遮阳措施。在窗外设置遮阳设施对室内通风和采光均会产生不利影响，对建筑造型和立面设计也会产生影响。因此，遮阳构造设计时应根据采光、通风、遮阳、美观等统一考虑。

9.5.1 遮阳的形式

建筑遮阳的形式有简易活动遮阳和固定遮阳两种。简易活动遮阳是利用苇席、布篷、竹帘等措施进行遮阳，这种形式简单、经济、灵活，但耐久性差，如图 9-14 所示。

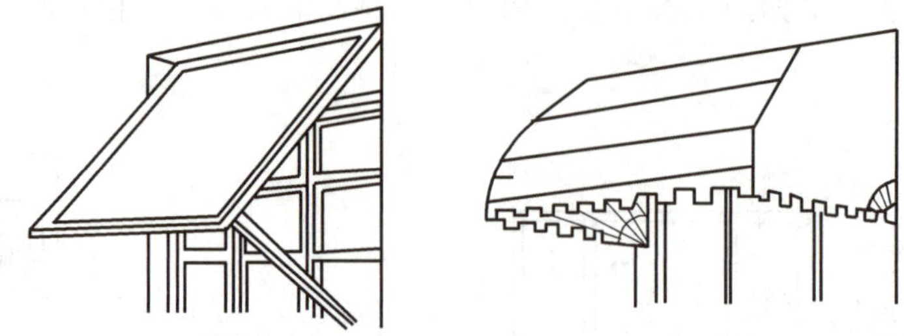

a) 苇席遮阳　　b) 布篷遮阳

图 9-14　简易活动遮阳

固定遮阳板在布置时有水平遮阳、垂直遮阳、综合式遮阳及挡板遮阳四种形式，如图 9-15 所示，在工程中应根据太阳光线的高度角及方向选择遮阳板的尺寸和布置形式。

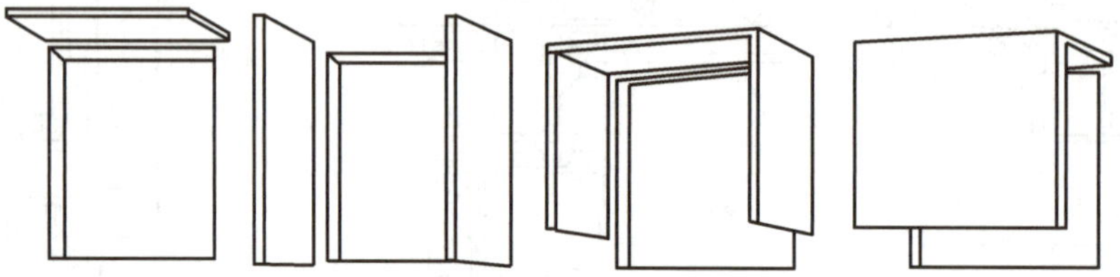

a) 水平遮阳　　b) 垂直遮阳　　c) 综合式遮阳　　d) 挡板遮阳

图 9-15　固定遮阳板形式

（1）水平遮阳　水平遮阳指在窗户的上方设置一定宽度的遮阳板，能遮挡高度角较大的从窗户上方照射下来的阳光，应用于窗口朝南及其附近朝向的所有窗户，如图 9-16 所示。

（2）垂直遮阳　垂直遮阳指在窗户的两侧设置了一定宽度的垂直方向的大遮阳板，能遮挡高度角比较小的从窗户两侧斜射进的阳光，应用于窗口朝南及北偏东、偏西朝向的窗户，如图 9-17 所示。

图 9-16　水平遮阳

图 9-17　垂直遮阳

（3）综合式遮阳　综合式遮阳是上述两种遮阳板的基本综合，能遮挡相对高度角较大、从窗户上方照进来的阳光，也能遮挡高度角比较小、从窗户两侧斜射进的阳光，遮阳效果相对明显。综合式遮阳适用于南向、东南向及西南向的大部分窗户。

（4）挡板遮阳　挡板遮阳是在窗户的前方，设置离窗户有一定距离的平行方向垂直的大遮阳板，能够有效地遮挡高度角较小、从窗户正方照射下来的阳光。挡板遮阳应用于窗口朝东、西及其附近朝向的窗户。但此种遮阳板遮挡了大部分视线和风，可做成百叶式或活动式的挡板。

9.5.2　遮阳板的构造及建筑处理方法

遮阳板一般采用混凝土板，也可以采用钢构架石棉瓦、压型金属板等构造。建筑立面上设置遮阳板时，为兼顾建筑造型和立面设计要求，遮阳板布置宜整齐有规律。建筑中通常将水平遮阳板或垂直遮阳板连续设置，形成较好的立面效果，如图 9-18 所示。

图 9-18 遮阳板的建筑立面效果

相关链接

现代建筑由于大量采用了玻璃幕墙结构，致使阳光可直接进入室内，从而使室内温度迅速上升，产生温室效应。为达到降温的目的，不得不加大空调的功率，耗能增大。同时，由于紫外线毫无阻碍地进入室内，不仅对人和物品造成伤害，还会使人在直接辐射热的照射下，感觉空调的功率不足。在这种状况下，建筑遮阳的设施作用就凸显了出来。建筑遮阳系统可以起到阻隔热量的作用。如果设置室外遮阳系统，那么太阳光线到达玻璃窗之前就已经被拦截了；如果是室内遮阳，那么它也能将透过玻璃窗的太阳光线反射回去。同时，遮阳系统隔断了紫外线，能有效地保护人类免受其害。遮阳系统还可以调节可见光，防止眩光，这对于现代办公是非常必要的。此外，遮阳系统还能调节自然气流并达到改善环境的作用。而更为重要的是，遮阳系统的阻隔，减少了空调的功耗，从而达到了节能的目的。

项目小结

本项目主要介绍了门窗的作用和构造要求；门窗的分类；门与窗的类型与组成；平开木门窗的构造；塑钢窗的构造；铝合金门窗的构造；建筑中遮阳的作用与形式等内容。

1. 门按其开启方式分，通常有平开门、弹簧门、推拉门、折叠门、转门等。平开门是最常见的门。门洞的高宽尺寸应符合现行《建筑模数协调标准》（GB/T 50002—2013）的规定。

2. 窗按其开启方式分，有平开窗、固定窗、悬窗、推拉窗等。窗洞尺寸通常采用 3M 数列作为标志尺寸。

3. 平开门由门框、门扇等组成；平开窗由窗框、窗扇、五金零件及附件组成。

4. 铝合金门窗和塑钢门窗以其优良的性能，得到广泛应用。

知识拓展篇

项目10

建筑节能

思维导图

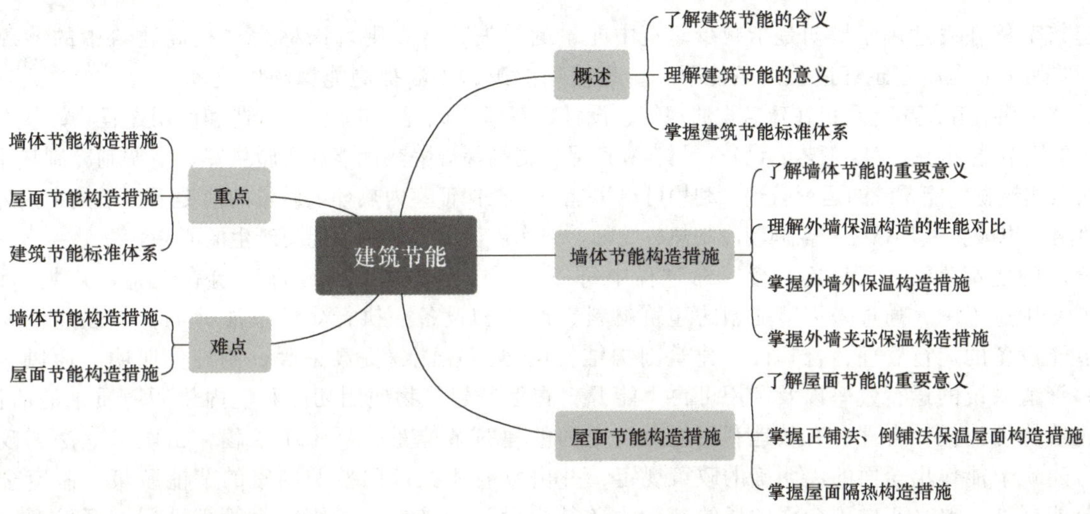

知识储备

党的二十大报告中指出，大自然是人类赖以生存发展的基本条件。尊重自然、顺应自然、保护自然，是全面建设社会主义现代化国家的内在要求。必须牢固树立和践行“绿水青山就是金山银山”的理念，站在人与自然和谐共生的高度谋划发展。在保护环境，实现可持续发展的过程中，节能已经是时代发展的呼声，也是促进科技进步的很好方式。

建筑节能是一个关乎国计民生的大问题，是节约能源的一个重要组成部分。

10.1 概述

问题引入

北京玉渊潭南岸有一座8层高的浅紫色楼房，它曾创造了运行两年年节能72.3%的纪录。这座貌不惊人的建筑就是科技部节能示范楼，如图10-1所示，被国际建筑界一致认可为节能建筑的绿色样板。

图 10-1　科技部节能示范楼全景

科技部节能示范楼连续获得了建设部颁发的“全国绿色建筑创新奖”和美国绿色建筑协会颁发的“节能设计领先金质奖”等节能大奖。为什么这样一座看似普通的建筑能创造奇迹并屡获大奖呢？

10.1.1　建筑节能的含义

建筑节能在发达国家最初是指减少建筑中能量的散失，现在则普遍称为“提高建筑中的能源利用率”，即在保证提高建筑舒适性的条件下，合理使用能源，不断提高能源利用效率。

具体来讲，建筑节能是指在建筑物的规划、设计、新建（改建、扩建）、改造和使用过程中，执行节能标准，采用节能型的技术、工艺、设备、材料和产品，提高保温隔热性能和采暖供热、空调制冷制热系统效率，加强建筑物用能系统的运行管理，利用可再生能源，在保证室内热环境质量的前提下，增大室内外能量交换热阻，以减少供热系统、空调制冷制热、照明、热水供应因大量热消耗而产生的能耗。

全面的建筑节能，就是建筑全寿命过程中每一个环节节能的总和，即建筑在选址、规划、设计、建造和使用过程中，通过采用节能型的建筑材料、产品和设备，执行建筑节能标准，加强建筑物所使用的节能设备的运行管理，合理设计建筑围护结构的热工性能，提高采暖、制冷、照明、通风、给水排水和管道系统的运行效率以及利用可再生能源，在保证建筑物使用功能和室内热环境质量的前提下，降低建筑能源消耗，合理、有效地利用能源。全面的建筑节能是一项系统工程，由国家立法、政府主导，对建筑节能作出全面的、明确的政策规定，并由政府相关部门按照国家的节能政策，制定全面的建筑节能标准。要真正做到全面的建筑节能，还须由设计、施工、各级监督管理部门、开发商、运行管理部门、用户等各个环节，严格按照国家节能政策和节能标准的规定，全面贯彻执行各项节能措施，从而使每一位公民真正树立起全面的建筑节能观，将建筑节能真正落到实处。

10.1.2　建筑节能的重要意义

首先，我国是以煤炭和石油为主要能源的国家，这些化石类能源在燃烧过程中产生大量的二氧化碳、二氧化硫、氮氧化合物及悬浮颗粒。二氧化碳引发地球大气外层的“温室效应”，严重危害人类的生存环境；二氧化硫、氮氧化合物等污染物不但是引发呼吸道疾病的根源之一，而且还易形成酸雨，破坏森林、土壤及建筑物。我国北方冬季供暖期间，时常出现污染严重的雾霾天气，就与大量使用化石类能源直接有关。节能建筑减少了能源消耗，就减少了污染物的排放，也就改善了环境质量，减弱了温室效应。因此，落实建筑节能就是保护环境。

其次，随着我国人民生活水平的不断提升，舒适的室内环境已成为人们生活的普遍需求。在北方，节能建筑外围护结构的保温性能得到了极大提高，外门窗的保温性、气密性也不断提高，冬季其内表面温度明显提升，这些都非常有利于提高室内的舒适度和室内环境的稳定性；在南方，节能建筑外围护结构的隔热性能得到极大提升，并且加强自然通风，注重遮阳设计，这些措施极大地改善了夏季室内闷热的情况，提高了环境舒适度。在工作场所，室内舒适度的改善，有利于提高工作效率和劳动生产率，提高劳动者的健康水平。

最后，能源是发展国民经济、改善人民生活质量的重要物质基础，也是维系国家安全的重要战略资源。目前，建筑用能达到全国能源消耗总量的27.5%，已成为“能源消耗大户”，不落实好建筑节能工作，将长期加大我国的能源负担，不利于我国经济的可持续发展。另外，发展建筑节能需要一定的增量投资，但投入少、节省多。节能建筑投资回报期一般为5年左右，与建筑物的使用寿命周期50~100年相比，其经济效益是非常显著的。节能建筑在一次投资后，其供暖或空调节省下来的费用可在其寿命周期内长期受益。所以，新建的节能建筑和老建筑的节能改造，将形成具有投资效益和环境效益双赢的国民经济新的增长点。同时，建筑节能事业极大地促进了建筑业的科技进步，也推动了社会的发展。

小知识

国家将全面推进城镇绿色规划、绿色建设、绿色运行管理，推动低碳城市、韧性城市、海绵城市、“无废城市”建设。全面提高建筑节能标准，加快发展超低能耗建筑，积极推进既有建筑节能改造、建筑光伏一体化建设。因地制宜推动北方地区清洁取暖，加快工业余热、可再生能源等在城镇供热中的规模化应用。实施绿色高效制冷行动，以建筑中央空调、数据中心、商务产业园区、冷链物流等为重点，更新升级制冷技术、设备，优化负荷供需匹配，大幅提升制冷系统能效水平。实施公共供水管网漏损治理工程。

10.2 墙体节能构造措施

问题引入

位于重庆市北碚区的天奇花园是重庆市第一个建筑节能小区。这个小区节能房的最大特点是通风透气，整幢房从屋顶到地面，都由一个通风道相连。楼房的建设采取了首层架空方式，屋顶上采取了一些隔热设施；除采取架空隔热外，还铺设了一种特别的浮土，方便散热。此外，还采用了双层玻璃塑钢窗、节能墙体等新型隔热隔声材料。节能建筑的屋顶保温能力为非节能建筑的1.5~2.6倍，外墙的保温能力为非节能建筑的2~3倍，窗户的保温能力为非节能建筑的1.3~1.6倍。

理想的节能建筑应在最少的能量消耗下满足以下三点：一是能够在不同季节、不同区域控制接收或阻止太阳辐射；二是能够在不同季节保持室内的舒适性；三是能够使室内实现必要的通风换气。建筑节能的途径主要包括：尽量减少不可再生能源的消耗，提高能源的使用效率；减少建筑围护结构的能量损失；降低建筑设施运行的能耗。在这三个方面，高新技术起着决定性的作用。当然，建筑节能也采用一些传统技术，但这些传统技术只有在先进的试验论证和科学的理论分析的基础上才能用于现代化的建筑中。

普通的民用建筑，一般通过对建筑围护结构进行节能改造来改善建筑的热工性能，从而使得建筑在夏季可减少室外热量传入室内，在冬季可减少室内热量的流失，使建筑热环境得以改善，减少建筑的冷、热消耗。

常用的复合墙体节能构造做法有外墙内保温、外墙夹芯保温、外墙外保温，其优缺点比较见表10-1，如图10-2所示为外墙保温位置示意图。

表10-1 复合墙体节能构造做法比较

技术类型	典型构造法(由外至内)	主要优点	主要缺点
外墙内保温	结构层+绝热层+面层	对面层无耐候要求；施工便利；施工不受气候影响；造价适中	有热桥产生；墙体内表面结露；减少有效使用面积；室内温度波动大
外墙夹芯保温	1. 结构层中间填入绝热材料 2. 预制复合板	施工便利；绝热性好；现场施工；造价不高	有热桥产生；墙体较厚；抗震性能不好；接缝处理不当容易渗漏
外墙外保温	1. 饰面层+增强层+绝热层+结构层 2. 预制带饰面外保温板，用粘挂结合固定于结构层上	基本上可以消除热桥；墙体表面不结露；不减少使用面积；新建房屋和旧房屋改造均可使用；室内热稳定性好，热适应性好	冬期、雨期施工受到影响；现场施工质量要求严格；接缝处理不当容易渗漏；造价较高

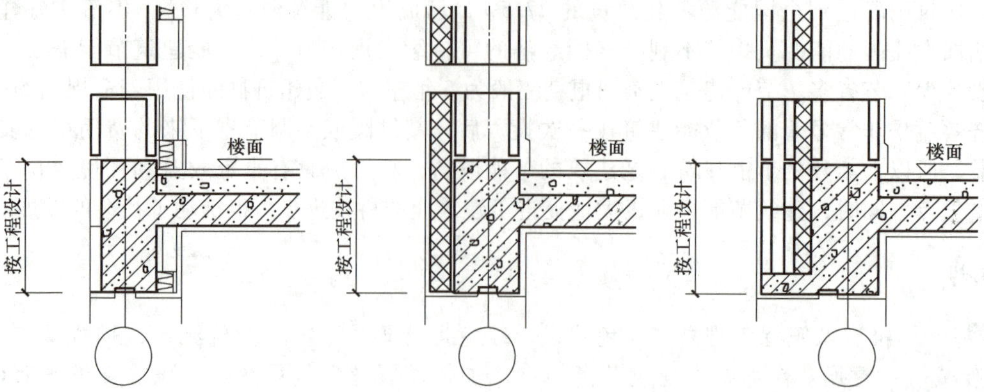

图 10-2　外墙保温位置示意图

对于砌体墙上的圈梁、构造柱等热桥部位（图 10-3），可以利用砌块厚度与圈梁、构造柱的最小允许截面厚度尺寸之间的差，将圈梁、构造柱与外墙的一侧做平，然后在另一侧圈梁、构造柱部位墙面的凹陷处填入一道加强保温材料，如聚苯板等，厚度以与墙面做平为宜。当加强保温材料做在外墙外侧时，考虑适应变形及安全的因素，聚苯板等应用钉加固。

外墙内保温是指在外墙的内侧使用聚苯板、保温砂浆等保温材料，从而使建筑达到节能要求的构造方法。该构造方法具有施工方便，对建筑外墙垂直度要求不高，施工速度快等优点；但是外墙内保温的做法不能很好地解决建筑热桥的问题，同时房间内部使用和改造都受到很大的限制。

内外混合保温是指在施工中，外保温施工操作方便的部位采用外保温，外保温施工操作不方便的部位采用内保温，从而达到对建筑保温的施工方法。

外墙外保温是指将保温隔热体系置于外墙外侧，使建筑达到保温的构造方法，如图 10-4 所示。其优点是技术成熟，产品寿命较长，也可使外墙的主要部分受到保护，大大降低温度应力的起伏，提高结构的耐久性；缺点是在高层建筑中有安全隐患，外墙面砖的做法受到限制。

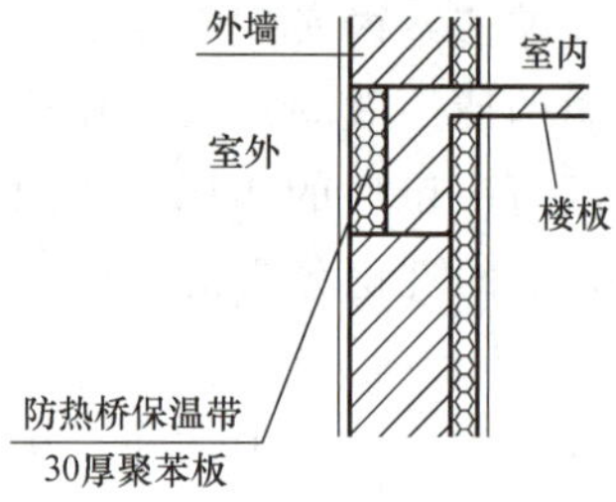

图 10-3　外墙热桥部位

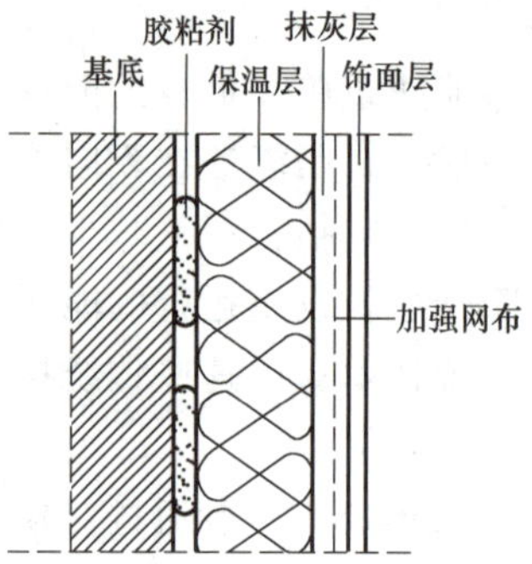

图 10-4　外墙外保温的基本构造

中间保温是指做两层墙，中间夹保温材料，这种做法效果好，是建筑保温的发展趋势，国外的工程中这种做法早已普及，在我国的发展受到限制主要是因为其造价高，构造做法与现行的做法差别太大，影响面广，难以一时普及。

1. 外墙外保温构造

外保温使建筑结构处于保温层的保护中，建筑结构所处温度环境稳定，有利于建筑结构的保护，增强耐久性。另外，外保温将建筑在外面包裹，保温面积大，更有利于保温节能。

建筑的外保温应该是整个建筑全部的外保温，并应遵循材料层“逐层渐变，柔性释放应力”的原则。由于外墙对于饰面的要求往往比屋面高，因此装饰材料与保温材料以及各构造层次之间的排列顺序、连接方法等，都需要综合考虑安全、美观、方便等诸多因素。归纳起来，建筑外墙面的保温层构造应该能够满足以下要求：适应基层的正常变形而不产生裂缝及空鼓；长期承受自重而不产生有害的变形；承受风荷载的作用而不产生破坏；在室外气候的长期反复作用下不产生破坏；罕遇地震时不从基层上脱落；防火性能符合国家有关规定；具有防止水渗透的功能；各组成部分具有物理-化学稳定性，所有的组成材料彼此相容，具有防腐性。

（1）聚苯乙烯泡沫塑料板薄抹灰外墙外保温　见表10-2，该构造采用聚苯板作为保温隔热层用胶粘剂与基层墙体黏结，辅以锚栓固定（当建筑物高度不超过20m时，也可采用单一的黏结固定方式，由个体工程设计具体情况选定并说明）。聚苯板的防护层为嵌埋有耐碱玻璃纤维网格布增强的聚合物抗裂砂浆，属于薄抹灰面层，其防护层厚度普通型为3~5mm，加强型为5~7mm，涂料面层。

表10-2　聚苯乙烯泡沫塑料板薄抹灰外墙外保温基本构造

基层墙体	保温隔热层和固定方式	防护层	饰面层
混凝土墙体、各种砌体墙体	聚苯板（或挤塑型聚苯板）粘贴（辅以锚栓）	聚合物抗裂砂浆、耐碱玻璃纤维网格布增强	涂料

挤塑聚苯板作为第二种保温隔热材料，因其强度较高，有利于抵抗各种外力作用，故可用于建筑物的首层等易受撞击的部位，其构造如图10-5~图10-8所示。

基层墙体应坚实平整（砌筑墙体应将灰缝刮平），凸出物应剔除找平，墙面应清洁，无妨碍黏结的污染物。

黏结聚苯板时，板缝应挤紧，相邻板应齐平，板间缝隙不得大于2mm，板间高度不得大于1.5mm，板缝隙大于2mm时，应用聚苯板条将缝塞满，板条不得黏结；更不得用胶粘剂直接填缝，板间高差大于1.5mm的部位应打磨平整。

锚栓应在黏结聚苯板的胶粘剂初凝后，方能钻孔安装。防护层施工应在聚苯板黏结牢固后（至少24h）进行。墙面连续高或宽超过23m时，应设伸缩缝。洞口四角部位的聚苯板应切割成型，不得拼装。防护层施工前，应在洞口四角部位附加耐碱玻璃纤维网格布，如图10-5所示。

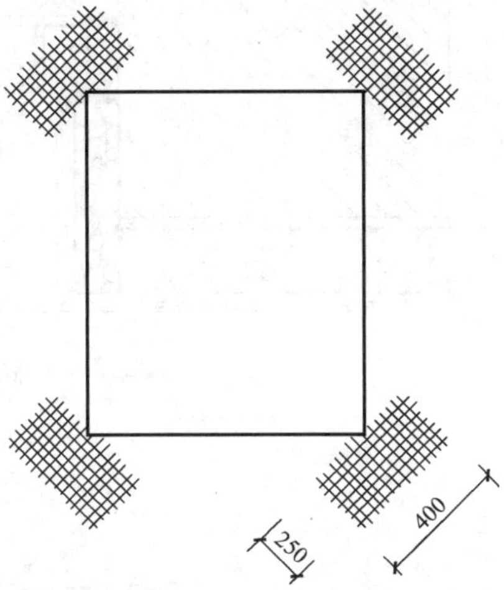

图10-5　窗洞口四角附加玻璃纤维网格布

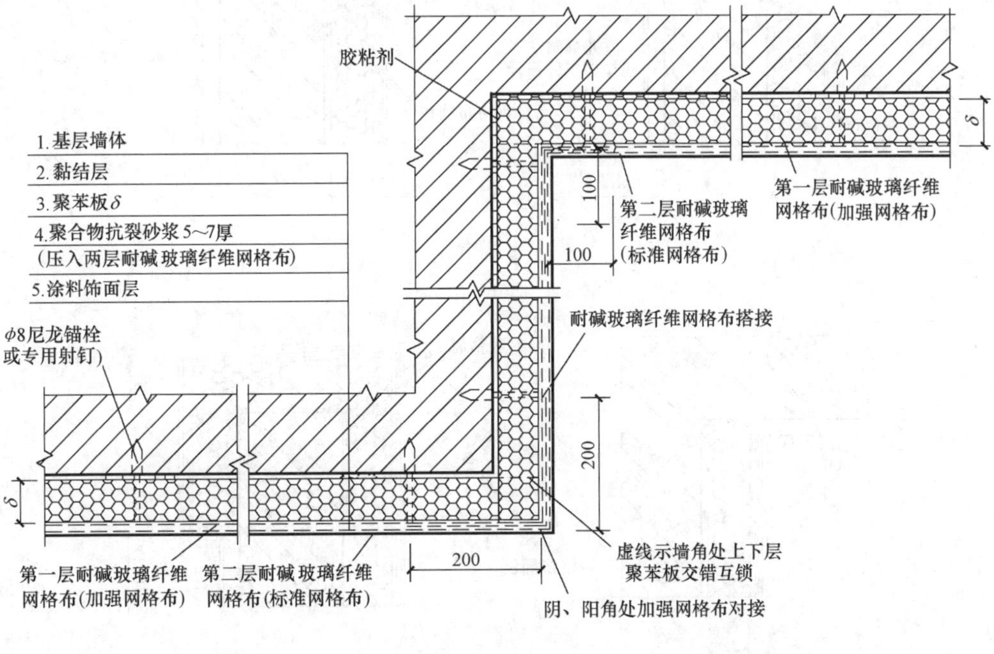

图10-6　聚苯乙烯泡沫塑料板薄抹灰外墙外保温墙体构造

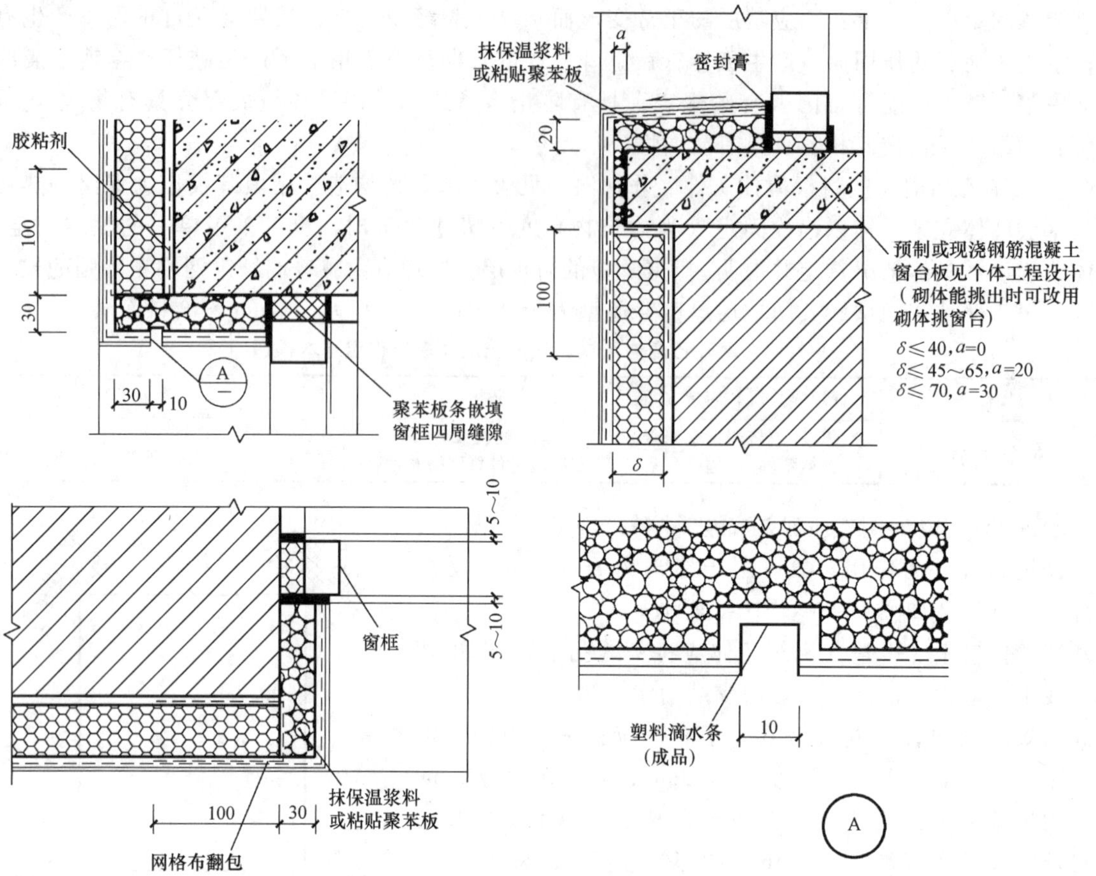

图 10-7　窗口构造

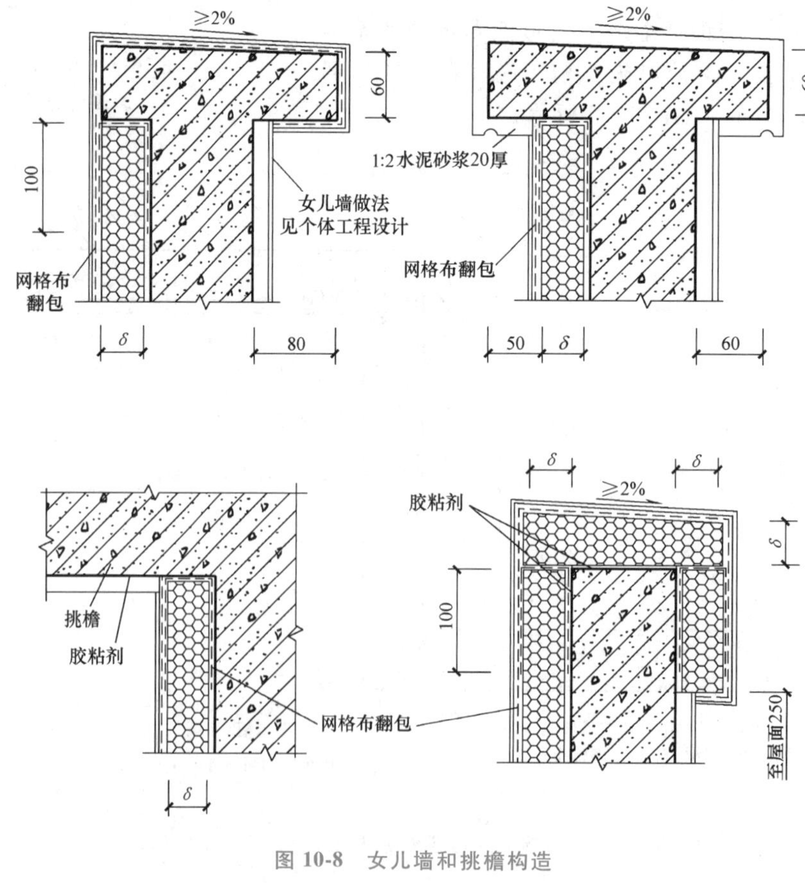

图 10-8　女儿墙和挑檐构造

（2）胶粉聚苯颗粒保温浆料外墙外保温 见表10-3，该做法采用胶粉聚苯颗粒保温浆料（简称保温浆料）作为保温隔热材料抹在基层墙体表面，保温浆料的防护层为嵌埋有耐碱玻璃纤维网格布增强的聚合物抗裂砂浆，属于薄抹灰面层，其构造如图10-9~图10-11所示。

表10-3 胶粉聚苯颗粒保温浆料外墙外保温基本构造

基层墙体	保温隔热层和固定方式	防护层	饰面层
混凝土墙体、各种砌体墙体	保温浆料抹在基层墙面上	聚合物抗裂砂浆，耐碱玻璃纤维网格布增强	涂料或面砖

饰面层分为涂料和面砖两种。涂料饰面时，保温层分为一般型和加强型（用于建筑物高度大于30m且保温层厚度大于60mm时），加强型的做法是在保温层中距外表面20mm处铺设一层六角镀锌钢丝网与基层墙体拉牢。面砖饰面时，则在保温层表面铺设一层与基层墙体拉牢的四角钢丝网，再抹聚

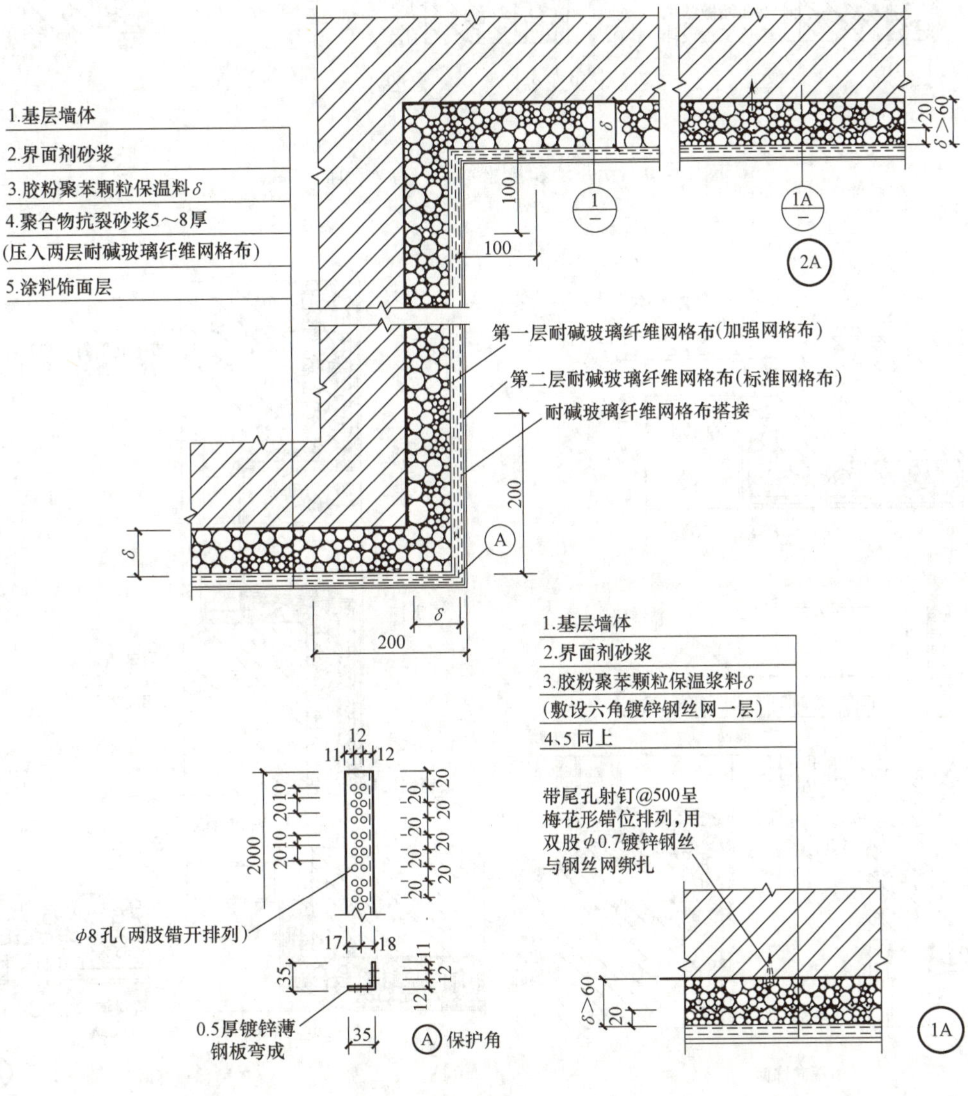

图10-9 胶粉聚苯颗粒保温浆料外墙外保温墙体构造（涂料饰面）

注：1. (1A) (2A) 仅用于高度 $h \geqslant 30\text{m}$ 且保温浆料厚度 $\delta > 60\text{mm}$ 的高层建筑。

2. 如基层墙体不宜使用射钉，亦可采用砖缝内埋设Φ6钢筋或其他锚固方式。

3. 六角镀锌钢丝网的规格：丝径为0.8mm，孔径为25mm。

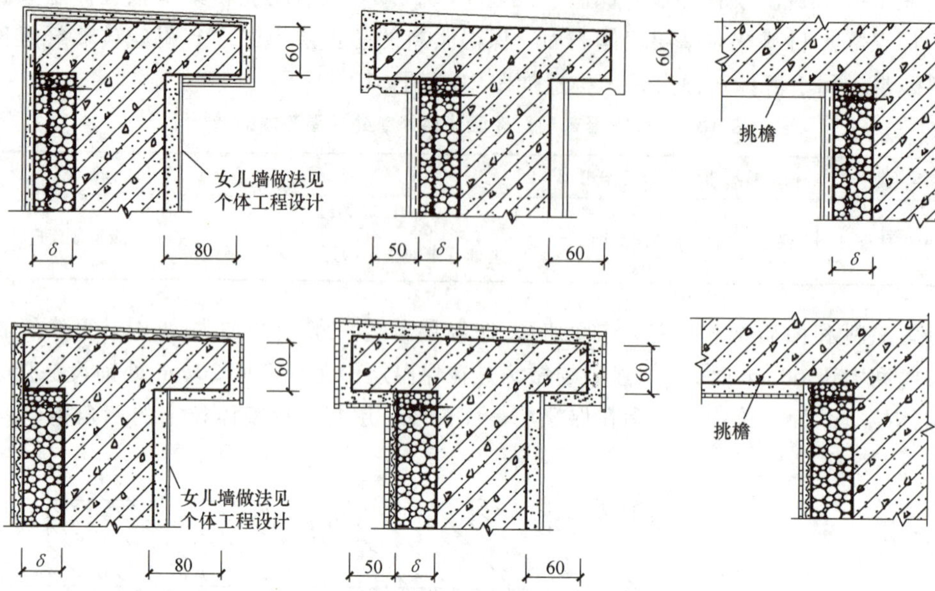

图 10-10　女儿墙和挑檐构造（涂料和面砖饰面）

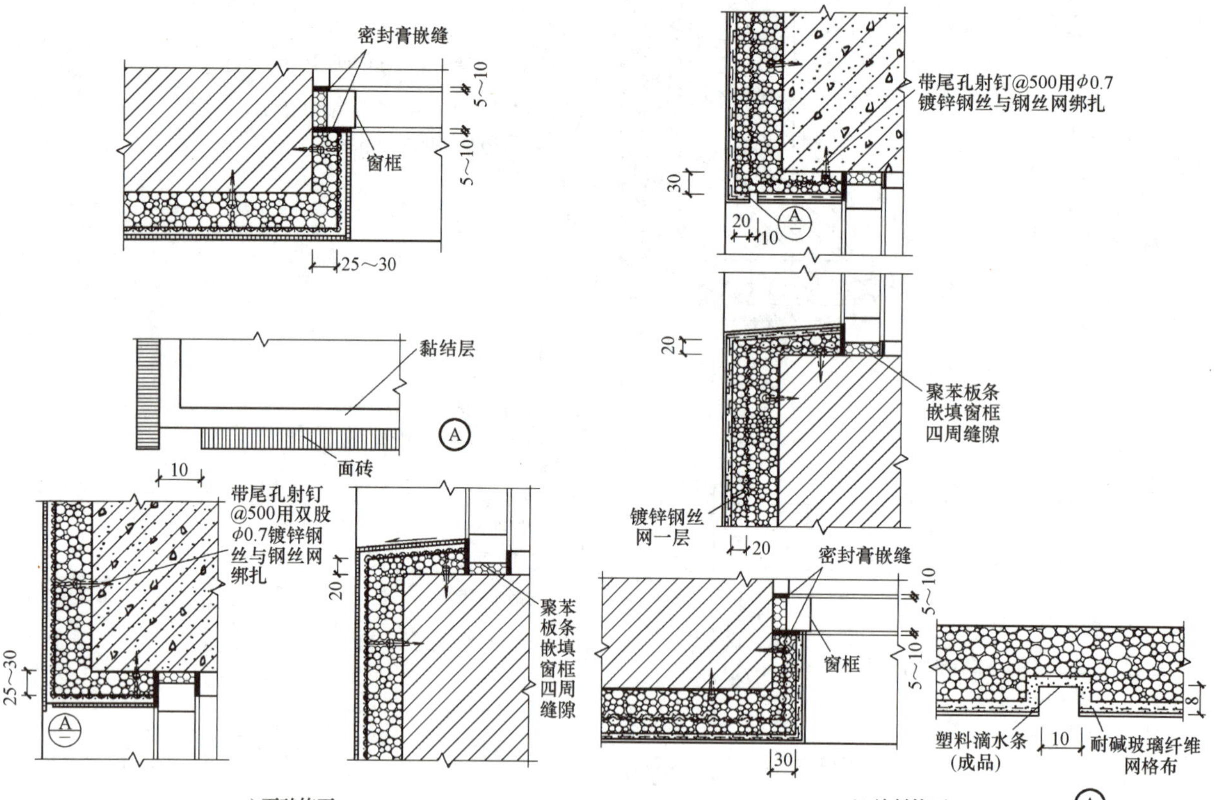

a) 面砖饰面　　b) 涂料饰面　Ⓐ

图 10-11　窗口构造

合物抗裂砂浆作为防护层，面砖用胶粘剂粘贴在防护层上。在高聚物砂浆中夹入网格布是为了防止外粉刷空鼓、开裂。注意玻璃纤维网格布应该放在高聚物砂浆的中间层，就像将钢筋放入混凝土中制成钢筋混凝土，而不是将钢筋附在混凝土表面一样。

基层墙体表面应清理干净，无油渍、浮尘，大于10mm的凸出部分应铲平。

经过处理符合要求的基层墙体表面，均应涂刷界面砂浆（黏土多孔砖用水淋湿即可）。

（3）聚苯乙烯泡沫塑料板现浇混凝土外墙外保温　见表10-4，该构造做法的基层墙体为现浇钢筋混凝土墙，采用聚苯板作为保温隔热材料，置于外墙外模内侧，并以锚栓为辅助固定件，与钢筋混凝土墙现浇为一体，聚苯板的抹面层为嵌埋有耐碱玻璃纤维网格布增强的聚合物砂浆，属于薄抹灰面层，涂料饰面。挤塑型聚苯板作为第二种保温隔热材料，因其强度较高，有利于抵抗各种外力作用，故可用于建筑物首层等易受撞击的部位。其构造如图10-12～图10-15所示。

表10-4　聚苯乙烯泡沫塑料板现浇混凝土外墙外保温基本构造

基层墙体	保温隔热层和固定方式	防护层	饰面层
现浇钢筋混凝土墙	聚苯板与基层墙体一次浇筑成型（辅以锚栓拉结）	聚合物抗裂砂浆，耐碱玻璃纤维网格布增强	涂料

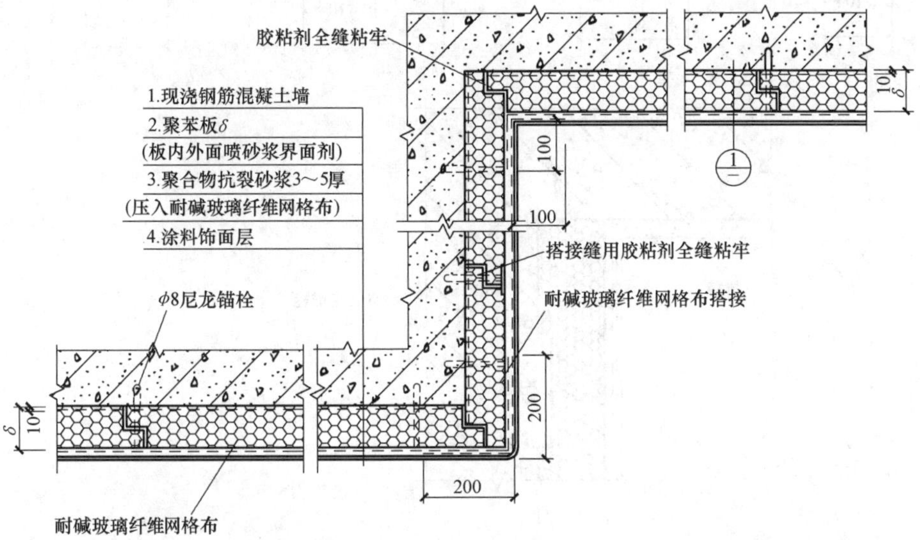

图10-12　聚苯乙烯泡沫塑料板现浇混凝土外墙外保温（首层墙体构造及转角）

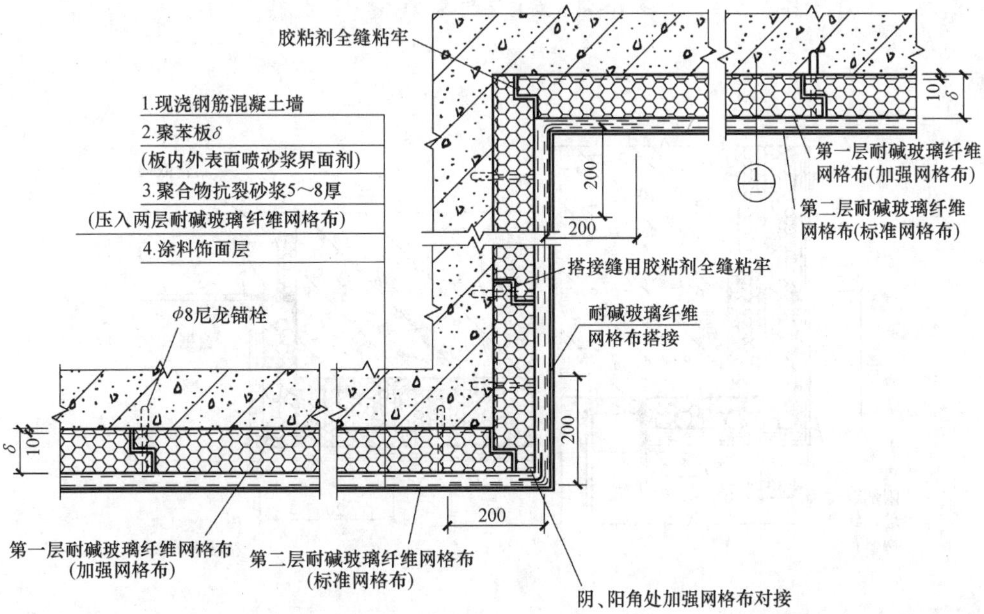

图10-13　聚苯乙烯泡沫塑料板现浇混凝土外墙外保温（二层及二层以上墙体构造及转角）

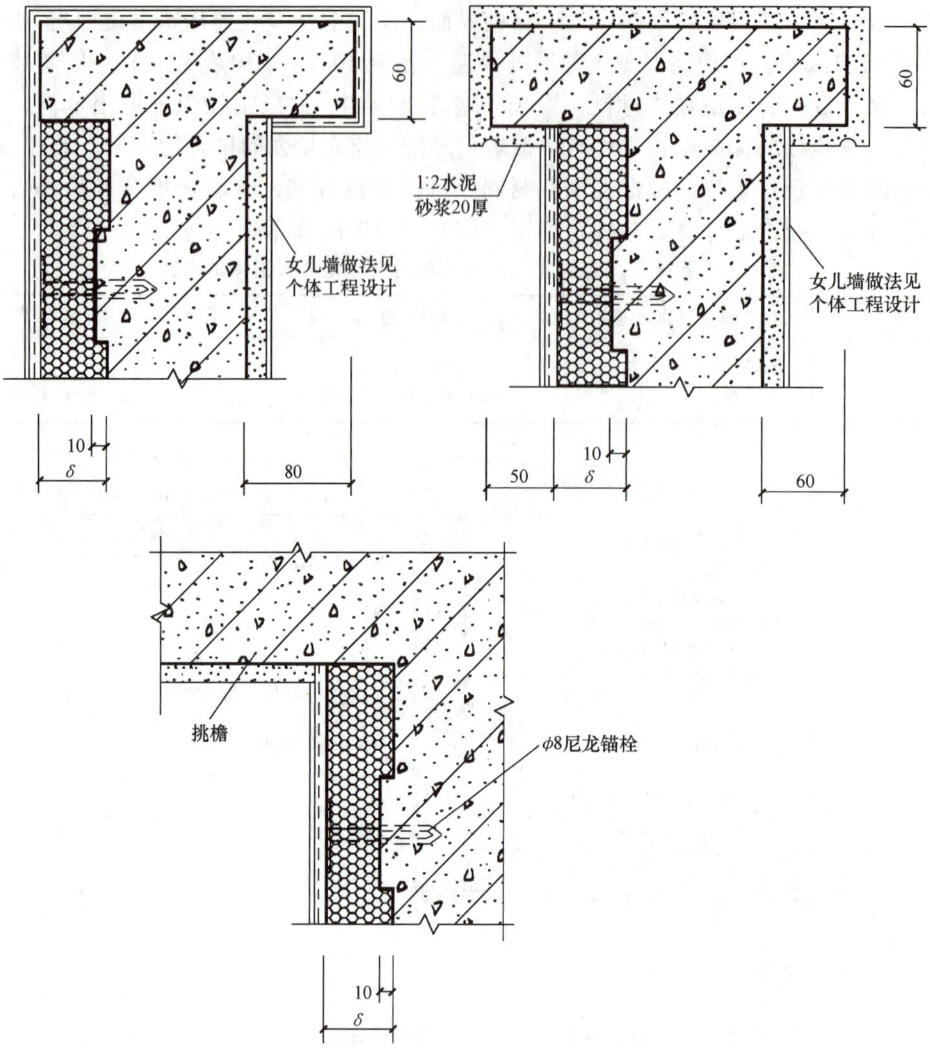

图 10-14　女儿墙和挑檐构造

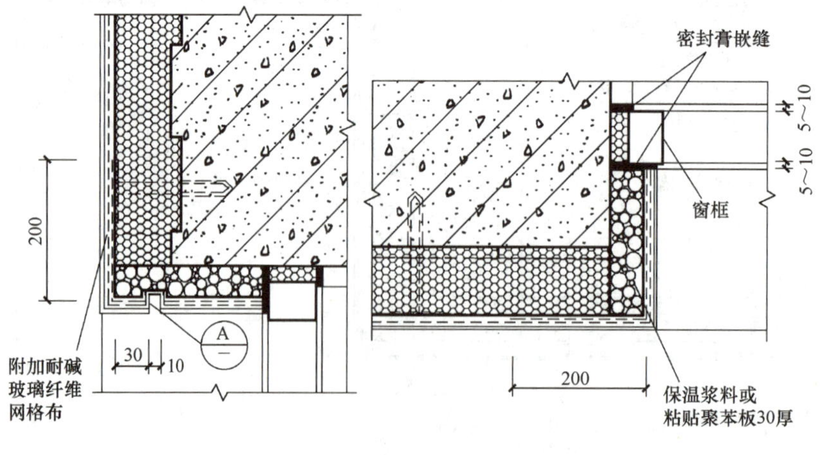

图 10-15　窗台构造

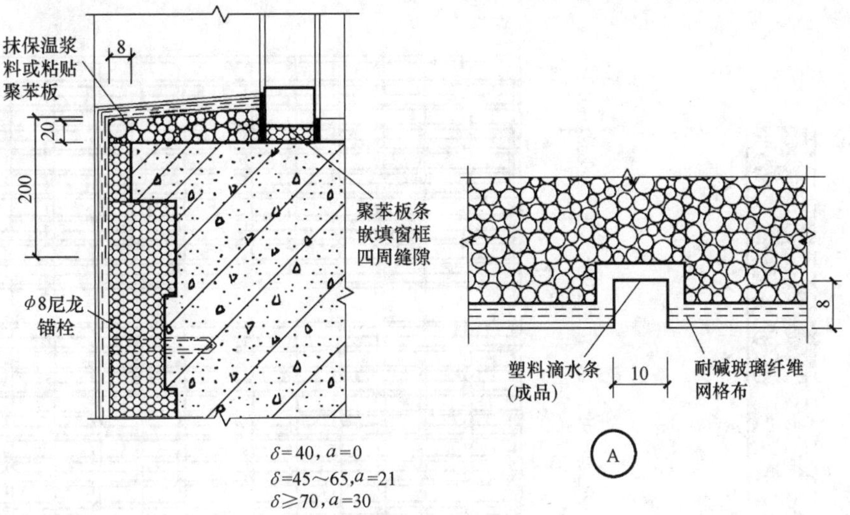

图 10-15　窗台构造（续）

聚苯板内外表面均满喷砂浆界面剂，拼装时，板间的各相邻边应全部满刷胶粘剂一遍，以使板缝紧密黏结。聚苯板表面用保温浆料局部找平时，找平厚度不得大于10mm。防护层施工前，应在洞口四角部位附加耐碱玻璃纤维网格布。

（4）钢丝网架聚苯乙烯泡沫塑料现浇混凝土外墙外保温　其基本构造见表10-5，该做法的基层墙体为现浇钢筋混凝土墙，采用腹丝穿透型钢丝网架聚苯板作为保温隔热材料，置于外墙外模内侧，并以锚筋钩紧钢丝网片作为辅助固定措施与钢筋混凝土现浇为一体，聚苯板的抹面层为抗裂水泥砂浆（覆裹钢丝网片），属于厚型面砖饰面。聚苯板内外表面均满喷砂浆界面剂。聚苯板安装就位后，将Φ6锚筋穿透板身与混凝土墙体钢筋绑牢，锚筋穿过聚苯板的部分刷防锈漆两遍。聚苯板面的钢丝网片，在楼层分层处均应断开，不得相连。洞口四角部位应铺设附加钢丝网。其构造如图10-16～图10-19所示。

表 10-5　钢丝网架聚苯乙烯泡沫塑料现浇混凝土外墙外保温基本构造

基层墙体	保温隔热层和固定方式	防护层	饰面层
现浇钢筋混凝土墙	腹丝穿透型钢丝网架聚苯板与基层墙体一次浇筑成型（辅以锚筋拉结）	水泥砂浆	面砖

2. 外墙夹芯保温构造

在按照不同的使用功能设置多道墙板或者做双层砌体墙的建筑物中，外墙保温材料可以放置在这些墙板或砌体墙的夹层中，或者并不放入保温材料，只是封闭夹层空间形成静止的空气间层，并在里面设置具有较强反射功能的铝箔等，起到阻挡热量外流的作用。

混凝土小型空心砌块外墙夹芯保温有两种做法：一种是双层砌块的做法；另一种是采用集承重、保温、装饰为一体的复合砌块直接砌筑。

双层砌块保温外墙由结构层、保温层和保护层组成。结构层一般采用190mm厚的主砌块，保温层一般采用聚苯板、岩棉板或聚氨酯现场分段发泡，保护层一般采用90mm厚装饰砌块。为增强砌块墙的整体性，结构层和保护层砌块间用镀锌钢丝网片或拉结钢筋拉结。

双层砌块墙夹芯保温层做法如图10-20所示。

砖墙结构外墙夹芯保温由黏土砖和保温材料组成，分为围护结构、保温层和承重墙三层。围护结构和承重墙上保温层的材料厚度要通过具体设计来确定。常用的保温材料有岩棉板（图10-21）、聚苯板、玻璃棉板、膨胀珍珠岩板芯板等。由于保温材料在内外墙中间，所以保温材料受到防护；但保温

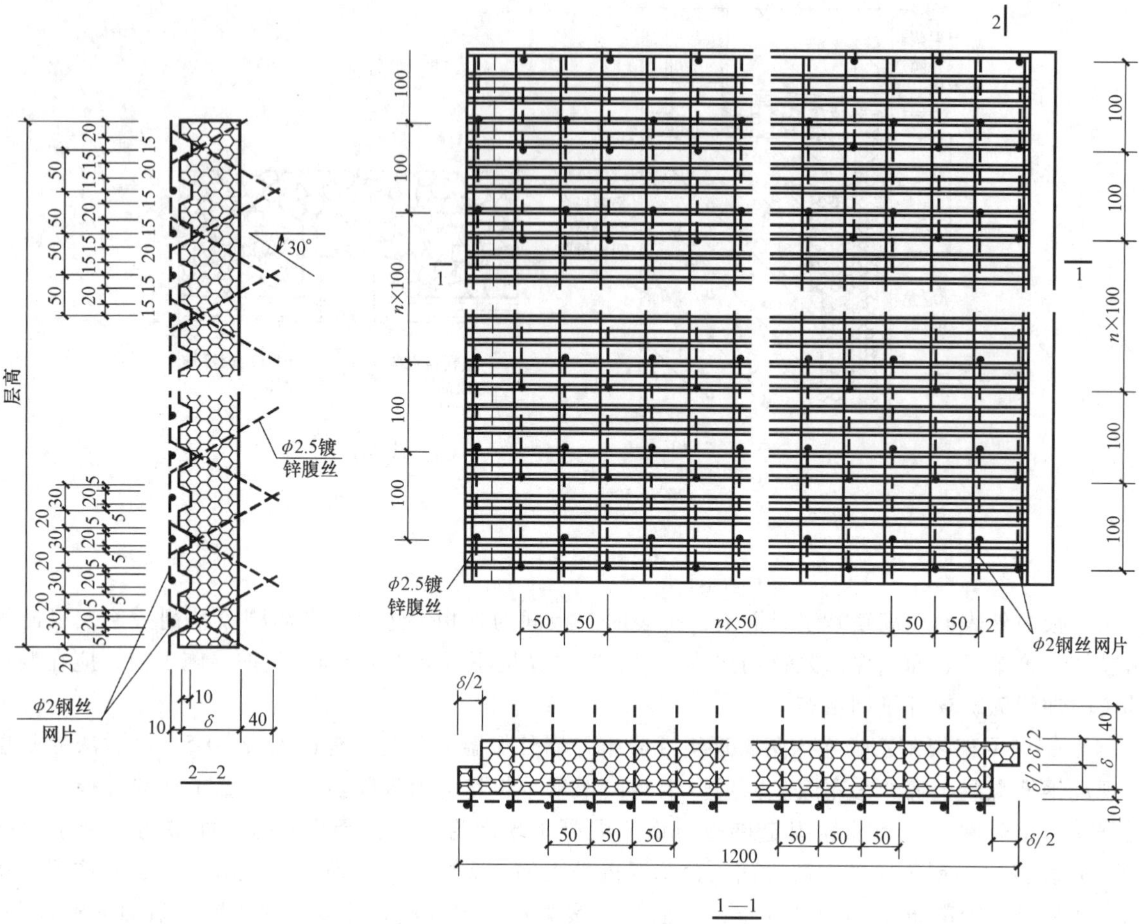

图 10-16　腹丝穿透型钢丝网架聚苯板板型

注：板面镀锌腹丝不得超过 200 根/m^2。

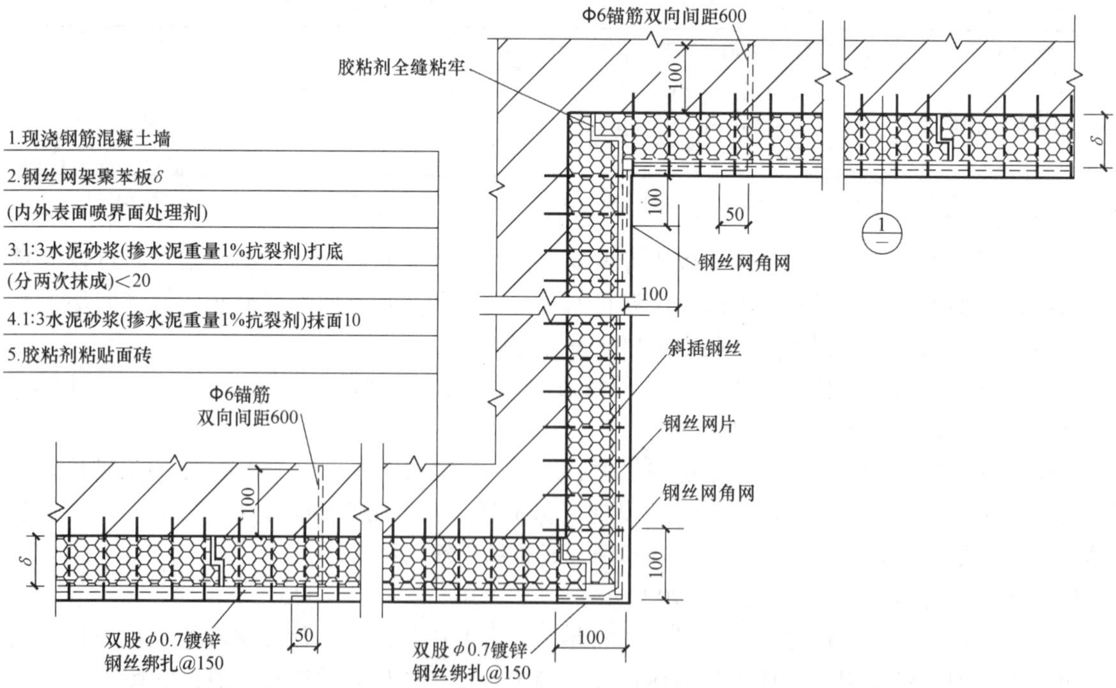

图 10-17　钢丝网架聚苯乙烯泡沫塑料现浇混凝土外墙外保温墙体构造及墙角

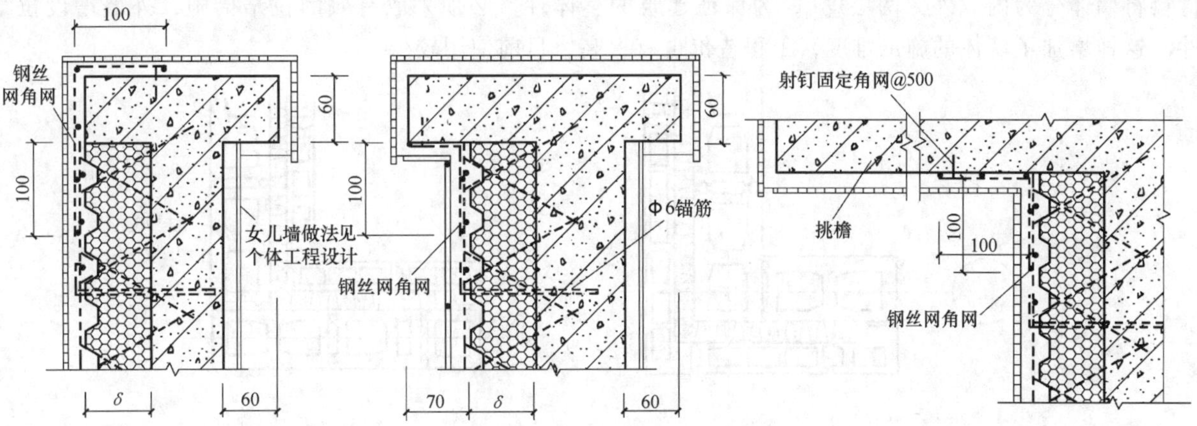

图 10-18 女儿墙和挑檐构造

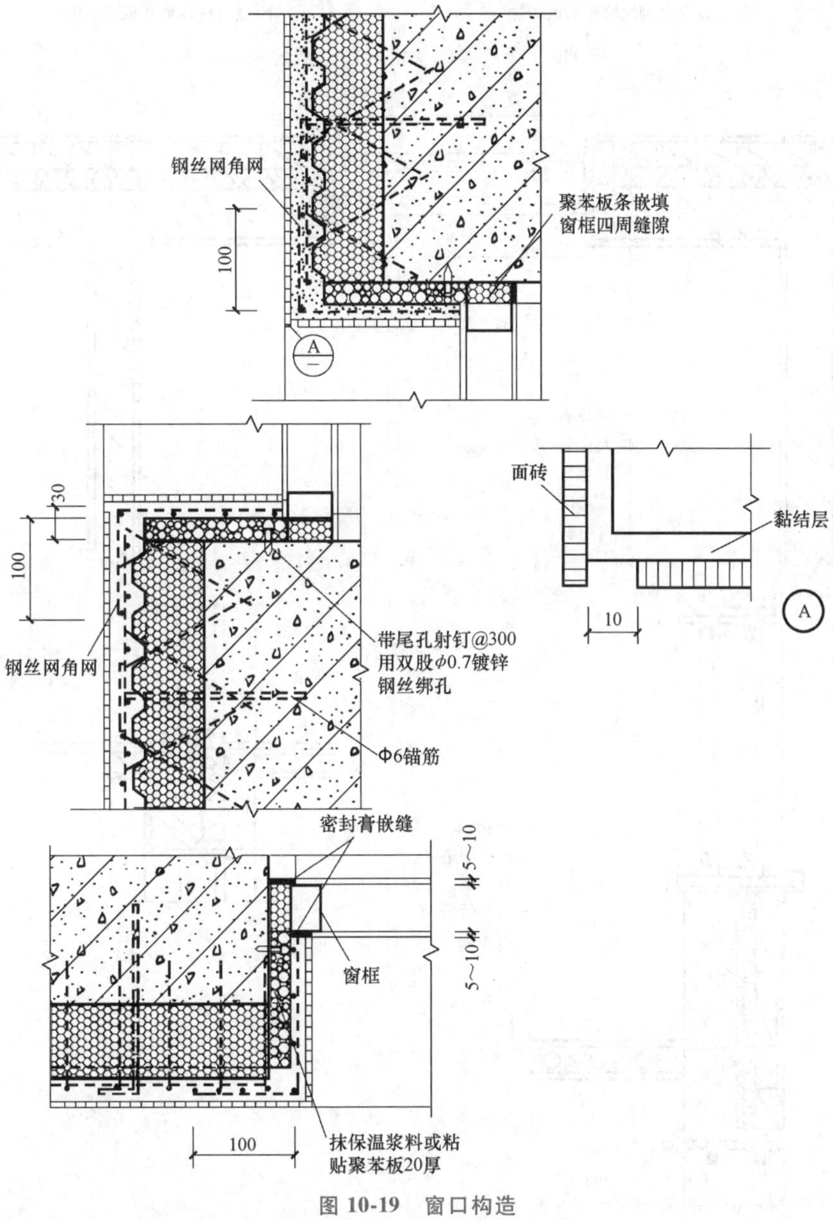

图 10-19 窗口构造

注：1. 窗口周边保温浆料或聚苯板表面抹与墙面材料相同的砂浆 12 厚，再用胶粘剂粘贴面砖。

2. 钢丝网角网做法同墙面钢丝网片，角网与钢丝网片搭接部位用双股 $\phi0.7$ 镀锌钢丝绑扎，@ 150。

材料将墙体分为内、外“两层皮”，为保证建筑的整体性，必须采取有效的拉结措施，外墙增设拉结件，这样增加了墙体的施工难度，工程造价也有提高，目前使用较少。

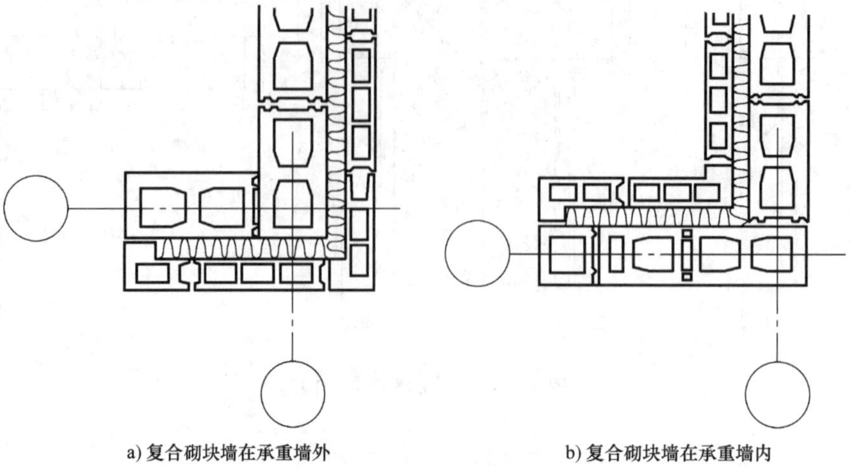

图 10-20　双层砌块墙夹芯保温层做法

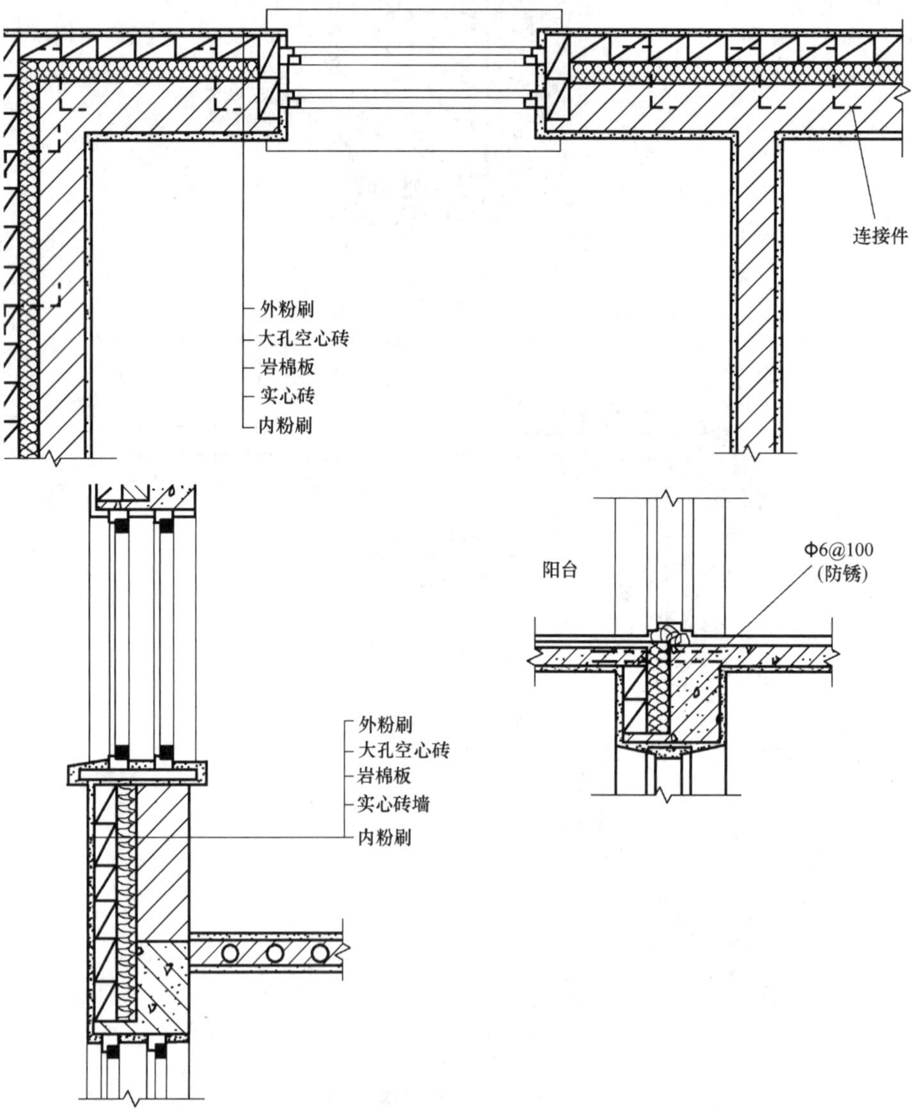

图 10-21　岩棉板用于空心砖墙夹芯保温构造

10.3　屋面节能构造措施

问题引入

在科技部节能示范楼的屋顶有一个美观实用的“空中花园”——绿草茵茵，松竹相映，60 多种植物分布在总面积 810m^2 的屋顶花园中，占屋顶面积的 70%，如图 10-22 所示。这座美丽的花园不仅装扮了大楼的屋顶，而且还有另外重要的作用。普通建筑夏季楼顶的温度超过 50℃ 甚至 60℃，有了这个屋顶花园，屋顶温度与地面草地接近，大楼高层办公室就像躲在窑洞里，室温大大降低，大楼制冷的压力就小多了。另外，它采取了自动喷灌系统加防积水的雨水过滤基底导流技术，实现雨水全回收，可以满足夏秋季屋顶花园和周边绿地的浇灌用水。通过各种节水措施，这样一座示范楼每年可节水 1 万 t。

图 10-22　科技部节能示范楼屋顶花园

10.3.1　屋面保温构造

为了提高屋面的保温要求，绝大多数的屋面为外保温构造。这种构造受周边热桥的影响较小。为了提高屋面的保温性能，以满足节能标准的要求，主要应选择轻质高强、吸水率低或不吸水的可长期使用、性能稳定的保温材料作为保温层。

常见的屋面保温材料从形式上可以分为板材、块材、卷材和散料。其中板材有憎水性水泥膨胀珍珠岩保温板、发泡聚苯乙烯保温板、挤塑型聚苯乙烯保温板、硬质和半硬质的玻璃棉或岩棉保温板；块材有水泥聚苯空心砌块等；卷材有玻璃棉毡和岩棉毡等；散材有膨胀珍珠岩、发泡聚苯乙烯颗粒等。其中挤塑型聚苯乙烯保温板因为表面结构全部封闭，不透水，所以可以不考虑防水的问题。其余材料用作保温层时大多需要采取防水及隔蒸汽的措施。根据材料的特点，保温材料在屋面上的放置层次可以有不同选择。

1. 正铺法保温屋面

正铺法保温屋面就是保温层放置在屋面结构层与防水层之间，下设隔汽层，这是最普通的做法。大部分不具备自防水性能的保温材料都可以放置在屋面。保温层下设隔汽层，来自室内温度较高处的水蒸气在到达保温层之前被隔汽层隔离。同时，处于最上层的屋面防水层又保护了保温材料，使其不会受到雨水的侵袭，如图 10-23 所示。

正铺保温屋面在保温层上下应设找平层和隔蒸汽层。保温层上设找平层是因为卷材防水层要求铺在坚实平整的表面上，保温材料的强度通常较低，表面也不够平整，其上需做找平后才能使卷材铺设在表面平整的刚性垫层上。

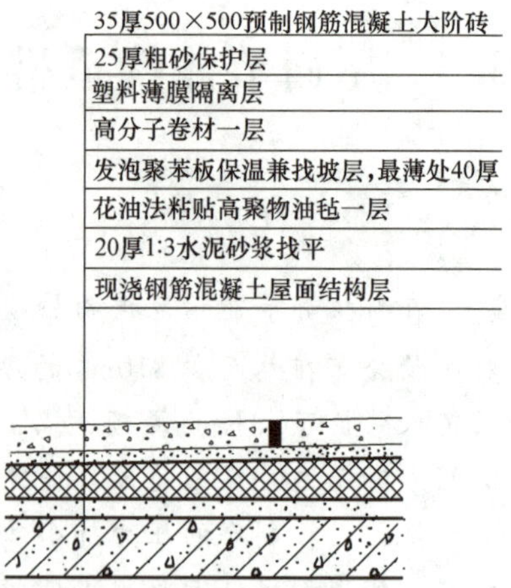

图 10-23　正铺法保温屋面构造

保温层下设隔汽层是由于冬季室内的湿度比室外大，室内水蒸气将向室外渗透，在屋顶中，当水蒸气透过结构层进入保温层后，会使保温层含水率增加。实验得出，材料的含水率每增加1%，导热系数要增加 5% 左右。含水率增加导致屋面保温能力下降，又由于保温层上面的防水层是不透气的，保温层中的水分不能散失，因此保温层会逐渐随水分的增加而失去保温作用。其处理方法是在保温层下设置隔汽层，来防止室内水蒸气进入保温层内使保温层受潮。

隔汽层的做法一般是在结构层上先做找平层（1∶3 水泥砂浆厚 20mm 左右），再在找平层上做一毡两油。

设隔汽层的屋面，保温层的上下两面全部被不透水层封住，施工时内部的残留水没有排出的途径。为了解决这个问题，需要在保温层中设置排汽道，道内填塞大粒径的炉渣，既可以让水蒸气在其中流动，又可保证防水层的坚实可靠。找平层相应位置也应留槽作为排汽道，并在其上干铺 200mm 宽的卷材。排汽道间距以 6m 为宜，并应纵横连通，每 36m^2 设一个排汽孔与大气相连。

如图 10-24 所示，用作隔汽层的高聚物油毡用花油法粘贴，使得被阻的蒸汽能够在粘结材料的空隙间有流动的通道，可以从屋面分仓缝中预留的排汽孔中排出。这是一种在隔蒸汽层下留有透气层的方法。像这样留透气层的方法还有很多。例如，可以在图示的找平层位置之下先铺一层波形瓦垫空，或者先用垫块架起一层混凝土薄板，在上面经水泥砂浆找平后粘贴隔汽层材料。如果担心隔汽层材料老化会影响到保温层的性能，还可以在保温层上设架空通风层，相当于在保温层中设透气层。某节能试点工程将价格较为低廉的膨胀珍珠岩散料装在塑料袋中密封作为屋面保温层，塑料袋既将散料归拢在一起，又起到了隔汽层的作用。在其上面设有用加气混凝土块垫起来的钢筋混凝土薄板，中间还留有 50mm 左右的空气间层，可以使蒸汽不至于在塑料袋的表面结露。

在图 10-24 中，保温层如果不兼作为找坡层，也可以先在找平层以下用轻集料混凝土找坡，这时保温层可做成统一的厚度。

2. 倒铺法保温屋面

倒铺法保温屋面是将保温层做在防水层之上，对防水层起到屏蔽和防护作用，使之不受阳光和气候变化的影响，也不易受到来自外界的机械性损伤，如图 10-24 所示。

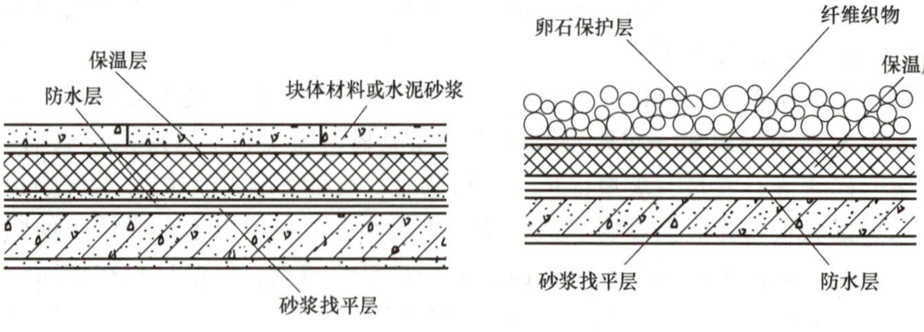

图 10-24　倒铺法保温屋面构造

倒铺法保温屋面的坡度不宜大于 3%，应采用耐水性、耐霉烂性和耐腐蚀性优良的防水卷材、防水涂料等柔性材料做防水层，卷材的耐水指标不小于 80%。

倒铺法屋面的保温层宜采用憎水性好、表观密度小、导热系数小又有一定的强度、吸水率低且长期浸水不腐烂的保温材料。由于保温层在防水层上，保温材料自身吸水饱和，0℃以下就会结冰，保温材料就丧失保温性能，因此要求保温材料不吸水或吸水率低。目前所采用的倒铺法材料主要有挤塑型聚苯乙烯泡沫塑料板、泡沫玻璃、硬质聚氨酯泡沫塑料。使用块材保温材料时板缝应拼接严密，避免产生热桥。

保温层可采用干铺或粘贴板状保温材料，也可采用现场喷涂硬质聚氨酯泡沫塑料。保温层很轻，若不加保护层和埋压，容易被风吹起，或被水漂起，也容易引起老化。保温层上做保护层可防止保温层表面受损和延缓其老化过程。保护层可采用卵石、水泥砂浆、细石混凝土板或地砖等有一定的重量、足以压住保温层的材料，使之不致被风刮动或被雨水漂起来。保温层上面采用卵石保护层时，保护层和保温板之间应铺设隔离层，隔离层采用耐穿刺、耐久、防腐蚀性能好的聚酯纤维无纺布或纤维织物，铺设时应铺满不露底，无纺布搭接长度为100mm。卵石应分布均匀，防止超厚，以免增大屋面荷载。细石混凝土板或地砖可用水泥砂浆砌筑。如图10-25所示为倒铺法卷材防水平屋面构造。

现场喷涂硬质聚氨酯泡沫塑料保温层时，其材料与涂料保护层之间应具有兼容性。硬质聚氨酯泡沫塑料应做分格处理，以免产生收缩裂缝，缝内用弹性密封材料填塞密实。

如图10-26所示为采用了倒铺法做的现浇钢筋混凝土坡屋面的构造示意图。图中为了防止保温材料下滑，在屋面基层中预留了插筋以固定保温板。

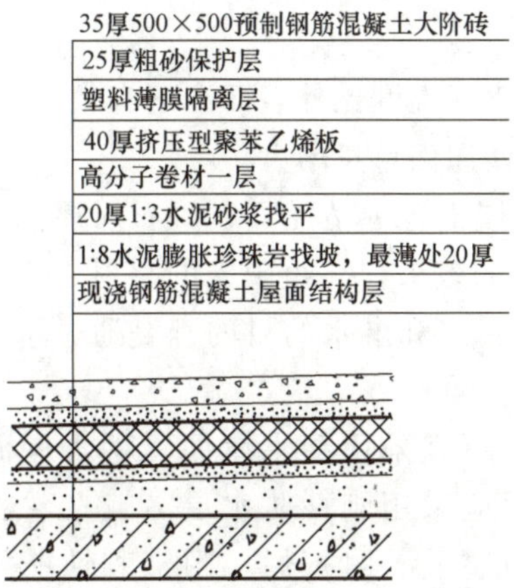

图 10-25　倒铺法卷材防水平屋面构造

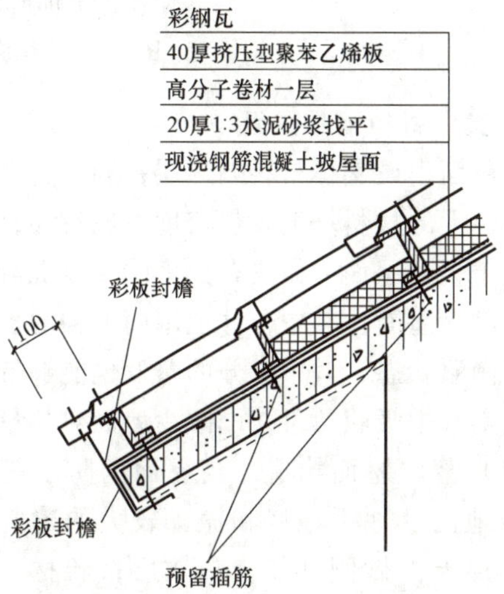

图 10-26　现浇钢筋混凝土倒铺法坡屋面（一）

如图10-27所示也是防止坡屋面上倒置保温材料下滑的构造做法。因为雨水有可能从瓦缝中深入到卷材防水屋面上，所以在檐口高出的挡台上留有泄水口。

10.3.2　屋面的隔热

需要采取隔热措施的建筑物，其热源主要来自太阳光的辐射热，太阳辐射使屋面的表面温度升高，热量传入室内使室温升高，增加室内的制冷能耗。

采暖建筑希望通过阳光的辐射热来取得热能，需要隔热的建筑物正相反，希望能够将一部分来自阳光的能量挡在室外。这除了可以在门窗玻璃上镀反射膜，或者在外面墙上用浅颜色的饰面材料来反射掉部分辐射热，以及在门窗洞口上方做遮阳板以遮挡部分太阳的直射光外，也可以在围护结构表面设置通风的空气间层，利用层间通风，带走一部分热量，使屋顶或外墙变成两次传热，以减少传至外围护结构内表面的温度。

虽说贴保温材料也能够阻止来自室外的热量向室内流动，但保温层不透气，容易使人在室内觉得比较闷热，所以透气性对于夏季炎热地区的建筑仍然很重要，除非是在夏热冬冷地区，需要兼顾冬季保温，否则不应该考虑用保温材料来隔热。

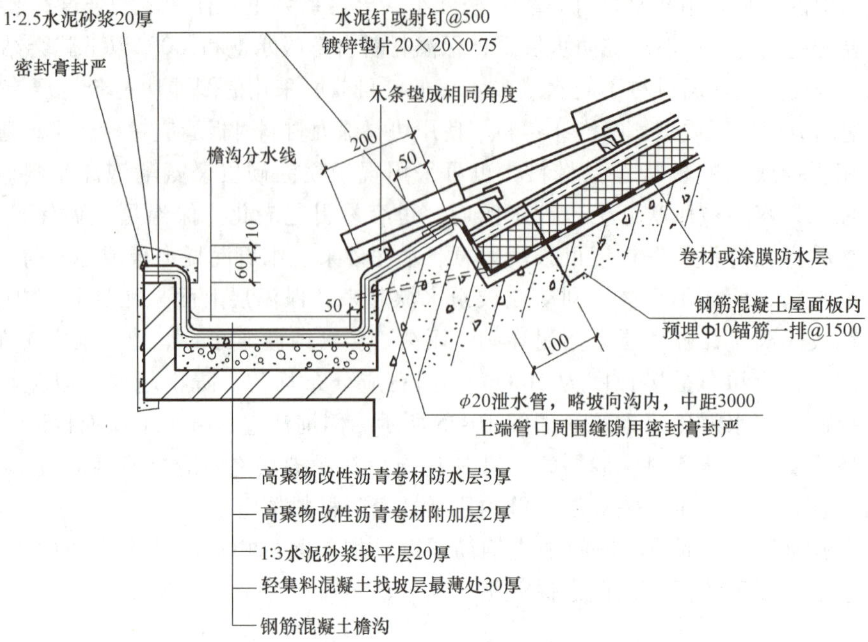

图 10-27　现浇钢筋混凝土倒铺法坡屋面（二）

1. 实体材料隔热屋面

在屋面中设实体材料隔热层，利用材料的热稳定性使屋面内表面温度比外表面温度有较大的降低。热稳定性大的材料一般表观密度都比较大，所以这种构造做法将使屋面重量增大。

对于平顶屋面，做法有：大阶砖或混凝土板实铺屋面，堆土屋面，种植屋面，砾石层屋面，蓄水屋面和淋水屋面。其中，种植屋面上种的植物对屋面可以有遮阴的效果，防止阳光的直射，而且种植要处于潮湿状态，其中水分的蒸发也能够带走部分热量。屋面上蓄水和淋水的目的都是通过水蒸发从周围的空气中吸收热量，以减少屋面对热量的吸收。

（1）蓄水屋面构造　当屋面的防水等级为Ⅰ级、Ⅱ级时，不宜采用蓄水屋面。蓄水屋面不宜在寒冷地区、地震地区和振动较大的建筑物上采用。蓄水屋面应采用刚性防水层，或在卷材、涂膜防水层上再做刚性复合防水层；卷材、涂膜防水层应采用耐腐蚀、耐霉烂、耐穿刺性能好的材料。蓄水屋面的坡度不宜大于0.5%，在蓄水屋面上要划分若干蓄水区，每区边长不宜大于10m，在变形缝的两侧应分成两个互不连通的蓄水区；长度超过40m的蓄水屋面应设分仓缝；分仓隔墙可采用混凝土或砖砌体；蓄水屋面应设置排水管、溢水口和给水管，排水管应与雨水管或其他排水出口连通；蓄水屋面的蓄水深度宜为150～200mm；蓄水屋面泛水的防水层高度应高出溢水口100mm；蓄水屋面应设置人行通道。蓄水屋面宜采用整体现浇防水混凝土，分仓隔墙可根据屋面工程情况，采用混凝土或砖砌体。

在图10-28中，蓄水屋面的溢水口应距分仓墙顶面100mm；过水孔应设在分仓墙底部，排水管应与雨水管连通；分仓缝内应嵌填泡沫塑料，上部用卷材封盖，然后加盖混凝土板。

（2）种植屋面构造　种植屋面应根据地域、气候、建筑环境、建筑功能等条件，选择相适应的屋面构造形式。种植屋面主要有以下特点：一是荷载大，二是植物根系穿刺力强，三是要求防水的性能更强，四是返修困难。种植屋面构造和地域气候密切相关，多雨与少雨地区的构造不同，炎热与寒冷地区的构造不同；此外，种植屋面构造还和建筑环境与功能有关，楼房屋面种植与地下车库、商场的顶板种植，构造也不一样。种植屋面构造如图10-29所示。

种植屋面的防水层应采用耐腐蚀、耐霉烂、防植物根系穿刺、耐水性好的防水材料，卷材、涂膜防水层上部应设置刚性保护层。种植屋面的防水层长期隐蔽在潮湿甚至水浸的环境中，有些材料经受不住长期浸泡，特别是冷胶粘剂粘合的防水卷材最容易开胶，同时选择材料时要考虑植物根系的穿刺

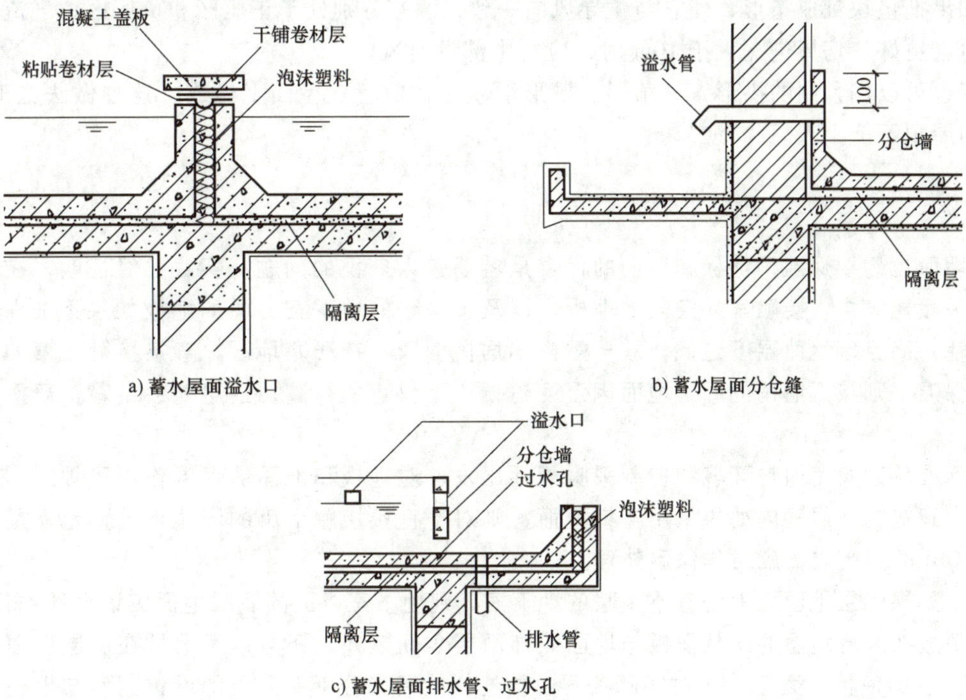

a) 蓄水屋面溢水口　　b) 蓄水屋面分仓缝

c) 蓄水屋面排水管、过水孔

图 10-28　蓄水屋面构造

破坏。种植屋面防水层一般应做二道设防，若采用卷材做防水层，其接缝宜采用焊接法，卷材防水层上部应设细石混凝土保护层。

坡度为 20%以上的屋面可做成梯田式，利用排水层和覆土层找坡。种植屋面上的种植介质四周应设挡墙，挡墙下部应设泄水孔。

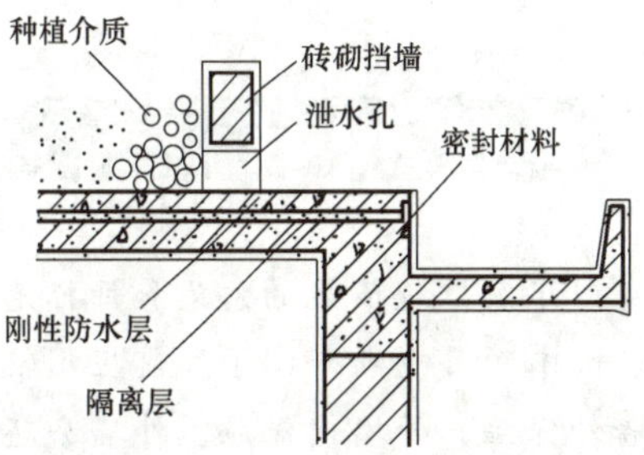

图 10-29　种植屋面构造

2. 架空屋面构造

架空屋面是利用架空层内空气的流动散热，防止太阳直射在防水层的表面。架空通风隔热层屋面比实体材料隔热屋面的效果好。通常通风的空气间层设在防水层之上，这种做法对防水层也有一定的保护作用。我国南方不少地区夏季时间长，气温较高，为解决炎热季节室内温度过高的问题，多采用架空屋面隔热措施。架空屋面构造如图 10-30 所示。

架空屋面宜在通风较好的建筑屋面上采用，不宜在寒冷地区使用。但由于城市建筑密度不断加大，不少城市高层建筑林立，造成风力减弱、空气对流较差，严重影响架空屋面的隔热效果。架空屋面架空隔热层的高度是根据各地情况确定的，太低则隔热效果不明显，太高则通风效果提高不多，且稳定性差。目前，架空屋面的架空隔热层高度宜为 180～300mm；架空板与女儿墙的距离不宜小于 250mm，主要是考虑在保证屋面收缩变形的同时，防止堵塞和便于清理，当然间距也不应过大，否则将降低隔热效果。

通风的空气间层可以将大阶砖或预制混凝土板用垫块或砌砖架空做成。架空层内空气可以纵横各

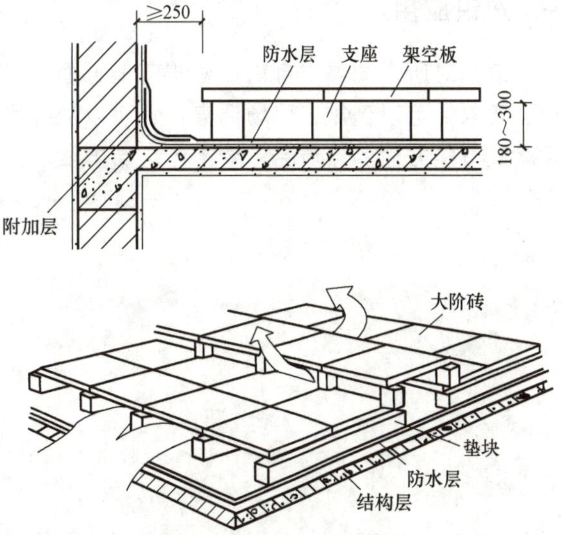

图 10-30　架空屋面构造

向流动。如果把垫块铺成条形，使它与主导风向一致，两端分别处于正压区和负压区，气流会更畅通，降温效果也会更好。房屋进深大于10m时，应在中部设通风口。

通风层也可以用预制的拱形、三角形、槽形混凝土瓦放置在屋面上做成，这种做法施工方便，节省材料，但屋顶不能上人。

小知识

建筑地面也需要保温，地板和地面的保温是容易被人忽视的问题。实践已经证明，在严寒和寒冷地区的采暖建筑中，接触室外空气的地板，以及不采暖的地下室上面的地板如果不加保温，不仅会增加能耗，而且因地面温度过低，故严重影响居民健康；在严寒地区，直接接触土壤的周边地面如果不加保温，则接近墙角的周边地面因温度过低，不仅可能结露，还可能会结霜，严重影响居民使用。

节能标准从改善室内热环境和控制采暖能耗出发，对地板和地面的保温作出了规定。在严寒和寒冷地区，建筑物底层室内如果采用实铺地面，则对于直接接触土壤的周边地区，也就是从外墙内侧算起2.0m的范围内，应当作保温处理。

此外，如果底层地面之上还有不采暖的地下室，则地下室以上的底层地面应该全部作保温处理。保温层除了放在底层地面的结构面板与地面的饰面层之间以外，还可以考虑放在底层地面的结构面板（即地下室的顶板）之下。不过实际工程中要这样做需先分析保温层的设置到底与地板的各种管道架设会有多少相互影响，施工是否方便，是否有利于管道的检修，是否符合相关的防火规范等，权衡利弊，再作决定。

项目小结

了解建筑节能的意义和目标是更深入掌握建筑节能构造的第一步。

本项目重点介绍了目前应用较为广泛的墙体节能构造、屋面节能构造。墙体节能构造包括：外墙外保温、外墙内保温、外墙夹芯保温以及单一材料节能墙体。外墙外保温的保温效果最好，目前应用也最为广泛。屋面节能构造包括：屋面的保温和屋面的隔热。屋面保温构造中，倒铺法屋面的构造目前在屋面节能构造中应用最广泛，应重点掌握。屋面隔热构造中，架空屋面和种植屋面都是良好的保证屋面有效隔热的构造做法。

知识应用

请你对所在的城市目前在建筑节能方面采取的措施做一个调查，写出1000～1500字的总结。

要求：可以到施工现场调查，也可以从互联网上收集资料。学会市场调查、信息采集，以此掌握建筑节能方面的新产品、新工艺、新方法。

项目11

装配式建筑

思维导图

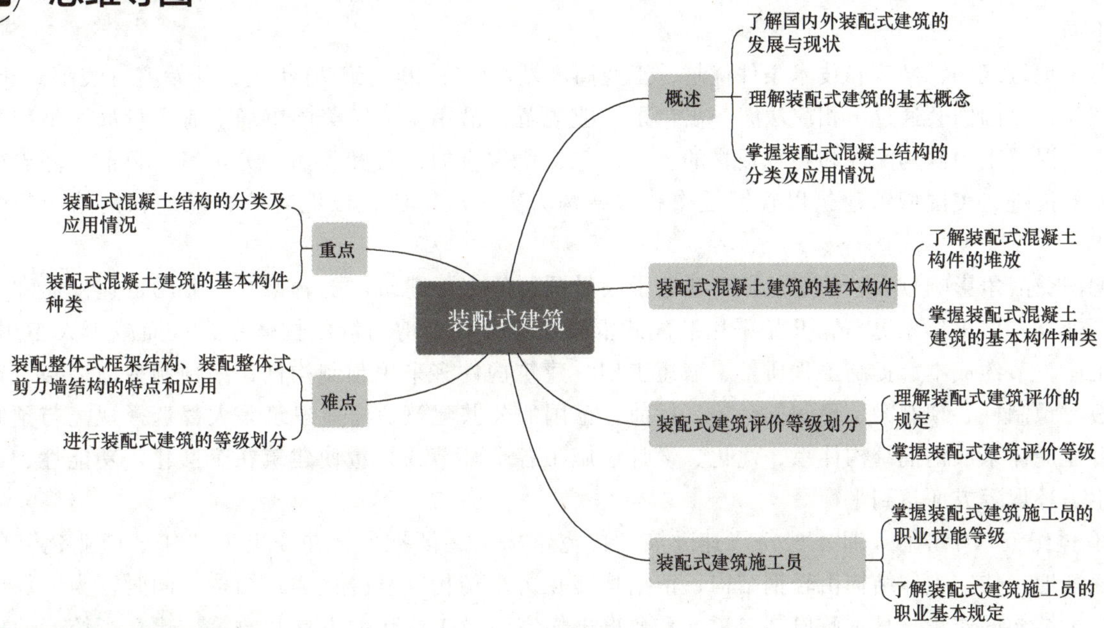

知识储备

目前，我国建筑产业正在进行传统生产方式的转型升级，行业正在转变自身的思维方式，摒弃自身的发展弊端，融合新的技术条件，更新管理体制和组织方式进行建造方式和生产方式的变革。发展装配式建筑是推进建筑产业现代化系统链条中的重要一环。

11.1　概述

问题引入

我们在生活中经常看到现浇钢筋混凝土建筑，也已经熟悉了它的施工流程。近年来，我国大力发展装配式建筑，同学们在生活中有没有见到过装配式建筑的施工？见到过哪些类型的装配式建筑？装配式建筑的施工和现浇钢筋混凝土建筑的施工有什么区别呢？

11.1.1 装配式建筑的概念

装配式建筑是指把传统建造方式中大量的现场作业工作转移到工厂进行，在工厂加工制作好建筑用构件和配件，如楼板、墙板、梁、楼梯、阳台等，运输到建筑施工现场，通过可靠的连接方式在现场装配安装而成的建筑。装配式建筑主要有装配式混凝土结构建筑、装配式钢结构建筑、装配式木结构建筑三种类型。装配式建筑的建造是一个系统工程，采用标准化设计、工厂化生产、装配化施工、信息化管理、智能化应用，可以提高工程质量和生产效率，减少人工作业和环境污染，满足现代工业化生产方式的要求。

11.1.2 装配式建筑的发展概况

1. 国外装配式建筑的发展概况

20 世纪 50 年代，第二次世界大战之后，西欧部分国家因为劳动力缺乏和住房紧张，开始大力发展装配式建筑。逐渐地，美国、澳大利亚、日本、德国、新西兰等国家也开始了工业化建筑的蓬勃发展。由于地理气候、经济水平、人口数量、宗教文化、资源分布的差异，世界各国装配式建筑的发展各有不同。

美国地域辽阔，经济和技术条件优越，工业高度发达。在 20 世纪 70 年代，开始盛行装配式建筑。在此期间，美国国会通过了相应法案，出台了行业规范，沿用至今。美国市场上有大量的木框架预制构配件、混凝土预制构配件和各种板材的生产厂家，所供应的设备和产品十分丰富。目前，随着建筑工业化的推进，美国城镇建筑以轻钢结构和木结构为主，城市建筑以混凝土装配式和钢结构装配式为主。

德国受战争影响较大，住宅短缺，建造了大量预制的大板建筑。随着德国工业的迅速发展和经济的逐渐恢复，城市形象更新，开始采用装配式混凝土叠合板、剪力墙结构体系，从而减少人工用量，简化工序，节约成本，提高工程质量、缩短工期。建筑构件多采用预制构件，如预制剪力墙板、预制叠合板、预制柱、预制梁、预制阳台等。目前，德国的公共建筑、商业建筑等大都选择现浇与预制构件混合建造体系或钢混结构体系，优化、设计、施工各个环节，尽量使建筑在个性化、功能性、经济性、生态环保等方面达到平衡。

20 世纪五六十年代，日本经济飞速发展，住宅市场也逐渐扩大，并提出了“住宅产业化”的概念。逐渐地，住宅主体结构由轻钢结构、钢结构转化为木结构、复合式建筑结构。同时，为了保证预制混凝土结构的质量，日本政府制定了一系列推进住宅建设工业化的方针和政策，建立了统一的模数标准，化解了标准化、大批量生产和住宅多样化之间的矛盾。经过几十年的发展，日本装配化建筑市场上有数十家装配式住宅公司及几十万家装配式住宅配套部品部件供应商，其装配式住宅产业链已经相当成熟。现在，日本的装配式木结构占比超过 40%，相应的部品部件工厂化水平高，装配式混凝土减震隔震技术处于世界领先水平。

2. 中国装配式建筑的发展概况

20 世纪 50 年代，我国向苏联学习预制建造技术，并在国内掀起了工业建设的热潮，用预制装配的方法建造了大量工业厂房。随着技术的发展，80 年代我国的一些重要城市开始推广装配式大板结构的建筑，但是大板结构房屋存在防水隔声效果差、保温隔热效果差的缺陷，逐步被市场抛弃，装配式建筑发展也因此停滞不前。

进入 21 世纪后，国家加强对环境保护的重视，推行绿色建筑，同时我国逐步进入老龄化社会，劳动力紧缺，传统的建造方式需要摒弃自身的发展弊端进行转型升级。同时，我国的经济水平和技术水平有了大幅的提高，建筑业经历了高速发展，有了一定的技术和经济基础，传统的生产方式需要融合新的技术条件来生产高品质的建筑产品。为此，我国需要大力发展装配式建筑。

自 2013 年以来，国家及各地方政府陆续出台多项相关政策，制定了相应的规范、图集来指导和推进装配式建筑的发展。到2023年，我国建筑业已经拥有了以装配式框架结构、装配式剪力墙结构为主的多种装配式建筑技术，我国装配式建筑行业进入了快速发展的新阶段。

小知识

在我国建筑产业化发展的过程中，出现了许多优秀的企业。如长沙远大住宅工业集团股份有限公司（简称“远大住工”），是国内首家拥有完全知识产权的建筑工业化企业，也是中国最大的PC构件制造商和PC生产设备制造商。早在20世纪90年代末，远大住工就已经开始了建筑工业化的探究，历经20余年发展，远大住工拥有了8代装配式建筑的产品体系、超过2亿m^2的建筑工业化项目实践积累的经验和全产业链技术体系。另外，万科、中南建设、中国建工、杭萧钢构、精工钢构等企业“百花齐放”，也出现了新的结构体系和技术路线，为推进建筑产业化的进度作出了巨大贡献。

11.1.3　装配式建筑的分类

装配式建筑按结构材料不同主要分为装配式混凝土结构建筑、装配式钢结构建筑、装配式木结构建筑。

1. 装配式混凝土结构建筑

装配式混凝土结构是指由预制混凝土构件作为主要受力构件并经可靠的装配连接而成的混凝土结构。常见的预制混凝土构件有预制混凝土柱、预制混凝土墙、预制混凝土板、预制混凝土梁、预制混凝土楼梯和预制混凝土阳台板、空调板、女儿墙等。在我国，常采用的是由预制混凝土构件通过可靠的方式进行连接并在现场后浇混凝土、水泥基灌浆料形成整体的装配式混凝土结构。

与传统的现浇钢筋混凝土结构的施工工法相比，装配式混凝土结构的施工方式对环境造成的影响更小，可以满足节能、节材、节地、节水和环境保护等多项要求，符合国家大力推广的绿色施工要求。装配式混凝土结构在降低噪声、减少扬尘、清洁运输、节约水电材料、净化场地、维护环境、提高各项资源能源利用率方面，都遵循了可持续发展的原则。装配式混凝土结构有利于我国建筑工业化的发展，是我国建筑结构发展的重要方向，也是推进建筑产业现代化系统链条中的重要一环。

装配式混凝土建筑按结构体系主要可以分为装配整体式框架结构、装配整体式框架-剪力墙结构、装配整体式剪力墙结构。

（1）装配整体式框架结构　装配整体式框架结构是指全部或部分框架梁、柱采用预制构件构建成的装配整体式混凝土结构，具有结构传力路径明确、装配效率高、湿作业少的特点，如图11-1所示。装配整体式框架结构主要用于需要大空间的厂房、商场、办公楼等建筑，近年来也用于居民住宅等民用建筑。在我国，装配整体式框架结构的连接方式多采用刚性连接，梁柱各自预制为线性构件，节点区域现浇，但节点区域钢筋互相交叉严重，是需重点考虑的部位。

图11-1　装配整体式框架结构

（2）装配整体式框架-剪力墙结构　装配整体式框架-剪力墙结构是在框架结构中布置一定数量的剪力墙，构成灵活自由的使用空间，满足不同建筑功能的要求，同时又有足够的剪力墙，有相当大的侧向刚度，如图11-2所示。装配整体式框架-剪力墙结构分为装配整体式预制框架-现浇剪力墙、装配整体式预制框架-现浇核心筒、装配整体式预制框架-预制剪力墙结构。

装配整体式框架-现浇剪力墙体系指梁柱采用预制构件而剪力墙采用现浇，具有良好的抗震性能，可采用梁柱节点现浇和梁柱节点预制的形式。装配整体式预制框架-现浇核心筒结构是指在建筑中央部分，由楼梯、电梯井、通风井、设备间等维护形成中央核心筒，与外围框架形成一个外框内筒的结构。预制梁、预制叠合板等构件的吊装与现浇核心筒墙体同步施工，其连接较容易实现，同时提高了抗震性能，广泛应用于各国的超高层建筑。装配整体式预制框架-预制剪力墙结构适用于多层及低烈度区的中高层建筑。

（3）装配整体式剪力墙结构　装配整体式剪力墙结构是指由预制混凝土剪力墙墙板构件和现浇混凝土剪力墙构成结构的竖向承重和水平抗侧力体系，通过整体式连接形成的一种钢筋混凝土剪力墙结构形式，如图 11-3 所示。这种结构空间完整，无梁柱外露，但是施工难度高，适用于高层建造，在我国应用广泛，多用于商品房、保障房等。

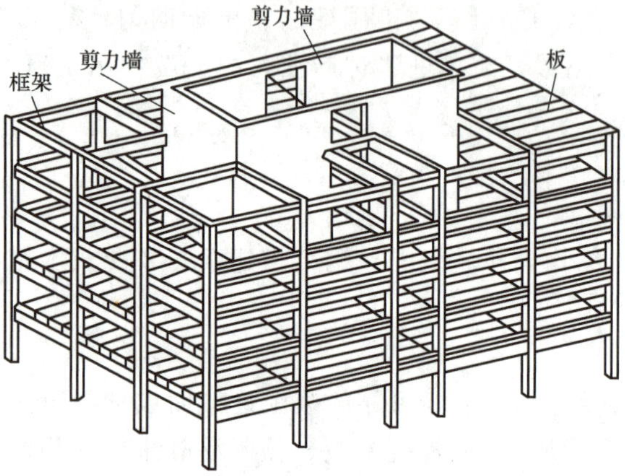

图 11-2　装配整体式框架-剪力墙结构

图 11-3　装配整体式剪力墙结构

装配整体式混凝土剪力墙结构包括预制剪力墙体系、现浇剪力墙配外挂板体系、叠合剪力墙体系和多层剪力墙体系。预制剪力墙体的竖向连接，以竖向钢筋连接技术为主要区别，分为套筒灌浆连接、浆锚搭接连接和底部预留后浇区。

现浇剪力墙配外挂板体系核心仍是现浇剪力墙体系，注重外挂墙板的设计以及安装施工。预制外挂墙板的竖向连接一般采用螺纹盲孔灌浆连接。叠合剪力墙体系，沿厚度方向分为 3 层，外层为预制层，中间层为现浇层，由钢筋桁架将两侧的混凝土板联系在一起。我国城镇化进程的步伐加快，预计将会建设大量的以六七层为主的多层剪力墙居住建筑。叠合剪力墙体系与多层剪力墙体系均对抗震的需求不大。

2. 装配式钢结构建筑

装配式钢结构建筑是指建筑的结构系统由钢部（构）件通过螺栓连接、焊接连接或者铆钉连接构成的装配式建筑，如图 11-4 所示。常见的钢部（构）件有钢柱、钢梁、钢板、钢桁架等。

与装配式混凝土结构建筑相比，装配式钢结构建筑自重轻、安装简便、材料可循环使用、绿色环保、基础造价低、施工速度快、空间利用率较高；钢材具有延展性，可以使结构具有更好的抗震性能。钢构件之间通过螺栓、焊接、铆钉等方式进行连接，没有现场现浇节点，施工质量更容易得到保证。装配式钢结构建筑在商业建筑、工业建筑、公共建筑中应用较为广泛。

装配式钢结构建筑形式较多，可以根据建筑高度、建筑功能、抗震设防烈度等分为钢框架结构、筒体结构、门式钢架结构、交错桁架结构、钢框架结构-支撑结构、钢框架结构-延性墙板结构、预应力钢结构、索网结构等。

3. 装配式木结构建筑

装配式木结构建筑是指结构系统由木制承重构件通过榫卯、栓接、板销等连接方式组成的装配式建筑，如图 11-5 所示。常见的木组件包括木柱、木梁、木桁架、预制木墙板、预制木楼盖、预制木屋盖等。

与装配式混凝土结构建筑和装配式钢结构建筑相比，装配式木结构建筑具有良好的节能保温性能，

图 11-4 装配式钢结构

图 11-5 装配式木结构

更易改扩建，施工周期短，所需的劳动力数量和劳动强度都大大降低，从而更节省成本。装配式木结构建筑的材料是可再生的自然资源，可循环利用并持续发展，建造过程中产生的建筑垃圾较少，在生产、建设、拆除环节都能体现其环保特性，符合我国正在大力推进生态文明建设的要求。

装配式木结构建筑按结构体系的不同分为装配式纯木结构建筑、装配式组合木结构建筑、装配式混合木结构建筑；而不同结构体系的装配式木结构建筑按主要承重构件采用的结构材料可分为方木原木结构、轻型木结构、胶合木结构等。

11.2 装配式混凝土建筑的基本构件

问题引入

回想一下，我们在生活中见到的装配式混凝土构件都有哪些？装配式混凝土建筑中的柱子、梁、板、墙都是什么形式的？它们与现浇混凝土建筑中的柱子、梁、板、墙有什么区别？

装配式混凝土建筑的预制构件主要包括预制的梁、板、柱、墙、阳台板、楼梯、空调板和女儿墙等。这些预制构件一般在工厂制作完成并检查达到一定标准后，运输至施工现场进行装配式施工。

11.2.1 预制混凝土梁

预制混凝土梁（图 11-6）根据施工工艺的不同分为预制 T 形梁、预制叠合梁和预制实心梁。

a) 预制T形梁　　b) 预制叠合梁

图 11-6 预制混凝土梁

11.2.2　预制混凝土楼板

预制混凝土楼板根据施工工艺的不同分为预制实心板、预制空心板和预制叠合板，如图 11-7 所示。

a) 预制实心板

b) 预制空心板

c) 预制叠合板

图 11-7　预制混凝土楼板

11.2.3　预制混凝土柱

预制混凝土柱根据施工工艺的不同分为预制空心柱和预制实心柱两种，如图 11-8 所示。

a) 预制空心柱

b) 预制实心柱

图 11-8　预制混凝土柱

11.2.4　预制混凝土墙

预制混凝土墙根据施工工艺的不同分为预制实心剪力墙、预制叠合式剪力墙和预制非承重墙，如图 11-9 所示。

a) 预制实心剪力墙　b) 预制叠合式剪力墙　c) 预制非承重墙

图 11-9　预制混凝土墙

11.2.5　预制混凝土楼梯

在工厂制作的两个平台之间若干连续踏步或若干连续踏步和平台板组合的混凝土构件，简称预制楼梯。预制混凝土楼梯具有安装效率高、施工速度快的特点，外形规整，可省去临时通道，方便施工人员上下，如图 11-10 所示。

图 11-10　预制混凝土楼梯

11.2.6　其他预制混凝土构件

其他常用的预制构件有预制阳台板、预制空调板、预制女儿墙、预制飘窗、预制转角外墙等，如图 11-11 所示。

a) 预制阳台板

b) 预制空调板

c) 预制女儿墙

图 11-11　其他预制混凝土构件

小知识

预制构件的存放方式根据预制构件的形状分为平放和竖放两种。原则上墙板采用竖放方式，楼面板、屋面板和柱构件可采用平放或竖放方式，梁构件采用平放方式。堆放场地须平整、结实。

墙板采用竖放，用槽钢制作满足刚度要求的支架，墙板支点应设在墙板底部两端处，可采用柔性材料，支点堆放好以后要进行临时固定。场地须做好临时围挡措施，因人为碰撞或起重机械碰撞，堆场内预制墙板易形成多米诺骨牌式倒塌，所以堆场应按吊装顺序交错有序堆放，墙板与墙板之间留出一定间隔。

11.3　装配式建筑评价等级划分

问题引入

我国的装配式建筑已经进入了一个快速发展的阶段，为了保证装配式建筑健康、长远的发展，结合目前工程建设整体发展水平，国家制定了一套适合我国国情的装配式建筑评价体系，对装配式建筑实施科学、统一、规范的评价。

为了促进装配式建筑的发展，规范民用建筑装配化程度的评价，我国采用装配率来评价建筑的装配化程度。

11.3.1　装配式建筑评价等级划分的基本规定

1. 装配率计算和装配式建筑等级评价要求

装配率计算和装配式建筑等级评价应以单体建筑作为计算和评价单元，并应符合下列规定。

1）单体建筑应按项目规划批准文件的建筑编号确认。

2）建筑由主楼和裙房组成时，主楼和裙房可按不同的单体建筑进行计算和评价。

3）单体建筑的层数不大于3层，且地上建筑面积不超过$500m^2$时，可由多个单体建筑组成建筑组团，作为计算和评价单元。

2. 装配式建筑评价

为保证装配式建筑评价质量和效果，切实发挥评价工作的指导作用，装配式建筑评价分为项目评价和预评价。装配式建筑评价应符合下列规定。

1）设计阶段宜进行预评价，并应按设计文件计算装配率。

2）项目评价应在项目竣工验收后进行，并应按竣工验收资料计算装配率和确定评价等级。

3. 装配式建筑要求

装配式建筑应同时满足下列要求。

1）主体结构部分的评价分值不低于20分。

2）围护墙和内隔墙部分的评价分值不低于10分。

3）采用全装修。

4）装配率不低于50%。

11.3.2　装配式建筑评价等级划分

当评价项目满足11.3.1中第3项的要求，且主体结构竖向构件中预制部品部件的应用比例不低于35%时，可进行装配式建筑等级评价。

装配式建筑评价等级应划分为A级、AA级、AAA级，并应符合下列规定。

1）装配率为60%~75%时，评价为A级装配式建筑。

2）装配率为76%~90%时，评价为AA级装配式建筑。

3）装配率为91%及以上时，评价为AAA级装配式建筑。

11.4　装配式建筑施工员

问题引入

我国装配式建筑行业对装配式建筑施工员的职业技能等级、工作内容、技能要求等作出了详细的规定，促进了装配式建筑人才评定的规范化，为装配式的发展奠定了重要的人才基础。

装配式建筑施工员是指在装配式建筑施工过程中从事预制部品部件安装、进度控制和项目现场协调等工作的人员。装配式建筑施工分为装配式混凝土建筑施工和装配式钢结构建筑施工两个职业方向。

11.4.1　装配式建筑施工员的职业技能等级划分

为加强装配式建筑施工从业人员队伍建筑，国家对装配式建筑施工从业人员的职业技能等级标准及培训考核鉴定提出了要求。装配式建筑施工员的职业技能等级共有五个，分别为：五级/初级工、四级/中级工、三级/高级工、二级/技师、一级/高级技师。五个等级的技能要求和相关知识要求依次递进，高级别涵盖低级别的要求。

装配式建筑施工员的职业技能等级鉴定分为理论知识考试、技能考核以及综合评审，三项均实行百分制，成绩皆达60分（含）以上者为合格。技能考核必须在操控系统和装配设施设备完备的实习实训考核基地进行。

11.4.2 装配式建筑施工员的职业基本规定

为规范装配式建筑施工从业者的从业行为，装配式建筑施工员的职业活动必须遵守职业道德并具备从业的基础知识。

1. 装配式建筑施工员的职业道德

装配式建筑施工员应提升职业道德，遵守社会公德和职业守则。装配式建筑施工从业人员应遵守下列职业守则：遵规守法，爱岗敬业；执行标准，安全操作；工作严谨，团结协作；着装规范，文明施工；守正创新，绿色低碳。

2. 装配式建筑施工员需要具备的基础知识

装配式建筑施工员需要具备的基础知识包含四个部分。

1）装配式建筑施工基本知识。装配式建筑施工员需要具备一定的专业基本知识，包括建筑识图、工程测量、常用建材性能、构造和构件的基本知识，以及部品部件的安装工艺流程。

2）安全文明生产与环境保护知识。装配式建筑施工员必须遵循现场安全文明生产的基本要求，具备安全操作、劳动保护、绿色施工和环境保护的基本知识。

3）质量控制知识。装配式建筑施工员要具备的质量控制知识包括岗位质量职责、质量保证措施、工艺质量控制要求。

4）相关法律、法规知识。包括《中华人民共和国劳动法》《中华人民共和国劳动合同法》《中华人民共和国民法典》《中华人民共和国安全生产法》《中华人民共和国环境保护法》《中华人民共和国特种设备安全法》《中华人民共和国建筑法》《建设工程安全生产管理条例》《建设工程质量管理条例》等的相关知识。

小知识

装配式建筑各级施工员的工作内容、技能要求、职业技能鉴定要求、培训学时、鉴定方式、权重等应符合国家职业标准《装配式建筑施工员》（6-29-01-06）的相关规定。

项目小结

我国建筑产业正在进行传统生产方式的转型升级，发展装配式建筑是推进建筑产业现代化系统链条中的重要一环。通过本项目的学习，我们要重点掌握以下知识。

1. 装配式建筑是指把传统建造方式中的大量现场作业工作转移到工厂进行，在工厂加工制作好建筑用构件和配件，如楼板、墙板、梁、楼梯、阳台等，运输到建筑施工现场，通过可靠的连接方式在现场装配安装而成的建筑。

2. 装配式建筑主要有装配式混凝土结构建筑、装配式钢结构建筑、装配式木结构建筑三种类型。装配式混凝土结构是我国建筑结构发展的重要方向。

3. 装配式混凝土建筑的预制构件主要包括预制的梁、板、柱、墙、阳台板、楼梯、空调板和女儿墙等。

4. 预制剪力墙体的竖向连接，以竖向钢筋连接技术为主要区别，分为套筒灌浆连接、浆锚搭接连接、底部预留后浇区。预制外挂墙板的竖向连接一般采用螺纹盲孔灌浆连接。

5. 装配率计算和装配式建筑等级评价应以单体建筑作为计算和评价单元。装配式建筑评价等级划分为A级、AA级、AAA级，并应符合下列规定：装配率为60%~75%时，评价为A级装配式建筑；装配率为76%~90%时，评价为AA级装配式建筑；装配率为91%及以上时，评价为AAA级装配式建筑。

6. 装配式建筑施工员职业技能等级由低到高可分为：五级/初级工、四级/中级工、三级/高级工、二级/技师、一级/高级技师。装配式建筑施工员的职业技能等级鉴定分为理论知识考试、技能考核以及综合评审，三项均实行百分制，成绩皆达60分（含）以上者为合格。

项目12

智能建造技术

思维导图

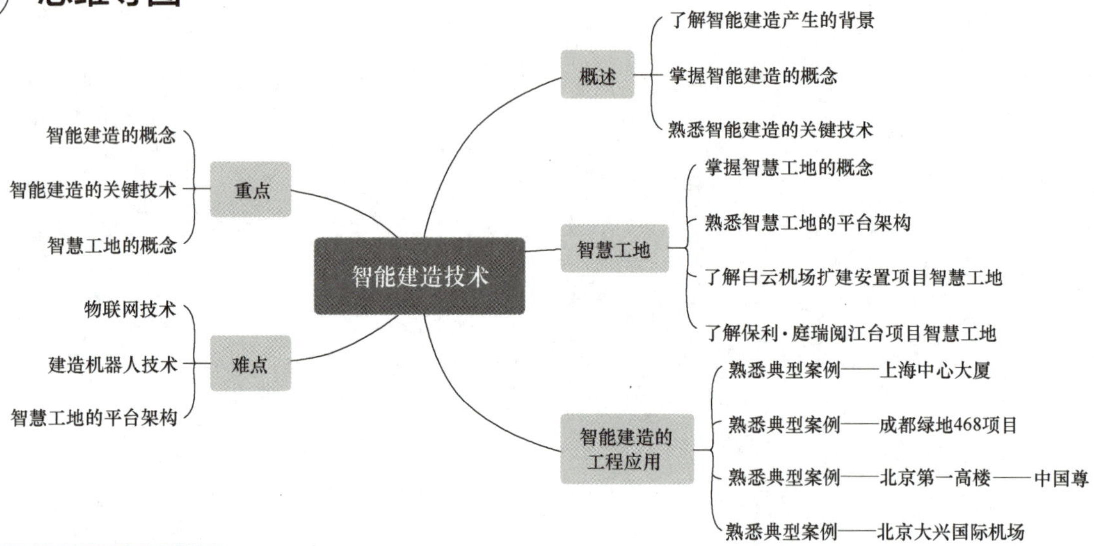

知识储备

党的二十大报告中提出“实施产业基础再造工程和重大技术装备攻关工程，支持专精特新企业发展，推动制造业高端化、智能化、绿色化发展”。智能建造技术是为了适应国家战略需求和建筑业的转型升级，以建筑工程技术专业为基础，将建筑施工与电子信息、机械自动化、工程管理等技术相互融通发展的新工科专业技术。智能建造技术涉及的新型技术有物联网技术、装配式技术、智能机器人技术、大数据技术和3D打印技术。随着工业革命和智能建造技术的不断演进，将会涌现出更多的新型智能建造技术。

12.1 概述

问题引入

你了解智能建造吗？智能建造是在什么样的历史背景下提出的？什么是智能建造呢？智能建造关键技术有哪些？

12.1.1　智能建造的背景

“十三五”期间，我国建筑业改革发展成效显著，建筑业作为国民经济支柱产业的作用不断增强，但整个建筑行业仍然以粗放型的生产方式为主，生产模式较为落后，生产过程中需要消耗较多的能源资源，是我国碳排放量的“大户”。

2020年，为推动建筑业转型升级，促进建筑业的高质量发展，住房和城乡建设部等13部门联合印发《关于推动智能建造与建筑工业协同化发展的指导意见》，明确提出推动智能建造与建筑工业化协同发展的指导思想、基本原则、发展目标、重点任务和保障措施。要以大力发展建筑工业化为载体，以数字化、智能化升级为动力，创新突破相关核心技术，加大智能建造在工程建设各环节的应用，形成涵盖科研、设计、生产加工、施工装配、运营等全产业链融合一体的智能建造产业体系。

2022年，住房和城乡建设部在《“十四五”建筑业发展规划》中明确提出：以建设世界建造强国为目标，着力构建市场机制有效、质量安全可控、标准支撑有力、市场主体有活力的现代化建筑业发展体系。到2035年，建筑业发展质量和效益大幅提升，建筑工业化全面实现，建筑品质显著提升，企业创新能力大幅提高，高素质人才队伍全面建立，产业整体优势明显增强，“中国建造”核心竞争力世界领先，迈入智能建造世界强国行列，全面服务社会主义现代化强国建设。

在中国提出“智能建造与建筑工业化”“中国制造2025”等大的行业产业背景时，德国提出“工业4.0”，美国提出“工业互联网”的产业导向，建筑业、制造业的转型升级是全世界关注的热点话题。建筑业相关政策的频出，进一步引导了建筑业高质量发展。要想实现工厂生产无人化、施工装配少人化，核心是建筑科技发展，通过技术变革引领建筑技术升级，加快推动智慧建造场景建设。

当前，云计算、大数据、物联网、移动互联网、人工智能、5G、区块链以及BIM等底层技术日趋成熟，将进一步加速建筑行业的数字化转型。

12.1.2　智能建造的概念

广义的智能建造是指利用智能系统进行生产规划、计算建造流水节拍、调配资源、监控调控建造全过程，是一种集设计、制造、施工建造于一体的项目建造体系和思维方式。狭义的智能建造是指利用智能装备、智能施工机械或自动化生产设备进行制造与施工，如3D打印、智能施工机器人、机械手臂、无人机测绘等。

综上，智能建造是指在项目建造过程中充分利用信息技术、集成技术和智能技术，构建人机交互建造系统，提升建造产品的品质，实现安全绿色、精益优效的一种建造方式。

12.1.3　智能建造的关键技术

1. BIM技术

BIM（Building Information Modeling）意为建筑信息模型，是以三维数字技术为基础，集成建设工程项目规划、勘察、设计、建造、运维、废弃全寿命周期的协同与互用信息模型，包括建设工程的几何、物理、功能、过程信息等。

BIM技术具有可视化、协调性、模拟性、一体化、参数化、信息完备性等多个优点，深度推广应用BIM技术是建筑智能化的主要手段和方法之一，如图12-1所示。

图12-1　BIM示意图

2. 物联网技术

在通信技术、互联网、传感等新技术的推动下，逐步形成了人与人、人与物、物与物之间沟通的网络构架——物联网，如图12-2所示。物联网是指通过信息传感器、射频识别技术（RFID）、全球定位系统（GPS）、红外感应器（IR）、激光扫描器（LS）等各种装置与技术，实时采集任何需要监控、连接、互动的物体或过程的信息网络，采集其声、光、热、电、力学、化学、生物、位置等各种需要的信息，通过各类网络接入，实现人与人、建筑物与人、物与部品部件等之间的信息交互、智能化感知、识别和管理。物联网技术在建筑行业的应用范围不断扩大，产业规模不断增加，推动了建筑信息化管理水平。

3. 装配式技术

装配式技术改变了传统建筑的建造方式，是建筑产业现代化的重要建造方式。它是用工业产品的设计和预制方法，进行房屋建筑的生产，把产品设计成具有一定批量的标准化构件，再用标准构件组装成房屋产品的建造方式。这种建造方式极大提高了生产质量和效率，并且在降低劳动强度的同时还降低了生产成本。

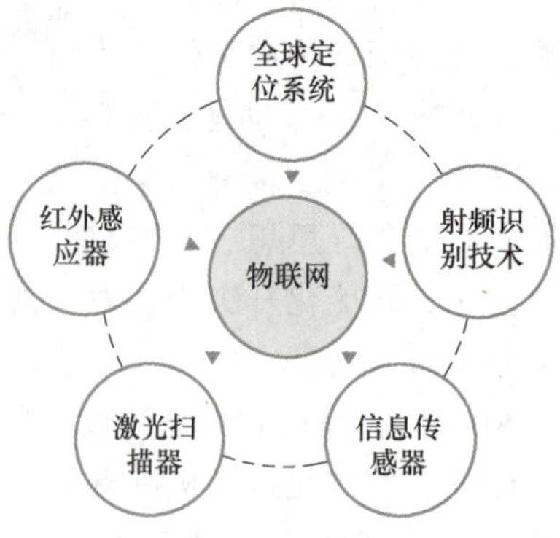

图 12-2　物联网

装配式建筑是指结构系统、外围护系统、内装系统、设备与管线系统的主要部分采用预制构件集成的建筑。从狭义的角度讲，装配式建筑是指利用预制构件，通过可靠的连接方式在工地上装配而成的建筑。从广义上理解，装配式建筑是指利用新型工业化建造方式建造的建筑。

装配式建筑相对传统建筑，具有更加节能、高效、环保的优点，能大幅降低操作工人的劳动强度，有利于文明施工，而且其资源利用率高，产品质量得到控制，现场装配施工周期短。

4. 建造机器人技术

应用于建筑业的机器人一般在设计、建造、破拆、运维等四个方面发挥作用。专业的机器人逐步从研发走向落地，在房屋、桥梁、地铁等建造中发挥积极作用。建造机器人包括测绘机器人、砌墙机器人、焊接机器人、混凝土喷射机器人、地面喷射机器人、抹灰机器人、墙面综合施工机器人等，形成了一个庞大的建造机器人家族，下面介绍几种典型的建造机器人。

（1）测绘机器人　测绘机器人又称自动全站仪，是一种集自动目标识别、自动照准、自动测角与测距、自动目标跟踪、自动记录于一体的测量平台，如图 12-3 所示。

（2）砌墙机器人　目前市场上的砌墙机器人大多有一个非常灵活的机械臂，机器内置激光传感系统，以确保机器可以在预先设置的位置上作任何调整，包括对砖块的定位和调整，还可以根据加入水泥砂浆的比例不同来调整砂浆的用量等。砌墙机器人非常智能，但是也有一定的局限性，只能使用于结构型式简单的建筑中的单板墙体，不能使用于承重墙体，如图 12-4 所示。

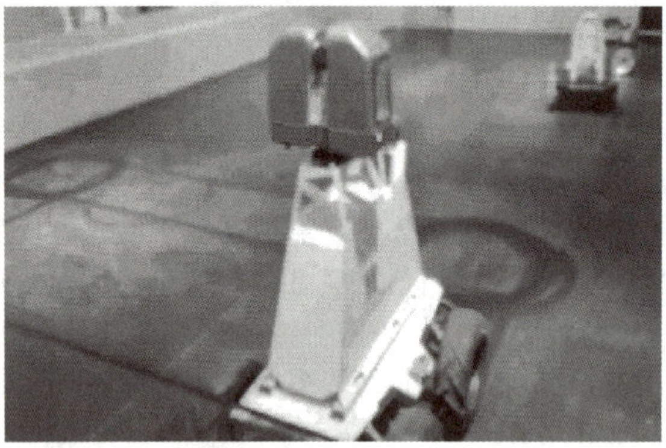
图 12-3　测绘机器人

图 12-4　砌墙机器人

（3）焊接机器人　焊接机器人主要包括机器人和焊接设备两部分。机器人由机器人本体和控制柜（硬件及软件）组成。而焊接装备，以弧焊及点焊为例，则由焊接电源（包括其控制系统）、送丝机（弧焊）、焊枪（钳）等部分组成。对于智能机器人还应有传感系统，如激光或摄像传感器及其控制装置等。

如果工件在整个焊接过程中无须变位，就可以用夹具把工件定位在工作台面上，但在实际生产中，更多的工件在焊接时需要变位，使焊缝处在较好的位置（姿态）下焊接。对于这种情况，变位机与机器人可以分别运动，即变位机变位后机器人再焊接；也可以同时运动，即变位机一边变位，机器人一边焊接，也就是常说的变位机与机器人协调运动。这时变位机的运动及机器人的运动复合，使焊枪相对于工件的运动既能满足焊缝轨迹又能满足焊接速度及焊枪姿态的要求。实际上这时变位机的轴已成为机器人的组成部分，这种焊接机器人系统可以多达 20 个轴甚至更多。

如图 12-5 所示的机器人是两台机器人的组合、12 个轴协调运动。其中一台是焊接机器人。

（4）混凝土喷射机器人　混凝土喷射机器人是代替人工对混凝土喷射机的喷嘴进行远距离控制的装置，如图 12-6 所示，一般由带有伸缩机构、起落机构、回转及翻转机构的操作臂和喷嘴等部分组成液压传动或机械传动，部分带有独立行走机构，用于实现喷射作业机械化，以提高喷射质量和效率、改善工人的劳动条件。喷射机械手喷射混凝土的工作原理是将水泥、集料、水和外加剂等按施工配合比搅拌均匀后，利用混凝土运输罐车运送至喷射地点并加入喷射机，通过喷射机泵将混凝土泵送至喷头处，与计算机全自动配比掺量控制的速凝剂混合，再用高压空气进行喷射。

图 12-5　焊接机器人

图 12-6　混凝土喷射机器人

（5）墙面综合施工机器人　这里介绍的墙面综合施工机器人“biubiu”是北京慧筑建筑科学研究院自主研发的墙面综合施工机器人，它身上包含了喷涂、刮平、打磨等功能。“biubiu”可与施工人员一起工作一整天，只需简单调试就能高效快速地完成各项工作，包括 1mm 精度激光平整度测量、石膏砂浆抹灰（免冲筋打点）、自动搅拌、自动上料等，如图 12-7 所示。

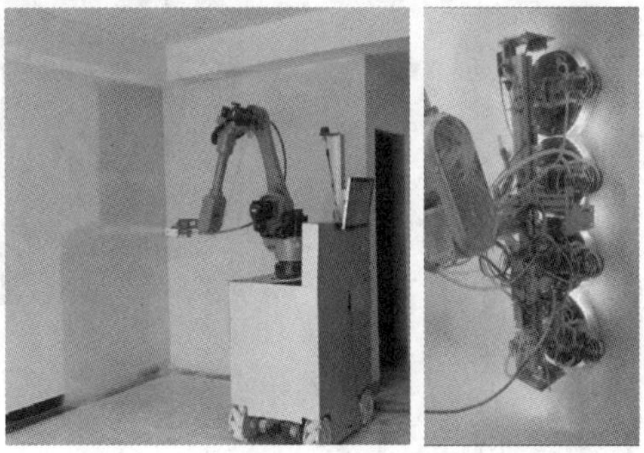

图 12-7　墙面综合施工机器人

建筑机器人“biubiu”代替了传统人工刮腻子、上涂料、打磨等作业，它喷涂精准、墙面平整度高、观感好、施工速度快、操作便捷，受到一致认可与好评。

当前机器人正处于创新突破的重要关口，相关技术的不断突破将进一步赋能传统产业，包括建筑行业。让机器人建房子，繁重、重复、危险的部分工作由机器人来完成，将成为今后行业发展的新趋势。

近年来，我国大力推动机器人科技研发和产业化进程，国家也出台多项利好政策，新基建加速数字化、智能化与建筑施工现场深度融合，我国建筑产业现代化正进入“快车道”。

5. 大数据技术

大数据技术是从各种类型的数据中快速获得有价值信息的技术。大数据处理关键技术一般包括：大数据采集、大数据预处理、大数据存储及管理、大数据分析及挖掘、大数据展现和应用（大数据检索、大数据可视化、大数据应用、大数据安全等）。

通常将大数据的特性归纳为5个“V”，即 Volume（数据量）、Variety（多样性）、Value（价值）、Velocity（速度）和 Veracity（真实性）。

6. 3D 打印技术

3D 打印的学术名称为“增材制造”，属于快速成形技术的一种，它是一种以数字模型文件为基础，运用粉末状金属或塑料等可黏合材料，通过逐层堆叠累积的方式来构造物体的技术（即“积层造形法”），如图12-8所示。过去3D打印技术常用于模具制造、工业设计等领域的模型制造，现正逐渐用于一些产品的直接制造，特别是一些高价值应用（如建筑行业的混凝土打印），已经有使用这种技术打印而成的零部件，这意味着3D打印技术的普及。

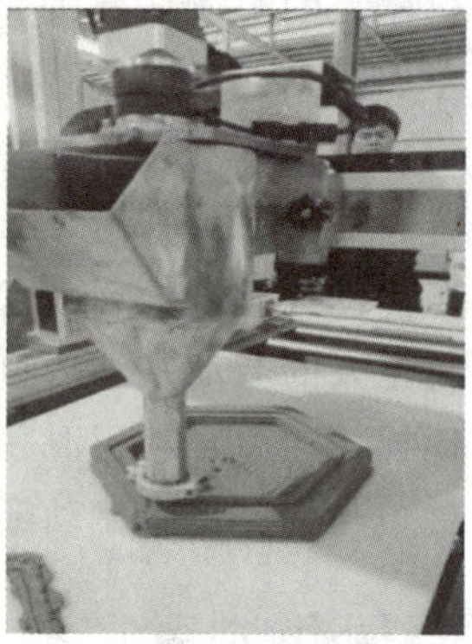

图 12-8 3D 打印技术

随着新一轮工业革命和智能建造技术的不断演进，将会涌现出更多的新型智能建造模式。“中国建造”走向“中国智造”是我国建筑业发展的大势所趋。建筑机器人、智能建造方面的探索，很好地契合了国家战略、行业趋势和市场需求，响应国家政策方针，推进建筑工业化、数字化、智能化升级，最终形成涵盖科研、设计、生产加工、施工装配、运营等全产业链融合一体的智能建造产业体系，为智能建造新业态注入新活力。

相关链接

请同学们搜集目前新型的智能建造技术，了解这些新型建造技术应用于哪些工程项目中，取得了哪些应用效果。例如北京中信大厦项目使用的空中造楼机是由中建三局自主研发的“超高层建筑智能化施工装备集成平台”，这个平台长43m，宽38m，面积1800m^2，高38m，有7层楼高，智能顶升钢平台顶推力达4800t，可顶起3200辆小型汽车，同时可抵御14级大风，如图12-9所示。施工电梯可直达平台，实现了塔机、模架一体化安装与爬升，核心筒施工同步作业面可增至四层半，相当于将工厂搬到施工现场，显著提升了智能建造及绿色施工水平，主体结构施工速度最快3天一层楼，可节约工期56天。该平台是世界上房建施工领域最重、面积最大、承载力最高、世界范围内首次与大型塔式起重机一体化结合的钢平台体系。在未来主塔楼施工中，与传统顶模体系相比，它彰显了巨大的跨越和创新。

图 12-9 空中造楼机

12.2 智慧工地

问题引入

进入新世纪，超高层建筑越来越高、结构越来越复杂，不仅要承受较大的垂直荷载，还要承受较大的水平荷载，传统建造及管理方法难以满足要求。如何实现工地的精细化管理，最终达到在减少施工成本、保护环境的情况下，按时保质保量完成工程的目标？

12.2.1　智慧工地的概念

智慧工地是指在工程项目的建造过程中，运用综合信息技术，建立施工现场的立体化模型，通过智能信息采集、数据模型分析、管理高效协同及施工过程的智能预测等措施来综合管理施工现场的一种新型管理模式。这一创新的生产管理模式，可以提高工地现场的生产效率、管理效率和决策能力，提升工程管理信息化水平，实现工程项目的绿色建造、生态建造和智能建造。

信息技术的应用主要包括以下三个重点：一是物联网技术，即将传感器植入建筑、机械、人员穿戴的设施、场地进出口、关口等各类物体中，并将其互联，形成物联网，再与互联网整合在一起。二是通过移动技术，结合移动终端的使用，直接在现场工作，实现工程管理人员与工程项目施工现场的协同工作。三是集成化的需求和应用，企业和项目部对现场进行统一的管理和监控需求。因此，在规范不同系统的标准数据接口的基础上，还应建立集成化的平台，实现智慧工地监控系统，系统还要保证与现有的管理体系、管理系统实现无缝整合。

12.2.2　BIM+智慧工地平台

BIM+智慧工地平台是将现场系统和硬件设备集成的一个统一的操作平台，它将产生的数据汇总并建模形成数据中心，基于平台将各个子系统的数据统一呈现，形成互联互通，使项目中一些关键技术指标（如进度管理、安全管理、物料管理等）直观呈现，为项目智能识别风险预警，并进行问题追踪，实现系统化、信息化、智能化，从而为项目管理打造智能化的“指挥中心”，如图 12-10 所示。

图 12-10　BIM+智慧工地平台

12.2.3　智慧工地的平台架构

为了适应建筑业的转型升级，市场上也呈现了多种款式的智慧平台，这里以广联达公司开发的智慧工地平台为例介绍。平台主要内容包括视频监控、环境监测、机械设备监测、智能基坑监测、进度管理、质量管理等，如图 12-11 所示。

1. 视频监控

施工现场环境和人员复杂，确保规范施工、保证工程质量及工地的建筑材料、设备等财产安全尤为重要。智慧工地平台中通过视频图像和大数据进行人工智能解析，具有安全帽识别、反光衣识别、

图 12-11　智慧工地平台架构

明火识别、烟雾识别、摔倒检测、区域入侵识别、越界检测、物品移动识别等功能。根据工人在施工工地过程中的行为，系统能直接通过视频实时分析和深度学习神经网络技术进行识别、跟踪和报警，同时能对信息进行管理和推送。如：基坑边坡支护、临时用电线路架设、安全网、外脚手架、施工电梯、安全网等实时监测，随时将上述各类信息提供给相关单位监督管理，及时消除施工安全隐患。

2. 环境监测

环境监测是通过传感器对现场的风速、噪声、PM2.5 浓度等环境数值进行监测，通过在工程现场安装智能扬尘传感器和噪声检测仪，实时监测现场扬尘浓度以及噪声分贝值。在项目数据平台实时显示现场各类指标数据并通过移动互联网数据上传至企业管理平台。根据污染程度不同，系统的污染程度评价等级也不一样。

3. 机械设备监测

机械设备监测通过塔式起重机传感器、施工电梯安装防碰撞传感器、高清摄像头、超载传感器等实现，传感器将实时监测的数据传递到 BIM 上，可以实时反馈现场大型机械设备的运行状态、在模型上的具体位置，提前预判存在的问题，避免隐患发生。

4. 智能基坑监测

在基坑支护和开挖阶段，在指定位置点位，安装压力位移传感器、水位传感器、联动 BIM，实时预警基坑支护的位移情况及地下水位情况。

5. 进度管理

进度管理关键数据一目了然，对项目进行动态控制和调整，使项目进度更加可控。通过数据对比分析，监控报警，及时了解进度问题，保证工程项目如期交付。

6. 质量管理

将质量管理 APP 与 BIM 关联，将质量验收和实体质量信息关联到空间模型上，可实现质量信息的自动记录、统计、分析及预警管理。

7. 3D 扫描技术

3D 扫描技术结合了结构光技术、相位测量技术、奥比中光 3D 视觉技术、复合三维非接触式测量技术，所以又称为“三维结构光扫描仪”。3D 扫描技术使得对物体进行照相测量成为可能。照相测量，就是类似于照相机对视野内的物体进行照相，不同的是照相机摄取的是物体的二维图像，而研制的测量仪获得的是物体的三维信息。

8. 无人机

用无人机辅助现场管理，设置固定拍摄航线；无人机扫描施工现场，获得每天现场的施工进度；将无人机扫描与BIM进行对比，分析进度、场布等的偏差，实时掌控施工情况，并最终保留项目的影像资料。

12.2.4 智慧工地的实践应用

房屋工程项目施工现场的管理是由施工单位主导完成的，其管理水平受到施工单位自身管理现状的约束。目前的管理模式下，现场管理者多从专业角度出发，融合所接触的信息作出决策判断，很难从项目的全局考量，难以掌握整个项目的全部数据，难以快速准确地对变动的信息作出反馈。住宅项目的施工现场管理水平直接影响后期项目的运营效益。

1. 智慧工地在国内房建项目中的应用现状

(1) 房建项目的特点　房建项目产品具有唯一性、单件性的特点。任何一个房建项目的施工现场都具有不同的特点。同一套施工图纸由于地理位置的不同，项目地质条件就有很大差别，因而项目的特点就会不同。

(2) 房建项目属于劳动密集型产业　建筑行业属于劳动密集型产业，主要表现为施工现场劳动分工细致、各工种划分详细、施工人员众多、施工工序繁琐且多交叉等。

(3) 现场管理是目前施工管理的主要管理方式　施工公司的现场管理水平是其核心竞争力，现阶段的房建项目施工现场主要以施工企业的工程部、技术部等部门现场管理为主，监理管理为辅。

(4) 房建项目信息化建设水平有待提高　目前，整个建筑行业正在转型升级，紧跟时代发展，迫切需要对房建项目进行信息化建设。现阶段房建项目的信息化水平不足，大型机械化设备的管理利用还需要进一步提升。目前我国智慧工地发展已长出萌芽，智慧工地应用于部分房建施工项目中，BIM技术、物联网技术、无人机技术等为施工现场的管理模式提供了动力，但是仍然存在信息化管理水平不高的现象。

2. 智慧工地项目应用案例一

广州白云机场三期扩建工程周边临空经济产业园区基础设施一期工程，项目规划总用地面积约604297m^2，群体建筑面积约1172146.47m^2。项目主要建设内容包括安置区建设、地下空间等综合开发建设及公共建设配套设施、红线范围内的配套道路等工程。标段一群体建筑面积约554182.71m^2，其中住宅面积约346721.8m^2。项目规模大、施工作业面广、大型设备多、交叉施工频繁、安全控制难度大；机电管线错综复杂、车场管线外露、结构装修及机电安装工程复杂、工程体量大、专业系统多，施工控制难度大；涉及的专业分包多，人员管理及现场协调难度大。

为了解决上述问题，项目以智慧指挥中心为数据集成枢纽，通过数据集成、信息交互等，实现施工环境安全有序、建筑质量优秀可靠、图纸文档协同管理、施工进度协同管理、质量安全协同管理，如图12-12所示。项目综合应用BIM、物联网、大数据及虚拟现实等先进技术，实现建筑施工全过程的数据采集、智能分析、智能预警、数据共享和信息协同。同时项目的装配率高达52.5%，装配式主要应用于预制外墙、预制楼梯、预制叠合板、预制凸窗、预制阳台、轻质隔墙，其生产及安装大量采用机械化作业，取代人工作业，充分发挥工厂的规模化优势，提高了项目的生产加工精度和施工效率，减少了资源消耗，践行“绿色建筑”“低碳环保”的发展理念。

白云机场三期扩建工程安置项目智慧化应用内容主要有以下几个模块。

(1) 劳务管理　运用人员实名制系统，打造集实名制、考勤、工资、教育于一体的人员信息化管理平台，有效避免劳务纠纷，规范人员行为，保障封闭施工，如图12-13和图12-14所示。

图 12-12　智慧指挥中心

图 12-13　实名制闸机硬件

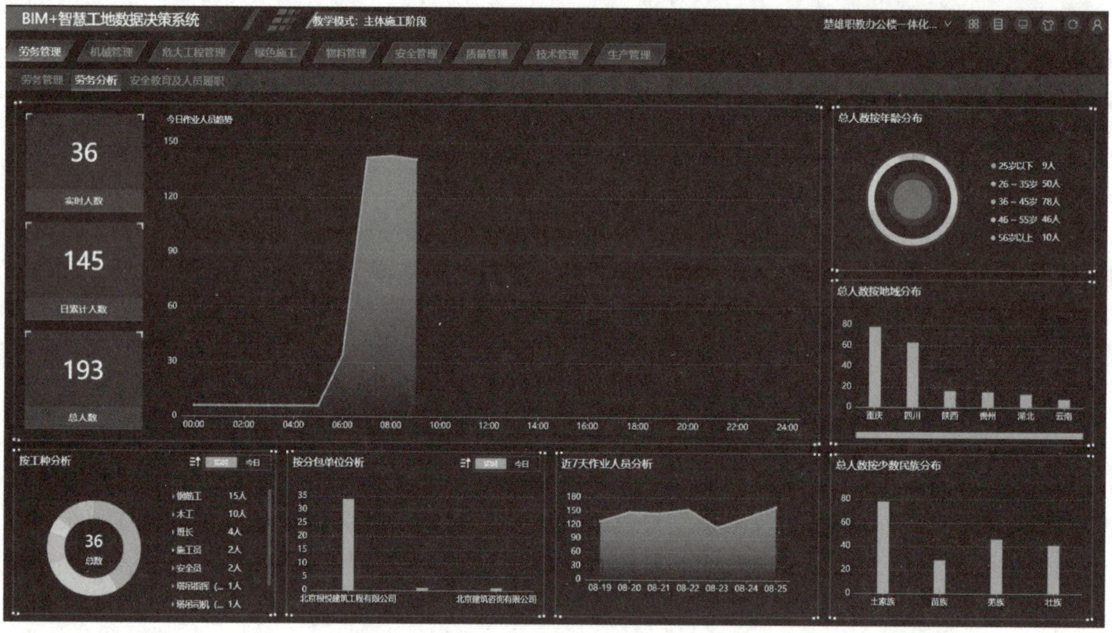

图 12-14　劳务分析

（2）机械管理　塔机安全监控系统在塔机防超载、特种作业人员管理、塔机群塔作业时的防碰撞等方面的应用，在杜绝安全生产责任事故和人员伤亡方面发挥着重要作用，如图 12-15 和图 12-16 所示。

图 12-15　塔机监控硬件安装及布线

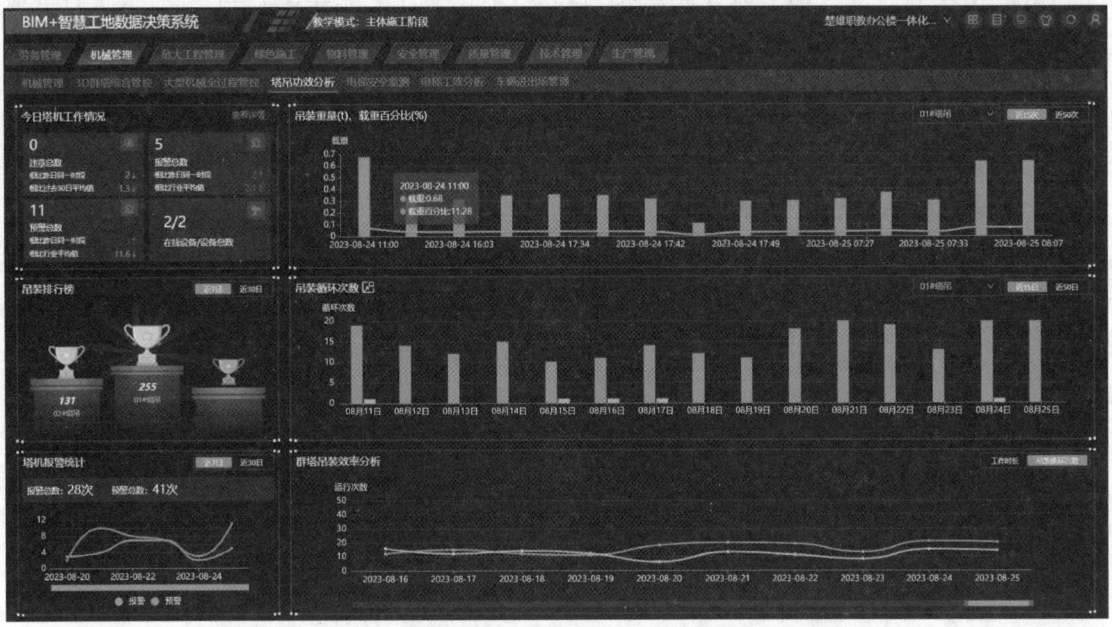

图 12-16　塔机监控日常运行数据统计

（3）视频监控　视频监控系统对施工操作工作面上的各安全要素等实施有效监控，实时监测施工现场安全生产措施的落实情况，以加强建筑工地施工现场的安全防护管理，如图 12-17 所示。

图 12-17　视频监控硬件安装及布线

（4）沉浸式体验区　该项目运用了先进的数字化管理平台，运用 BIM 渲染技术呈现沉浸式体验区，将规划内容与项目融为一体，形成三维可视化规划效果，解决项目规划中的拆改及多次调整问题，主要应用于规划阶段，达到一次成优、一次成活的应用效果，使用户真实感觉，真正实现沉浸式的服务，如图 12-18 所示。

图 12-18　沉浸式体验区

（5）VR 虚拟样板　项目采用虚拟样板技术，通过 BIM 技术将项目的户型实景化，通过 VR 技术提高了一次成活率，同时节约了看样定板的流程，极大提高了施工效率。用户也可以根据自己选择的户型看样板装修的实景效果，如图 12-19 所示。

（6）BIM 5D 平台　BIM 5D 技术管理采用广联达数字化平台，利用关键节点对工人进行可视化的技术交底，使工人能够形象直观地感受技术内容，从而提高管理水平。项目工程部通过 BIM 可视化的特点，对施工方案进行模拟，对施工人员进行可视化交底。项目部收集所有变更方案及危险性工程的三维交底文件，将其上传至数字平台并发出通知，所有管理人员、班组长通过手机 APP 就能及时收到通知，通过链接查找到变更的具体位置与变更内容，根据三维交底和施工方案指导现场施工，加快信息传递，避免施工遗漏造成返工，如图 12-20 所示。

图 12-19　VR 虚拟样板

图 12-20　数字化管理平台

（7）三维全息投影　三维全息投影又称 360°全息影像系统，由柜体、分光镜、射灯、视频播放设备组成。三维全息投影基于分光镜成像原理，通过对产品实拍和构建三维模型的计算机数字处理，将拍摄到的产品影像和产品三维模型影像叠加进场景中，从而构成动静结合的 360°全息影像。360°全息影像系统适合展示细节或内部结构较丰富的物品，本项目主要应用于装配式建筑，不需要人们佩戴任何偏光眼镜，在完全没有束缚的情况下就可以尽情观看 3D 幻影立体显示特效，给人以视觉上的强烈冲击，技术含量高，新颖性强，可通过三维空间检验项目的准确度，如图 12-21 所示。

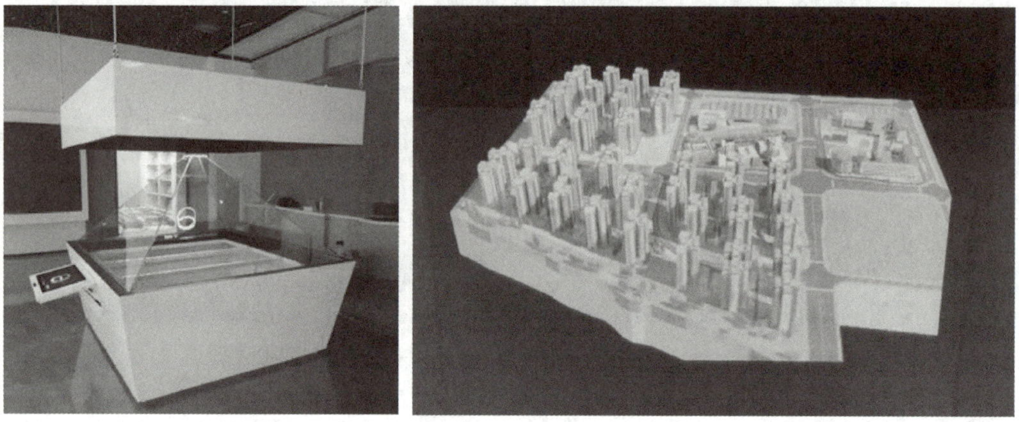

图 12-21　三维全息投影

3. 智慧工地项目应用案例二

保利 · 庭瑞阅江台项目，位于武汉市汉阳区，项目分为 K1 到 K14 个地块，属于百万方大盘。本案例主要介绍 K6 地块。

保利提出以“新建造工艺、新建造组织、新建造材料”应用为核心的新建造 2.0 迭代体系，在全国符合应用条件新开工项目全面推行，保利 · 庭瑞阅江台项目采用了铝膜五件套——全现浇外墙、铝膜、爬架、高精砌体、薄抹灰五大工艺。项目采用铝合金模板系统施工，杜绝类似木模板拼缝不严导致的漏浆、涨模等现象，拆模后混凝土表面效果好，成型尺寸好，现场管理高效。建筑标准层外墙为全剪力墙结构，大大提高了建筑的抗渗性及抗震能力，如图 12-22 所示。内墙采用精确砌块代替普通砌块，薄抹灰代替水泥抹灰，极大程度降低后期空鼓、开裂风险，如图 12-23 所示。

图 12-22 剪力墙结构

图 12-23 内墙工艺图

保利·庭瑞阅江台项目智慧化采用的是“筑善云”智慧工地，其应用内容主要有以下几个模块。

(1) 项目概览 主要展示项目的基础信息，包括占地面积、建筑面积、总平面图等，并对楼栋的节点进行动态刷新，一个画面就能对各个楼栋进度有一个全貌了解，直观明了；视频监控看板，可以通过塔式起重机视频，对项目施工现场进行全景监控，并且支持调节焦距和角度，实时直播，如图 12-24 所示。

图 12-24 庭瑞阅江台项目概览

(2) 安全文明模块 安全文明模块可实时监控劳务工人安全帽佩戴情况及升降梯人员管控，抓好安全管理，如图 12-25 所示。

(3) 质量管理模块 重点对实测实量和隐蔽工程的验收进行质量分析，包括实测薄弱项的预警，退场材料的预警以及隐蔽工程验收不合格的负面清单，如图 12-26 所示。

防水工程属于隐蔽工程，闭水试验是对整个防水工程的检验，该项目通过“筑善云”将闭水试验线上化并将防水工作面移交，确保防水施工环节不出差错。施工技术人员通过拍照记录闭水试验情况并点选“提交”待监理查验，监理查验线上留痕，如图 12-27 所示。

(4) 项目快报模块 智慧平台每天整合和分析项目动态，相当于项目的每日简报，“筑善云”不仅实现工程过程检查、实测实量、工序验收、工序移交等全流程的工程质量验收及检查的大闭环，作为项目管理平台，在数据分析及大数据应用层面，也给项目管理监测和预警带来很大帮助，使一线人员效能提速、管理提效、工程质量管控更科学，如图 12-28 所示。

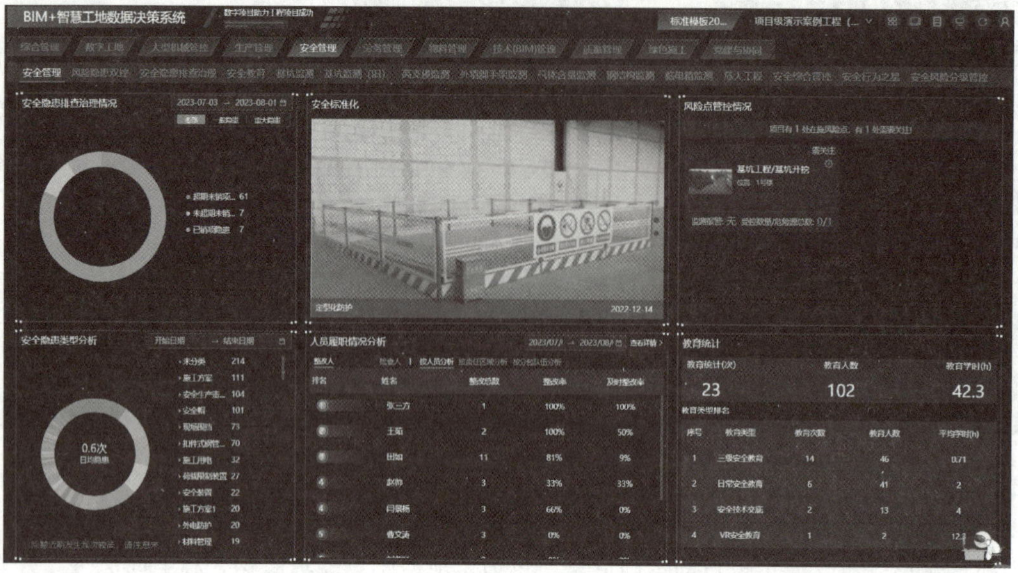

图 12-25　安全文明模块

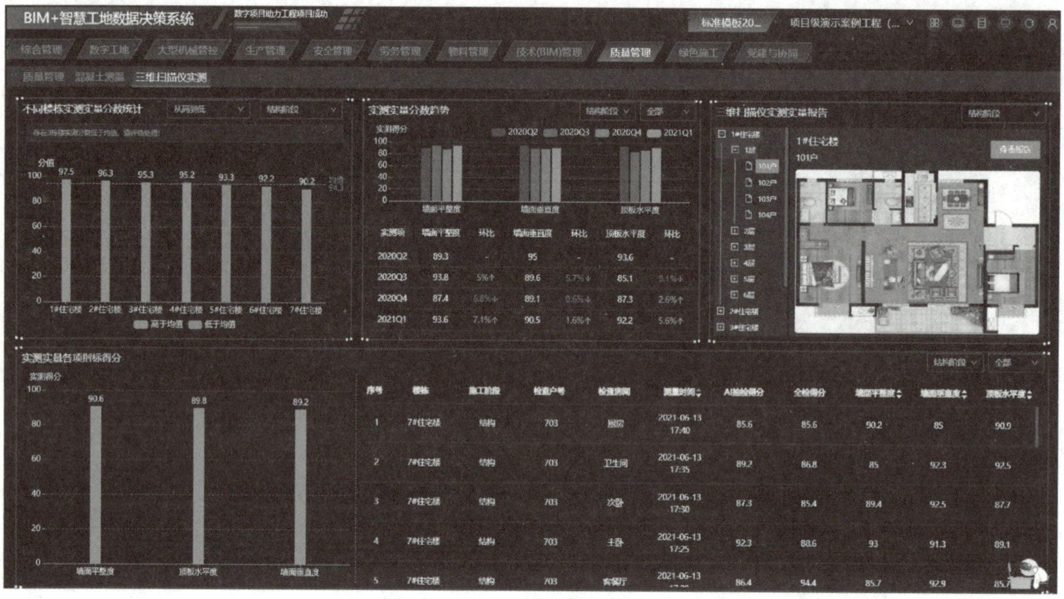

图 12-26　质量管理模块

图 12-27　隐蔽工程验收

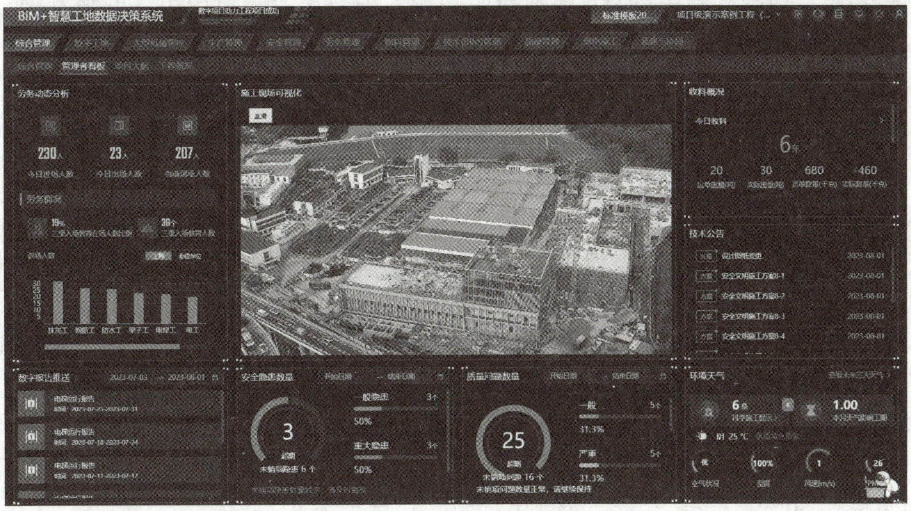

图 12-28 项目快报模块

12.3 智能建造的工程应用

问题引入

我国的建造水平不断提升，上海中心大厦、中国第一高塔广州塔、上海白玉兰大厦、重庆联合国际大厦、北京大兴国际机场，G20 杭州峰会主会场等一批公共建筑均为世界知名超高层建筑，其诞生惊艳了世界。我国在超深、超高、超长等公共结构领域的建造能力持续提升，你了解的还有哪些典型工程项目中应用了智能建造技术？取得了哪些应用成果？

12.3.1 上海中心大厦

上海中心大厦如图 12-29 所示，它是上海市的一座巨型高层地标式摩天大楼，其设计高度超过附近的上海环球金融中心。上海中心大厦总建筑面积 57.8 万 m^2，建筑主体为地上 127 层、地下 5 层，总高为 632m，结构高度为 580m，占地面积为 30368m^2，机动车停车位布置在地下，共 2000 个。

2008 年 11 月 29 日上海中心大厦主楼桩基开工。2016 年 3 月 12 日，上海中心大厦建筑总体全部完工 。2016 年 4 月 27 日，上海中心大厦举行建设者荣誉墙揭幕仪式并宣布分步试运营。2017 年 4 月 26 日，位于大楼第 118 层的“上海之巅” 观光厅正式向公众开放 。2020 年 1 月 6 日，上海中心大厦入选“上海新十大地标建筑”。

图 12-29 上海中心大厦

上海中心大厦采用了多项可持续发展技术，达到了绿色环保的要求。环评公示显示，在主楼顶层计划布置 72 台 10kW 的风力发电设备，对冷却塔进行围护以降低噪声，而绿化率达到 31.1%。主要的技术指标包括：室内环境达标率 100%；综合节能率大于 60%；有效利用建筑雨污水资源，实现非传统水源利用率不低于 40%；可再循环材料利用率超过 10%；实现绿色施工；实现建筑节能减排目标。

上海中心大厦的造型也极大程度地满足了节能的需要。它摆脱了高层建筑传统的外部结构框架，以旋转、不对称的外部立面使风载降低 24%，减少大楼结构的风力负荷，节省了工程造价。同时，与传统的直线型建筑相比，上海中心大厦的内部圆形立面使其眩光度降低了 14%，且减少了对能源的消耗。

12.3.2　成都绿地 468 项目

成都绿地中心 468 超高层项目地处四川省成都市锦江区东村文化创意产业中心区域。蜀峰 468T1 主塔楼建筑高度为 468m，结构高度为 452m。塔楼地下 4 层，地上 101 层，T2 塔楼 167m；T3 塔楼共 43 层，高 174m；裙楼三层，项目总建筑面积约 45.6 万 m^2。项目建成以后成为西南地区第一高楼，是成都的标志性建筑。

这一浩大的工程需要花费比一般工程更多的时间与精力。为了解决技术复杂、施工难度大、建设周期长等施工难题，项目建设者运用了四大技术法宝。

1）回转塔机：全称为整体自动顶升回转式多吊机集成运行平台，如图 12-30 所示。

2）模块化低位顶模：项目通过优化布局、合理计算分析，对原顶模系统进行改造利用，钢桁架以及液压系统周转率达 80%。

3）超高层逃生神器：磁力缓降安全逃生装置，基于楞次定律研发，不依赖电能，灵活、高效、可靠，不受高度限制。

4）整体大变角自适应液压爬升模架系统：可自适应巨柱内倾、外倾以及内外倾转折。

图 12-30　回转塔机

12.3.3　北京第一高楼——中国尊

中国尊，位于北京商务中心区核心区 Z15 地块，东至金和东路，南邻规划中的绿地，西至金和路，北至光华路，是北京市最高的地标建筑，如图 12-31 所示。

图 12-31　北京第一高楼——中国尊

该项目用地面积 11478m^2，总建筑面积 43.7 万 m^2，其中地上 35 万 m^2，地下 8.7 万 m^2，建筑总高 528m；建筑层数：地上 108 层、地下 7 层（不含夹层）；可容纳 1.2 万人办公。项目施工过程中运用空中造楼机，自带的 2 台 M900D 塔式起重机相比常规塔式起重机的安装方式，可减少塔式起重机自爬升 28 次，节省塔式起重机爬升影响的工期约 56 天，减少塔式起重机预埋件 400t。

中国尊集成平台采用封闭式全钢结构，平台面积 1600m^2，施工荷载 2300t，工人置身其上，如履平地，可同时进行 4 层楼、多个工种流水作业，可抵御 10 级大风。

中国尊是国内第一个利用 BIM 模型、三维激光扫描等技术辅助管理的建筑工程。

12.3.4 北京大兴国际机场

北京大兴国际机场如图 12-32 所示。它位于北京市大兴区榆垡镇、礼贤镇和河北省廊坊市广阳区之间，北距天安门 46km，南距雄安新区 55km，为 4F 级国际机场、世界级航空枢纽、国家发展新动力源。

截至 2021 年 2 月，北京大兴国际机场航站楼面积为 78 万 m^2；民航站坪设 223 个机位，其中 76 个近机位，147 个远机位；有 4 条运行跑道，东一、北一和西一跑道宽 60m，分别长 3400m、3800m 和 3800m，西二跑道长 3800m，宽 45m；可满足 2025 年旅客吞吐量 7200 万人次、货邮吞吐量 200 万 t、飞机起降量 62 万架次的使用需求。

北京大兴国际机场新航站楼按照“节能环保”理念，建设成为国内新的标志性建筑。项目建设特色是航站楼设计高度由 80m 降为 50m，功能分区更加合理，便于采取屋顶自然采光和自然通风设计，同时实施照明、空调分时控制，积极采用地热能源、绿色建材等绿色节能技术和现代信息技术。

图 12-32 北京大兴国际机场

小知识

图 12-33 巴林世贸中心

你了解以下这些智能建造典型案例吗？请仔细学习并归纳总结出不同典型案例中的智能建造知识。

1. 巴林世贸中心

巴林世贸中心是一个现代化的风力发电塔，主要利用波斯湾的海风进行发电，主体包括两座 50 层的双子塔，底部是一个 3 层的基座，其两座三角形的大厦高度达 240m。在两座大厦之间设置了水平支持的 3 座直径为 29m 的风力涡轮。风力涡轮能够满足大厦所需用电的 11%~15%，如图 12-33 所示。

2. 阿布扎比塔

阿布扎比塔高 145m，使用了精心设计的外立面，具有更好的散热性，这就意味着可以使用更少的空调。阿布扎比塔的外墙两米外形成一个独立的框架，涂有玻璃纤维的三角形屏风在人工智能系统的辅助下会随着太阳的移动而自动转向和开闭，这样能够减少太阳能热增益和眩光。据估计，这样的屏风将减少50%以上的太阳光热，从而降低空调的使用率，每年减少的碳排放达1750t。屏风允许使用更多的自然着色玻璃，并不需要太多的人工光，从而可以有更多的光线选择和更好的视野，如图12-34所示。

图 12-34　阿布扎比塔

相关链接

请同学们查阅相关的资料，了解国内外有关智能建造技术的优秀典型案例，重点分析项目中采用了哪些先进的技术和管理方法，产生了哪些智能建造效应，并与同学们分享你的成果。

项目小结

智能建造技术是新型建造技术，通过本项目的学习，我们要重点掌握以下知识。

1. 智能建造是指在项目建造过程中充分利用信息技术、集成技术和智能技术，构建人机交互建造系统，提升建造产品的品质，实现安全绿色、精益有效的一种建造方式。

2. 智能建造的关键技术有BIM技术、物联网技术、装配式技术、建造机器人技术、大数据技术、3D打印技术等。

3. 智慧工地是指在工程项目的建造过程中，运用综合信息技术，建立施工现场的立体化模型，通过智能信息采集、数据模型分析、管理高效协同及施工过程的智能预测等措施来综合管理施工现场的一种新型管理模式。

专业识图篇

项目13

建筑施工图识读

思维导图

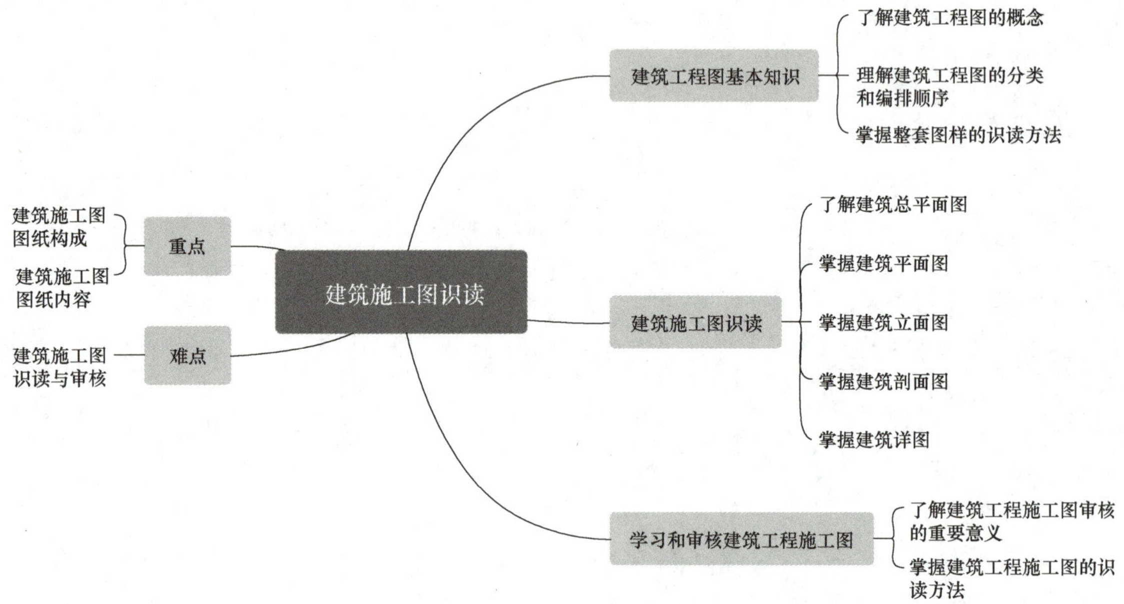

知识储备

建筑工程施工图多数是采用正投影法按照国家建筑制图标准及一定的比例绘制的。通过水平、正面、侧面投影图及剖面图将建筑物的形体及内部构造等反映出来。

13.1 建筑工程图基本知识

问题引入

一栋建筑物（如教学楼）有各种形状（三维空间体），又要满足各种功能要求，需要用哪些图样才能把它的真实形状和功能反映出来？

13.1.1 建筑工程图的概念和分类

1. 建筑工程图的概念及作用

建造房屋要经过两个基本过程，一是设计，二是施工。设计时需要把想象中的建筑物用图形表示出来，这种图形统称为建筑工程图。建筑工程图是用来反映房屋的功能组合、房屋内外貌和设计意图的图样；为施工服务的图样称为房屋施工图，简称施工图。一套施工图由建筑、结构、水、暖、电等工种共同配合，经过正常的设计程序编制而成，是进行施工的依据；正确地识读施工图是正确反映和实施设计意图的第一步，也是进行施工及工程管理的前提和必要条件。

建筑施工图是根据正投影原理和相关的专业知识绘制的工程图样，其主要任务在于表示房屋的内外形状、平面布置、楼层层高及建筑构造、装饰做法等。它是其他各类施工图的基础和先导，是指导土建工程施工的主要依据之一。建筑施工图主要用来作为施工放线，砌筑基础及墙身，铺设楼板、楼梯、屋顶，安装门窗，室内装饰及编制预算和施工组织计划等的依据。本项目主要介绍建筑施工图的识读。

2. 建筑工程图的分类和编排顺序

建筑工程图根据专业分工不同，可分为建筑施工图、结构施工图和设备施工图。

1）建筑施工图。建筑施工图简称建施，一般包括总平面图、建筑平面图、建筑立面图、建筑剖面图和建筑详图。

2）结构施工图。结构施工图简称结施，一般包括基础图、结构平面布置图和各构件的结构详图及结构构造详图。

3）设备施工图。设备施工图简称设施，一般包括给水排水、采暖通风，以及电气照明设备的布置、安装要求，其中有平面布置图、系统图和详图。

一套建筑工程施工图按图样目录、设计说明、总图、建筑图、结构图、给水排水图、暖通空调图、电气图等顺序编排。各工种图样的编排，一般是全局性图样在前，表明局部的图样在后；先施工的在前，后施工的在后；重要图样在前，次要图样在后。为了图样的保存和查阅，必须对每张图样进行编号。房屋施工图按照建筑施工图、结构施工图、设备施工图分别分类进行编号，如在建筑施工图中分别编出“建施-01”“建施-02”等。

13.1.2 整套图样的识读方法

1. 读图应具备的基本知识

施工图是根据投影原理绘制的，用图样表明房屋建筑的设计及构造做法。因此，要看懂施工图的内容，必须具备一定的基本知识。

1）掌握做投影图的原理和建筑形体的各种表示方法。

2）熟悉房屋建筑的基本构造。

3）熟悉施工图中常用的图例、符号、线型、尺寸和比例的意义。

2. 读图的方法和步骤

看图的方法一般是：从外向里看，从大到小看，从粗到细看，图样与说明对照看，建筑与结构对照看。先粗看一遍，了解工程的概貌，而后再细读。

读图的一般步骤是：先看目录，了解总体情况，图样总共有多少张；然后按图样目录对照各类图样是否齐全，再细读图样内容。

试一试

利用前面学到的知识，怎样把你所在教室的建筑功能表达出来？动手画一画。

13.2　建筑施工图识读

问题引入

一套简单的建筑工程施工图就有一二十张，一套大型复杂建筑物的工程图会有几十张、上百张甚至几百张之多，包括了各专业的施工图；而其中的建筑施工图是各专业的基础图。怎样读懂建筑施工图，并通过图样进行施工呢？这是我们本任务重点解决的问题。

13.2.1　首页图和建筑总平面图

1. 施工首页图

首页图也称为施工总说明，主要对图样上未能详细注写的用料和做法等要求做出具体的文字说明。中小型房屋的施工总说明，一般放在建筑施工图的第一页，故称为首页图。首页图一般包括图样目录、建筑设计总说明、工程做法表、门窗表等，详见附录。

（1）图样目录识读　拿到一套建筑工程施工图，首先应读清楚图样目录，它是查阅图样的主要依据。通过目录可以知道一套建筑施工图都有什么内容、有多少张图，一般包括图样的类别、编号、图名及备注等栏目，以表格形式列出；整套图样的目录，有建筑施工图目录、结构施工图目录及设备施工图目录。表13-1为某工程图样目录摘录。

表13-1　某工程图样目录摘录

图别与图号	图名	图幅	备注
建施-00	总平面图	A1	
建施-01	建筑设计总说明　门窗表	A1	
建施-02	工程做法	A1	
建施-03	地下室平面图	A1	
建施-04	一层平面图	A1	
建施-05	标准层平面图	A1	
建施-06	顶层平面图	A1	
建施-07	屋顶平面图	A1	
建施-08	①~㉑立面图	A1	
建施-09	㉑~①立面图	A1	
建施-10	Ⓐ~Ⓕ立面图	A1	
建施-11	1—1剖面图	A1	
建施-12	墙身详图	A1	
建施-13	楼梯详图	A2	
结施-01	结构设计总说明	A1	
结施-02	基础平面布置图	A1	
结施-03	基础顶~-0.030剪力墙、柱平法施工图	A1	
结施-04	-0.030~9.900剪力墙、柱平法施工图	A1	
结施-05	-0.030梁平法施工图	A1	

（续）

图别与图号	图名	图幅	备注
结施-06	3.270~6.570 梁平法施工图	A1	
结施-07	9.900 梁平法施工图	A1	
结施-08	−0.030 板平法施工图	A1	
结施-09	3.270~6.570 板平法施工图	A1	
结施-10	9.900 板平法施工图	A1	
结施-11	楼梯详图	A2	
结施-12	GYP1、GYP2 及详图	A2	

试一试

找一套完整的施工图，对照图样目录，与每张建筑施工图右下角的标题栏中图别一一校对，并统计校对结果。

（2）建筑设计总说明　设计总说明的内容因工程性质、规模大小而有很大的不同，主要包含以下几个方面。

1）本施工图的设计依据。一般包括批准的设计任务书、合同文号及其内容，国家有关法律、方针政策及规定，采用新技术、设备、材料和新结构情况，工程所在地区的自然条件，建筑场地的工程地质条件；水、暖、电及煤气供应情况，交通道路条件；规划要求及人防、环保、消防、用地、抗震的依据等。

2）工程项目的概况。一般包括工程项目规模、项目的组成内容，承担设计的范围与分工。如建筑名称、建设地点、建设单位、建筑面积、建筑占地面积、建筑工程等级、设计使用年限、建筑层数和高度、防火设计建筑分类和耐火等级、地下室防水等级、抗震设防烈度等。

3）技术经济指标。主要技术经济指标一般根据建筑物不同的使用要求给出，如住宅的套型和套数（包括每套的建筑面积、使用面积、阳台建筑面积；房间的使用面积可在平面图中标出），旅馆的客房间数和床位数，医院的门诊人次和住院部的床位数，车库的停车泊位数等。

试一试

读一读附录中的建筑设计说明，你都明白了什么？找一找建筑面积、层数和高度各是多少。

（3）工程做法表及门窗表　工程做法除用文字说明外，也可用表格形式表达，主要是对建筑各部位构造做法加以详细说明。例如，墙、地面、楼面、屋面以及踢脚板、散水等部位做法的详细表达，若采用标准图集中的做法，应注明所采用标准图集的代号、做法编号，如有改变，可在备注中说明，参见表 13-2。

表 13-2　工程做法表

项目	使用部位(编号)	做法(标准图集)	备注
屋面			
地面			
楼面			
墙裙			

（续）

项目	使用部位(编号)	做法(标准图集)	备注
内墙面			
顶棚			

门窗表是对建筑物中所有不同类型的门窗统计后列成的表，以备施工预算时所需。在门窗表中应反映门窗的类型、大小、所用标准图集及其类型编号；如有特殊要求，应在备注中加以说明。详细内容见表 13-3。

表 13-3 门窗表

类别	设计编号	洞口尺寸/mm		樘数	图集名称	材料及选用类型	备注
		宽	高				
门							
窗							

试一试

将教室的工程做法和门窗进行统计并填入表 13-2 和表 13-3 中。

2. 总平面图

总平面图是将拟建工程附近一定范围内的建筑物、构筑物及其自然状况，用水平投影的方法和相应的图例画出的图样。它主要反映原有建筑物与新建建筑物的平面形状、所在位置、朝向、标高、占地面积和邻界情况等内容。总平面图是新建房屋定位、施工放线、土方施工及施工总平面设计和其他工程管线设置的依据。

（1）总平面图的基本内容

1）总平面图是用正投影原理绘制的，具有如下基本内容。

① 标明道路红线和建筑物红线的范围，新建的各种建筑物及构筑物的名称、层数、具体位置、标高、道路以及各种管线布置系统等总体布局。

② 确定建筑物的平面位置，一般是根据原有房屋或道路来作为新建工程的定位依据。修建成片住宅、较大的公共建筑物、工厂或地形较复杂时，用坐标确定房屋及道路转折点的位置。

③ 标明建筑物首层地面的绝对标高，室外地坪、道路的绝对标高。根据标高可以知道土方填挖情况，看出地面的坡度以及水流方向。

④ 用指北针来标明总平面范围内整体的朝向，也可用风玫瑰图，它既能表示朝向，又能显示出该地区的风向频率和风速。

⑤ 根据工程的需要，有时总平面图中除平面设计外，还应标明竖向布置图，以计算出施工中土方填挖数量。在管道综合图上，标明引进的电缆线，供热、供煤气、自来水管线以及污水管线等与建筑物的距离和管线间距；当遇到复杂管线时，应加断面图以标明各管线交叉时的位置和标高。在绿化及建筑小品布置图中，标明绿地及植物配置，人行道及铺地的定位等。

2）总平面图实例。图 13-1 是某师范大学拟建住宅楼的总平面图，图中包括下列主要内容。

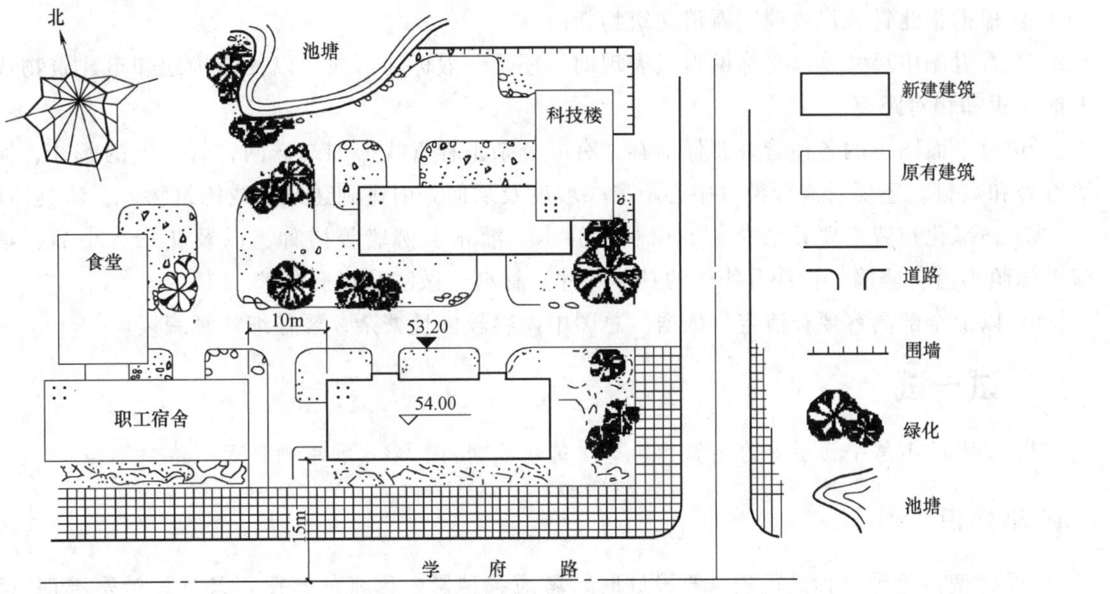

图 13-1　总平面图 1∶500

① 新建建筑物。在图 13-1 中，拟建房屋按 1∶500 的比例用粗实线框表示，原有建筑用细实线框表示，并在线框内用小黑点表示建筑层数，有几点就是几层。

② 新建建筑物的定位。总平面图的主要任务是确定新建建筑物的位置，通常是利用原有建筑物、道路等来定位的。在图 13-1 中，拟建住宅楼的西墙面距原有职工宿舍楼 10m，楼房与学府路平行，其南墙面距路中心线为 15m。

③ 绝对标高。在总平面图中，用绝对标高表示高度数值，单位为 m。在图 13-1 中，拟建房屋楼底层地面的绝对标高是 54.00m。楼外整平地面的绝对标高是 53.20m。标高数值书写在标高符号横线上，绝对标高保留到小数点后两位。

（2）建筑总平面图识读

1）建筑总平面图的识读方法。

① 了解图名、比例。

② 了解工程性质、用地范围、地形地貌和周围环境情况。

③ 了解建筑的朝向和风向。

④ 了解建筑的平面形状和准确位置。

⑤ 了解新建房屋四周的道路、绿化。

⑥ 了解建筑物周围的给水、排水、供暖和供电的位置以及管线布置走向。

2）识读总平面图的注意事项。

① 总平面图的内容大多数是用符号表示的，所以在看图之前要先熟悉图例符号的意义。表 1-6 为常用的图例索引，摘自《总图制图标准》（GB/T 50103—2010）。

② 新建建筑物外形（一般以±0.000 高度处的外墙定位轴线或外墙面线为准）用粗实线表示。需要时，地面以上建筑用中粗实线表示，地面以下建筑用细虚线表示。

a. 从平面图中了解工程性质，不但要看图，还要看文字说明。

b. 查看总图比例，了解工程规模，总图一般比例为 1∶500、1∶1000、1∶2000。

c. 看清用地范围内的新建建筑、原有建筑，拟建以及需拆除的建筑物或构筑物的位置，新旧道路的布局，周围环境和建设地段内的地形、地貌等。

③ 查看拟建建筑物的室内外地面高差和道路标高，或有关部门给定的参照物的标高以及附近原有

建筑物的标高、地面坡度及排水走向等。

④ 根据指北针或风玫瑰图看清建筑物朝向。

⑤ 查看图中尺寸是以坐标网形式表现的，还是一般标注形式，以便准确地知道建筑物或构筑物的占地面积和相对距离。

⑥ 总平面图中的各种管线要仔细看，有的复杂工程管线密如蜘蛛网，管线上的窨井、检查井要看清编号和数目。还要看清管径、中心距离、坡度及从何处引进到建筑物或构筑物，看清具体位置。

⑦ 在绿化布置上要看清草坪、树丛、乔木、灌木、松墙等树种，以及花坛、小品、桌、凳、长椅、林荫小道、矮墙、栏杆等物体的具体尺寸、材料、做法及建造要求。

⑧ 以上全部内容要查清定位依据。总图中内容较多且繁杂，要仔细认真阅读。

试一试

找出图13-1总平面图中的比例和新建建筑物的朝向、形状和准确位置、绝对标高。

小知识

设计使用年限：指进行建筑物设计时，考虑各种影响因素的年限，又称设计基准期。我国规定的设计基准期是50年；但设计基准期并不等于建筑物的寿命，超过50年后，建筑物不一定损坏而不能使用，只是建筑物完成预定的各种功能的能力越来越差。

抗震设防烈度：按国家规定的权限批准作为一个地区抗震设防依据的地震烈度；地震烈度是一次地震对某一地区影响的强烈程度；抗震设防烈度为6度及以上地区的建筑，必须进行抗震设计。

绝对标高：我国把青岛市外的黄海海平面作为零点所测定的高度尺寸，称为绝对标高。在总平面图中，用绝对标高表示高度数值，单位为m。

相对标高：在建筑物的施工图上要注明许多标高，如果全用绝对标高，不但数字繁琐，且不易得出各部分的高差。因此除总平面图外，一般采用相对标高，即把首层室内主要地坪标高定为相对标高的零点（±0.000），并在建筑工程总说明中说明相对标高与绝对标高的关系。拟建工程的首层地坪标高由当地附近的水准点（绝对标高）来测定。

13.2.2　建筑平面图

建筑平面图主要表示房屋的平面形状、大小，内部分割和使用功能（如出入口、各房间的关系、楼梯和走廊的位置等），墙、柱的材料和厚度，门窗类型与位置。它是房屋施工图中最基本的图样之一，同时也是施工放线、砌筑墙体、安装门窗和编制预算的主要依据。

1. 建筑平面图的形成及内容

假想用一个水平剖切面沿房屋的门窗洞口的位置（距地面1m左右）把整个房屋切开，移去上面部分，对其下面部分作水平面投影，所得的水平剖面图即为建筑平面图，简称平面图。

一般来说，房屋有几层，就应该有几个平面图。沿房屋底层门窗洞口剖切所得到的平面图称为底层平面图，沿二层门窗洞口剖切所得到的平面图称为二层平面图，以此类推，可得三层、四层平面图等，最高一层的平面图称为顶层平面图。但是，有些楼层除标高不同外，其余的平面布置均相同，这时可以用一个平面图表示，这样的平面图称为标准层平面图。一般房屋有底层平面图、标准层平面图、顶层平面图。另外，还应有屋顶平面图，它是由屋顶的上方向下作屋顶外形的水平投影而得到的平面图，用它来表示屋顶的情况，如屋面排水的方向、坡度、雨水管位置及屋顶的构造等。

建筑平面图的方向宜与总平面图方向一致。

图13-2为一栋单元式住宅的底层平面图（局部），图13-3为标准层平面图（局部），图13-4为屋顶平面图。

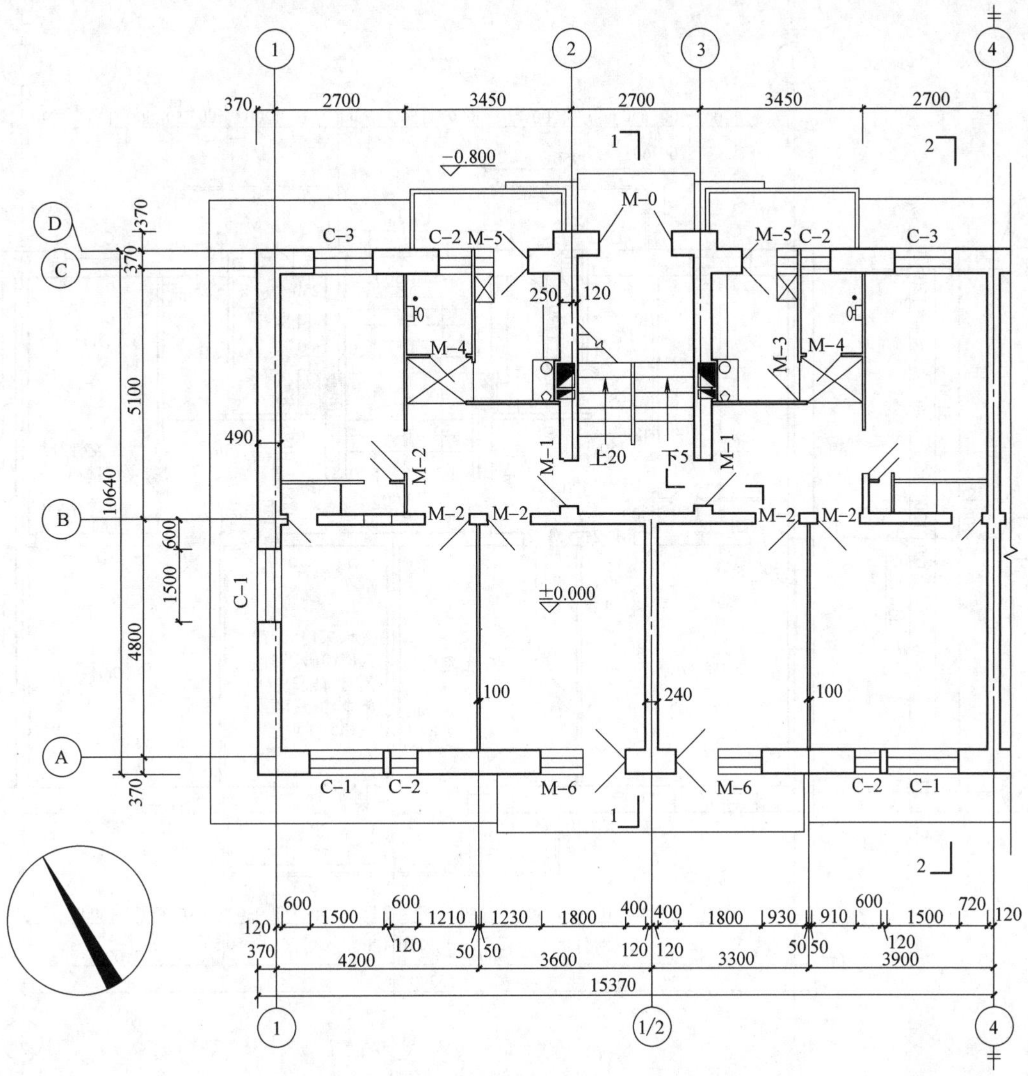

图 13-2　底层平面图 1∶100

建筑平面图上主要反映以下内容。

1）所有墙、柱的定位轴线及其编号、尺寸。

2）所有房间的名称及门窗编号、位置、大小及开启方向。

3）三道尺寸线：横向、纵向的总长尺寸；轴线间距尺寸（墙、柱距，跨度）；细部尺寸（门窗洞口尺寸，洞口边到轴线间的距离尺寸，墙、柱宽等）。图 13-3 中，住宅楼的总长为 30.74m，总宽为 10.64m；中间一道是轴间尺寸，一般表示房间的开间和进深。例如，图中的 4200、3600、3300、3900 等尺寸便是开间尺寸；4800、5100 则是进深尺寸；最里一道是表示门窗洞口宽、墙垛宽等的细部尺寸。

4）注出室内外的高差及室内楼地面的标高。

5）表示电梯、楼梯、自动扶梯上下行方向及主要尺寸、规格、编号。

6）详图的索引和标准图集的索引，剖切线位置及编号等。

7）主要建筑设备、固定家具的位置，如卫生洁具、雨水管、水池、案台、隔断等。

8）表示阳台、雨篷、台阶、斜坡、烟道、通风道、管井、消防梯、散水、排水沟、花池等的尺寸及位置。

9）综合反映其他工种（如水、暖、电、煤气等）对土建工程的要求，如地沟、配电箱、消火栓、预埋件等的预留洞在墙或楼板上的位置及尺寸。

10）底层平面图上应标明指北针，如图 13-2 所示。

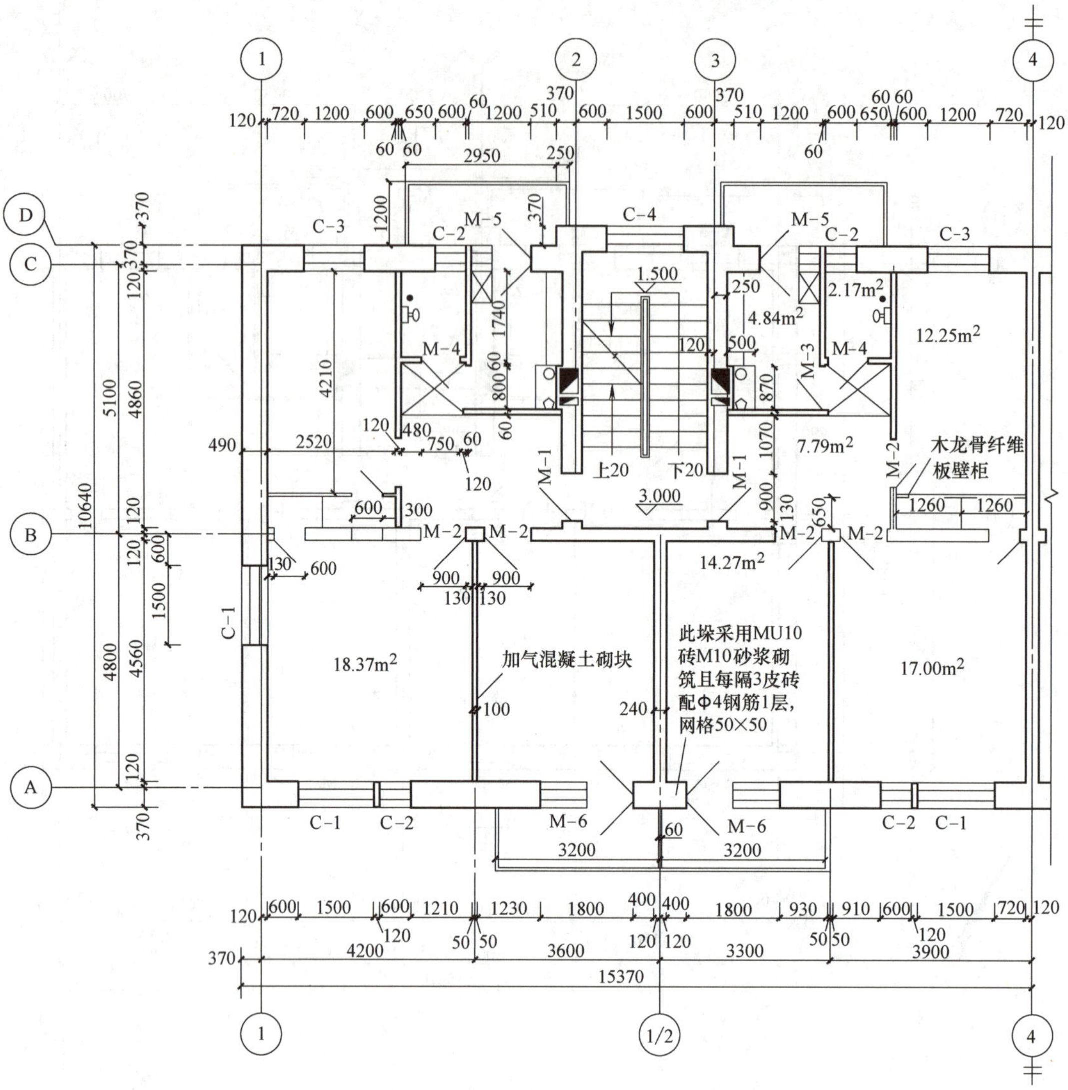

图 13-3 标准层平面图 1:100

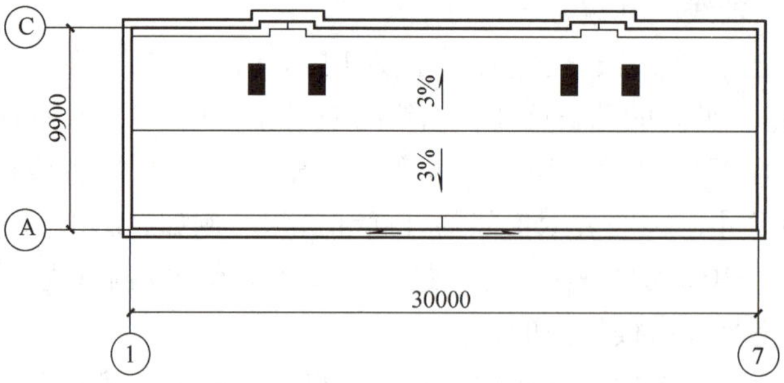

图 13-4 屋顶平面图 1:100

11）屋顶平面图的基本内容如图 13-4 所示，具体识读以下几方面内容。

① 屋顶平面图有轴线及轴线编号，有分水线、汇水线、坡向符号及坡度、雨水口、出屋面的人孔、爬梯、挑檐，并有索引的内容。有时还有女儿墙、出屋面的楼梯间等。

② 如果是坡屋面的平面图，屋面的坡度可以用直角三角形来表示。

③ 当屋面标高不同时，屋面平面可以按不同的标高分别绘制，在下一层平面上表示过的屋面，不应再绘制在上一层平面上；也可以将不同标高的屋面画在一起，但应注明不同的标高（均注结构板

面）。根据图样复杂程度来选择绘制方法。

12）一般平面图采用的比例是1∶100、1∶150、1∶200。根据工程性质及复杂程度，必要时可选择绘制局部放大图。

2. 建筑平面图的识读

（1）图名及比例　先从标题栏中了解工程名称、平面图的图名、比例等内容，如一层平面图、二层平面图等，比例为1∶100。

（2）建筑物的朝向和总平面布置、形状、尺寸　根据图中指北针的方向可知建筑物朝向，由图13-2可知建筑物朝向为东北向，一层总长为30.74m，总宽为10.64m，形状为长方形。通过这些尺寸，可计算出房屋的用地面积、建筑面积等；用地面积为首层外墙外边线所包围的面积；建筑面积是指各层建筑外墙结构的外围水平面积之和。从图中墙的分隔情况和房间的名称，可以了解到房屋内部各房间的配置、用途、数量及其相互间的关系。

（3）定位轴线编号及其间距、各部分的尺寸　根据轴线编号及间距读清楚各部分的尺寸，注意三道尺寸线，细部尺寸的和是否能对应相应开间的尺寸，开间的总和是否与总长吻合，如有不清楚要记下问题；各细部的位置及大小尺寸，如门窗洞口宽和位置、柱的大小和位置等，都应与轴线联系起来。

（4）建筑物中各部位的标高　在平面图中，对建筑物各组成部分，如地面、楼面、楼梯平台面、室外台阶面、阳台地面等，应分别注明标高。这些标高均采用相对标高，即相对于标高零点（±0.000）的标高，如图13-2所示。

（5）门窗位置和编号、数量　图13-2中M-1、M-2、M-3、……，C-1、C-2、C-3、……等表示门和窗的编号，不同的编号说明门窗的类型不同，阅读时要与门窗明细表对照。至于门窗的细部做法，要看门窗构造详图。

（6）建筑剖面图的剖切位置、索引标志　在底层平面图中的适当位置画建筑剖面图的剖切位置和剖视方向，以便与剖面图对照阅读，读图时注意剖切线是否转折等；索引标志表示的细部做法或采用标准图集做法，通过索引符号找出所在的图纸位置或标准图集号，以便施工人员查阅，如图13-2中1—1及2—2剖切符号。

（7）其他细部　楼梯、搁板、墙洞等的位置及尺寸，各专业设备的布置情况，卫生间的便池、洗手池等的位置、尺寸及形式。

试一试

找出建筑平面图中的比例；一层平面图的总长、总宽，各房间的尺寸；计算建筑物用地面积和建筑面积；找出底层平面图与标准层平面图的区别。对照图中的门窗进行统计。

13.2.3　建筑立面图

建筑立面造型是建筑物的外部形象，是建筑艺术的表现，同时也反映着设计者的审美意识、设计手法及建筑材料的应用、色彩的选用等；建筑立面图主要用来表示建筑物的立面和外形轮廓，并标明外墙装修要求，是建筑物室外装修的主要依据。

1. 建筑立面图的形成及内容

在与房屋立面平行的投影面上所作的正投影图，就是建筑立面图，简称立面图。其中反映出房屋主要外貌特征的立面图称为正立面图，其余的相应称为背立面图和侧立面图等；也可按房屋的朝向来划分，图13-5为北立面图，图13-6为南立面图，图13-7为东立面图。有时也按轴线编号来命名，如①~⑦立面图。图13-5是北立面图，也是⑦~①立面图（局部）；图13-6是南立面图，也是①~⑦立面图（局部）。建筑立面图主要反映以下内容。

1）画出建筑物外轮廓及主要结构和建筑构造部件的位置，如可以看见的室外地面线、房屋的勒脚、台阶、花池、门、窗、雨篷、阳台、室外楼梯、墙体外边线、檐口、屋顶、雨水管、墙面分格线等内容。

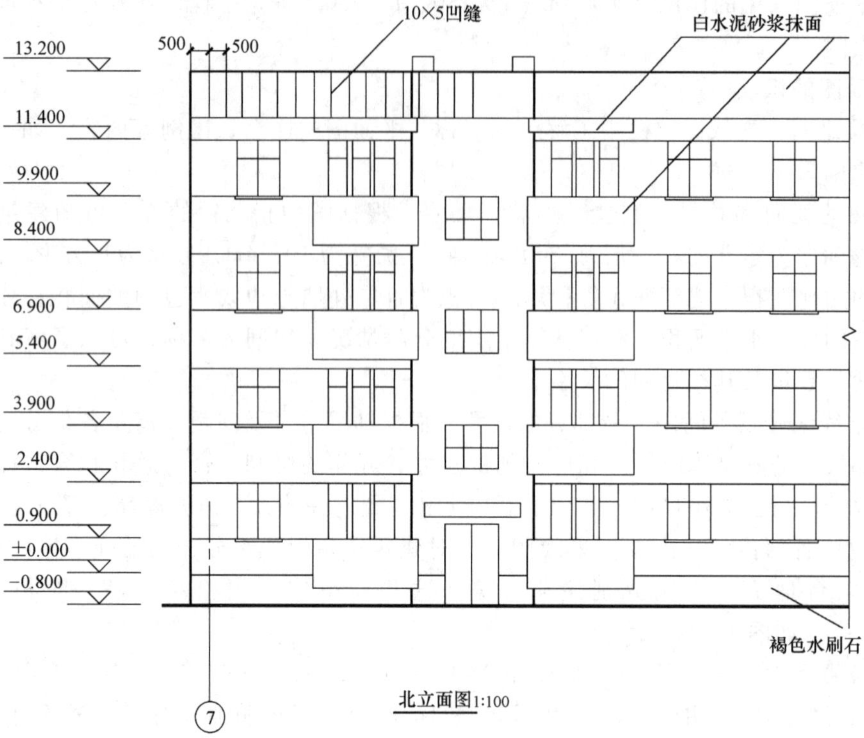

图 13-5　北立面图

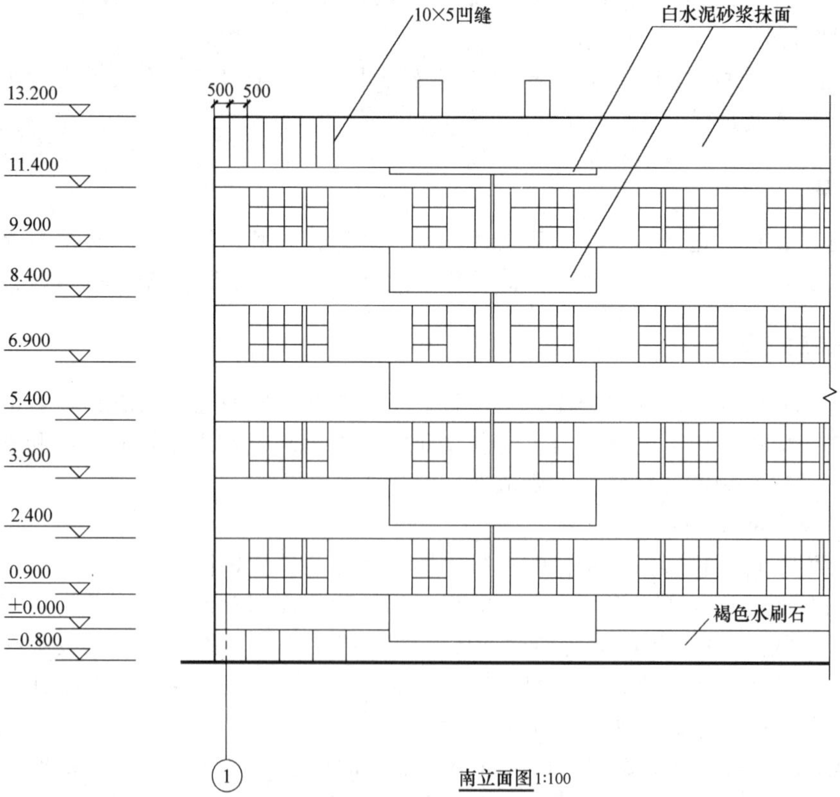

图 13-6　南立面图

2）标出建筑物立面上的主要标高。一般有以下内容。

① 室外地坪的标高。

② 台阶顶面的标高。

③ 各层门窗洞口标高。

④ 阳台扶手、雨篷上下皮的标高。

⑤ 外墙面上凸出的装饰物的标高。

⑥ 檐口部位的标高。

⑦ 屋顶上水箱、电梯机房、楼梯间的标高。

3）注出建筑物两端的定位轴线及其编号。

4）注出各部位装饰材料名称及其做法、需详图表示的索引符号。

5）在平面上不易表达清楚的编号。

6）图样比例一般采用 1∶100、1∶150、1∶200 来绘制。

7）墙的立面三道尺寸线：总高、层高、细部尺寸。

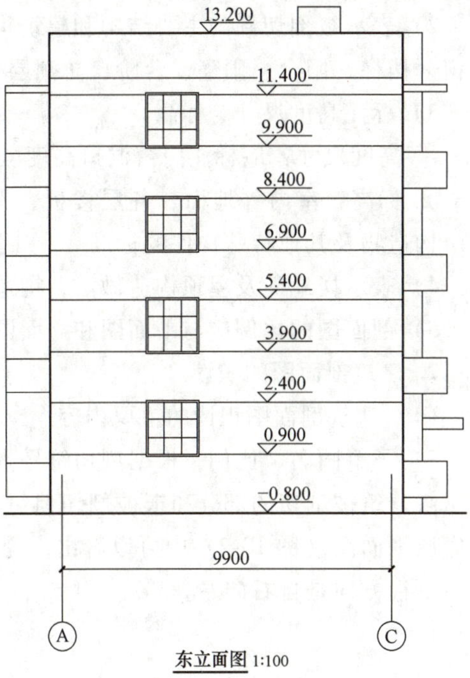

图 13-7　东立面图

2. 建筑立面图的识读

1）了解图名、比例，弄清该立面图在整个建筑形体中所处的位置。例如，图 13-5 北立面图的比例为 1∶100。

2）了解建筑物的外貌及墙体的各细部组成部分，如台阶、门窗形状、阳台、雨篷、屋顶形状及位置。

3）了解建筑物的外装修做法与所用材料。例如图 13-6 南立面图中的白水泥砂浆抹面、褐色水刷石。

4）了解建筑物各部位的高度尺寸、关键部位的标高。如图 13-5 所示，室外地面标高为-0.800，室内地面标高为±0.000。

建筑立面图识读注意事项：看立面图，除了看立面的尺寸、标高和立面外观外，还应注意与平面图对应着看，核实是否有外装修的说明及索引内容等。

试一试

找出建筑立面图中的比例和建筑物总高，并找一找外装修材料做法。

13.2.4　建筑剖面图

建筑剖面图主要用来表示建筑物的内部在高度方向的结构或构造形式、分层情况及高度等。如屋顶的坡度、楼房的分层、房间和门窗各部分的高度等。建筑物的竖向尺寸主要标注在建筑剖面图上。

1. 建筑剖面图的形成及内容

建筑剖面图是假想用一平面把建筑物沿垂直方向切开后得到的切面部分的正投影图。因剖切位置不同，剖面图又分为横剖面图和纵剖面图。剖面图一般选择建筑物内部做法有代表性、空间变化比较复杂的部位，如楼梯间，并应尽量使剖切面通过门窗洞口。剖切位置应在底层建筑平面图上用剖切线标出，建筑剖面图的图名应与平面图的剖切符号一致；剖切线的长线表示剖切位置，短线表示剖视方向，剖切位置的编号写在表示剖视方向的一方；根据建筑物的平面情况，剖切线可以转折一次，详见图 13-2 中的 1—1、2—2 剖切符号。

建筑剖面图一般包含以下内容。

1）表示被剖切到的墙、柱、梁及其定位轴线编号。

2）表示被剖切到的主要结构和建筑构造部件，如室内外地面、各层楼板、屋顶、檐口、女儿墙、门窗、楼梯、阳台、雨篷、台阶、防潮层、踢脚板、散水、明沟等剖切后可见的内容。

3）标注高度尺寸与标高。

① 高度尺寸：应标注门窗洞口高度、层间高度和建筑总高度三道尺寸线。

② 标高：室内外地面、各层楼板、平台、屋面板、檐口、女儿墙顶、雨篷板，高出屋面的建筑物、构造物及其他特殊构件的标高。

4）表示楼地面及屋顶构造做法，构造详图的索引符号。

5）剖面图的比例应与平面图和立面图的比例一致，因此在剖面图上一般不画材料图符号。

2. 建筑剖面图的识读

（1）建筑剖面图识读的主要内容

1）了解图名、比例，根据剖切符号查阅该剖面图在底层建筑平面图中的剖切位置、剖视方向，大致了解建筑被剖切的部分和未被剖切但可见部分。例如，图 13-8 所示的 1—1 剖面图，它的剖切位置由底层平面图（图 13-2）中可以看出，是通过单元入口、楼梯间及一个阳面居室的部位，是阶梯剖面图，剖视方向是自右向左。

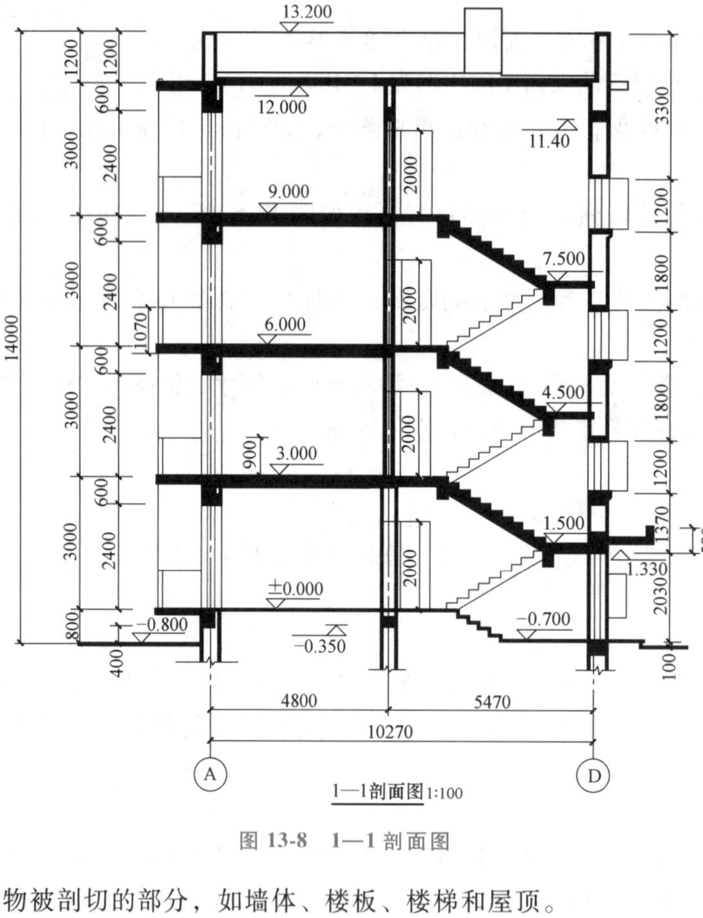

图 13-8　1—1 剖面图

2）详细了解建筑物被剖切的部分，如墙体、楼板、楼梯和屋顶。

3）详细了解建筑物未被剖切但可见部分。

4）了解剖面图上各部位的高度尺寸、主要部位的标高。例如，图 13-8 所示的 1—1 剖面图中，房屋总高 14m，层高 3m，门高 2.4m。

5）了解构造详图的索引符号位置及编号。剖面图中不能详细表达的地方，有时用详图索引，并另画详图表示。

如图 13-9 所示，2—2 剖面图的剖切位置是通过有代表性的阳面、阴面两个居室，内纵墙和壁柜的部位，剖视方向也是自右向左。

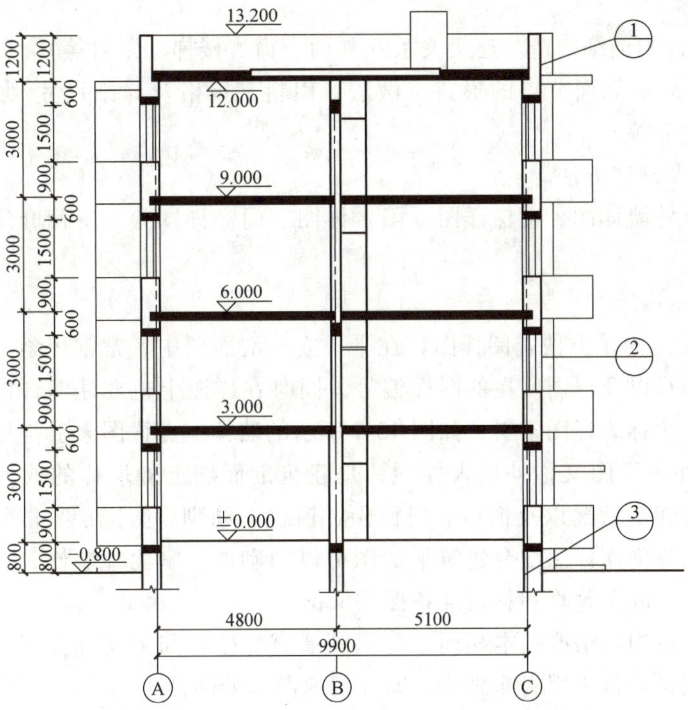

2—2 剖面图 1:100

图 13-9　2—2 剖面图

（2）建筑剖面图识读的注意事项　首先要看是怎样剖切的，剖面图要与各层平面图对应着看，核实剖面图表示的内容与建筑平面图剖切位置线是否一致；按照从外到内、从上到下的顺序反复查阅，最后在头脑中形成房屋的整体形状；还要看剖面图中有哪些索引内容，有些部位要与详图结合起来，同时注意尺寸与标高。

试一试

找出建筑横剖面图在平面图中的剖切位置，仔细想一想有哪些剖切到的部分，并指出此建筑物的层高。

相关链接

从以上介绍可以看出，平、立、剖面图相互之间既有区别，又紧密联系。平面图可以说明建筑物各部分在水平方向的尺寸和位置，却无法表明它们的高度；立面图能说明建筑物外形的长、宽、高尺寸，却无法表明它的内部关系；而剖面图则能说明建筑物内部高度方向的布置情况。因此，只有通过平、立、剖三种图相互配合才能完整地说明建筑物从内到外、从水平到垂直的全貌。

13.2.5　建筑详图

建筑的平、立、剖面图表达建筑的平面布置、外部形状和主要尺寸，但因反映的内容多、比例小，故对建筑的细部构造难以表达清楚。为了满足施工与预算的需求，对建筑物的细部构造按正投影的原理，用较大的比例详细地表达出来，这种图称为建筑详图，又称大样图，是建筑平、立、剖面图的补充说明。建筑详图的特点是比例大，反映的内容详尽，将工程的细部构造、形状、大小、材料、做法等一一表达清楚，并严格编制索引符号，以便查阅。建筑详图常用的比例有 1∶50、1∶20、1∶10、1∶5、1∶2、1∶1 等。

1. 建筑详图的内容

1）表示建筑构配件的详细构造及连接关系（如门、窗、楼梯、阳台等）。

2）表示建筑物细部及剖面节点的形式、做法、用料、规格及详细尺寸（如檐口、窗台、明沟、楼梯扶手、踏步、楼地面等）。

3）表明施工要求及制作方法。

建筑详图主要有：外墙详图、楼梯详图、阳台详图、门窗详图等。下面介绍建筑图中使用较多的几种详图的识读方法。

2. 建筑详图的识读

（1）详图索引标志　为了方便查阅详图，在平、立、剖面图中，常常用索引标志符号注明已画出详图的位置、详图的编号以及详图所在的图样编号。同时在详图上也要注明详图的编号和被索引的图样的编号，这种表示方法称为详图索引，如图 13-9 所示的墙体节点详图索引符号。

（2）外墙详图　外墙详图又称外墙大样图，是建筑剖面图上外墙体的放大图样，表达外墙与地面、楼面、屋面的构造连接情况以及檐口、门窗顶、窗台、勒脚、防潮层、散水、明沟的尺寸、材料及做法等构造情况。墙身剖面详图配合建筑平面图可以为砌墙、室内外装修、立面窗口、预制构件等提供做法，并为编制工程施工预算和材料准备提供依据。

在多层房屋中，各层构造情况基本相同，可只画墙脚、檐口和中间部分三个节点，门窗一般采用标准图集。为简化作图，通常采用省略画法，即在门窗洞口处断开。

1）外墙详图的基本内容。

① 墙脚。外墙墙脚主要指一层窗台及以下部分，包括散水（或明沟）、防潮层、勒脚、一层地面、踢脚板等部分的形状、大小、材料及其构造情况。

② 中间部分。主要包括楼层、门窗过梁及圈梁的形状、大小、材料及其构造情况，还应表示出楼板与外墙的关系。

③ 檐口。应表示出屋顶、檐口、女儿墙及屋顶圈梁的形状、大小、材料及其构造情况。

墙身详图一般用 1∶20 比例绘制。由于比例较大，因此各部分构造均应详细表达出来，并画出相应图例符号。

2）外墙详图的识读方法。

① 了解墙身详图的图名，根据详图剖切平面的编号，与平面图中的剖切位置或立面图上的详图索引标志、朝向、轴线编号要对应，完全一致。

② 了解外墙厚度与轴线的关系，轴线是在墙中还是偏向一侧的，墙上有哪些不同的变化，其具体位置及尺寸需明确。

③ 看图是按从下到上或从上到下的顺序，一个节点一个节点地看，了解墙面各部位的详细构造、尺寸、做法，并与材料做法表对应。

④ 先从第一个节点识读，如了解墙脚构造。

⑤ 了解中间结点，如图 13-10 所示外窗台挑出墙面 60mm。

⑥ 了解檐口部位的做法。

如图 13-10 所示为外墙身剖面详图，它实际是图 13-9 中墙体的局部放大图。

3）外墙详图的识读注意事项。

① 墙身详图可以明确、清楚地表示出每项工程中绝大部分主体装修做法，所以除了读懂图的全部内容外，还应仔细与平、立、剖和其他专业的图样联系阅读。例如，勒脚下面的基础墙做法要与结构施工图的基础平面图和剖面图联系阅读；楼层与檐口、阳台、雨篷等也应和结构施工图的各层楼

板平面图和剖面节点联系阅读。这样才能加深理解并从中清楚图样相互间的联系和发现可能出现的问题。

② 要反复校核图内尺寸、标高是否一致，并与该工程其他专业的图样反复校核，有时会出现本专业图样之间或与其他专业图样之间在尺寸、标高，甚至做法上产生不一致的现象，给施工人员阅读图样或施工带来很多困难。

③ 每条可见轮廓线都可能代表一种材料做法，所以不能忽视每一条可见轮廓线。

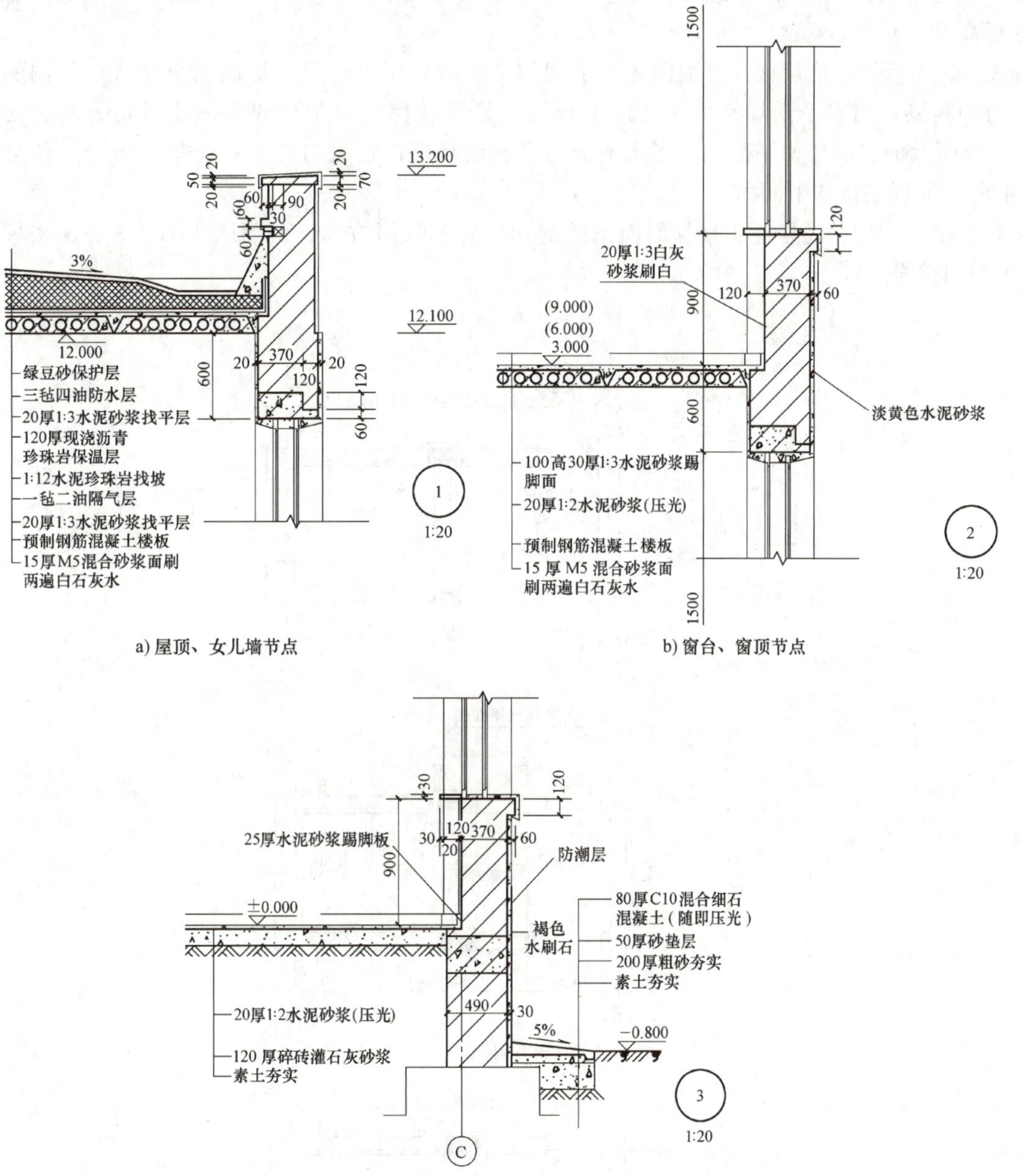

a) 屋顶、女儿墙节点　　b) 窗台、窗顶节点

c) 勒脚、散水节点

图 13-10　外墙身剖面详图

（3）楼梯详图　楼梯是多层与高层建筑中上下层之间的垂直交通与疏散的基本设施，其构造较为复杂，所以需要有详图专门说明。楼梯详图主要表示楼梯的类型，平、剖面尺寸，结构形式及踏步、栏杆等装修做法，是楼梯施工放样的主要依据。楼梯详图一般包括楼梯平面图、楼梯剖面图和楼梯踏步、栏杆节点详图。一般尽可能地将楼梯详图全部画在一张施工图上，且平、剖面图的比例一致，以便对照阅读。楼梯详图比例放大绘制，以便清楚地表达详细构造。

1）楼梯平面图。它是用一个假想的水平面在该层向上走的第一个梯段中部剖切，向下投影而形成的投影图；也可以说是建筑平面图中楼梯间的比例放大后画出的图样，常用的比例为 1 ∶ 50。除底层和顶层平面图外，中间无论多少层，只要各层楼梯做法完全相同，就可以只画一个平面图，称为标准层楼梯平面图。楼梯平面图要表达出楼梯间墙身轴线，楼梯间的长宽尺寸，楼梯的跑数，每跑楼梯的宽度及踏步数，踏步的宽度，休息平台的位置、尺寸及标高。

楼梯平面图识读：根据轴线编号，了解楼梯间在房屋中的位置；了解楼梯间、梯段、梯井、平台的尺寸、构造形式，楼梯踏步的宽度和踏步数；了解楼梯的走向，栏杆设置及楼梯上下起步位置；了解楼层标高和休息平台标高。

如图 13-11 所示，底层楼梯平面图为水平剖切平面沿底层上行第一梯段及单元入口门洞的某一位置切开时而得到；当水平剖切平面沿二层上行第一梯段及梯间窗洞口的某一位置切开时，便可得到图 13-11 中所示的二层楼梯平面图；当水平剖切平面沿顶层门窗洞口的某一位置切开时，便可得到图 13-11 中所示的顶层楼梯平面图。

在底层平面图中，还应注出楼梯剖面图的剖切位置和投影方向，例如图 13-11 中底层楼梯平面图的 1—1 剖切符号。

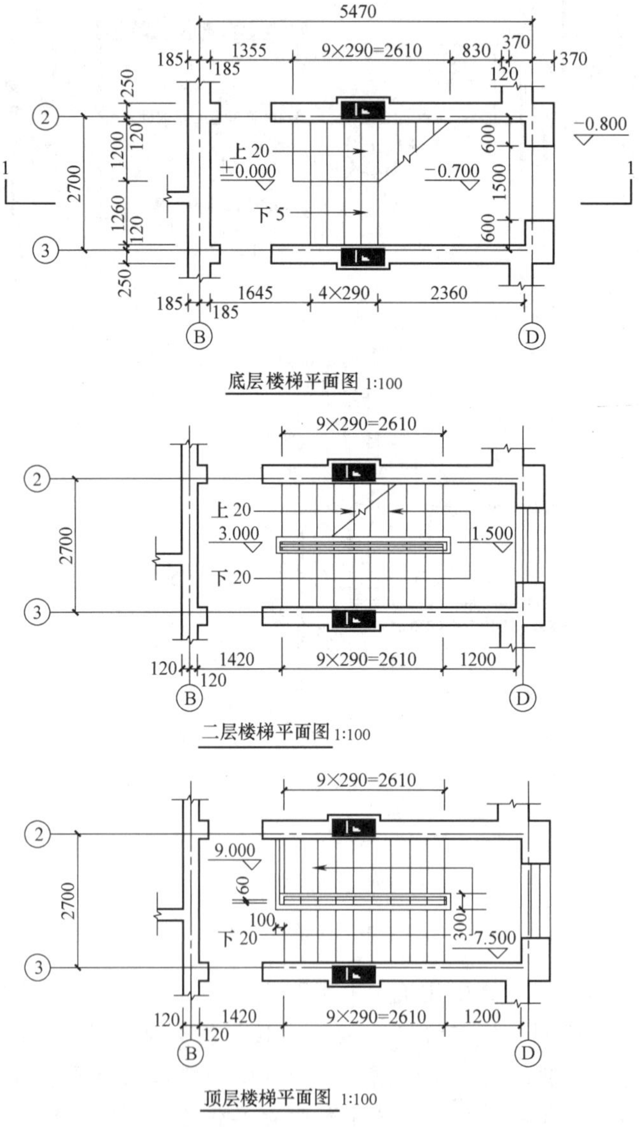

底层楼梯平面图 1:100

二层楼梯平面图 1:100

顶层楼梯平面图 1:100

图 13-11　楼梯平面图

试一试

找出图 13-11 楼梯平面图中楼梯间的尺寸，对照楼梯详图仔细数一数各层有几个踏步，踏步的宽度为多少。

2）楼梯剖面图。用一个假想的铅垂面通过各层的一个梯段和门窗洞口将楼梯垂直剖切，向另一个未剖切到的梯段方向投影所作的剖面图，即为楼梯剖面图。楼梯剖面图重点表明楼梯间的竖向关系，其常用比例为 1：50。如果各层楼梯构造相同，且踏步尺寸和数量相同，那么楼梯剖面图可只画底层、中间层和顶层剖面图，其余部分用折断线将其省略。楼梯剖面图应注明各楼层面、平台面、楼梯间窗洞的标高、踏步的数量及栏杆的高度等，还要表示出楼梯栏杆、扶手和踏步详图，表明栏杆的式样、高度、尺寸、材料及构造做法等。

楼梯剖面图识读：了解楼梯的构造形式，如图 13-12 所示楼梯的结构形式为板式楼梯；了解楼梯梯段数、踏步级数，如图 13-12 所示每段踏步级数为 10 级；了解楼梯竖向和进深方向尺寸，如楼层标高、平台标高等；了解梯段、平台、栏杆、扶手等的构造及材料说明；了解图中的索引符号。

如图 13-12 所示为 1—1 楼梯剖面图。它的剖切位置和投影方向已表示在图 13-11 的底层楼梯平面图中。该剖面图实际上是建筑剖面图（图 13-8）的局部放大图。它主要表明各梯段、休息平台的形式和构造。由图 13-12 可以看出，这是一个现浇钢筋混凝土板式楼梯，每层有两个梯段。

在楼梯平面图中，每梯段踏步面的个数均比楼梯剖面图中对应的踏步个数少一个，这是因为平面图中梯段的最上面一个踏步面与楼面平齐。

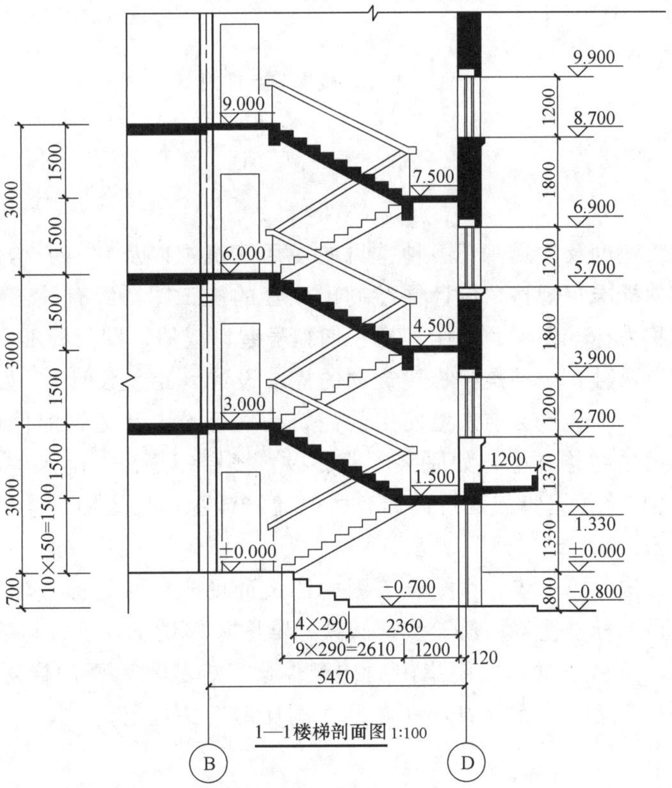

图 13-12　楼梯剖面图

试一试

找出楼梯剖面图中楼层和休息平台的标高；楼梯为何种构造形式？若为钢筋混凝土楼梯，计算一个梯段所用混凝土的体积。

3）楼梯节点详图。楼梯节点详图主要表达楼梯栏杆、踏步、扶手的做法。如采用标准图集，则直接引用标准图集代号；如采用特殊形式，则用较大的比例（如 1∶10、1∶5、1∶2、1∶1）详细表示其形状、尺寸、所用材料及具体做法，如图 13-13 所示。

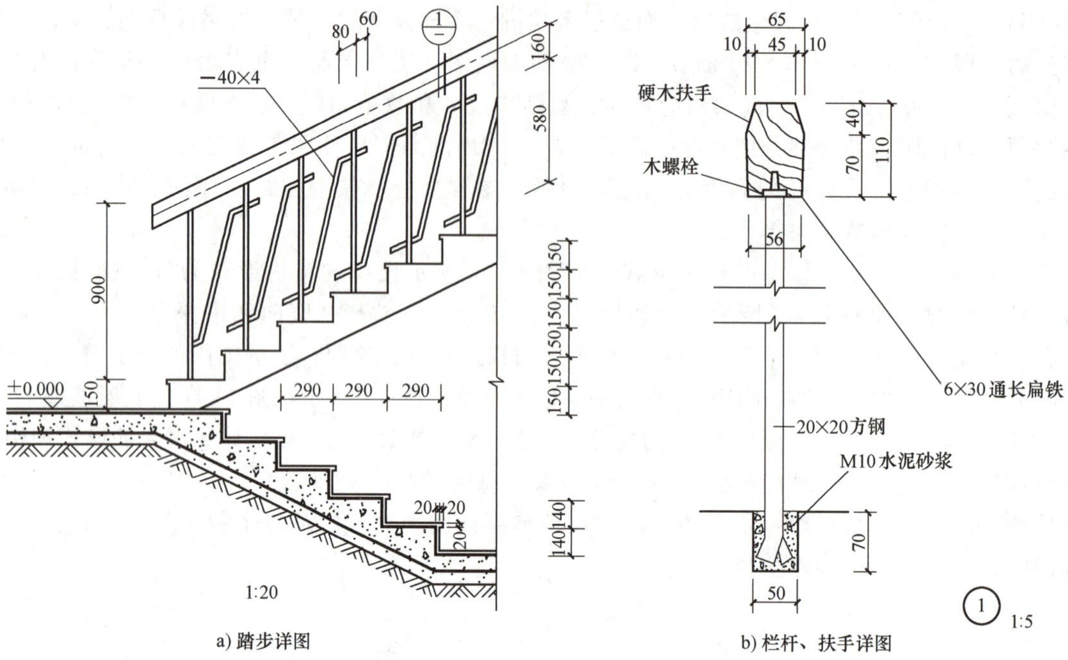

图 13-13　楼梯节点详图

小知识

为提高设计和施工速度及质量，把各种常见的多用建筑物以及它们的构件、配件，按照统一的模数，根据各种不同的标准、规格，设计并绘制出成套的施工图，经有关部门批准后，供设计和施工中选用，这种图样称为标准图或通用图。把它们编号装订成册，即为标准图集。

标准图集的种类有两种，一种是整栋建筑物的标准设计（定型设计），如住宅、中小学教学楼、单层工业厂房体系等。另一种是目前大量使用的建筑构件标准图和建筑配件标准图。建筑构件标准图是指与结构设计有关的结构详图，如屋架、梁、板、楼梯、阳台、雨篷等，一般代号用“G”或“结”表示；建筑配件标准图是指与建筑设计有关的建筑详图，如屋面、楼地面、粉刷、水池、门、窗等详图，一般代号用“J”或“建”表示。

标准图集的查阅方法：第一步，根据施工图中的设计说明或索引标志注明的标准图集名称、编号及编制单位查找选用的标准图集；第二步，阅读标准图集的说明，了解其编制的依据、适用范围、施工要求及注意事项，然后根据标准图集内的构配件代号，找到所需的详图。一般构配件的代号，都用它们名称的汉语拼音第一个字母表示（详见“国标”有关规定）。

13.3　学习和审核建筑工程施工图

13.3.1　概述

一套建筑工程施工图，包括图样目录、设计说明、总图、建筑图、结构图、给水排水图、暖通空调图、电气图等专业施工图；每个专业都有各自的编号、编排顺序，各专业的施工图，应按图样内容的主次关系系统地编排。工程管理人员要熟悉工程图的基本情况，才能确定工程规模，制订合理的工程管理措施，所以在学习和审核施工图时，要通过施工图来了解工程的总体情况。一般情况下，基本图在前，详图在后；总体图在前，局部图在后；主要部分在前，次要部分在后；布置图在前，构件图在后；先施工的图在前，后施工的图在后。在审核和识读建筑工程施工图时，要掌握正确的识读方法和步骤。

13.3.2 学习和审核建筑工程施工图的方法

在识读整套建筑工程施工图样时，应遵循“了解总体、顺序看图、前后对照、重点细读”的原则。

1. 了解总体

拿到建筑工程施工图后首先根据目录、总平面图和施工总说明，大致了解工程概况；对照目录检查图样是否齐全，采用哪些标准图集，并准备齐标准图集。然后，根据建筑平、立、剖面图，大体上想象一下建筑物的立体形象及内部布置。

2. 顺序看图

在总体了解建筑物的情况后，根据施工的先后顺序，从基础到墙体（或柱）、结构的平面布置以及各专业的相互联系和制约，建筑构造及装修的顺序等都要仔细阅读有关图样。

3. 前后对照

在看建筑工程施工图时，要注意平面图与立面图和剖面图对照着看，建筑施工图与结构施工图对照着看，土建施工图与设备施工图对照着看，以便对整个工程的施工情况及技术要求做到心中有数。

4. 重点细读

在对整个工程情况了解之后，根据不同的专业，分工细读；各个专业有各自的重点，在对专业重点细读时，要将遇到的问题一一记录下来及时向设计部门反映，必要时可形成文字发给设计部门。在熟悉各专业施工图的基础上，工程开工前，一般安排设计、施工及建设单位技术人员统一进行图样会审。

总之，要想熟练地识读建筑工程施工图，除了掌握投影原理外，还要熟悉国家有关部门规定的建筑制图统一标准，并且必须掌握各专业施工图的用途、图示内容和表达方法。此外，还要经常深入施工现场，对照图样，观察实物。

项目小结

1. 建筑工程图由于专业分工不同，根据其内容和作用分为：建筑施工图、结构施工图和设备施工图。

2. 建筑施工图（建施）一般包括总平面图、建筑平面图、建筑立面图、建筑剖面图和建筑详图。其主要任务在于表示房屋的内外形状、平面布置、楼层层高及建筑构造、装饰做法等，是其他各类施工图的基础和先导，是指导土建工程施工的主要依据之一。

3. 总平面图主要反映原有建筑物与新建建筑物的平面形状、所在位置、朝向、标高、占地面积和邻界情况等内容。总平面图是新建房屋定位、施工放线、土方施工及施工总平面设计和其他工程管线设置的依据。

4. 假想用一个水平剖切面沿房屋的门、窗洞口的位置（距地面 1m 左右）把整个房屋切开，移去上面部分，对其下面部分作水平面投影，所得的水平剖面图，即为建筑平面图，一般房屋有底层平面图、标准层平面图、顶层平面图；另外，还应有屋顶平面图。

5. 在与房屋立面平行的投影面上所作的正投影图，就是建筑立面图。建筑立面图主要用来表示建筑物的立面和外形轮廓，并标明外墙装修要求，是建筑物室外装修的主要依据。

6. 建筑剖面图是假想用一平面将建筑物沿垂直方向切开后得到的切面部分的正投影图。因剖切位置不同，剖面图又分为横剖面图和纵剖面图。建筑剖面图主要用来表示建筑物的内部在高度方向的结构或构造形式、分层情况及高度等。建筑物的竖向尺寸主要标注在剖面图上。

7. 根据施工与预算的要求，对建筑物的细部构造按正投影的原理，用较大的比例详细地表达出来，这种图称为建筑详图，又称大样图，是建筑平、立、剖面图的补充说明。详图的特点是比例大，反映的内容详尽，将工程的细部构造、形状、大小、材料、做法等一一表达清楚。建筑详图主要有：外墙详图、楼梯详图、阳台详图、门窗详图等。

8. 一套建筑工程施工图包括图样目录、设计说明、总图、建筑图、结构图、给水排水图、暖通空调图、电气图等专业施工图；各专业的建筑工程施工图应按图样内容的主次关系系统地编排；工程管理人员要熟悉工程图的基本情况，才能确定工程规模，制订合理的工程管理措施。在识读整套建筑工程施工图时，应遵循“了解总体、顺序看图、前后对照、重点细读”的原则。

附录　某教学楼建筑施工图

建筑设计说明

一、施工图设计依据

1. 甲方认可的方案图及相应的平面图、立面图、剖面图。

2. 国家及××省现行的有关建筑设计、防火、节能等法规和规范。

二、工程概况

本工程建设地点为××市××路××号××××××学校2号教学楼，位置详见总平面图；总建筑面积为6218.68m²，框架结构，地上主体6层，局部5层或7层，室内外高差为0.850m，室内相对标高为±0.000。相对于1号教学楼的相对标高为±0.000，总高度为23.950m。设计使用年限为50年，抗震设防烈度为7度，建筑分类及耐火等级为二类。本教学楼共分A和B两个区域，A区主体6层，B区主体5层，位置详见分区平面图；本施工图主要表达A区部分。

三、图样表达

本工程施工图中所注尺寸单位，除标高为m外，其余尺寸均以mm计。

壁龛 $\frac{宽×高×深}{洞底距地}$ ○ 工种代号　墙洞 $\frac{宽×高}{洞底距地}$ ○ 工种代号

四、墙体

1. 地上外围护墙体为250mm厚加气混凝土砌体，内隔墙除卫生间及特殊注明外均为200mm厚加气混凝土砌体。卫生间隔墙及女儿墙为240mm厚KP1型烧结多孔砖。

2. 墙体上预留洞位置和尺寸应与相关专业图样配合进行预留。

3. 墙体、柱子与门窗等配件的固定连接除注明外，可根据位置需要采用射钉、膨胀螺栓、预埋铁件等方式，施工时视情况而定，但一定要保证连接在其上物体的牢固性和安全性。

五、防水做法

1. 屋面防水符合《屋面工程质量验收规范》(GB 50207—2012)的规定。

屋面做法及所用部位详见构造做法表。

2. 卫生间防水采用通用型K11柔性防水浆料，防水涂料沿墙上翻500mm。卫生间隔断参见16J914-1(—/XT8)，卫生间蹲位见16J914-1(—/XT18)，卫生间小便槽见16J914-1(—/XT16)，卫生间楼地面见构造做法表。

3. 屋面防水层施工前必须认真核对屋面预留孔洞的位置，待穿越的管道安装后方可施工。

4. 女儿墙泛水见12J201(2/A14)，出水口见12J201(1/A19)、(—/A20)，管道泛水见12J201(3/A22)。

六、室外装修

外墙做法详见立面图。施工中先做出样板，待商定后再大面积施工。

七、室内装修

1. 内墙面、楼地面等具体做法详见《构造做法表》。

2. 内墙所有阳角均做2000mm高护角，做法参见03J502-1(6/101)。

3. 所有窗内窗台压顶做法参照05J102-1(2/30)。

八、门窗

1. 平开门立樘均居墙中。

2. 除图样注明外，门窗立樘均墙中，开启窗扇加纱扇；门窗用80系列塑钢门窗，卫生间窗采用5mm厚磨砂玻璃，其余采用5mm厚白玻璃；气密性不低于b级。

3. 木门五金均按其所选标准图配套选用，塑钢门窗五金均按16J604选用。

4. 底层窗均加防护网，做法由甲方选定。

5. 所有室内窗台到室内地面低于800mm时，应做不锈钢护窗栏杆，参见04J101(3/35)。

九、油漆防腐

1. 木门油漆见构造做法表，颜色均应在施工前做出样板，经设计单位和甲方同意后方可施工。

2. 所有金属管件均应先作防锈处理后，刷防锈漆一遍，刮腻子、打磨，再刷黑色瓷漆两遍。

3. 所有预埋木砖均需作防腐处理，木制构件与砌体连接部位须满涂防腐油。

4. 栏杆扶手采用不锈钢管材料者，其焊接处、转折处均需打磨光滑、抛光。做法参见12YJ8(2/15)。

十、其他

1. 所有内外装修材料的颜色、产品质量以及材料替换等，均需甲方、设计单位、施工单位三方认定后方可施工。

2. 土建施工必须与水、电配合施工，凡预留洞穿墙、梁、板等，均需对准设备图施工。

3. 所有管道穿楼板处均在安装后下部使用细石混凝土浇实，并用密封膏灌缝，上部高出地面20mm。

4. 防火门窗应选用有资质厂家产品，开启方向应严格按图施工。

5. 玻璃黑板做法参见12YJ7-2(2/46)，讲台做法参见12YJ7-2(C/32)，$a×b=4000mm×800mm$。

6. 有关泛水详见99(03)J201-1(A/35)，雨水管采用ϕ100PVC管及配件。

7. 有地漏处应在1m范围内做1%的坡，坡向地漏。

8. 设计中选用的标准图不论采用局部节点还是全部详图，均应全面配合施工。

施工图中除注明外，均需按照国家有关施工及验收规范及规定执行。

图样目录

序号	图号	图样内容
1	JS15-01	建筑设计说明、图样目录
2	JS15-02	构造做法表、门窗表
3	JS15-03	总平面图、分区平面图
4	JS15-04	一层平面图
5	JS15-05	二层平面图
6	JS15-06	三层平面图
7	JS15-07	四、五层平面图
8	JS15-08	六层平面图
9	JS15-09	屋顶平面图
10	JS15-10	⑭~①立面图
11	JS15-11	①~⑭立面图
12	JS15-12	Ⓒ~Ⓓ立面图
13	JS15-13	Ⓓ~Ⓒ立面图、节点详图
14	JS15-14	门窗详图、1—1剖面图
15	JS15-15	楼梯详图

×××××设计院					资质等级	乙级	证书编号	
					工程名称	×××××××2号教学楼		
					项目	A区	合同编号	2021-12
项目负责人		专业负责人		建筑设计说明 图样目录			设计编号	2021-12
		校对					图别	建施
审定		设计					图号	JS15-01
审核		制图					日期	2022.01

附图-1　建筑设计说明、图样目录

构造做法表

项目	使用部位	构造层次及做法	备注
屋面	除出屋面楼梯间外其他屋面	• 35mm厚490mm×490mm，C20预制钢筋混凝土板(Φ4钢筋双向@150)，1:2水泥砂浆填缝 • M2.5砂浆砌120mm×120mm砖三皮，双向中距500mm • 3mm厚SBS改性沥青防水卷材 • 3mm厚氯丁沥青防水涂料 • 刷基层处理剂一遍 • 30厚C20混凝土找平 • 100厚挤塑聚苯板 • 20mm厚1:2.5水泥砂浆找平层 • 20mm厚（最薄处）1:8水泥加气混凝土碎渣找2%坡 • 干铺150mm厚加气混凝土砌块 • 钢筋混凝土屋面板，表面清扫干净	
屋面	出屋面楼梯间外屋面	• 4mm厚SBS改性沥青防水卷材，表面带页岩保护层 • 刷基层处理剂一遍 • 30厚C20混凝土找平 • 100厚挤塑聚苯板 • 20mm厚1:2.5水泥砂浆找平层 • 20mm厚(最薄处)1:8水泥加气混凝土碎渣找2%坡 • 干铺150mm厚加气混凝土砌块 • 钢筋混凝土屋面板，表面清扫干净	
地面	一层楼梯间、走道、展厅、入口大厅	• 8～10mm厚地砖铺实拍平，水泥浆擦缝 • 25mm厚1:4干硬性水泥砂浆，面上撒素水泥 • 素水泥浆结合层一道 • 80mm厚C10混凝土 • 素土夯实	米黄色地板砖规格500mm×500mm黑色地板砖围边宽×长=150mm×300mm
地面	一层卫生间	• 8～10mm厚地砖铺实拍平，水泥浆擦缝 • 25mm厚1:4干硬性水泥砂浆，面上撒素水泥 • 1.5mm厚防水涂料，面撒黄沙，四周沿墙上翻150mm高 • 刷基层处理剂一遍 • 15mm厚1:2水泥砂浆找平 • 50mm厚C20细实混凝土找1%坡，最薄处不小于20mm • 80mm厚C10混凝土 • 素土夯实	米黄色防滑地板砖规格500mm×500mm，防水涂料选用通用K11型防水浆料
楼面	二～六层除卫生间外所有房间	• 8～10mm厚地砖铺实拍平，水泥浆擦缝 • 25mm厚1:4干硬性水泥砂浆，面上撒素水泥 • 素水泥浆结合层一道 • 钢筋混凝土楼板	米黄色地板砖规格500mm×500mm黑色地板砖围边宽×长=150mm×300mm
楼面	二～六层卫生间	• 8～10mm厚地砖铺实拍平，水泥浆擦缝 • 25mm厚1:4干硬性水泥砂浆，面上撒素水泥 • 1.5mm厚防水涂料，面撒黄沙，四周沿墙上翻150mm高 • 刷基层处理剂一遍 • 15mm厚1:2水泥砂浆找平 • 50mm厚C20细实混凝土找1%坡，最薄处不小于20mm • 钢筋混凝土楼板	米黄色防滑地板砖规格500mm×500mm，防水涂料选用通用K11型防水浆料
内墙面	走廊、楼梯及无水池设施的所有房间	• 刷801胶素水泥砂浆一遍，配合比为801:水=1:4 • 15mm厚1:1:6水泥石灰砂浆，分两次抹成 • 5mm厚1:0.5:3水泥石灰砂浆 • 满刮腻子一遍，刷底漆一道 • 无机矿物涂料	亚白色
内墙面	所有卫生间	• 刷801胶素水泥砂浆一遍，配合比为801:水=1:4 • 15mm厚2:1:8水泥石灰砂浆，分两次抹成 • 3～4mm厚1:1水泥砂浆加水重20%801胶镶贴 • 4～5mm厚釉面砖，白水泥浆擦缝	高度至顶棚底
顶棚	除卫生间外所有房间	• 钢筋混凝土板底面清理干净 • 7mm厚1:1:4水泥石灰砂浆 • 5mm厚1:0.5:3水泥石灰砂浆 • 满刮腻子一遍，刷底漆一道 • 无机矿物涂料	亚白色
顶棚	所有卫生间	• 钢筋混凝土板底面清理干净 • 7mm厚1:3水泥砂浆 • 5mm厚1:2水泥砂浆 • 满刮腻子一遍，刷底漆一道 • 无机矿物涂料	亚白色
踢脚板	除卫生间及走道外所有房间	• 刷801胶素水泥砂浆一遍，配合比为801:水=1:4 • 17mm厚2:1:8水泥石灰砂浆，分两次抹成 • 3～4mm厚1:1水泥砂浆加水重20%801胶镶贴 • 8～10mm厚釉面砖，水泥浆擦缝	高150mm
墙裙	走道	• 刷801胶素水泥砂浆一遍，配合比为801:水=1:4 • 17mm厚2:1:8水泥石灰砂浆，分两次抹成 • 3～4mm厚1:1水泥砂浆加水重20%801胶镶贴 • 4～5mm厚釉面砖，白水泥浆擦缝	高2100mm
外外墙外墙	主体外墙	• 刷801胶素水泥砂浆一遍，配合比为801:水=1:4 • 15mm厚2:1:8水泥石灰砂浆，分两次抹成 • 刷素水泥浆一遍 • 5厚干粉类聚合物水泥防水砂浆 • 60厚防火岩棉保温板 • 20厚水泥砂浆 • 喷或滚刷底涂料一遍 • 喷或滚刷面层涂料两遍	灰色
外外墙外墙	柱面	• 30mm厚1:2.5水泥砂浆，分层灌浆 • 20～30mm厚黑色花岗岩板（背面用双股16号铜丝绑扎与墙面固定）水泥浆擦缝	黑色
外外墙外墙	局部外墙及雨篷	• 刷801胶素水泥砂浆一遍，配合比为801:水=1:4 • 15mm厚2:1:8水泥石灰砂浆，分两次抹成 • 5mm厚1:2.5水泥砂浆 • 外墙涂料喷刷两遍	砖红色外墙涂料分格缝，宽10mm，深5mm，弧形黑色
油漆	木门	• 木基层清理、除垢、打磨等 • 刮腻子、磨光 • 底油一遍 • 磁漆两遍	外门红色，内门米黄色
台阶	所有出入口	• 20mm厚花岗岩板表面机刨，水泥浆擦缝 • 30mm厚1:4干硬性水泥砂浆，面上撒素水泥 • 素水泥浆结合层一道 • 60mm厚C15混凝土台阶（不包括三角部分） • 300mm厚三七灰土 • 素土夯实	
散水	所有散水	• 60mm厚C15混凝土，面上加5mm厚1:1水泥砂浆随打随抹光 • 150mm厚三七灰土 • 素土夯实，向外坡4%	30m间距设缝与外墙设缝，缝宽25mm，内填沥青砂

注：本表未列出项目详见图样及有关图集。

门窗表

类型	序号	门窗编号	洞口尺寸($B\times H$)/(mm×mm)	采用图集编号	1F	2F	3F	4F	5F	6F	屋顶层	合计	备注
窗	1	C-1	2700×1900	80系列塑钢窗	0	15	21	21	21	23	0	101	见建施JS15-14
窗	2	C-1′	2700×2300	80系列塑钢窗	11	0	0	0	0	0	0	11	见建施JS15-14
窗	3	C-2	1800×1900	80系列塑钢窗	0	10	12	12	12	4	0	50	见建施JS15-14
窗	4	C-2′	1800×2300	80系列塑钢窗	3	0	0	0	0	0	0	3	见建施JS15-14
窗	5	C-3	2050×1700	80系列塑钢窗	10	10	10	10	10	10	0	60	见建施JS15-14
窗	6	C-3′	1300×1700	80系列塑钢窗	10	10	10	10	10	10	0	60	
窗	7	C-4	1700×1900	80系列塑钢窗	0	1	1	1	1	1	0	5	见建施JS15-14
窗	8	C-5	1500×1900	80系列塑钢窗	0	1	1	1	1	0	0	4	见建施JS15-14
窗	9	C-5′	1500×2300	80系列塑钢窗	1	0	0	0	0	0	0	1	见建施JS15-14
窗	10	C-WK	现场确定	无框玻璃窗									10厚白玻璃 甲方自定
门	11	WM-1	3400×3300	无框玻璃门	1	0	0	0	0	0	0	0	10厚白玻璃 甲方自定
门	12	WM-2	2600×3300	无框玻璃门	1	0	0	0	0	0	0	0	10厚白玻璃 甲方自定
门	13	M-1	1000×2700	88ZJ601-M24-1027	8	14	20	20	20	20	0	102	
门	14	M-2	900×2100	88ZJ601-M21-0921	2	2	2	2	2	2	0	12	
门	15	M-3	1800×2600	88ZJ601-M24-1827 外装电动卷帘门	2	0	0	0	0	0	0	2	卷帘门参88ZJ611 JM305-2424
门	16	FM-1	2400×2100	乙级防火门	1	1	1	1	1	1	0	6	甲方自定
门	17	FM-2	3600×2100	乙级防火门	2	1	1	1	1	1	0	7	甲方自定
门	18	FM-3	1800×2100	甲级防火门	0	1	1	1	1	0	0	4	甲方自定
门	19	FM-4	1000×2100	乙级防火门	0	0	0	0	0	0	1	1	甲方自定
门	20	FM-5	900×1800	乙级防火门	1	1	1	1	1	1	0	6	底距地300 甲方自定
门	21	FM-6	600×1800	乙级防火门	1	1	1	1	1	1	0	6	底距地300 甲方自定
门	22	FM-7	1200×2100	甲级防火门	2	0	0	0	0	0	0	2	甲方自定
门	23	MC-1	2400×2700	80系列塑钢门	1	0	0	0	0	0	0	1	见建施JS15-14

×××××设计院				资质等级	乙级	证书编号	
				工程名称	××××××2号教学楼		
				项目	A区	合同编号	2021-12
项目负责人		专业负责人		构造做法表 门窗表		设计编号	2021-12
		校对				图别	建施
审定		设计				图号	JS15-02
审核		制图				日期	2022.01

附图-2　构造做法表、门窗表

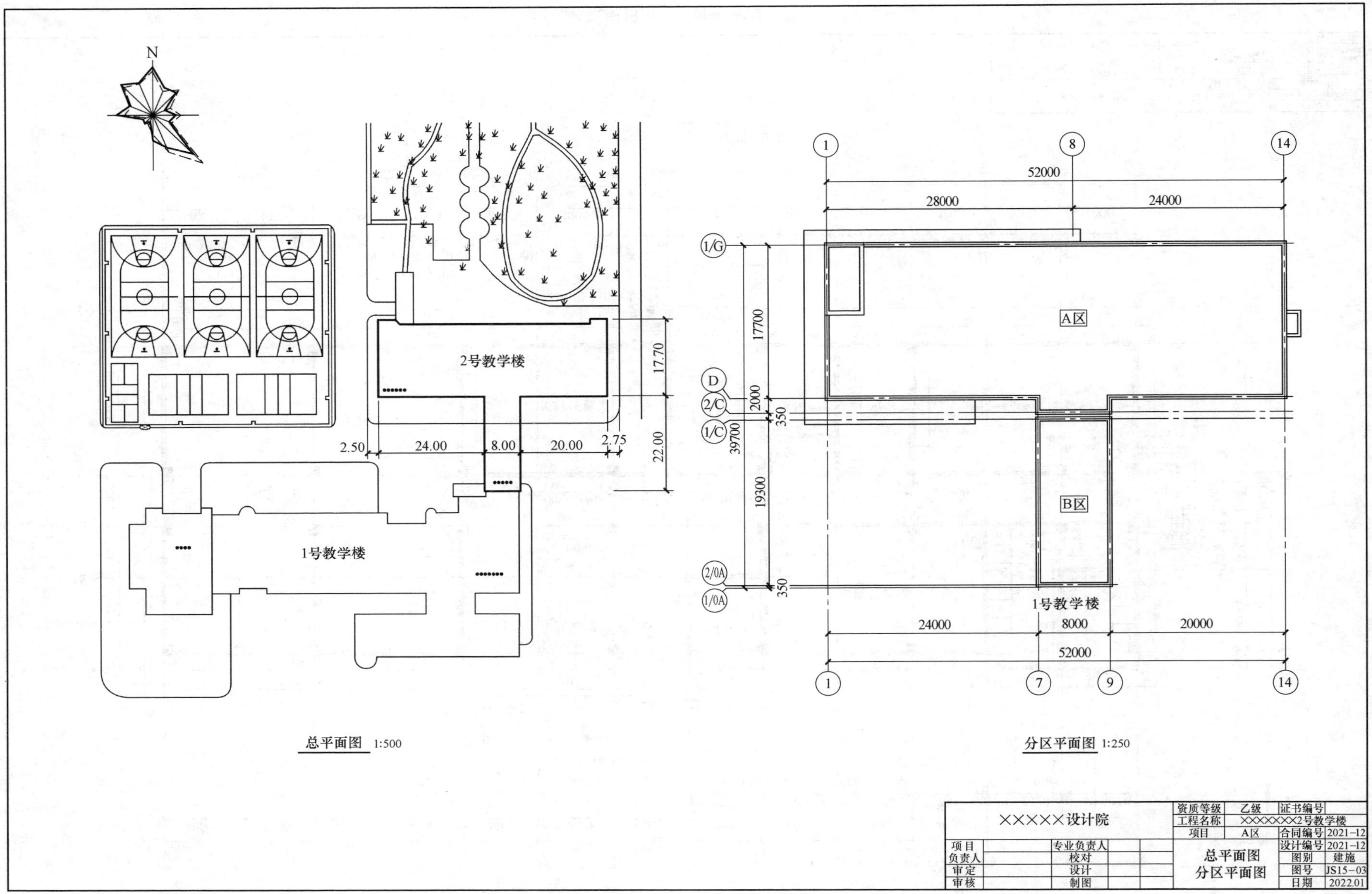

附图-3 总平面图、分区平面图

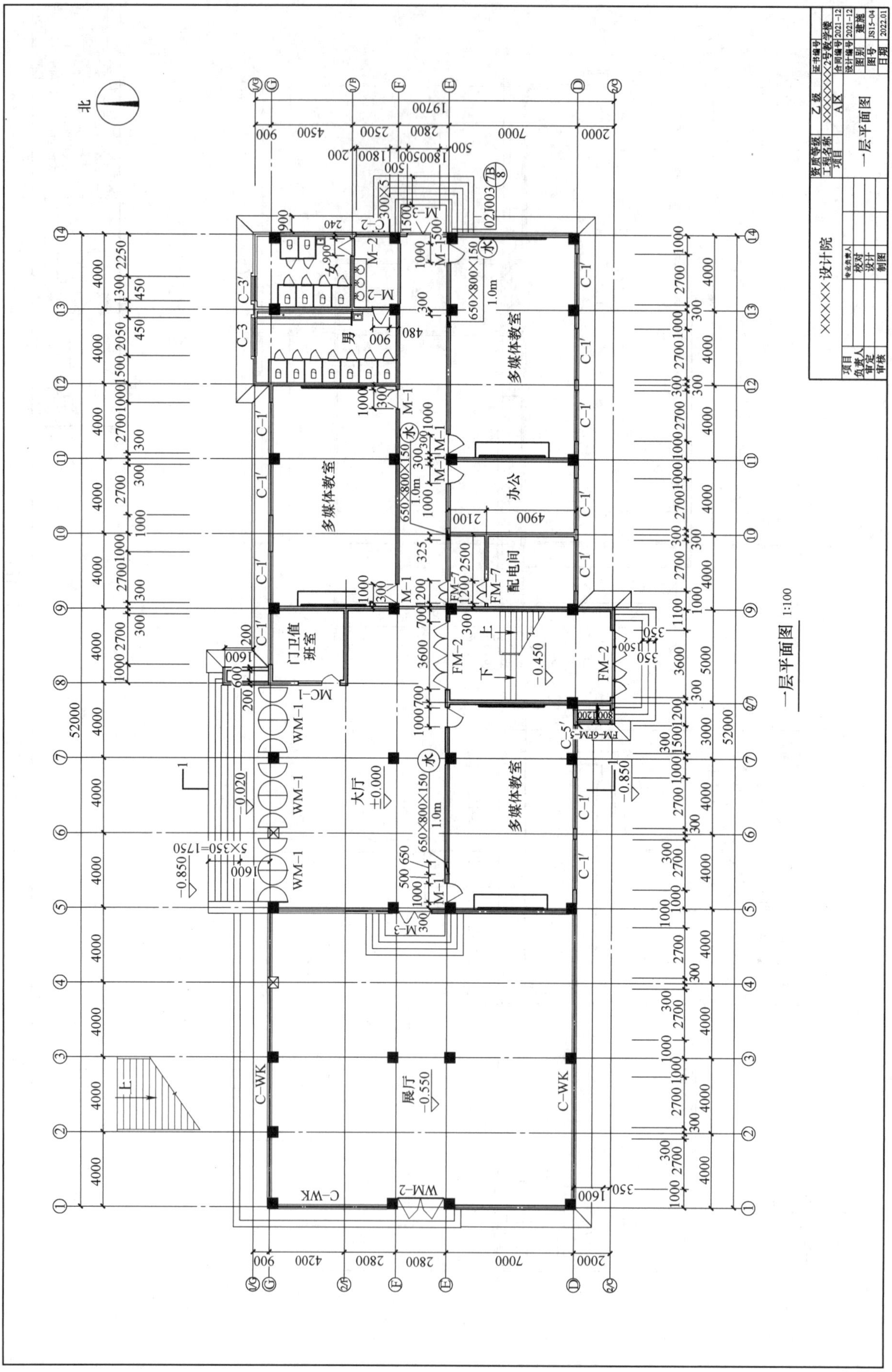

附图-4　一层平面图

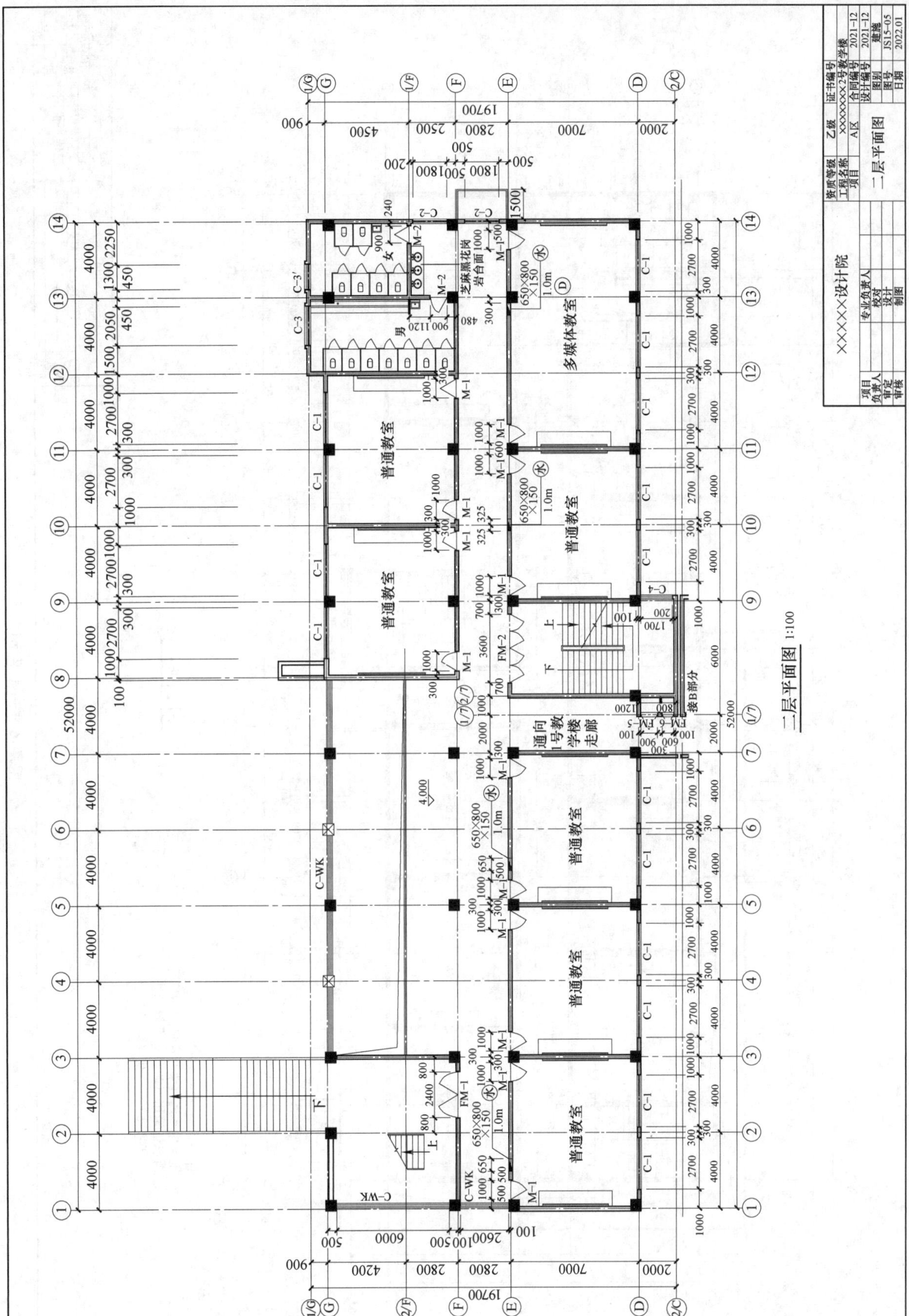

附图-5 二层平面图

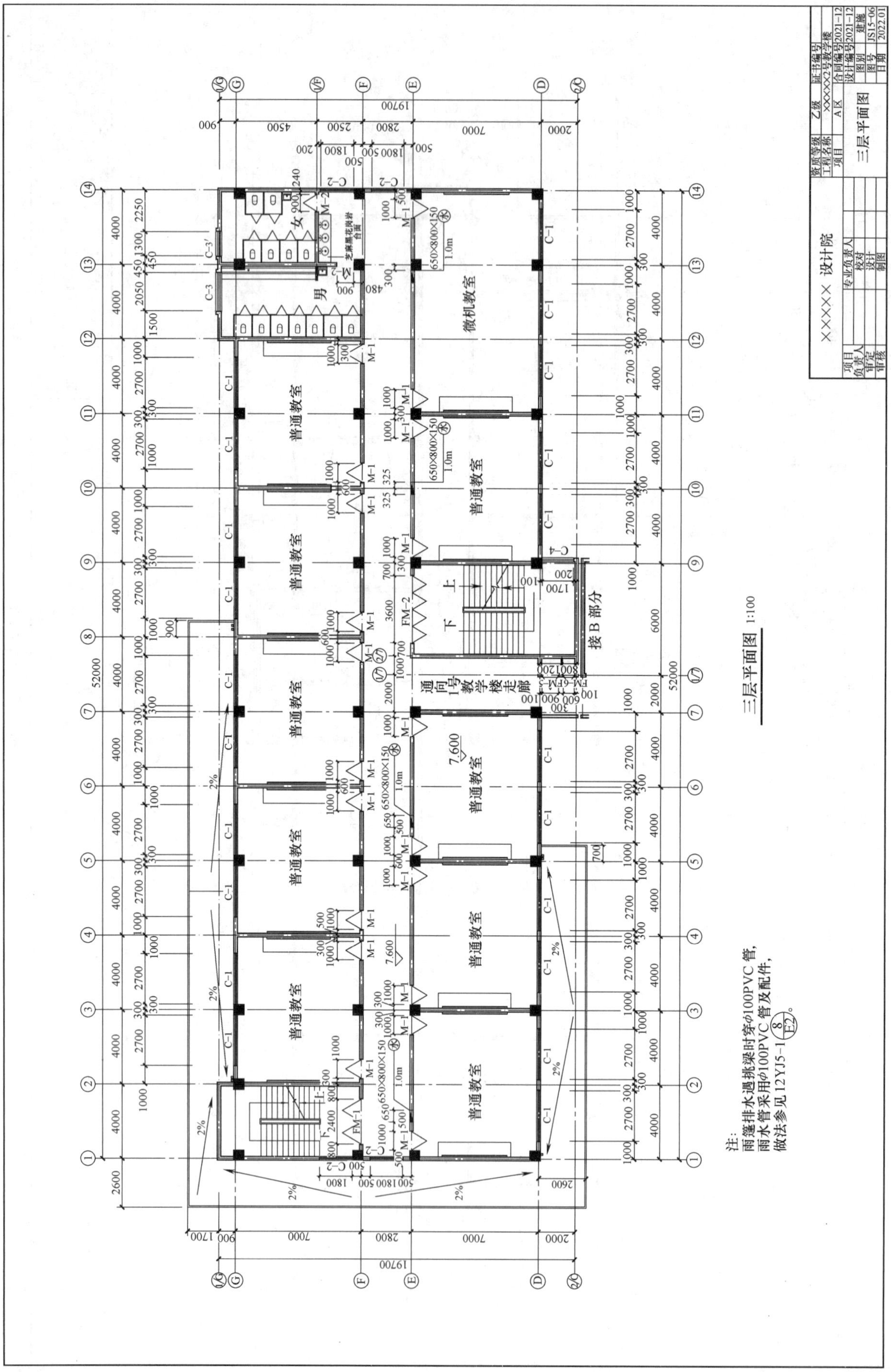
三层平面图 1:100
注：
雨篷排水遇挑梁时穿φ100PVC管，
雨水管采用φ100PVC管及配件，
做法参见12YJ5-1 8/E2。
×××××设计院
三层平面图
普通教室
微机教室
通向1号教学楼走廊
接B部分
男
女

附图-6　三层平面图

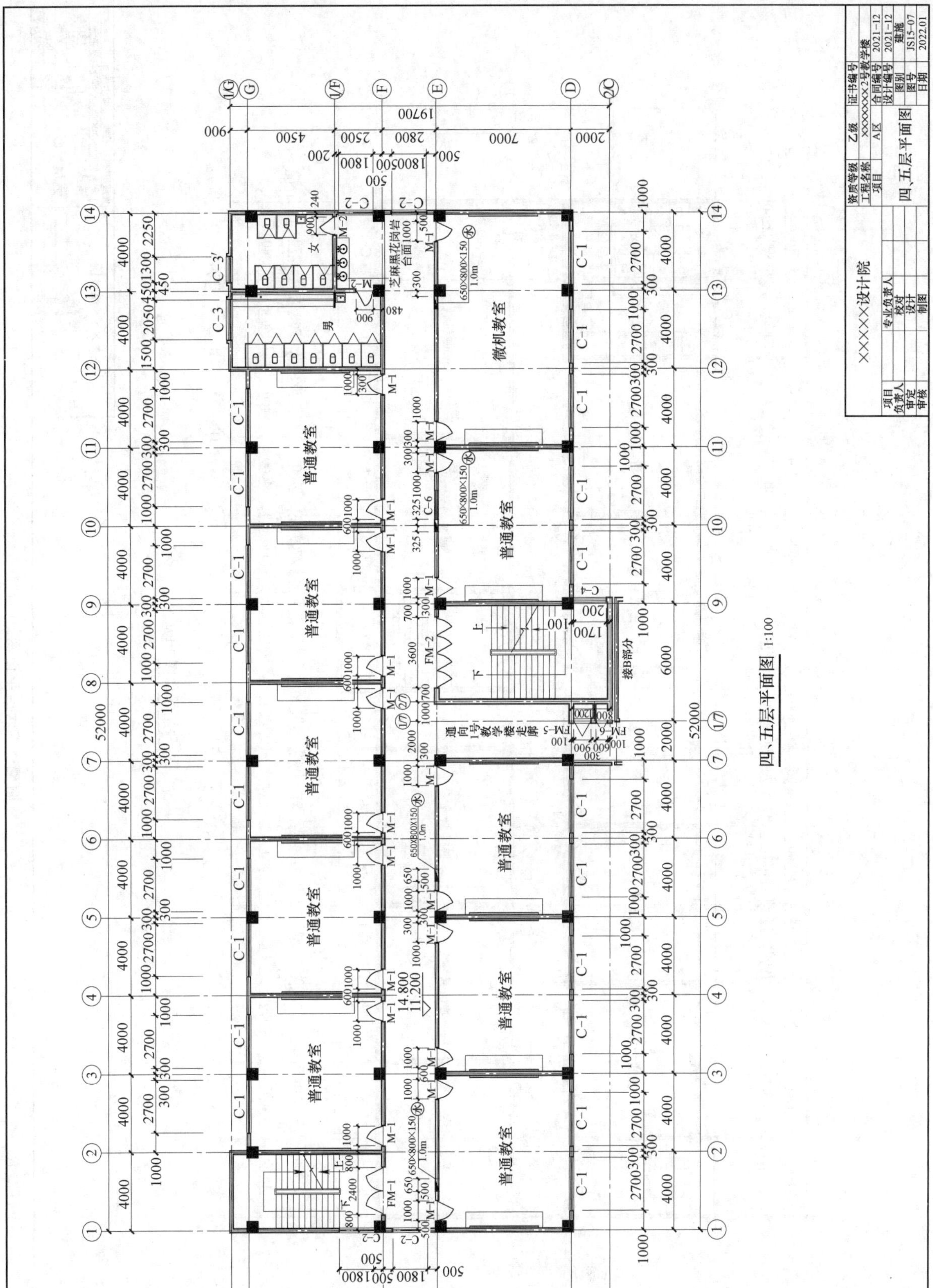

附图-7 四、五层平面图

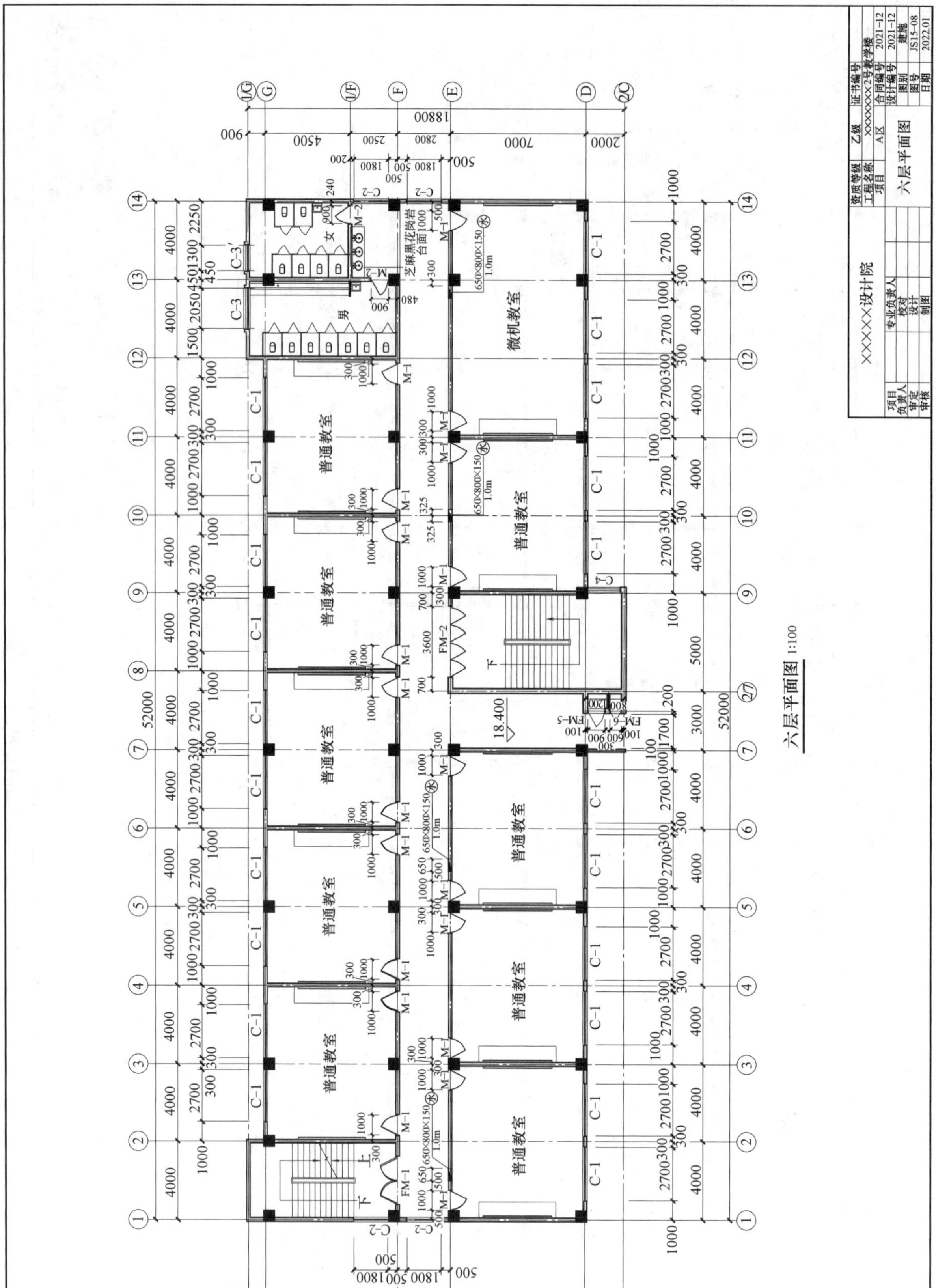
六层平面图 1:100
普通教室
微机教室
男
女
芝麻黑花岗岩台面1000
18.400
52000
18800
×××××设计院
六层平面图
×××××2号教学楼
JS15-08
2022.01

附图-8 六层平面图

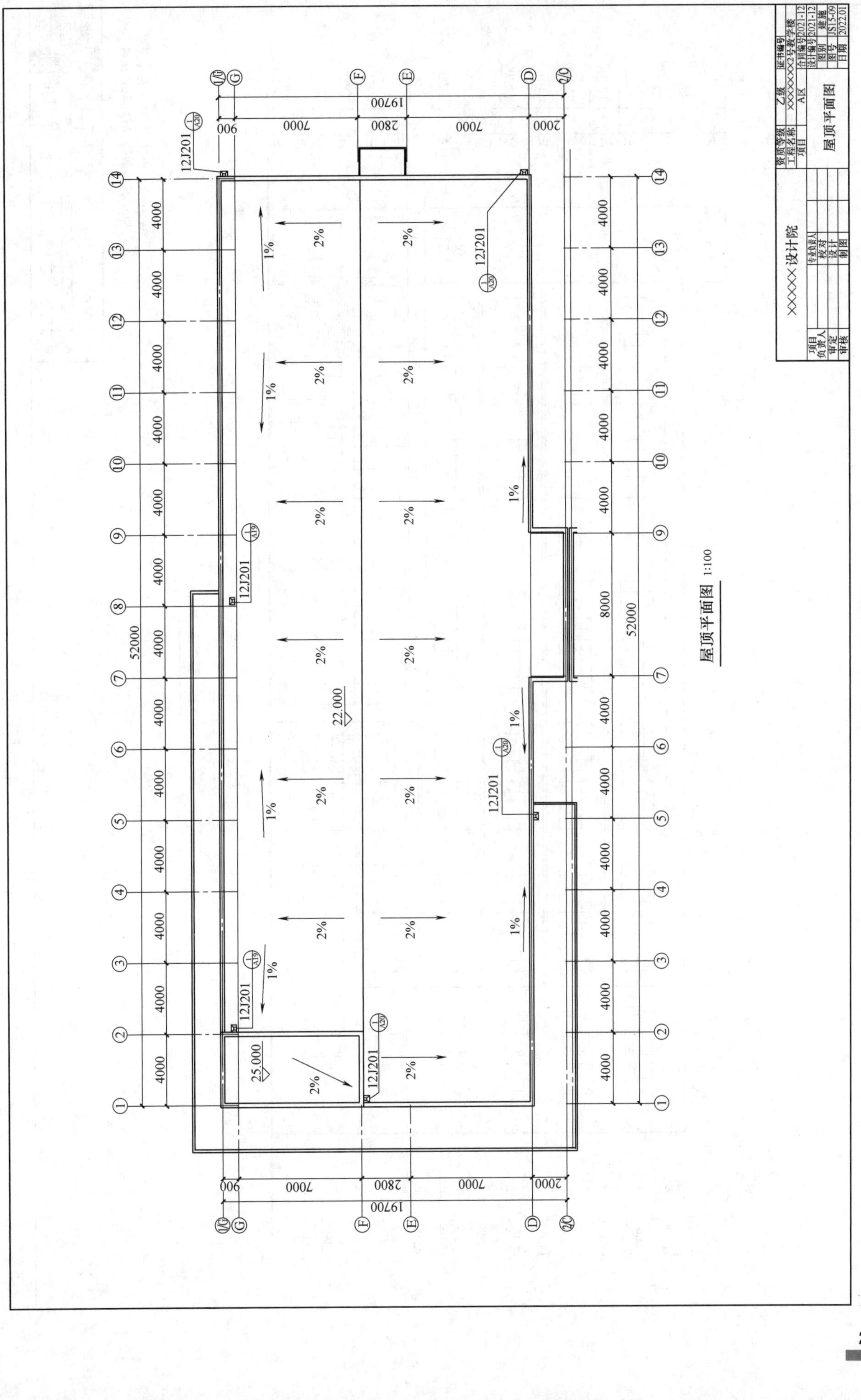
屋顶平面图 1:100
XXXXX设计院
屋顶平面图
12J201
52000
19700
22.000
25.000
2%
1%

附图-9 屋顶平面图

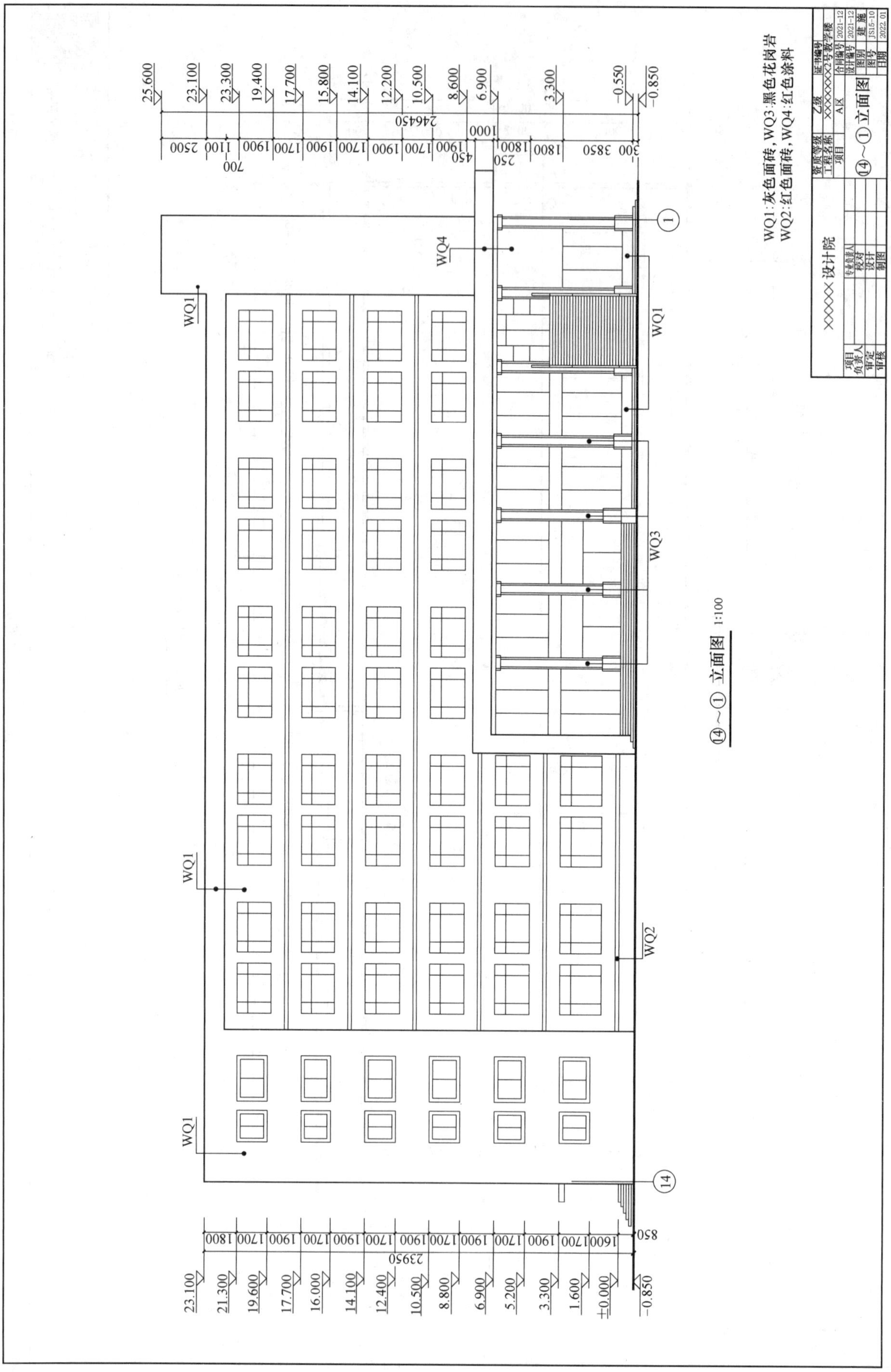
WQ1:灰色面砖，WQ3:黑色花岗岩
WQ2:红色面砖，WQ4:红色涂料
⑭~①立面图 1:100
XXXXX设计院
WQ1
WQ2
WQ3
WQ4

附图-10　⑭~①立面图

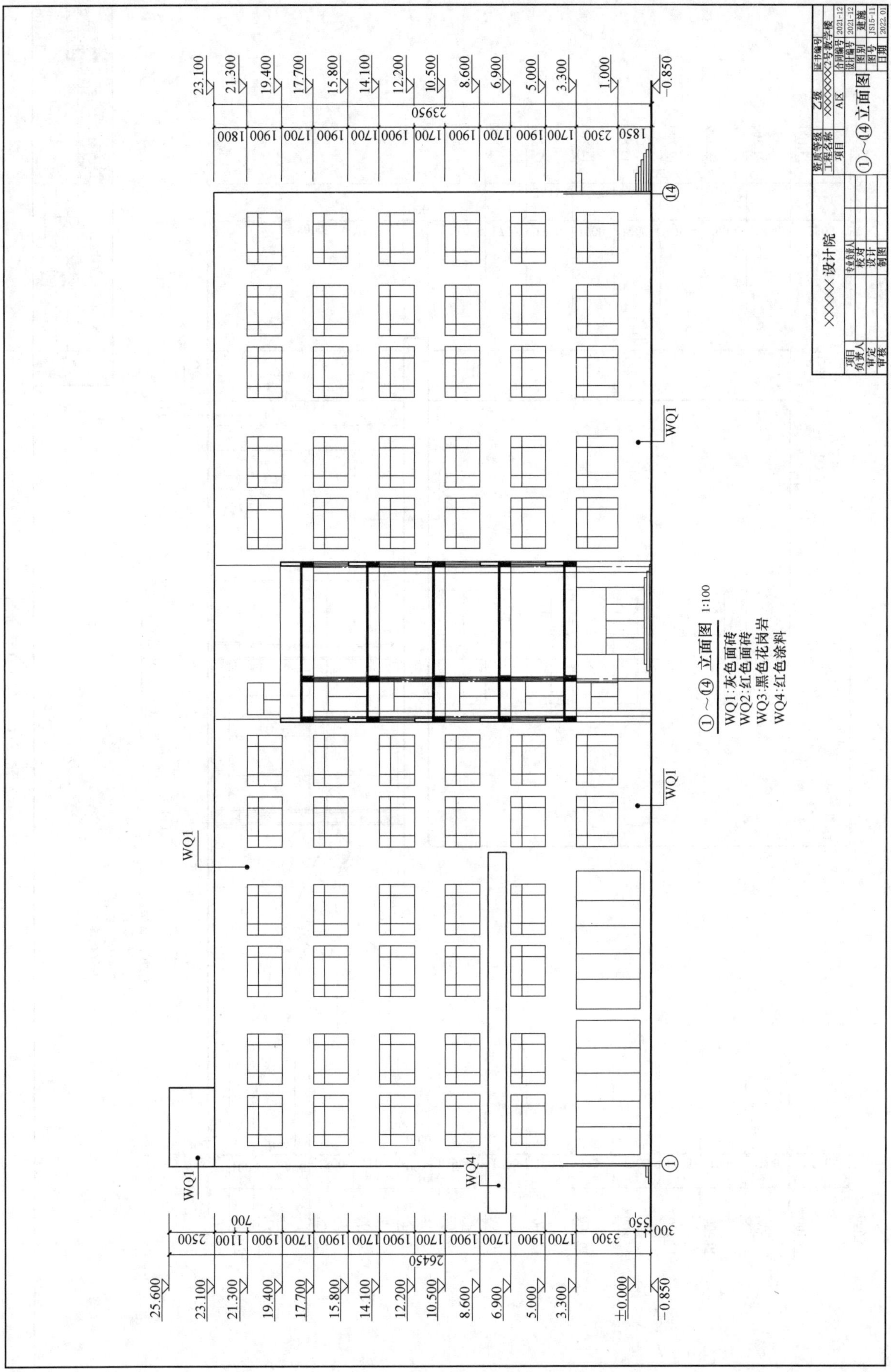
①～⑭ 立面图 1:100
WQ1:灰色面砖
WQ2:红色面砖
WQ3:黑色花岗岩
WQ4:红色涂料
WQ1
WQ4
①
⑭
23950
26450
25.600
23.100
21.300
19.400
17.700
15.800
14.100
12.200
10.500
8.600
6.900
5.000
3.300
1.000
±0.000
−0.850
××××设计院
资质等级 乙级
工程名称 ××××××2号教学楼
项目 A区
①～⑭立面图

附图-11 ①～⑭立面图

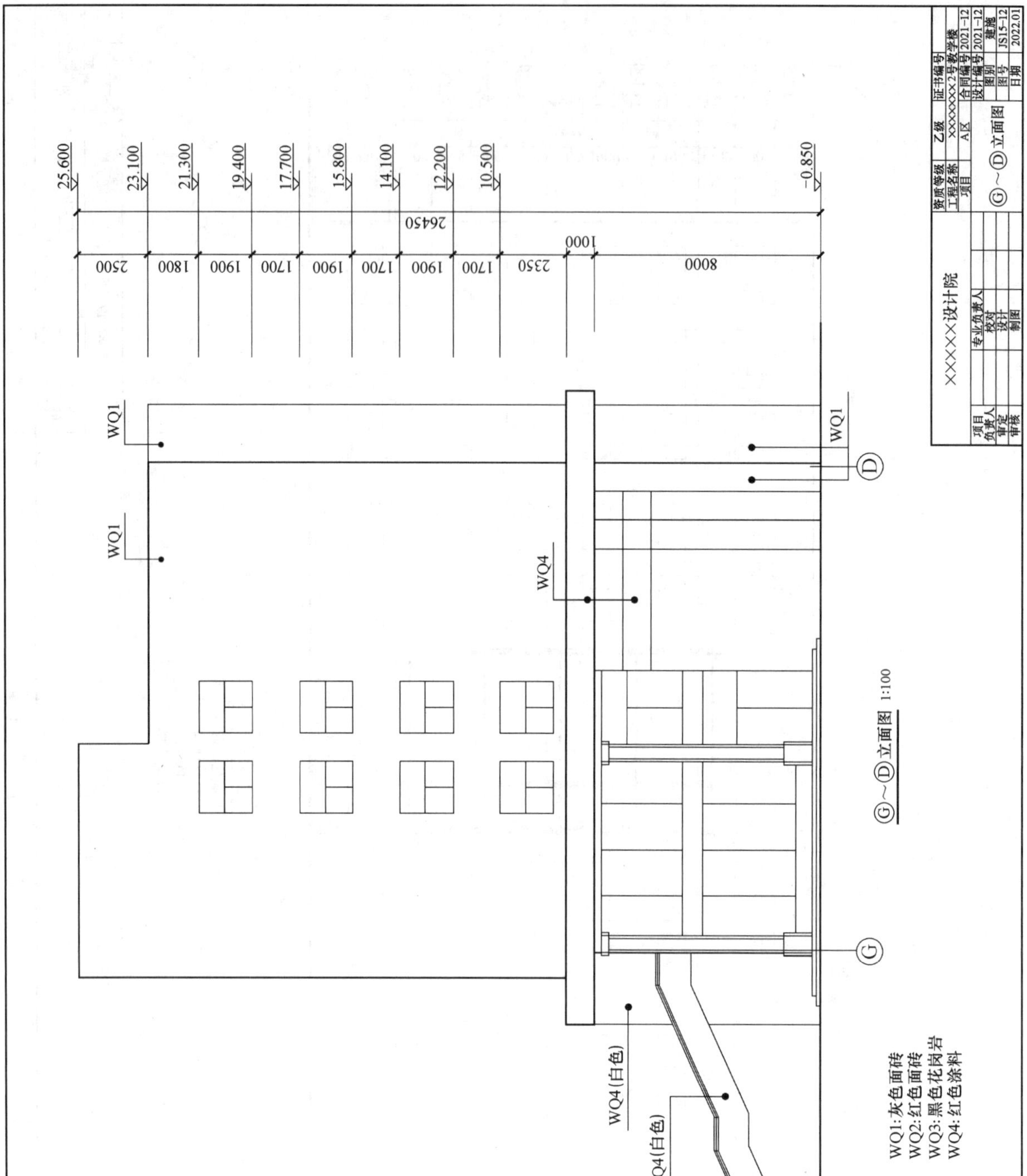
WQ1
WQ4
WQ4(白色)
Ⓖ～Ⓓ立面图 1:100
WQ1: 灰色面砖
WQ2: 红色面砖
WQ3: 黑色花岗岩
WQ4: 红色涂料
25.600
23.100
21.300
19.400
17.700
15.800
14.100
12.200
10.500
8.600
6.900
5.100
3.300
1.000
±0.000
-0.850
26450
××××设计院
资质等级 乙级 证书编号
工程名称 ××××××2号教学楼
项目 A区
Ⓖ～Ⓓ立面图
图别 建施
图号 JS15-12
日期 2022.01

附图-12　Ⓖ～Ⓓ立面图

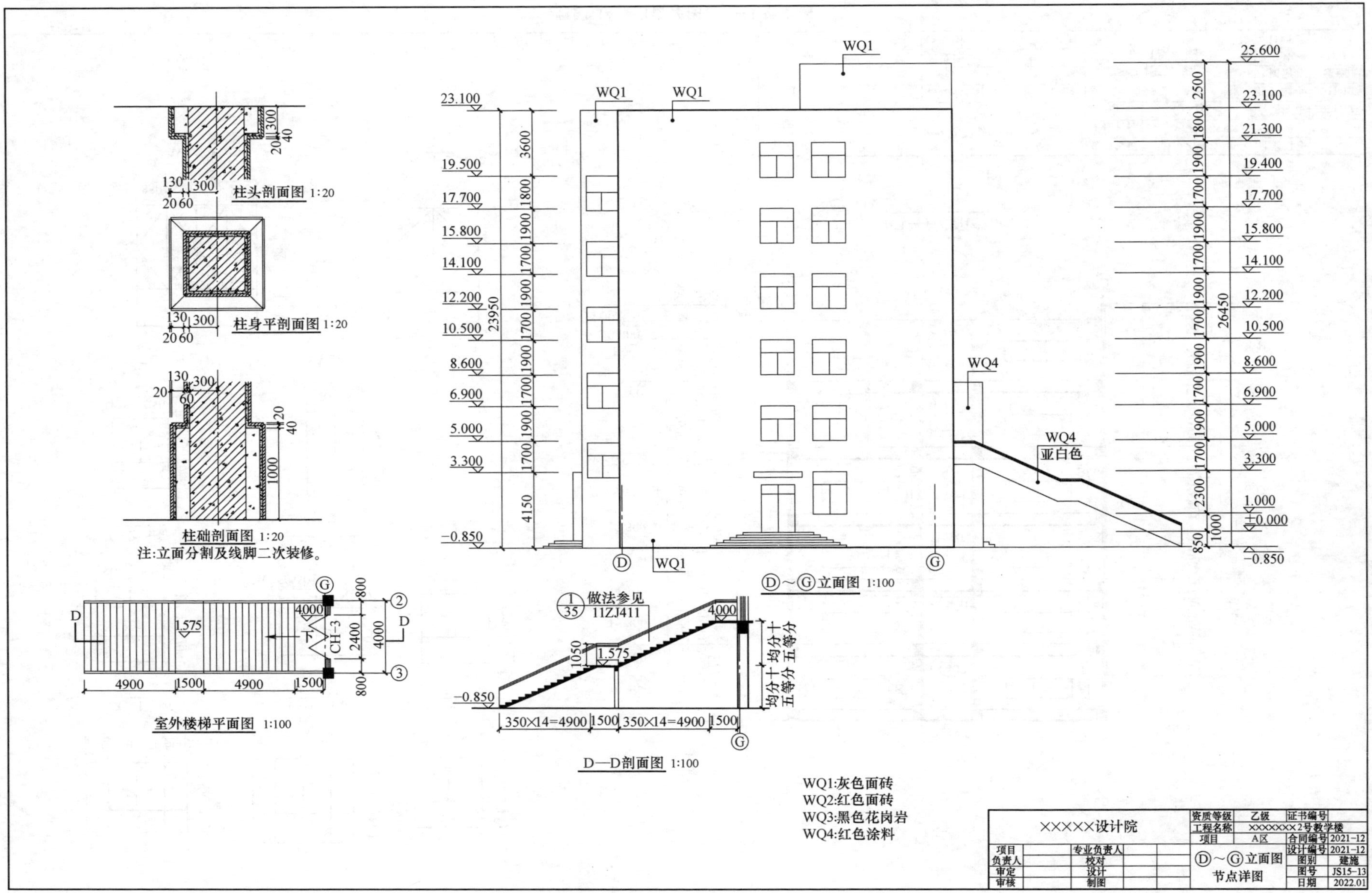

附图-13 D~G立面图、节点详图

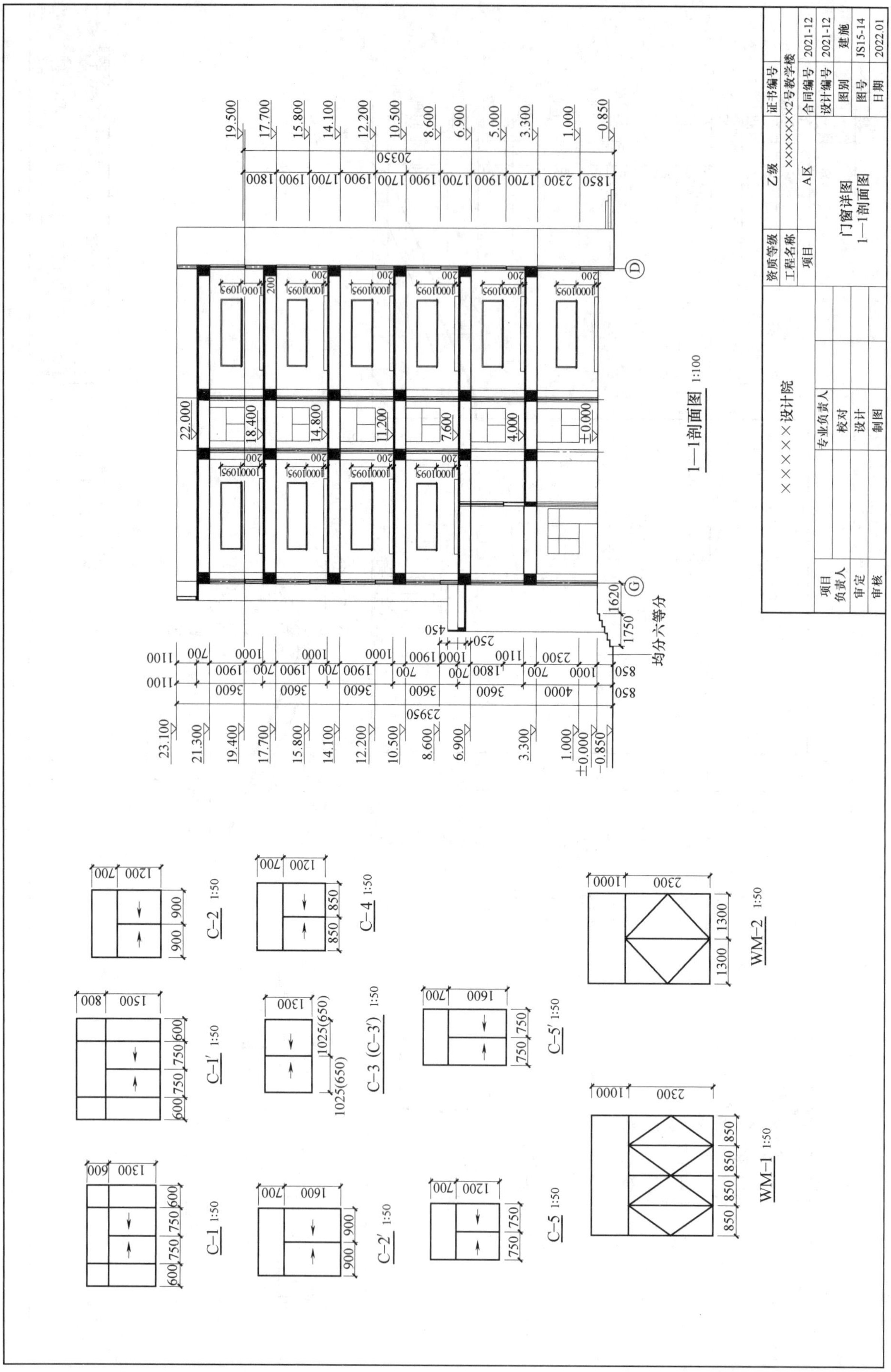

附图-14 门窗详图、1—1剖面图

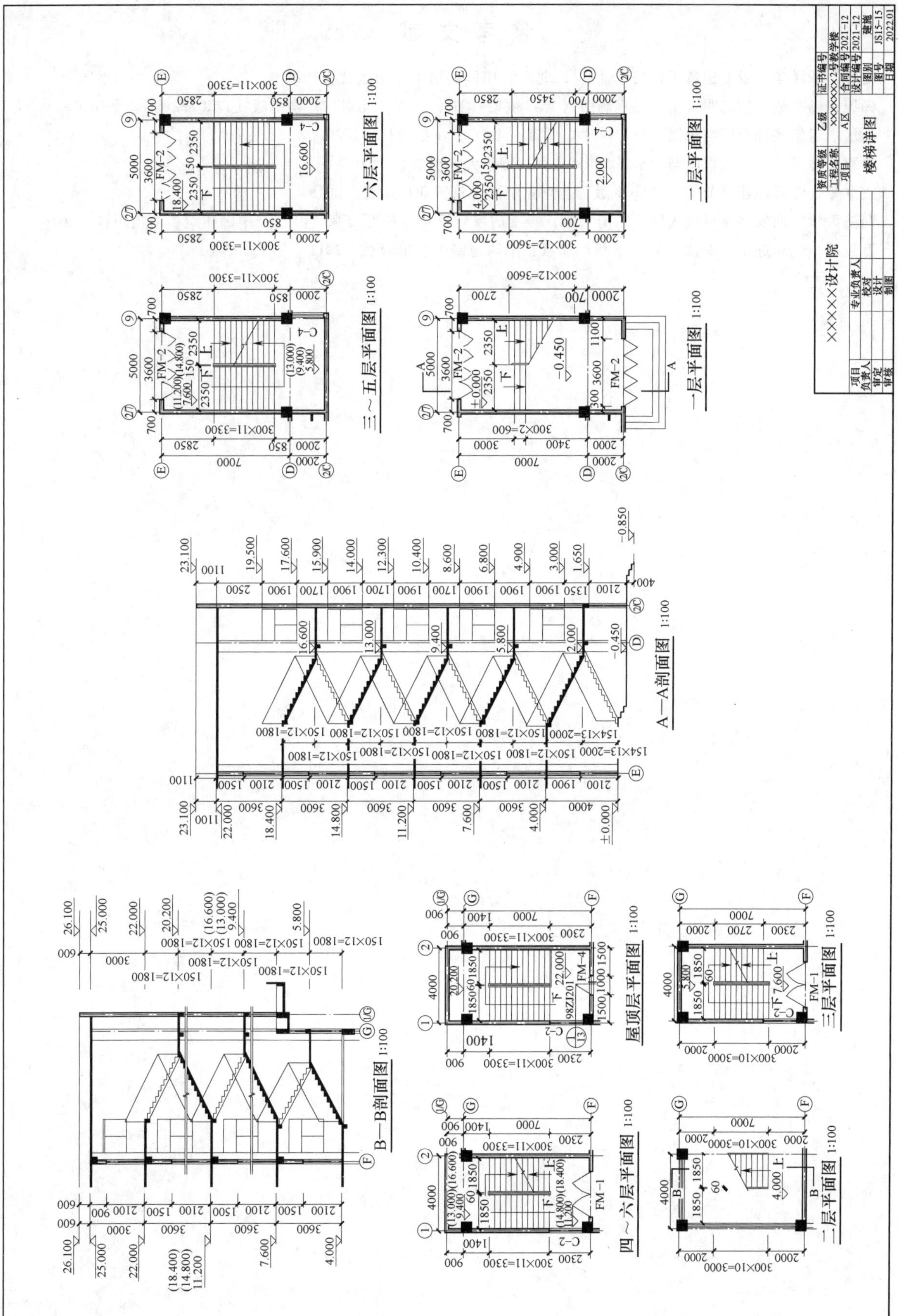
六层平面图 1:100
三～五层平面图 1:100
二层平面图 1:100
一层平面图 1:100
A—A剖面图 1:100
B—B剖面图 1:100
四～六层平面图 1:100
屋顶层平面图 1:100
二层平面图 1:100
三层平面图 1:100
××××设计院
资质等级 乙级 证书编号
工程名称 ×××××2号教学楼 合同编号 2021-12
项目 A区 设计编号 2021-12
楼梯详图
图别 建施
图号 JS15-15
日期 2022.01

附图-15 楼梯详图

参考文献

[1] 王鑫，杨泽华. 智能建造工程技术［M］. 北京：中国建筑工业出版社，2021.

[2] 杨谆，杨水成，雷光明. 土木工程制图（含习题集）［M］. 3版. 北京：科学出版社，2022.

[3] 高远. 建筑装饰制图与识图［M］. 4版. 北京：机械工业出版社，2020.

[4] 李颖，林巧琴. 建筑识图与构造［M］. 北京：清华大学出版社，2019.

[5] 王立雄，党睿. 建筑节能［M］. 3版. 北京：中国建筑工业出版社，2015.

[6] 同济大学，西安建筑科技大学，东南大学，等. 房屋建筑学［M］. 5版. 北京：中国建筑工业出版社，2016.

[7] 万东颖. 建筑施工图识读［M］. 5版. 北京：中国建筑工业出版社，2011.